V&R

Studien zur
Wissenschafts-, Sozial- und Bildungsgeschichte
der Mathematik

Herausgegeben von

Michael Otte, Bielefeld
Ivo Schneider, München
Hans-Georg Steiner, Bielefeld

Band 3

Klaus Thomas Volkert

Die Krise der Anschauung

Eine Studie zu formalen und heuristischen Verfahren in der Mathematik seit 1850

Mit 26 Abbildungen

Vandenhoeck & Ruprecht in Göttingen

CIP-Kurztitelaufnahme der Deutschen Bibliothek

Volkert, Klaus Thomas:
Die Krise der Anschauung : e. Studie zu formalen
u. heurist. Verfahren in d. Mathematik seit 1850 /
Klaus Thomas Volkert. –
Göttingen : Vandenhoeck und Ruprecht, 1986.
(Studien zur Wissenschafts-, Sozial- und
Bildungsgeschichte der Mathematik ; Bd. 3)

ISBN 3-525-40310-0

NE: GT

D 291

Druck: Hubert & Co., Göttingen

"Mais il faut juger qu'encore les souffrances et les monstres sont dans l'ordre; et il est bon de considérer non seulement qu'il valait mieux admettre ces défauts et ces monstres que de violer les lois générales, ...; mais aussi que ces monstres mêmes sont dans les règles, et se trouvent conformes à des volontés générales, quoique nous ne soyons point capables de démêler dette conformité. C'est comme il y a quelquefois des apparences d'irrégularités dans les mathématiques, qui se terminent enfin dans un grand ordre quand on a achevé de les approfondir: ..."

(Leibniz. Théodicée, § 241)

Vorwort der Herausgeber

Ein wachsendes Interesse an der Wissenschaftsgeschichte ist weltweit zu beobachten. Dies steht sicher im Zusammenhang mit einem allgemeinen Bedürfnis, die vielfältigen Probleme der Gegenwart von ihren historischen Vorbedingungen und Entwicklungslinien her besser zu verstehen. In Bezug auf die Wissenschaft kommt hinzu, dieses in mancher Hinsicht selbst zum Rätsel und Problem gewordene Phänomen in seiner beherrschenden Stellung für unsere Zeit besser begreifen zu wollen, u.a. durch das Studium ihrer inneren Wandlungen und ihrer Wechselwirkungen mit anderen Bereichen. Von daher leitet sich insbesondere für die Mathematik ein verstärktes Interesse an einer Geschichtsauffassung und -darstellung ab, die verschiedene Kontexte bewußt miteinbezieht, also gesellschaftliche und soziale Bedingungen, Umfelder und Strukturen, Zusammenhänge mit anderen Wissenschaften - von der Philosophie bis zu den Anwendungsbereichen und der Technik -, Beziehungen zum Bildungs- und Ausbildungssystem usw.

Es ist klar, daß durch entsprechende Studien zugleich neue Erkenntnisse auch über diese Bezugsbereiche selbst gewonnen werden, also befruchtende Verbindungen geschaffen werden etwa zur Sozialgeschichte, zur allgemeinen Wissenschafts- und Technikgeschichte, zur Institutionen- und Bildungsgeschichte, zur Wissenschaftstheorie, Wissenschaftssoziologie, Didaktik.

Das angesprochene Interesse zeigt sich produktiv in einer steigenden Zahl von Wissenschaftlern, die mit solchen Untersuchungen befaßt sind, und in einer zunehmenden Zahl von Tagungen, Publikationen usw. Es zeigt sich rezeptiv in einer starken öffentlichen allgemeinen Aufgeschlossenheit für die Geschichte, insbesondere des 19. und 20. Jahrhunderts, sowie in den verschiedenen Berufs- und Tätigkeitsbereichen in einem zunehmenden bereichsspezifischen historischen Orientierungsbedürfnis. Letzteres gilt für Mathematiker im allgemeinen, ferner aber auch etwa für Naturwissenschaftler, Mathematiker in der Industrie, Techniker und in besonderem Maße für Mathematiklehrer und Mathematikdidaktiker.

In spezifischer Weise dürften diese Aussagen für den deutschsprachigen Raum zutreffen, bezogen auf seine geschichtlichen Entwicklungen unter Einbeziehung vor allem des europäischen Zusammenhangs. Dabei ist am Rande festzustellen, daß sich aus den speziell in der Mathematikdidaktik wurzelnden historischen Erkenntnisinteressen gegenwärtig intensive Arbeitskontakte vor allem zu Frankreich entwickeln.

Die Monographienreihe soll diese Interessen aufnehmen, vermitteln und fördern. Sie richtet sich an Mathematiker, Mathematikhistoriker, Mathematikdidaktiker, Mathematiklehrer; darüber hinaus (je nach besonderer Thematik) an Vertreter verschiedener mathematischer Anwendungsgebiete (Naturwissenschaften, Sozialwissenschaften, Technik), Wissenschaftshistoriker, Sozialhistoriker, Wissenschaftshistoriker.

Michael Otte, Ivo Schneider, Hans-Georg Steiner

Vorwort

Das vorliegende Buch wäre sicher ohne die vielfältige Unterstützung von Professor Kuno Lorenz nicht in dieser Form möglich gewesen. Ihm gilt mein besonderer Dank. Professor Scriba hatte freundlicherweise die Aufgabe übernommen, die ursprüngliche Dissertation zu begutachten. Kritische Anmerkungen und Verbesserungsvorschläge machten Dr. Heinzmann, Professor Kamlah und Professor Scriba. Ein Aufenthalt in Oberwolfach im Kreise der Mathematikhistoriker brachte mir viele wertvolle Anregungen. Herrn Professor Löttgen und dem Seminar für Mathematik und ihre Didaktik der Universität zu Köln bin ich für ihre Großzügigkeit und ihr Entgegenkommen verpflichtet. Schließlich möchte ich noch Professor Puppe danken für seinen Rat und sein Hilfe in einer Zeit, in der ich noch unentschlossen war bezüglich meines weiteren Werdeganges. Last but not least gilt mein Dank den Angestellten der Universitätbibliothek Saarbrücken, die meine oft problematischen Wünsche stets zuvorkommend und sachkundig erfüllten und allen an der Erstellung des Manuskriptes Beteiligten.

Klaus Volkert

Inhaltsverzeichnis

Seite:

Seite:

Seite:

II HISTORISCH-SYSTEMATISCHER TEIL

Seite:

Seite:

III SYSTEMATISCHER TEIL

Einleitung

Das zentrale Thema der folgenden Seiten ist das Verhältnis von Anschauung und Mathematik. Unsere Ausführungen lassen sich in drei Gruppen gliedern, die im Großen und Ganzen den drei Teilen der vorliegenden Abhandlung zugeordnet werden können:

- Im ersten Teil versuchen wir zu zeigen, daß die räumliche Anschauung in den als Belegen für die These vom Versagen der Anschauung vorgebrachten Beispielen ("Monstern") nicht versagt hat;
- Im zweiten Teil untersuchen wir den Begriff "Anschauung" genauer. Dazu analysieren wir die Diskussionen, die im Anschluß an die Entdeckung der "Monster" gegen Ende des vorigen Jahrhunderts anhoben unter Berücksichtigung der philosophischen Tradition dieses Terminus (Kant);
- Im dritten Teil betrachten wir die Rolle, die die Anschauung nach den Lehren von Formalismus und Intuitionismus für die Mathematik spielt. In kritischer Abgrenzung zu diesen Positionen versuchen wir zu zeigen, daß die Gewißheit der Mathematik ihren Ursprung in Zeichenkompetenzen hat und damit auf Anschauung beruht.

Wir werden im historischen Teil die Entwicklung unserer Problemstellung vom Altertum an verfolgen. Als wichtigste Einsicht der Antike wird sich ergeben, daß Anschauung innerhalb der Mathematik als Zeichenanschauung und nicht als direkte sinnliche Wahrnehmung auftritt. Mathematik ist keine Naturwissenschaft. Die Geometrie, das heißt der Bereich der Anschauung des Kontinuierlichen, galt ihr als die eigentlich sichere Mathematik, der die Arithmetik unterzuordnen war. Die Antike vertraute damit auf die geometrische - und auf ihre Vorstufe: die topologische - Evidenz. Diese Dominanz der räumlichen Anschauung wird trotz der Kantischen Lehre von den Anschauungsformen Raum und Zeit bis zum Aufkommen des Arithmetisierungsprogrammes erhalten bleiben. Schon im Altertum begann man, die mathematischen Sätze in einem deduktiven System zu organisieren, was schließlich zu Euklids "Elementen" führte. Axiome der Geometrie galten später[1] als evidente und damit wahre Sätze, die der räumlichen Anschauung entlehnt werden.

Das der damaligen Mathematik zugrundeliegende Paradigma, mathematische Begriffe letztlich durch den Nachweis ihrer anschaulichen Erfüllbarkeit zu legitimieren (erkenntnisbegründende Funktion der Anschauung)[2], bleibt bis ins 19. Jahrhundert hinein wirksam. Erst das Arithmetisierungsprogramm wird den Bruch mit der räumlichen Anschauung auf seine Fahnen schreiben. Daß dieses Paradigma noch in der Neuzeit wirksam war, zeigt uns die Geschichte der komplexen Zahlen. Erst als Gauß seine "Versinnlichung" in der heute nach ihm benannten Zahlenebene fand, bekamen die komplexen Zahlen volles "Bürgerrecht" in der Mathematik - wurden aus den "unmöglichen Zahlen" Zahlen wie andere auch. Diese Entwicklung zeigt andererseits einen sehr wichtigen Mechanismus, den wir mit "Formalismus als Ausweg" bezeichnen wollen: solange der Status von mathematischen Gegenständen ungeklärt ist, rechnet man mit ihnen "probeweise". Ihren Charakter legen gewisse

---

1) Bei Euklid selbst liegen die Dinge wegen seiner Unterscheidung von Axiomen, Postulaten und Definitionen komplizierter. Wir wollen hier das gängige Verständnis der Axiomatik darstellen, wie es im 18. und 19. Jahrhundert verbreitet war.

2) Neben der erkenntnisbegründenden Funktion gibt es noch folgende Funktionen der Anschauung für die Mathematik:
   - Anschauung als erkenntnisbegrenzende Instanz (kritische Funktion der Anschauung),
   - Anschauung als erkenntnisleitende Instanz (heuristische Funktion der Anschauung).

   Während die letzte Funktion allgemein anerkannt ist und sich leicht zahlreiche Beispiele hierzu angeben lassen, sind Belege für die erste Funktion schwieriger zu finden. Wir können hier z.B. die antike Beschränkung auf Quadrate und Kuben in der Algebra anführen, die durch die Unmöglichkeit der Veranschaulichung höherer Potenzen motiviert war.

syntaktische Regeln fest (etwa ($\sqrt{-1}$) ($\sqrt{-1}$) = -1), die sich aus der jeweiligen Einführungssituation unmittelbar ergeben.[3)]

Zwei Entwicklungen führten dazu, daß die Bedeutung der Anschauung für die Mathematik in der zweiten Hälfte des letzten Jahrhunderts breit diskutiert wurde: zum einen die allmähliche Etablierung der Nichteuklidischen Geometrie, die etwa ab 1860 zur Debatte über Kants Lehre von der "reinen räumlichen Anschauung" und ihrer fundierenden Funktion für die Geometrie führte; zum anderen die Entwicklung der geometrischen Analysis, die um 1870 mit der Entdeckung des Weierstraß'schen Monsters (jener berühmten stetigen, aber nirgends differenzierbaren Funktion) in ihr kritisches Stadium eintrat. Die erwähnte Funktion machte deutlich, daß die aufgrund von Anschauung gehegten Erwartungen nicht immer und ohne weiteres von der Analysis erfüllt werden. Die informale Ebene und die formale wurden damit als nicht kongruent erkannt.

---

3) Der Terminus "Formalismus" taucht in der Geschichte der Mathematik immer wieder mit variierter Bedeutung auf. Charakteristisch für alle "Formalismen" ist die Betonung der Syntax gegenüber der Semantik, der Form gegenüber dem Inhalt. Man kann drei Bedeutungen unterscheiden:

1. Formalismus im oben geschilderten Sinn: solange die Bedeutung eines Zeichens (z.B. $\sqrt{-1}$) noch ungeklärt ist (im Beispiel: solange die Frage "Gibt es die Wurzel aus -1?" unbeantwortet ist), wird die Verwendung der zugehörigen Marken (im Beispiel sind dies materielle Gebilde der Form" $\sqrt{-1}$") ausschließlich durch syntaktische Regeln festgelegt (z.B. immer wenn das Produkt ($\sqrt{-1}$) ($\sqrt{-1}$) auftritt, darf man es durch -1 ersetzen).

2. Formalismus im Sinne eines "Rechenverfahrens" (z.B. der Formalismus der Linearen Algebra).

3. Formalismus im strengen terminologischen Sinne eines formalen Systems, wie er auf Hilbert zurückgeht. Er schließt die Trennung von inhaltsleerer, rein formaler Mathematik und inhaltlicher, die Beweise der Mathematik untersuchender Beweistheorie (die dann meist eine Theorie über eine kalkülisierte axiomatische Theorie darstellt) ein.

Von diesen Themenkreisen wird in der vorgelegten Arbeit nur der zweite ausführlich erörtert. Dies geschieht aus zwei Gründen:

1. Die Debatten um die Nichteuklidische Geometrie sind bereits sehr genau untersucht (es sei hier auf die Abhandlung von TOTH, 1972 hingewiesen).
2. Die Diskussion um die Nichteuklidische Geometrie traf die Anschauungsproblematik nicht in ihrem Kern: indem die Frage gestellt wurde, ob die Anschauung die Euklidische Geometrie vor einer anderen auszeichne oder nicht, wurde immer vorausgesetzt, daß mathematische Theorien - speziell die Geometrie - einer anschaulichen Erfüllung fähig seien. Diese Diskussion stand von vorneherein - solange sie unter Mathematikern geführt wurde - unter dem Primat der Logik; denn das Problem lautete: läßt sich mit der Negation des Parallelenaxioms eine widerspruchsfreie Geometrie aufbauen? Der Wert der Anschauung selbst für die Mathematik stand somit nicht zur Debatte.

Das Arithmetisierungsprogramm beruht auf der Koordinatenmethode Descartes', die den erforderlichen Zusammenhang zwischen Analysis und Geometrie herstellt. Damit schien es möglich, den ureigensten Bereich der Anschauung - die Geometrie nämlich - auf den als unproblematischer angesehenen Bereich[4)] der reellen Zahlen und ihrer Funktionen zurückzuführen. Nach und nach zeigte es sich jedoch, daß der Begriff der reellen Zahl selbst begründungsbedürftig ist. Diese Einsicht führte zur Suche nach arithmetischen Modellen für die Analysis. Bis dahin aber konnte die Koordinatenmethode als eine problemlose Möglichkeit gelten, die räumliche Anschauung auszuschalten.

Ausführlich werden wir die Entstehung und die Entwicklung des Funktionsbegriffes untersuchen. Seine Geschichte darf

---

4) Zu der Frage, ob nicht doch auch die reellen Zahlen eines anschaulichen Fundamentes fähig oder gar bedürftig seien, siehe I 5.4 und III 4 zum Verhältnis von Zahlbegriff und Anschauung vergleiche man I 5.3 und II 1.

in vieler Hinsicht als paradigmatisch für die Entwicklung mathematischer Begriffe gelten. Einleitend sei hier nur ein Aspekt herausgegriffen: gemeint ist das Zusammenspiel von informaler und formaler Ebene (Zeichenebene). Der Funktionsbegriff wurde von Leibniz eingeführt, um die Transformation - einer Kurve soll in einem ihrer Punkte die Tangente angelegt werden - einer anschaulich gegebenen Situation (Kurve ohne Tangente) in eine andere anschauliche (Kurve mit Tangenten) - begrifflich beschreiben zu können. Der Sachverhalt, welcher in der begrifflichen Beschreibung gefaßt werden soll, wurde als von dieser Darstellung unabhängig betrachtet. Seine begriffliche Analyse ("Begriffsexplikation") sollte möglichst adäquat sein. Die Existenz der entsprechenden Objekte der formalen Ebene (Funktion, Tangente), die auf deren Gegenstandsebene liegen (vgl. die Übersicht auf p.VIII der Einleitung) galt auf Grund von Anschauung als gesichert. Wir treffen hier auf das charakteristische Zusammenspiel der drei Ebenen (informale und formale Ebene sowie deren Gegenstandsebene).

Die späteren Versuche, den Funktionsbegriff zu präzisieren, rücken die verschiedenen verfügbaren Beschreibungsmittel in den Mittelpunkt des Interesses (hier war vor allem Eulers "analytischer Ausdruck"[5] wichtig). Der neuere und allgemeinere Funktionsbegriff Dirichlets ergibt

5) In der vorliegenden Arbeit taucht "analytisch" in mehreren Bedeutungen auf:
   - analytisch im Gegensatz zu synthetisch; dann bezieht sich dieser Terminus auf Sätze (z.B: die Sätze der Mathematik sind analytisch a priori);
   - analytisch im Sinne von "darstellbar als algebraische Beziehung zwischen Zahlentupeln" (z.B. "analytische Geometrie");
   - analytisch im Sinne von "mit den in der Analysis gängigen Mitteln darstellbar" (z.B. Eulers "expressio analytica"). Diese Bedeutung ist nicht scharf abgegrenzt, weil eben die Darstellungsmittel der Analysis keiner klaren Beschränkung unterliegen. Abweichend

sich als Abstraktion aus der Beschreibungsebene; die verschiedenen Beschreibungen werden ihm zu Gegenständen, die als konkrete Darstellungen abstrakter Gegenstände gelten. So wird es verständlich, daß sich der Charakter des Funktionsbegriffes grundlegend änderte. Unverändert hingegen blieben die Vorstellungen und Erwartungen, die man an eine Funktion knüpfte. Sie orientierten sich weiterhin an der Idee, daß eine Funktion eine einheitliche Gesetzmäßigkeit ausdrücke - nach dem Vorbild der Bahnkurven aus der Physik etwa. So konnten sich formale und informale Ebene fast unbemerkt auseinanderentwickeln. Deutlich wurde diese Inkongruenz erst mit Weierstraß' Monster. Seine Entdeckungsgeschichte wird hier erstmals ausführlich dargelegt.[6] Für die weiteren Ausführungen wichtig ist unsere Bestimmung von "Monster": ein Monster ist ein formal (meist analytisch) gewonnenes Beispiel, das anschaulich unmöglich erscheint.

Ein anderer wesentlicher Aspekt der Entwicklung des Funktionsbegriffes ist seine Beziehung zur Untersuchung der reellen Zahlen. Indem der Funktionsbegriff ab einer gewissen Stufe seiner Entfaltung (etwa bei Lacroix) die Abhängigkeit von Variablen in den Vordergrund stellte, erforderte er eine Klärung des Variabilitätsbereiches "reelle Zahl".

---

5) Fortsetzung der vorhergehenden Seite

von der zweiten Bedeutung dürfen hier Grenzprozesse explizit vorkommen (etwa im modernen Begriff einer analytischen Funktion, also einer in eine konvergente Potenzreihe entwickelbaren Funktion).

Um den Unterschied zwischen der zweiten und der dritten Möglichkeit zu betonen, sprechen wir von Arithmetik versus Analysis. Beachtet werden muß, daß die so verstandene Arithmetik auch die reellen Zahlen umfassen kann. Diese werden dann vorausgesetzt, d.h. die zu ihrer Einführung notwendigen Grenzprozesse werden ignoriert.

6) Teilweise wurden diese Überlegungen in Oberwolfach anläßlich der Fachtagung "Geschichte der Mathematik" im Mai 1984 vorgetragen.

Um den begrifflichen Hintergrund von Weierstraß' Entdeckung zu erhellen, werden anschließend zeitgenössische Reaktionen auf diese Entdeckung geschildert. Der historische Teil schließt mit einer Schilderung der Theorie der "objets fractales" (Bruchobjekte oder Frakta) von Benoit Mandelbrot ab, die dieser in den 70er Jahren unseres Jahrhunderts entwickelt hat. Mandelbrot versucht mit ihr u.a. nachzuweisen, daß der monströse Charakter vieler Beispiele nur ein vermeintlicher ist; daß vielmehr die Monster sehr wohl der Anschauung zugänglich sind; ja, daß sie bei der Beschreibung der Natur geradezu den Regelfall darstellen. Unsere an Mandelbrot anknüpfenden Untersuchungen werden zeigen, daß die Behauptung, die räumliche Anschauung habe im Falle der Monster versagt, weitgehend unbegründet ist. Diese Überlegungen werden in II 4.4 weitergeführt und vertieft.

Insgesamt geben die mathematikhistorischen Untersuchungen des ersten Teils Aufschluß über einige typische Entwicklungsmöglichkeiten der Mathematik. Wir können unterscheiden:

1. Die Formalisierung von informalen Konzepten[7]. Diese können z.B. aus Gebieten stammen, in denen Mathematik angewandt wird oder sie können anschaulich gegeben sein (wie die Fragestellung, die Leibniz auf den Funktionsbegriff führte).
   In der Wissenschaftstheorie wird dieser Vorgang nach Carnap als Begriffsexplikation bezeichnet.
2. Es können neue Begriffe (höherer Stufe) innerhalb der formalen Ebene durch Abstraktion gewonnen werden. Als Beispiel hierfür haben wir den Dirichletschen Funktionsbegriff genannt. Hierher gehört auch die Gewinnung abstrakter Strukturen, wie z.B. Ordnungs- und topologische Strukturen.

---

7) Auf der informalen Ebene sprechen wir von Konzepten, um diese von den Begriffen der formalen Ebene zu unterscheiden.

3. Es können Erweiterungen der formalen Ebene durch Hinzunahme neuer Elemente vorgenommen werden. Diese gelten - bis zu einer besseren inhaltlichen Charakterisierung - als "bloß formal". Oft geschieht eine derartige Ausdehnung unter Berufung auf das Prinzip der "Permanenz der formalen Gesetze" (Peacock/Hankel). Wir charakterisieren diese Reaktion durch "Formalismus als Ausweg".

Die verschiedenen Entwicklungsmöglichkeiten und Ebenen, die in der vorliegenden Arbeit betrachtet werden, lassen sich schematisch so darstellen:

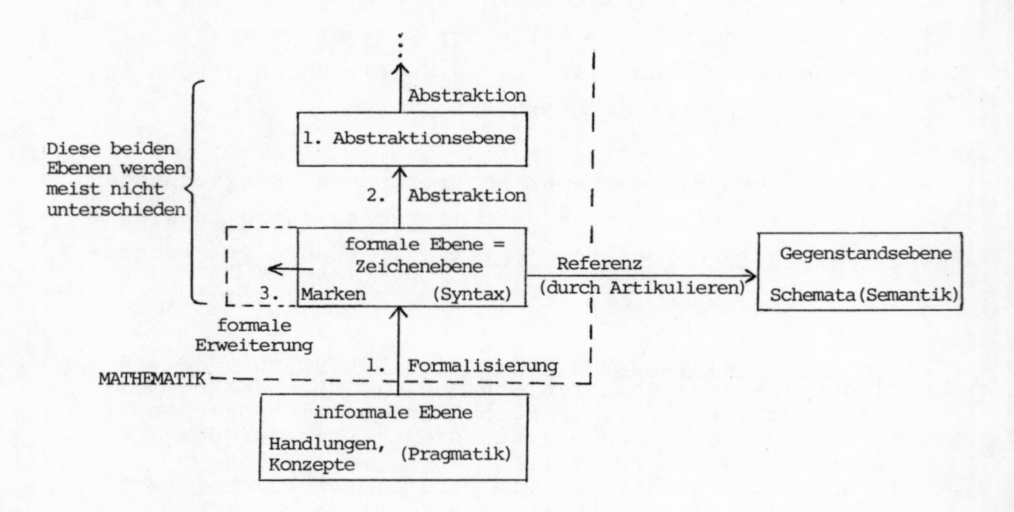

(Die Zeichenebene wird im Weiteren auch als Beschreibungs- oder Sprachebene bezeichnet. Die Ebene der Metamathematik im Sinne Hilberts ist in der obigen Darstellung nicht enthalten. Sie müßte "über" (im räumlichen Sinne) der formalen Ebene angesiedelt werden.)

In der vorliegenden Arbeit werden überwiegend Fragen der Erkennbarkeit der mathematischen Gegenstände untersucht. Dabei spielt das Problem der Seinsweise der genannten Gegenstände, also die Ontologie derselben, eine untergeordnete Rolle. Es muß jedoch beachtet werden, daß ontologische Entscheidungen i.a. Auswirkungen auf die epistemischen Fragen haben.

Folgende Probleme sind deshalb für unsere Untersuchung wichtig:

- Gibt es überhaupt eine separate Gegenstandsebene (oder fällt diese - wie der Formalismus behauptet - mit der Zeichenebene zusammen?).
- Falls es eine separate Gegenstandsebene gibt, welcher Natur sind dann die in ihr enthaltenen Entitäten (z.B. Ideen (Platon) oder mentale Konstruktionen (Brouwer))? (Wir werden die Elemente der Gegenstandsebene neutral als Schemata bezeichnen, die durch Zeichen repräsentiert werden können. Dieser Prozeß wird Artikulation genannt. Im Zuge der Artikulation ist stets eine Aktualisierung erforderlich, also die Herstellung einer Marke zum jeweiligen Zeichen. Wir wollen diese Feinheit i.w. unberücksichtigt lassen und einfach von Artikulation sprechen, wobei die Aktualisierung einbegriffen sein soll.)
- Wie gestaltet sich im letzteren Falle die Beziehung von informaler und Gegenstandsebene?

Die Anschauung kann nun, je nachdem auf welcher Ebene (bzw. zwischen welchen Ebenen) man sich bewegt, in verschiedenen Formen auftreten, die wir terminologisch fassen wollen. Auf der informalen Ebene sprechen wir von (sinnlicher) Wahrnehmung, während wir es auf der Zeichenebene mit Anschauung von Zeichen (= Zeichenanschauung) zu tun haben. Mit letzterer verbunden ist stets die Wahrnehmung der physikalischen Realisierungen dieser Zeichen (wir betrachten in diesem Buch nur dinghafte Zeichen), der Marken, die wir als Markenwahrnehmung bezeichnen. Werden die mathematischen Zeichen als bedeutungsleer aufgefaßt, so erschöpft sich scheinbar die Funktion der Anschauung in der Markenwahrnehmung. Wird jedoch davon ausgegangen, daß die Zeichen der formalen Ebene Bedeutungen besitzen - also Referenzfunktion haben - so stellt sich die Frage, ob diese Bedeutungen ("Schemata") anschaulich erkannt werden können. Hier setzt die Unterscheidung (s. unten) von Ikon und Symbol ein. Da ersteres das artikulierte Schema sinnlich anführt, ist hier die fragliche Erkenntnis möglich ohne Zuhilfenahme begrifflicher Mittel, während diese im Falle des Symboles immer notwendig ist. Die auf Ikone gestützte Erkenntnis ist intuitiv, während diejenige, die Symbole gebraucht, diskursiv ist.

Eine weitere Variante des Anschauungsproblems wird im ersten und zweiten Teil der Arbeit diskutiert: wieweit darf man damit rechnen, daß die Objekte der formalen Ebene Eigenschaften aufweisen, die den informalen Erwartungen, die ja oft anschaulichen Ursprungs sind, entsprechen. Der in semiotischen Betrachtungen geübte Leser wird in unserem Ebenenmodell unschwer die Aspekte Pragmatik (= informale Ebene), Syntax (= formale Ebene) und Semantik (= Gegenstandsebene) wiedererkennen.

Eine pragmatisch-konstruktivistische Position (wie wir sie einnehmen wollen), die letztlich die abstrakten Gegenstände aus Handlungen entspringen sieht (vgl. II 1.4), wird an einem Zusammenhang von Gegenstands- und Handlungsebene, vermittelt durch die Zeichenebene, festhalten. Dadurch zeichnet sich diese Grundlagenposition gegenüber allen anderen, im Rahmen der vorliegenden Arbeit dargestellten, aus. Aus ihrer Sicht spielen Ikone als Zwischenstufe bei der Herausbildung einer autonomen Zeichenebene eine wichtige Rolle. Das allmähliche Sichherauslösen von Symbolen aus ikonischen Repräsentationen wird in der vorliegenden Arbeit an Hand des Raumbegriffes (I 5.3) und der elementargeometrischen Figuren (besonders des Dreiecks - vgl. hierzu III 3 Exkurs) dargestellt. Auch in der Entwicklung des Funktionsbegriffes spielen Zeichenprozesse eine wichtige Rolle (vgl. III 3 Anhang).

Nach diesen mehr allgemein gehaltenen Anmerkungen kommen wir nun zum Inhalt des historisch-systematischen Teils, in dem zuerst die begrifflichen Grundlagen der Diskussionen um die Rolle der Anschauung in der Mathematik geklärt werden sollen. Hierzu muß in erster Linie der Begriff "Anschauung" fixiert werden. Ausgehend von der antiken Einsicht in das Wesen der Mathematik als zeichengestützter Wissenschaft wollen wir Anschauung (innerhalb der Mathematik) als Zeichenhandlung interpretieren.

Einen Zusammenhang von Semiotik und Anschauung hat als erster Helmholtz hergestellt. Da wir nicht auf eine allgemeine Theorie der Anschauung abzielen, kann der problematische Teil der Helmholtzschen These, nämlich daß jede Anschauung - insbesondere die Wahrnehmung - Zeichenhandlungen involviere, ausgeklammert werden. Wir stellen seiner Theorie der Anschauung eine eigene gegenüber, die Anschauung als Anschauung von Zeichen interpretiert. Weil Zeichen schematische Aspekte haben (und zwar sowohl in Form der type/token-Relation bezüglich der Marke[8)] als auch hinsichtlich der Artikulierungsrelation bezüglich des Schemas) gewinnen wir ein Verständnis dafür, daß sich Anschauung nicht in der Wahrnehmung von Singulärem erschöpft.

---

8) Anders gesagt: die Marke selbst ist schon ein Schema, das von seiner Aktualisierung als physikalischer Gegenstand zu unterscheiden ist. Um dies hervorzuheben, spechen wir von der individuellen Marke, oder token, wenn der physikalische Gegenstand gemeint ist. Dieser Aspekt wird allerdings in unseren Untersuchungen von untergeordneter Bedeutung sein.

Es werden dann weitere Termini aus der Semiotik eingeführt wie Marke, Ikon und Symbol[9] und deren Bezug zu Fragen der Anschauung erläutert. Diese Aspekte werden im zweiten und dritten Teil wiederholt aufgegriffen.

Man findet im Abschnitt über den Begriff "Anschauung" auch eine knappe Darstellung der kantischen Lehre von der reinen Anschauung. Es wird gezeigt, wie diese von den Mathematikern (und teilweise Philosophen), die sich an der Diskussion um die Rolle der Anschauung beteiligten, aufgefaßt wurde.

Wir werden verschiedene Arten von Anschauung (innere und äußere, reine und empirische) analysieren und sehen, in welche Bahnen die Lehre Kants die nachfolgende Diskussion gelenkt hat. Die hier angesprochenen Anschauungsarten werden im Schlußkapitel (III 4) mit verschiedenartigen anschaulichen Evidenzen in Beziehung gesetzt werden. Eine ausführliche Kantinterpretation wird nicht gegeben, da wir uns auf die Auswirkungen beschränken wollen, die Kants Auffassung in der genannten Auseinandersetzung hatte.

Das nächste Kapitel erläutert ausführlicher die auf Lakatos zurückgehende <u>Unterscheidung von formaler und informaler Ebene</u>, die an Hand der Entwicklung des Funktionsbegriffes illustriert wird. Es wird zu erklären versucht, warum nach der Entdeckung der Inkongruenz dieser beiden Ebenen der "Formalismus" unverändert beibehalten wurde, die Anschauung aber als mathematische Erkenntnisquelle in Mißkredit geriet.

---

9) Zur Definition dieser Begriffe vergleiche man SCHERER, 1984; Kap. II oder auch ENZYKLOPÄDIE Bd. I und II. Wir machen nicht von allen Feinheiten Gebrauch, z.B. unterscheiden wir nicht scharf zwischen "Symbol" und "Name".

Anschließend wird das Problem der mathematischen Existenz und sein Zusammenhang zum Arithmetisierungsprogramm untersucht. Dabei stellt sich heraus, daß die Arithmetisierung eine "technische" Lösung für Schwierigkeiten anbietet, die zuvor als "inhaltliche" galten. Die Arithmetisierung verspricht, die Anschauung ganz aus der Mathematik herauszudrängen. Dies betrifft in erster Linie die räumliche Anschauung, wie sie in der geometrischen Analysis gebräuchlich war. Da aber[10] Anschauung (trotz Kant) weitgehend mit räumlicher Anschauung identifiziert wurde, konnte die Verdrängung der räumlichen Anschauung als die Elimination jeglicher Anschauung gelten. Nach Abschluß der Arithmetisierung erwies sich jedoch der Zahlbegriff weiterhin als begründungsbedürftig. Das letzte Kapitel des historisch-systematischen Teils dokumentiert die Diskussion, die nach der Entdeckung der Monster entstand. Es enthält eine Darlegung der Argumente von Hahn, der 1933 die "Krise der Anschauung" postulierte. Eng mit Hahns Position verbunden ist das Logisierungsprogramm, das hier als Versuch aufgefaßt wird, auch dem Zahlbegriff eine anschauungsfreie Grundlegung zu verschaffen, womit es als Weiterführung und als Abschluß des Arithmetisierungsprogrammes gelten kann.

Eine Variante hiervon ist der mathematische Strukturalismus, der die Mathematik seit Ende des Zweiten Weltkrieges beherrscht. Nach ihm sind nur die Strukturen für die Mathematik wesentlich. Anschauung liefert, geht man von bereits gegebenen Strukturen aus, Illustrationen, bloße Veranschaulichungen solcher Strukturen.

Zum Abschluß dieses Teils wird die phänomenologisch orientierte Position von Oskar Becker ausführlich diskutiert, der die Leistungsfähigkeit und Bedeutung der Anschauung

---

10) Vgl. Anhang zu I 5.3.

für die Mathematik mit Nachdruck betonte und damit in Gegensatz zu Hahn und dem Logisierungsprogramm trat.

Im dritten Teil werden die beiden Hauptströmungen der mathematischen Grundlagenforschung, der Formalismus, wie er von Hilbert begründet wurde, und der Intuitionismus, der auf Brouwer zurückgeht, untersucht. Es ergibt sich, daß beide Anschauung reduzieren: der Formalist will nur die Wahrnehmung von Marken gelten lassen und reduziert damit Anschauung empiristisch auf Wahrnehmung von Einzelnem; der Intuitionist beschränkt Anschauung auf Reflexion des Denkens auf sein Tun und opfert damit die Intersubjektivität.

Die beiden letzten Kapitel sollen in Ansätzen zeigen, wie Mathematik als zeichenbezogener Erkenntnisprozeß verstanden werden kann. Das geschieht an Hand der Dissertation "Rede en aanschouwing in de wiskunde" von E. Beth. Abschließend wird die Frage nach dem Ursprung der mathematischen Gewißheit gestellt und gezeigt, daß der arithmetischen Evidenz als Ausdruck externer Ikonizität (vgl. III 1.4), wie sie von Formalismus und Intuitionismus beansprucht wird, eine geometrische Evidenz, beruhend auf interner Ikonizität als gleichberechtigte, ebenfalls auf Ikonizität und damit auf Anschauung beruhende Erkenntnisquelle zur Seite gestellt werden kann. Auf diese Weise kann möglicherweise das Problem der Begründung des Kontinuums befriedigend gelöst werden. Es zeigt sich, daß die semiotische Praxis und mit ihr Anschauung als Zeichenhandlung als unverzichtbares Fundament der Mathematik gelten muß. Untersucht wird weiter die Rolle der Anschauung in den verschiedenen Evidenzen, die zur Begründung der Mathematik herangezogen werden. Die Ikone, auf denen die arithmetische und die geometrische Evidenz beruhen, sind unverzichtbare Stufen bei der Herausbildung einer rein symbolischen Mathematik: denn nur an ihnen läßt sich die *Objektkompetenz* erwerben, die als Grundlage für die *Beschreibungskompetenz* der symbolischen Stufe gebraucht wird.

Insgesamt erweist sich die *These vom Versagen der Anschauung* in der Mathematik als *unbegründet*. Ein semiotisch interpretierter Anschauungsbegriff vermag die Probleme, die sich hinsichtlich der Anschauung in der Mathematik ergaben, zu lösen. Es gibt vielfältige anschauliche Evidenzen, die in der Mathematik Verwendung finden können. Der Vorrang der logischen Deduktion erweist sich nicht als einer hinsichtlich der *Gewißheit*, sondern als einer hinsichtlich der *Organisation* des schon vorhandenen Wissens.

Einige Hinweise für den Leser:

Jedem der drei Teile ist eine Zusammenfassung beigegeben, die über seine wichtigsten Ergebnisse informiert. Auch einigen Kapiteln des ersten Teiles sind seperate Zusammenfassungen angefügt. Die Einteilung des Buches besteht in Teilen, Kapiteln und Abschnitten (I 1.2 bedeutet also erster Teil, erstes Kapitel, zweiter Abschnitt). Neben den allgemein in der Mathematik üblichen Symbolen werden die folgenden verwandt:

$\longrightarrow$ bedeutet die *Subjunktion* ("wenn ..., dann ...")

$\prec$ oder —— bedeutet die *Implikation* ("aus ..., folgt ...")

$\Longrightarrow$ ist der *Regelpfeil* ("von ... gehe zu ... über")

ι_x ist der *Kennzeichnungsoperator* ("dasjenige x, für das gilt ...)

λ_x ist der *Funktionsoperator* (bezeichnet die durch Abstraktion, z.B. aus Termen, gewonnene Funktion).

I. Historischer Teil

1. Anschauung und antike Mathematik

Der für unseren Zusammenhang wesentlichste Einschnitt in der Entwicklung der antiken Mathematik ist der Übergang von der thaletischen zur axiomatischen, von Euklid paradigmatisch formulierten Mathematik. Ihren philosophischen Niederschlag fand die neuere Auffassung in den Werken von Platon und Aristoteles.

1.1 Die thaletische Mathematik

Folgende Sätze werden im Anschluß an spätere Quellen (Euklid, Eudemos, Proclus u.a.) Thales von Milet (624-546 a.Chr.) zugeschrieben:

1. Der Kreis wird von jedem seiner Durchmesser halbiert.
2. Die Scheitelwinkel über einer Sehne sind gleich. Der bekannte Thaleswinkel ist hiervon ein Spezialfall.
3. Die Basiswinkel im gleichschenkligen Dreieck sind gleich.
4. Die Diagonalen eines Rechtecks sind gleichlang und halbieren einander.

(Vgl. BECKER, 1957; 38)

Die thalische Geometrie führt ihre Beweise überwiegend mit Symmetriebetrachtungen (έφαρμόξειν). Ihre Grundfigur ist ein Rechteck mit eingeschriebenen Diagonalen um Umkreis (s. Figur 1):

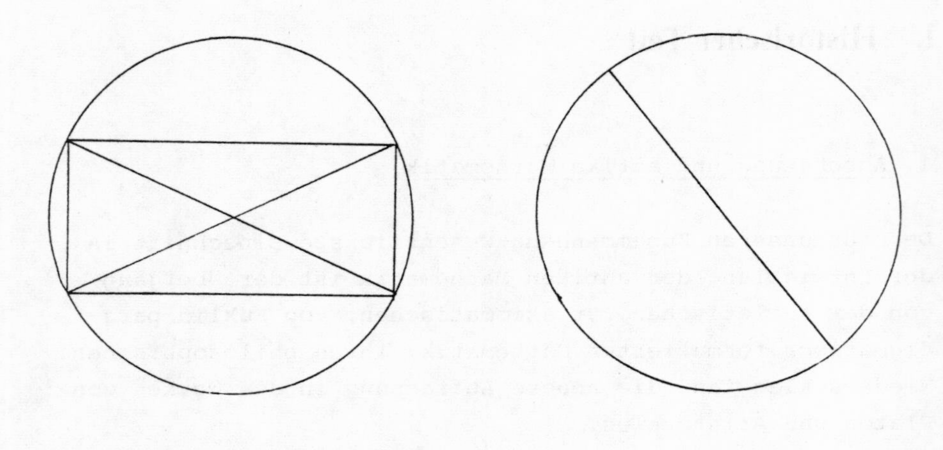

Figur 1 Figur 2

Symmetriebetrachtungen beruhen darauf, daß bestimmte Merkmale von Figuren für gleich erklärt werden, falls es möglich ist, sie vermittels einfacher Bewegungen ineinander überzuführen. Modern gesprochen handelt es sich also um Invarianten bezüglich bestimmter, zuvor auszuzeichnender Bewegungsgruppen. So sind z.B. die beiden Teile eines Kreises, die bei der Teilung vermittels eines Durchmessers entstehen, ununterscheidbar hinsichtlich Form, Winkel etc. (s. Figur 2). Durch Umklappen längs des teilenden Durchmessers lassen sie sich zur Deckung bringen: sie sind (bezüglich der Euklidischen Bewegungsgruppe) kongruent, d.h. gleich bezüglich allen wesentlichen Eigenschaften.

Aus der Gleichheit des Ganzen folgt die Übereinstimmung in allen Teilen: also müssen z.B. die Winkel übereinstimmen. Ähnlich wird ein gleichschenkliges Dreieck durch die Höhe auf die ausgezeichnete dritte Seite in zwei kongruente Teildreiecke zerlegt. Diese müssen wieder in allen Teilen - und damit auch in den Winkeln - gleich sein. Also sind die Basiswinkel des Ausgangsdreiecks ebenfalls gleich. Charakteristisch für die thaletische Mathematik ist, daß ihren Beweisen Herstellungsverfahren zugrundeliegen; sie macht von der Deduktion von Sätzen aus anderen Sätzen kaum Gebrauch.

1.2 Das empiristische Mißverständnis

Die Argumentationsweise Thales' ist später oft als empirisch eingestuft worden: so schreibt z.B. Platon:

"Und also wohl auch, daß sie [die Geometer] sich der sichtbaren Gestalten bedienen und immer von diesen reden, während den eigentlichen Gegenstand ihres Denkens diese nicht bilden, sondern jene, deren bloße Abbilder diese sind. Denn das Quadrat an sich ist es und die Diagonale an sich, um derentwillen sie ihre Erörterungen anstellen, nicht aber dasjenige, welches sie durch Zeichnung entwerfen, und so auch in den weiteren Fällen; eben die Figuren selbst, die sie bildend oder zeichnend herstellen, von denen es auch wieder Schatten und Bilder im Wasser gibt, dienen ihnen als Bilder, mit deren Hilfe sie eben das zu erkennen suchen, was niemand auf andere Weise erkennen kann als durch den denkenden Verstand."

(Der Staat, 510 d - 511 a in der Übersetzung von Apelt)

Platon kritisiert hier die thaletische Mathematik nicht direkt[1]. Die zitierte Stelle ist für uns noch aus einem weiteren Grunde wichtig: hier wird zum ersten Mal deutlich ausgesprochen, daß Mathematik eine zeichenvermittelte Wissenschaft ist. Dieser Aspekt wird allerdings durch das Gewicht

---

1) Deutlicher wird Platons Kritik an der folgenden Stelle: "Ihre [der Geometer] Ausdrücke sind höchst lächerlich und gezwungen: denn als ob sie etwas ins Werk setzten und eine reale Wirkung erzielen wollten, wählen sie alle ihre Ausdrücke: viereckigmachen (quadrieren), beispannen (prolongieren), hinzutun (addieren), und was sie sonst noch alles für Worte im Munde führen; tatsächlich aber ist der eigentliche Zweck dieser ganzen Wissenschaft nichts anderes als Erkenntnis."

(Der Staat, 527 a - 527 b in der Übersetzung von Apelt)

der Ideen bei Platon wieder in den Hintergrund gedrängt. Nach dessen Interpretation sind Spiegeln, Klappen usw. mechanische Vorgänge, die an konkreten Dreiecken vorgenommen werden. Euklid hat dann, wohl unter dem Einfluß dieser Deutung, die Anwendung des Klappverfahrens auf das Nötigste beschränkt (er benützt es z.B. beim Beweis des ersten Kongruenzsatzes SWS). Russell hat darauf aufmerksam gemacht, daß das thaletische Verfahren im Sinne moderner Kongruenzbetrachtungen aufgefaßt werden kann. Diese finden im axiomatischen Aufbau der Geometrie ihren Ausdruck in den auf Pasch und Hilbert zurückgehenden Kongruenzaxiomen. In einem gruppentheoretischen Aufbau nach Klein hingegen ergibt sich der Kongruenzbegriff aus der jeweiligen Bewegungsgruppe.

Mittelstraß (in MITTELSTRASS, 1974: 29 - 55) hat im Anschluß an Dingler und Lorenzen auf eine andere Interpretation aufmerksam gemacht. Danach ist der Gegenstand des Klappverfahrens nicht etwas der konkrete, gezeichnete Kreis; vielmehr konstituiert erst das Verfahren den Gegenstand als "ideative Norm" (Lorenzen). Hierzu schreibt Mittelstraß:

"Thales hätte demnach seine Sätze durch Symmetriebetrachtungen bewiesen, die ihrerseits nicht als Sätze auftreten, sondern unmittelbare, am Objekt gewonnene Einsichten - nämlich daß bestimmte Homogenitätsforderungen am Objekt erfüllt sind - darstellen."

(MITTELSTRASS, 1974; 36)

Der Ursprung der "ideativen Normen" läge demnach in der Praxis, in welche durch das Klappverfahren Symmetrien als Zeicheninvarianzen eingeführt werden. Die anfangs <u>mechanische Praxis</u> wird so zu einer <u>semiotischen</u>: die gezeichneten Figuren stehen in Zeichenrelation mit den durch sie bloß angedeuteten geometrischen Gebilden.

Das Objekt des Klappverfahrens, etwa das gleichschenklige Dreieck, verhält sich zum gezeichneten Dreieck - seiner

"Marke" - ähnlich wie ein ideales - mit dem wesentlichen Unterschied aber, daß seine Existenz nicht hypothetisch angenommen werden muß, sondern sich handlungstheoretisch begründen läßt.

Die thaletische Auffassung ist somit weitgehend logikfrei (insofern keine Sätze aus anderen Sätzen abgeleitet wurden). Sie beschreibt ein anschauliches Verfahren, das auf der erfolgreichen Zeichenkonstitution auf Grund von anschaulichen Manipulationen beruht. Erste Ansätze einer Logik finden sich natürlich bei Thales in Schlüssen wie: zwei Dinge, die als ganze übereinstimmen, müssen dies auch in sämtlichen Teilen tun.

Der Übergang von Thales zu Euklid bedeutet somit den Übergang von logikfreier, anschauungsbezogener Elementargeometrie zum axiomatisch-deduktiven System, das neben Axiomen zusätzlich noch gewisse logische Schlußregeln voraussetzen muß. Wissenschaftstheoretisch reflektiert finden wir diesen Übergang im auf Seite 3 wiedergegebenen Platonzitat.

Als Motiv für diese Entwicklung läßt sich nun das empirische Mißverständnis Thales' benennen: indem dessen Beweismethode als nur empirisch verstanden wurde, setzte man sie bekannten Einwürfen aus, wie sie maßgeblich von Protagoras formuliert worden waren. Als Reaktion auf diese ist Platons Interpretation der geometrischen Gegenstände als Ideen zu sehen ("Geometrie als Schauen wesenhaften Seins" - der Staat, 527 a). Von großer Bedeutung war die Sicherung der Grundlagen der Geometrie, um deren Anwendungen z.B. in der Geodäsie (Eudoxos) abzusichern: waren ihre Sätze bloße Erfahrungssätze, so blieb deren Zuverlässigkeit stets fraglich. Waren sie jedoch Aussagen über immaterielle Ideen, so mußte unklar bleiben, wie es möglich war, daß sie in der Praxis angewandt werden konnten, um so mehr als - wie

Protagoras immer wieder betonte - sie von realen Gegenständen überhaupt nicht erfüllt werden konnten. Hier stellte sich erstmals das Anwendungsproblem: eine adäquate Philosophie der Mathematik sollte die Anwendbarkeit der Mathematik in der Naturbeschreibung begründen können.

Die thaletische Mathematik löste ihre babylonischen und ägyptischen Vorläufer ab. Auf Grund des in ihr erstmals auftretenden Beweisbedürfnisses mußten bewährte Rezepte der Überlieferung (z.B. die Verfahren zur Berechnung von Pyramiden- und Kegelstümpfen) verworfen werden. Der Bestand an Sätzen wurde vermutlich gründlich revidiert. Anders verhielt es sich bei der nächsten Revision der Prinzipien - beim Übergang von der thaletischen zur axiomatischen Mathematik: die von Thales mit Hilfe des Klappverfahrens gewonnenen Sätze erwiesen sich auch in der euklidischen Mathematik als gültig. Sie wurden lediglich anders begründet: hier Deduktion aus Axiomen mit Hilfe logischen Schließens, dort "Ablesen" an Hand schematischen Operierens. Die Anschauung hatte nicht getrogen!

1.3 Antike Arithmetik

Derartige Grundlegungsprobleme stellten sich der Arithmetik in der Antike nicht: die Zahlen waren nie Gegenstand eines empiristischen Mißverständnisses. Es war von Anfang an klar, daß die Zahlzeichen eigens "erfunden" worden waren, um den Zählprozeß zu symbolisieren: sie wurden nicht mit einem konkreten Zählakt identifiziert. Hierbei hat sicher die Tatsache eine Rolle gespielt, daß schon in der Antike verschiedene Symbolsysteme für Zahlen bekannt waren.

Der konventionelle Aspekt der Zahlzeichen war unübersehrbar.

Die natürlichen Zahlen (andere Zahlenarten wurden innerhalb der Arithmetik nicht zugelassen - vgl. HANKEL, 1874; 389 und GERICKE, 1970; 24) wurden geometrisch interpretiert als Längen von Strecken. Rationale Zahlen tauchten in Gestalt von Verhältnissen auf. Die Entsprechung Zahl/geometrische Größe verlor mit der Entdeckung des Inkommensurablen an Überzeugungskraft: diese schien auf ein krasses Mißverhältnis von Geometrie und Arithmetik hinzudeuten[2]. Die Diagonale eines Quadrats oder eines Pentagramms war geometrisch betrachtet absolut nichts Auffälliges; ihre Maßzahl hingegen verhielt sich sehr merkwürdig.

Diese Diskrepanz zieht sich durch die gesamte antike Mathematik hindurch; sie führte vermutlich dazu, daß Geometrie und Arithmetik streng getrennt behandelt wurden.[3]

---

2) Vgl. hierzu die Ausführungen zur Zahlengerade in III 4.

3) "... so gehört doch diese Idee der stetigen Zahlenreihe, der Zahlengröße, wie ich es nenne, zu den wichtigsten Errungenschaften der neueren Mathematik gegenüber dem gesammten Altherthum, dem, so weit wir es kennen, die beiden Begriffe der Zahl und der Größe völlig getrennt neben einander standen."

(HANKEL, 1874; 113 f.)

Als Beleg für seine Behauptung führt Hankel an, daß Euklid separat eine geometrische und eine arithmetische Proportionenlehre entwickelt (im V. bzw. VII. Buch der "Elemente").

Vgl. auch das folgende Zitat aus Aristoteles'Analytica posteriora, I, 7, 75 a:

"Es ist folglich nicht möglich in der Art zu beweisen, daß man von einer Gattung zu einer anderen übergeht, wie etwa Geometrisches durch Arithmetik. ... Bei dem aber, was die Gattung verschieden hat, wie die Arithmetik und die Geometrie, ist es nicht möglich, den arithmetischen Beweis auf die Eigenschaften der Raumgrößen zu übertragen, wenn nicht die Größen Zahlen sind, und wie dieses bei manchen Größen der Fall sein kann, wird weiter unten erklärt werden."

(Zweite Analytik, 1. Buch, 7. Kapitel 75 a - 75 b; in der Übersetzung von Rolfes)

1.4 Das Verhältnis von Geometrie und Arithmetik

Offensichtlich war die Entsprechung von Geometrie und Arithmetik nicht so ausgeprägt, wie es zunächst ausgesehen hatte. Es stellte sich daher die Frage, welcher Disziplin der Vorrang gebühre. Unter dem Aspekt der Grundlegung und auf dem Hintergrund der platonichen Philosophie schien die Sachlage klar zu sein: die Zahlen entsprachen von Anfang an eher dem Ideal der körperlosen, bloß gedanklichen Gegenstände (διάνοια), wie es in der eleatischen Tradition überliefert wurde. Im Gegensatz dazu mußten die Gegenstände der Geometrie erst durch Idealisierung gewonnen werden - und waren somit schwieriger zugänglich[4]. (Wir haben es bei Zahlzeichen und gekennzeichneten Figuren mit der Differenz von symbolischer und ikonischer Repräsentation zu tun, die uns noch mehrfach beschäftigen wird.)

Ontologisch betrachtet gehörte der Arithmetik der Vorrang. In diesem Sinne äußerte sich der Kommentator Proclus in seinem neuplatonischen Euklidkommentar im 5. Jhd. p. Chr.:

> "Daß nun die Geometrie ein Teil der gesamten Mathematik ist und daß sie die zweite Stelle einnimmt nach der Arithmetik.. ist schon von den Alten dargelegt worden und bedarf gegenwärtig keiner breiten Ausführung."
>
> (PROCULUS, In Euclidem, 48; Übersetzung von A. Szabo in SZABO, 1969; 418)

Durch den notwendigen Idealisierungsprozeß ist die Geometrie ständig der Gefahr ausgesetzt, als Naturwissenschaft

---

4) "Daß nun die Zahlen von der Materie freier und reiner sind als die Raumgrößen und daß das Prinzip der Zahlen einfacher als dasjenige der Größen ist, ist jedem klar."

(PROCLUS, In Euclidem, 95; Übersetzung von A. Szabo In SZABO, 1969; 418)

mißverstanden zu werden. Es ist einfacher, eine Zahl von ihrer Repräsentation durch eine Strecke zu unterscheiden, als ein ideales Dreieck von einem gezeichneten[5]. Also müssen die Zahlen - wenn sie schon keine reinen Ideen sind[6] - diesen doch sehr nahe kommen.

Legt man den platonisch-eleatischen Standpunkt zugrunde, so stellt sich die Entwicklung der antiken Mathematik folgendermaßen dar:

1. Ursprünglich war Geometrie (etwa als Teil der Geodäsie) eine empirische Wissenschaft. Ihre Sätze waren dem Reich von Werden und Vergehen zugehörig. Dies schon deshalb, weil Geometrie Wissenschaft vom Raum war, und Raum nach eleatischer Ansicht nur sinnlich wahrnehmbar, nicht aber widerspruchsfrei denkbar war. (Man denke etwa an Zenons Paradoxien der Bewegung und an Parmenides' Verdikt des Raumes.): <u>vorthaletisches Stadium</u>.

2. Der nächste Abschnitt wird eingeleitet durch den Versuch, eine Raumauffassung mit Hilfe der Abstraktion von räumlichen Gegenstanden zu gewinnen, also unter Ausschaltung konkreter sinnlicher Wahrnehmungen: <u>thaletisches Stadium</u>. Geometrie wird beweisend.

3. Die Geometrie wird weiter von anschaulichen Elementen "gereinigt" - z.B. von den Bewegungen. Die Grundbegriffe des axiomatischen Aufbaus sollen anschauungsfrei definiert werden: so interpretiert Heath Euklids Definition der Geraden als einen Versuch, ohne Bezug

---

5) "Aber die Unterscheidung des 'Bloß-Gedachten' (was wirklich wichtig ist) und des 'Sichtbaren' (was nur untergeordnete Bedeutung haben darf) ließ sich in Geometrie doch nicht so leicht durchführen wie in der Arithmetik."

(SZABO, 1969; 197)

6) Man vergleiche hierzu die bekannte Stelle im "Staat", 6. Buch, 509 c ff.

auf Wahrnehmungen auszukommen (die ursprüngliche Definition lautete: eine Gerade entsteht durch Fließen eines Punktes - die euklidische dagegen: eine Gerade ist eine Länge ohne Breite). In diesen Zusammenhang gehört auch Platons Bestimmung des Raumes als ἄπειρον : euklidisches Stadium.

4. Im Gegensatz zur Arithmetik gestaltete sich die Suche nach einem "Anfang" in der Geometrie schwierig: was sollte an die Stelle der "Einheit" der Algebra treten? Der Raum war ja - zumindest prinzipiell - beliebig fein unterteilbar - somit gab es kein letztes "Allerkleinstes". Ähnliche Probleme ergaben sich bei der Zugrundelegung von "Bewegung". Der algebraischen Einheit konnte keine Quantität in der Geometrie entsprechen.

Szabo schließt aus dieser Entwicklung:

"Ich glaube also, daß der systematisch-theoretische Aufbau der Mathematik durch die Probleme der Geometrie ins Leben gerufen wurde. Wohl läßt sich die Lehre der Eleaten viel leichter auf die Arithmetik und nicht auf die Geometrie anwenden. Und darum galt auch für die Griechen die Arithmetik als die vornehmere, höher gestellte Wissenschaft, welcher die Geometrie nur folgen könne. Aber das war nur eine theoretische Einordnung der beiden Disziplinen nach Rangstufen. Euklids Mathematik ist dennoch vorwiegend Geometrie; auch die Arithmetik erscheint bei ihm in geometrieschem Gewand. Das ist die natürliche Konsequenz dessen, daß die Auseinandersetzung mit der eleatischen Philosophie hauptsächlich durch geometrische Probleme veranlaßt und in der theoretischen Grundlegung der Geometrie vollzogen wurde."

(SZABO, 1969; 434 f.)

Szabo versucht also zweierlei aus der geschilderten Entwicklung abzuleiten: einmal die Ausprägung der axiomatisch-deduktiven Methode als Reaktion auf die Unsicherheit der Grundlagen der Geometrie; und zum anderen die

Dominanz der Geometrie über die Arithmetik.[7)]

Exkurs: Zwei Aspekte von "Begründen"

Im Zusammenhang mit der antiken Mathematik haben wir bislang in zweierlei Sinn von "Begründen" geredet:

- "Begründen" meint einmal soviel wie "Auskunft geben über den ontologischen Status der mathematischen Gegenstände": $begründen_1$.

- "Begründen" meint andererseits "eine mathematische Theorie axiomatisch-deduktiv aufbauen": $begründen_2$.

Wichtig ist dabei, zu beachten, daß diese beiden Arten von Begründen nichts füreinander beinhalten müssen: ein axiomatisch-deduktiver Aufbau gibt nicht notwendig Auskunft über den ontologischen Status, und eine derartige Auskunft impliziert noch nichts über die Form der aufzubauenden Theorie. (Durch Euklids Versuch, seine Grundbegriffe zu definieren, wird in seinem Entwurf ein Zusammenhang zwischen diesen beiden Aspekten hergestellt.) Je nachdem welchen Sinn man "begründen" beilegt, verändert sich das Verhältnis von Geometrie und Arithmetik. Im Sinn von $begründen_1$ war die Arithmetik überlegen, denn die Natur

---

7) Die Paradoxie, daß die griechische Mathematik trotz des ontologischen Vorrangs der Arithmetik hauptsächlich Geometrie war, bezeichnete Reidemeister als das "Kernproblem der griechischen Mathematik":

"Wie ist es zu erklären, daß eine Entwicklung, welche so nachdrücklich die Zahlen in den Mittelpunkt der wissenschaftlichen Aufmerksamkeit rückte, ihren endgültigen Niederschlag in einem Werk findet, das vorwiegend der Geometrie angehört und die Griechen viel eher als anschauungsfreudige Geometer denn als Arithmetiker erscheinen läßt?"

(REIDEMEISTER, 1972; 15)

der Zahl schien unproblematisch. Sieht man von der Einführung der komplexen Zahlen[8] ab, so finden wir die nächsten Fortschritte bezüglich des Zahl<u>begriffs</u> (also nicht hinsichtlich der Zahl<u>darstellung</u>) erst gegen Ende des 19. Jahrhunderts: Nachweis der Transzendenz von π (Lindemann, 1882) und von e (Hermite, 1873), arithmetische Konstruktion der reellen Zahlen (Dedekind, Weierstraße, Cantor-Méray um 1870) und Axiomatik der natürlichen Zahlen (Peano, 1889). Näheres findet sich im Abschnitt über Arithmetisierung[9].

Die Geometrie blieb im Sinne von begründen$_2$ der Arithmetik rund zwei Jahrtausende überlegen. Der Aufbau, den Euklid ihr gegeben hatte, galt während dieses gesamten Zeitraumes als vorbildlich: selbst Gauß strebte nach dem "rigor antiquus". In Hankels Worten wird der ungeheuere Einfluß Euklids deutlich:

"Noch mehr aber als für den Inhalt ist Euklid's Werk für die <u>Form</u> der Geometrie das klassische Vorbild gewesen. Man kennt diese einfache, strenge Form der Darstellung, welche von wenigen, der Anschauung entnommenen Definitionen und Grundsätzen durch strenge Schlüsse von Stufe zu Stufe fortschreitet. In Bezug auf die Reinheit dieses logischen Verfahrens ist Euklid immer und mit Recht als ein klassisches, fast unerreichbares Muster anerkannt worden und hat früher vielfach zur Exemplification der sogenannten formalen Logik dienen müssen."

(HANKEL, 1874; 385)

Im gleichen Sinn schreibt Cauchy im Vorwort zu seinem "Cours d'Analyse" (1821):

"Was die Methoden anbelangt, so habe ich versucht, diese so streng zu fassen wie die Geometrie... ."

---

8) S. hierzu I 3.1.

9) S. hierzu I 5.

Diese Liste an Belegen ließe sich fast beliebig verlängern (man vergleiche auch das Zitat Freges im Abschnitt über Strenge I 5.4).

Zusammenfassung:

Die Arithmetik war, da der Status der Zahlen nie dem empiristischen Mißverständnis ausgesetzt war, hinsichtlich ihrer Begründbarkeit im Sinne von begründen_1 der Geometrie überlegen. Dieses Defizit regte nach Szabo die Entwicklung der Geometrie zu einer axiomatischen Theorie an. Die Arithmetik blieb danach als theoretische Disziplin weitgehend unselbständig an ihr geometrisches Modell gebunden.

1.5 Die normative Funktion von Anschauung

Normativ wirkt Anschauung[10)] insofern, als sie eine Begrenzung der mathematischen Objekte auf das anschaulich Mögliche verlangt. In der antiken Mathematik wird diese Forderung - welche meist nur implizit erhoben wird - fast ohne Ausnahme beachtet. Beispielsweise beschränkte man sich ganz auf den dreidimensionalen Bereich. Das gilt nicht nur für die Geometrie, sondern auch für die Arithmetik, in der Quadratzahlen immer als Maßzahlen von Flächen, Kubikzahlen als Rauminhalte aufgefaßt wurden. Letztlich war hier also die Raumanschauung normierend wirksam. Die einzige Ausnahme hiervon bildet Diophant (300 p. Chr.), der in seiner

10) Dem Terminus "normative Funktion der Anschauung" übernehmen wir von Hans Reichenbach (REICHENBACH, 1977; 51), ohne jedoch dessen Intentionen in allen Punkten zu folgen.

Algebra nicht nur quadratische und kubische Gleichungen betrachtete, sondern noch höhere Potenzen zuließ (bis zur sechsten - vgl. TROPFKE, 1933; 132 ff.). Diese Bildungen waren "ohne geometrische Repräsentationen" (HANKEL, 1874; 158). Negative Zahlen hingegen lehnte Diophant als unbrauchbar ab (nach HANKEL, 1874; 158)[11].

1.6 Der Status der mathematischen Gegenstände nach Platon und Aristoteles

Platon: Ihren philosophischen Ausdruck fand die Entwicklung der Mathematik von Thales zu Euklid in den bereits zitierten Äußerungen Platons in der "Politeia" (vgl. 1.3) über die Seinsweise der mathematischen Gegenstände. Selbstverständlich kannte Platon nicht die "Elemente" des Euklid, wohl aber deren Vorläufer von Leon, Hippokrates und Theudios, der als sein Schüler bezeichnet wird (BECKER, 1975; 95 f.). Platon macht deutlich, daß die Gegenstände der Mathematik nicht sinnlich-konkret sind. Sie stehen den Ideen nahe, insofern sie unveränderlich und regelmäßig sind, unterscheiden sich aber von diesen, indem sie Vielfalt und Bewegung zeigen. Deshalb sind sie dianoetischer Natur. Es erhebt sich die Frage, wie unter diesen Bedingungen die mathematischen Gegenstände zugänglich sind, insbesondere wie Mathematik erlernbar ist. Platons Antwort findet sich an der bekannten Stelle des Dialogs "Menon" (82 b - 85 b): mathematische Erkenntnisse sind uns durch Anamnesis möglich, d.h. durch Wiedererinnerung an die Schau (!) dieser Ideen in früheren Leben. Den konkret-sinnlichen Gegenständen bleibt nur die Funktion mnemotechnischer Hilfsmittel: sie helfen unserem Erinnerungs-

---

11) Zur Entwicklung des Zahlenbegriffes vergleiche man GERICKE, 1970 - hier vor allem Kapitel 3.

vermögen "auf die Sprünge" (heuristische Funktion von Anschauung).

Eine semiotische Rekonstruktion der platonischen Anamnesis wäre die folgende: Ein Gegenstand wird nicht einfach als er selbst genommen, sondern als Marke einer Zeichenhandlung. Erinnerung spielt hier insofern eine Rolle, als das durch die Marke artikulierte Schema beherrscht ("erinnert") werden muß.

In einem ersten Schritt zur Erkenntnis ist es erforderlich, das Vorurteil zu beseitigen, das da meint, die sinnlichen Dinge seien identisch mit den Ideen. Sokrates führt uns den Weg zum Wissen an Menons Sklaven vor. Die Anamnesis ist ihrem Wesen nach nicht kontrollierbar: nur der Lehrende, der von vorne herein weiß, wie das richtige Ergebnis lautet, kann den Erfolg des Verfahrens feststellen. Insofern muß sie als <u>dogmatisch</u> bezeichnet werden.

Als Konsequenz ihrer Hypostasierung zu Ideen begründet Platon die Erkennbarkeit der mathematischen Gegenstände durch Rückgriff auf die metaphysische Instanz des Vorlebens. Konkretes Dreieck und ideales Dreieck verhalten sich wie Urbild und verzerrtes Abbild. Die Hebammenkunst des Lehrenden[12)] ist verantwortlich dafür, daß der Lernende trotz vielfacher Entstellung durch den konkreten Gegenstand an das Richtige erinnert wird. Dazu muß er das erreichte Ergebnis immer wieder mit dem Urbild vergleichen. Als Charakteristika der Mathematik bei Platon können wir festhalten:

1. Ihre Gegenstände sind idealer (genauer: dianoetischer) Natur; Mathematik ist somit eine theoretische Wissenschaft.

---

12) Zur "Mäeutik" vgl. "Theaitet" 148 d - 151 d.

2. Sie ist auf dem Wege der Anamnesis erlernbar.

Aristoteles: Einen anderen Weg beschritt Aristoteles: nach seiner Auffassung werden die geometrischen Gegenstände durch Aphairesis gewonnen. Die übliche Übertragung von Aphairesis lautet "Abstraktion". Inhetveen hat sich mit dieser Übersetzung auseinandergesetzt (INHETVEEN, 1983; 21 ff.) und sie als unzweckmäßig zurückgewiesen, da sie zu Verwechslungen Anlaß gibt (s. unten). Er behält deshalb den aristotelischen Terminus bei und interpretiert "Aphairesis" als Absehen von Realisierungsmängeln:

Der Prozeß der Aphairesis trägt einen Doppelcharakter:

- das "Absehen" führt zur Konzentration auf das Wesentliche,

- er führt aber auch zum Aufsteigen zum Allgemeinen.

(Diese beiden Aspekte finden sich auch in Lorenzens Abstraktionstheorie wieder: die Einklammerung tritt uns hier als Betrachtung nur derjenigen Aussagen entgegen, die unter der gegebenen Äquivalenzrelation invariant sind; dem Aufstieg zur Allgemeinheit entspricht der Übergang zu Äquivalenzklassen. Ein interessanter "Vorläufer" dieser Theorie findet sich bei WEBER-WELLSTEIN, 1905; II 128 ff. - vgl. LORENZEN, 1974). Bei Aristoteles verlieren die mathematischen Objekte ihre Eigenständigkeit: sie sind stets vom sie hervorbringenden Prozeß abhängig. Jedes Mathēma wird so begriffen als mögliche, aber nie restlos verwirklichte Form - oder wie Lorenzen früher formuliert hat : als "ideative Norm". Ein Abschluß dieses Vorgangs würde die Wirklichkeit des Unendlichen - also die Existenz des Aktual-Unendlichen - bedeuten, was Aristoteles bekanntlich energisch zurückgewiesen hat. Es gelingt Aristoteles so ohne "Zweiweltentheorie" auszukommen: die mathematischen Gegenstände gehören nicht dem Reich der Ideen an, sind aber dennoch nicht mit empirischen Gegenständen identisch. Vielmehr müssen sie stets aufs Neue gewonnen werden. J. Mittelstraß charakterisiert die Problemlage so:

"Die Reflexion, und das wird gerade in dieser Diskussion [Platon/Aristoteles] besonders deutlich, entbehrt noch der methodischen Sicherheit, die dazu nötig ist, um sozusagen jenseits von Empirismus und Hypostatisierung, oder auch nur der Befürchtung, in eines dieser Extreme zu fallen, im Sprechen über die Idealität geometrischer Gegenstände Homogenitätsforderungen an wirkliche Gegenstände zu sehen."

(MITTELSTRASS, 1974; 49 f.)

Bezogen auf die spätere Entwicklung der Philosophie der Mathematik wird von Platon diejenige Richtung vorbereitet, die den mathematischen Gegenständen eine vom erkennenden Subjekt unabhängige Seinsweise zugesteht und für die Bernays den Namen "Platonismus" geprägt hat. Schwieriger fällt die Einordnung von Aristoteles: Oskar Becker sieht in ihm einen Wegbereiter des Nominalismus, den er - soweit es die Mathematik angeht - als Formalismus interpretiert, der in letzter Konsequenz wieder in einen Platonismus münden kann (etwa bei Heinrich Scholz). Aber auch Konstruktivisten sehen Aristoteles als ihren Vorläufer an (dies wird in dem bereits zitierten Aufsatz von Mittelstraß deutlich).

"Man sieht: zwar kommt die Selbständigkeit (Substantialität) der metaphysischen Gegenstände den bloß abstrahierten mathematischen nicht zu, trotz ihrer Differenz besteht aber wegen der Gemeinsamkeit ihres formalen Charakters eine Verwandtschaft zwischen allgemeiner Mathematik und allgemeiner Ontologie, was später zur Bildung der Idee einer 'Mathesis universalis' beigetragen hat."

(BECKER, 1959; 89)

Zusammenfassung:

Die Begründung der Mathematik erfolgt bei Platon auf der Basis seiner Ideenlehre. Anschauung wird dabei "entsinnlicht" zu einer "intellektuellen Anschauung", die den Kern der Anamnesis ausmacht. Im Gegensatz zu ihr ist jede sinnliche Anschauung trügerisch und irreführend. Aristoteles hingegen ist bestrebt, eine Brücke zwischen anschaulichen und mathematischen Gegenständen zu schlagen. Diese ist der Prozeß der Aphairesis. Offen bleibt aber die Frage, wie dieser Prozeß genau abläuft, insbesondere wie er kontrolliert werden kann.

2. Anschauung und Mathematik in Zeitalter Descartes'

Einen besonderen Einschnitt in der Entwicklung des Verhältnisses von Mathematik und Anschauung stellt das Aufkommen der analytischen Geometrie dar. Mit ihr begann die Vorherrschaft der Arithmetik.

2.1 Die Entstehung der analytischen Geometrie

Die wichtigsten Entwicklungen der mittelalterlichen Mathematik fanden außerhalb Europas, meist in Vorderasien statt. Das größe Verdienst der arabischen Mathematik besteht in der Entfaltung der bescheidenen Ansätze der Antike in Algebra und Arithmetik. Als wichtigste Errungenschaften dieser Epoche werden genannt:

- die Entdeckung der Zahl Null,

- die Entwicklung einer symbolischen Algebra (vor allem durch den Andalusier Alquasadi).

(Vgl. GERICKE, 1970; 45)

Zur Zeit Descartes war die Algebra (dieses Wort ist übrigens auch arabischen Ursprungs) zu einem effizienten Hilfsmittel ausgebaut worden. Das Rechnen mit rationalen Zahlen war vollständig entwickelt. Allerdings war das verwendete Symbolismus oft noch schwerfällig: so benützt Descartes z.B. Balken anstatt Klammern - was in den neueren Ausgaben meist stillschweigend geändert wird - und das Zeichen "$\propto$" für " = ". Einzelheiten findet man in TROPFKE, 1933; 26 und 30 f. sowie bei CAJORI, 1928; Vol. I.

Viète markierte geometrische Figuren mit Buchstaben (etwa A, B, C für die Ecken eines Dreiecks). Ihre konsequente

Ausarbeitung fand diese "analytische" Methode erst durch Fermat und Descartes, die sich den Ruhm der Erfindung der analytischen Geometrie teilen. Allerdings dürfen die Verdienste der Vorgänger nicht unterschätzt werden[13].

Descartes beschäftigt sich hauptsächlich mit ebenen algebraischen Kurven. Um diese zu studieren, führt er für jede Kurve, die er betrachtet, gesondert ein Koordninatensystem ein: das ist insofern vorteilhaft, als er dann den Ursprung z.B. immer in den Scheitel der Kurve legen kann. Öfter führt er auch schiefwinklige Koordinaten ein. Auf dieser Stufe wird das Koordinatensystem nur zum Zwecke der algebraischen Beschreibung für die Kurve verwendet - ähnlich wie man sich manchmal vorstellt, als zweidimensionale Wesen auf einer Fläche entlangzulaufen (beispielsweise ist diese Vorstellung von Nutzen, um die antike Beschreibung einer Geraden als Linie zu verstehen, deren Mitte ihr Ende verdeckt). Die Übersetzbarkeit geometrischer Probleme in analytische (besser wäre es wohl zu sagen in algebraische - zur Problematik dieser Bezeichnungsweise s. KLINE, 1972; 312 - 324) wird zu Beginn des ersten Buches der "Géometrie" motiviert: jede algebraische Operation (Descartes nennt Addition, Substraktion, Multiplikation, Dividion und Radizieren) mit Zahlen läßt sich geometrisch mit Hilfe von Größen ausdrücken (etwa die Addition durch Aneinanderfügen der entsprechenden Strecken).

Die antike Zuordnung natürliche Zahl/Vielfaches der Einheitsstrecke wird kommentarlos übernommen; insbesondere

---

13) Für historische Details s. KLINE, 1972; chap. 15 und BOYER, 1956; chap. V sowie MAINZER, 1980; Abschnitt 4.1.

wird über die "Zwischenräume" zwischen zwei natürlichen Zahlen auf einem Zahlenstrahl nichts gesagt[14]. Ansonsten beurteilt der große Rationalist die antike Mathematik eher kritisch:

"Hier bitte ich euch, beiläufig bemerken zu wollen, daß das Bedenken der Alten gegen den Gebrauch von Bezeichnungen der Arithmetik in der Geometrie (das nur daraus entspringen konnte, daß Ihnen der Zusammenhang dieser beiden Disziplinen nicht hinreichend klar geworden war), eine gewisse Dunkelheit und Schwerfälligkeit des Ausdrucks verursachte,..."

(DESCARTES, 1637; 9)

Allerdings wird der angesprochene Zusammenhang auch von Descartes nicht weiter aufgeklärt[15].

Die Vorteile der cartesischen Methode liegen auf der Hand: geometrische Probleme lassen sich fortan in algebraische übersetzen und eventuell lösen (z.B. wird die Frage nach dem Schnittpunkt einer Kurve mit der Abszissenachse übersetzt in die Aufgabe, einen Wert der unabhängigen Variable zu finden, für den die entsprechende Funktionsgleichung null ergibt). Damit wird die Aufgabe "analysierbar"[16].

---

14) "Von einer existentiellen Setzung aller reellen Zahlen ist zunächst keine Rede - auch nicht etwa bei Descartes anläßlich seiner Einführung der Koordinaten. Denn auch Descartes sucht doch nur das geometrische Analogon zu den elementaren arithmetisch-algebraischen Operationen (...). Von transzendenten Zahlen ist außer π nur noch e bekannt, und zwar ebenso wie π geometrisch definiert, mittels des Hyperbelinhaltes (NICOLAUS MERCATOR Logarithmotechnica, 1667)."

(BECKER, 1927; 589)

15) An anderer Stelle (Oeuvres, tome 6, Ed. Tannéry; p. 386) findet sich eine etwas ausführlichere Erläuterung: "Prenant sucessivement infinies divers grandeurs pour la ligne y, on en trouvera aussi infinies pour la ligne x, et aussi on aura une infinité de divers points tels que celui qui est marqué C pour les moyens desquels on décrit la ligne courbé démandée."

16) Interessante Erörterungen zu diesem Begriff finden sich bei HANKEL, 1874; 137-150. Eine ausführliche Darlegung des antiken Verständnisses des Begriffspaares analytisch/synthetisch gibt LAKATOS, 1982.

Hier stoßen wir auf die Wurzel des Namens "analytische Geometrie". Zugleich wird eine größere Allgemeinheit erreicht: so braucht man z.B. in der Dreieckslehre nicht mehr zu unterscheiden, ob der Schnittpunkt der Höhen innerhalb oder außerhalb des gegebenen Dreiecks sich befindet. Am bedeutsamsten war jedoch die mit der analytischen Methode verbundene Quantifizierung des Kontinuums: auf diese Weise wurde der Weg für die Anwendung der neuen Geometrie in den Naturwissenschaften geebnet. Jeder Fortschritt der letzteren bedeutete einen Pluspunkt für die Koordinatenmethode. Es ist also nicht erstaunlich, daß diese Erfindung innerhalb kurzer Zeit zu einer völligen Umkehrung des Verhältnisses von Geometrie und Arithmetik führte. Die nun entstehende Vorherrschaft der Arithmetik wurde 150 Jahre später durch die Infinitesimalrechnung endgültig besiegelt.

Der Aspekt der Vereinheitlichung und die Tatsache, daß die analytische Methode gewissermaßen einen Algorithmus bereitstellte, waren für Descartes von größter Bedeutung: so diente ihm die Koordinatengeometrie als Paradigma der von ihm geforderten umfassenden Methode des Vernunftsgebrauchs (die "Géométrie" bildete bekanntlich den Schlußteil des "Discours").

Die analytische Geometrie schuf die Voraussetzungen zur Verdrängung der Raumanschauung aus der Geometrie[17)]. Die Mathematiker der Antike hatten ihre geometrischen Gegenstände noch aus der Anschauung vermöge Idealisierung ge-

---

17) "En créant la géometrie analytique, DESCARTES semblait vouloir, en outre, enlever même à la géométrie tout le reste de sa nature qualitative et empirique, pour l'attacher à l'arithmétique et à l'algèbre, sciences quantitatives dans le sens le plus exact du mot."

(WIZE, 1937; 144)

wonnen. Jetzt jedoch war diese Genese verzichtbar geworden: jeder Gleichung entsprach eine Kurve - ein geometrischer Ort[18] - gleichgültig, ob man mit ihr eine anschauliche Bedeutung verbinden kann oder nicht. Die Gegenstände der analytischen Geometrie *sind* (und nicht etwa: *werden beschrieben* durch) so betrachtet Zahlentupel und Gleichungen zwischen diesen. Zu Grunde liegt also eine Übersetzungsvorschrift[19]:

Vermöge einer "Rückübersetzung" kann man versuchen, einem analytischen Gebilde (etwa einer Gleichung) ein geometrisches Objekt (z.B. eine Parabel) zuzuordnen. Vuillemin hat vorgeschlagen, dieses Verfahren als eine "interne Übersetzung" nach Russell aufzufassen. Liegt die Geometrie in axiomatischer Form wie bei Euklid/Hilbert vor, so können wir auch von einem *arithmetischen Modell* der Theorie sprechen. Die analytische Geometrie liefert damit die

---

18) Diese Veränderung gegenüber der antiken Mathematik betont auch Kline:

"By arguing that a curve is any locus that has an algebraic equation, Descartes broadened in one swoop the domain of mathematics. When one considers the variety of curves that have come to be accepted and used in mathematics and compares this assemblage with what the Greeks had accepted, one sees how important it was that the Greek barrier be stormed."

(KLINE, 1972; 322)

Diese Auffassung darf man allerdings nicht Descartes unterstellen; sie ist wesentlich moderner, denn sie kam erst im 19. Jahrhundert zum Durchbruch (vgl. nächste Anm.).

19) Diese wird meist als "Cantor-Dedekindsches Axiom" bezeichnet.

Voraussetzung, Geometrie rein arithmetisch, d.h. nur gestützt auf Formeln - ohne anschauliche Interpretation - zu betreiben. Diese Konsequenz zog allerdings Descartes noch nicht; sie scheint sich erst bei Euler zu finden. Aber auch letzterer bemühte sich noch, Diskrepanzen zwischen Formeln und Anschauung zu erklären.

2.2 Grenzen der analytischen Methode bei Descartes

Wie bereits oben bemerkt, beschränkte sich die antike Algebra mit der einzigen Ausnahme Diophants auf Quadrate und Kuben. Über diese Grenze ging man nicht hinaus, da eine anschauliche Interpretation unmöglich schien[20]. Um diese Einschränkung zu überwinden, war es also erforderlich, die "Buchstabenrechnung" als bloßen Formalismus aufzufassen. Erste Schritte finden wir in der arabischen Mathematik (hier ist hauptsächlich Alkarhi - um 1010 in Bagdad gestorben - zu nennen) und in Jordanus Nemorarius' "De numeris datis" (~1250). Diese blieben allerdings weitgehend unbeachtet. Zum Durchbruch verhelfen der formalen Auffassung der Potenzrechnung erst die Bemühungen der "Coß"[21] in Deutschland. Einer ihrer Vorkämpfer, Stifel,

---

20) So heißt es bei Cartan und Tropfke:

"... d'autre part, l'arithmétique ayant encore pour eux [les Anciens] le charactère essentiellement géometrique qu'elle gardait de ses origines, le nombre était difficilement conçu par eux indépendamment de la figure géométrique qu'il représentait: il n'avait pas encore acquis une existence autonome."

(CARTAN, 1937; 147)

"Schwer war dieser Schritt jedenfalls, da eine völlige Loslösung von geometrischer Anschauung für die vierte erst recht für eine höhere Potenz Vorbedingung war."

(TROPFKE, 1933; 133)

21) Dieser Name leitet sich von "cosa" ab, was die italienische Bezeichnung für die Unbekannte war.

führte die Bezeichnung "Exponent" ein. Er formulierte mit ihrer Hilfe erstmals die vertraute Regel:

"Exponentes signorum, in multipicatione adde, in divisione subtrahe, tunc fit exponens signi fiendi."

(Vgl. hierzu TROPFKE, 1933; 162-166)

Es bestanden nun der Formalismus der Potenzrechnung und die geometrische Interpretation gleichberechtigt, aber teilweise unvereinbar nebeneinander. Darum betont Descartes auch, daß er die Symbole a^2, b^3, ... nur formal gebrauche:

"Hierbei ist zu bemerken, daß ich unter a^2 oder b^2 oder dergleichen gewöhnlich nur einfache [Anmerkung des Herausgebers Ludwig Schlesinger: also nicht Flächen oder Rauminhalte] verstehe, und daß ich nur, um mich der in der Algebra gebrauchten Bezeichnungen zu bedienen, dieselben als Quadrate, Kuben usw. benenne."

(DESCARTES, 1637; 3)

Zum einen wird es dadurch Descartes möglich, höhere Potenzen zu bilden, ohne sich fragen zu müssen, was diese anschaulich bedeuten sollen, zum andern aber kann er jetzt auch geometrisch sinnlose Terme wie $a^3 - 2b$ bilden. Noch Viète hatte streng darauf geachtet, daß immer nur Terme gleicher Dimension zu einem Ganzen zusammengefaßt werden (also z.B. nur Volumina von Volumina abgezogen wurden). Notfalls erzwang er diese Homogenität durch Multiplikation mit "1": er hätte also $a^3 - 2b \cdot 1 \cdot 1$ geschrieben.

Eine andere Beschränkung, der sich auch noch Descartes unterwarf, war der Ausschluß negativer Zahlen: solche durften nur als Differenzen auftreten; also in der Form $a - b$ mit $a > b$. Eine ähnliche Beschränkung werden wir im Abschnitt über die komplexen Zahlen diskutieren. (s. I 3.)

Descartes sah noch nicht, wie später Euler, alle Gleichungen als "geometrisch" sinnvoll an: er schloß die mechanischen[22] (wir würden sagen: transzendenten) Kurven wie Quadratrix, logarithmische Spirale usw. von der geometrischen Betrachtung aus, da diese nur approximativ behandelt werden könnten.

Bemerkt werden muß, daß Descartes die Bedeutung des Begriffspaares mechanisch/geometrisch[23] gegenüber seiner herkömmlichen modifiziert, weil er diese für willkürlich hielt (DESCARTES, 1637; 20). Lebesgue bemerkte einmal zu diesem Kunstgriff.

"Il rejette donc les mathématiques qu'il ne peut traiter!"

2.3. Die Quantifizierung des Kontinuums (das analytische Modell der Geometrie)

Wie wir gesehen haben, bildet die analytische Methode bei Descartes weitgehend ein Beschreibungsmittel: Kurven werden, indem man der Ebene ein Koordinatensystem auferlegt, algebraische Ausdrücke zugeordnet. Kurve und Raum[24] existieren unabhängig von den Koordinaten. Bei Euler beginnen

---

22) Zur Bedeutung dieses Begriffes s. HANKEL, 1874; 155 f. sowie MAINZER, 1980; 96 f.

23) Descartes' Unterscheidung von mechanisch und geometrisch nimmt die später von Felix Klein eingeführte Trennung Approximations- und Präzisionsmathematik vorweg, da es in beiden um den Gegensatz von angenähert und genau geht (vgl. II 4.2.1).

24) Wir sprechen hier summarisch vom informellen Raumbegriff, ohne auf die vielen Differenzierungen einzugehen, die in diesem vorgenommen worden sind (z.B. in Seh- und Anschauungsraum (Driesch)). Als wichtigste Eigenschaften des "Raumes" im informellen Sinne geltel: Stetigkeit, Dreidimensionalität, Unbegrenztheit, Homogenität und Isotropie.

sich diese Verhältnisse umzukehren, da dieser dem analytisch Ausdruck i.a. den Vorrang einräumt.

Die vollständige Identifikation von Raum und Koordinatensystem, die Quantifizierung des Kontinuums also, finden wir erst bei Bernhard Riemann. Er erreicht dies mit Hilfe des von ihm eingeführten Begriffs der n-fach ausgedehnten Größe oder Mannigfaltigkeit[25]. Beide treten in seinem berühmten Habilitationsvortrag "über die Hypothesen, welche der Geometrie zu Grunde liegen" von 1854 (gedruckt 1868) auf. Wegen der bekannten Schwierigkeit dieses Textes und seinem inhaltlichen Reichtum mögen hier einige Andeutungen genügen. Riemann geht folgendermaßen vor:

1. Er setzt eine Gesamtheit ("Mannigfaltigkeit") voraus. Diese soll so beschaffen sein, daß ihre Mitglieder, die auch "Punkte" heißen, sich stetig verändern können.

2. Die Mannigfaltigkeit wird nun umgekehrt aus den Bewegungen der Punkte aufgebaut (es werden lokale Koordinatensysteme eingeführt).

   "Durch n-malige Wiederholung dieses Verfahrens wird daher die Ortsbestimmung in einer n-fach ausgedehnten Mannigfaltigkeit auf n Größenbestimmungen, und also die Ortsbestimmung in einer gegebenen Mannigfaltigkeit, wenn dies möglich ist, auf eine endliche Anzahl von Quantitätsbestimmungen zurückgeführt."

   (RIEMANN, 1892; 276)

---

25) Der Begriff "Zahlenmannigfaltigkeit", den A. Heyting Riemann zuschreibt (in seinen Anmerkungen zu BROUWER, 1974; Vol. I) finden sich nicht bei Riemann selbst, sondern erst im folgenden, auch sonst für unsere Zwecke aufschlußreichen Zitat von F. Klein:

"Diesen wichtigen Betrachtungen hat RIEMANN dadurch eine neue und specifische Wendung gegeben, dass er die Ideenbildungen der analytischen Geometrie voranstellt: der Raum erscheint ihm als ein besonderer Fall einer dreifach ausgedehnten Zahlenmannigfaltigkeit, in welcher sich das Quadrat des Bogenelementes durch eine quadratische Form der Differentiale der Coordinaten ausdrückt."

(KLEIN, 1894; 84)

3. Durch die lokalen Koordinaten wird es in einem nächsten Schritt möglich, stetige Funktionen auf der Mannigfaltigkeit einzuführen.

(Genauere Ausführungen findet man bei SCHOLZ, 1980; 24-37 und TORRETTI, 1978; 82-88[26].)

Der entscheidende Schritt besteht nun darin, dieses Vorgehen umzukehren und "Raum" als dreifach ausgedehnte Größe mit gewissen zusätzlichen Eigenschaften zu definieren[27]. Damit ist aus dem Koordinatensystem, das ursprünglich Beschreibungsmittel für den unabhängig existierenden Gegenstand "informeller Raum" gewesen war, ein autonomes mathematisches Objekt geworden. Die überwiegend symbolische Repräsentation durch Formeln (die "Arithmetisierung") verdrängt parallel dazu die ikonische Darstellung durch Zeichnungen. Der geschilderte Übergang wurde ermöglicht durch die explizite Aufnahme der metrischen Struktur in den neuen Raumbegriff: der Raum ist eine dreifach ausgedehnte Größe mit einer Maßbestimmung. Das Fehlen derselben erweist sich als Hauptschwäche des Raumbegriffes der analytischen Geometrie, denn es erscheint unplausibel, den informellen Raum einfach mit der Menge der Zahlentripel zu identifizieren. Die euklidische Maßbestimmung tritt in der analytischen Geometrie erst nachträglich zu den Zahlentripeln hinzu.

---

26) Die philosophischen Hintergründe von Riemanns Mannigfaltigkeitsbegriff hat ebenfalls E. Scholz dargestellt (SCHOLZ, 1980; 73 f. und SCHOLZ, 1982).

27) Im eindimensionalen Fall entspricht dem die Ersetzung der (Zahlen-)Geraden durch die archimedisch-angeordneten, vollständigen Körper der reellen Zahlen ("Axiom von Cantor-Dedekind": vgl. I 2.1). Allerdings liegen hier die Verhältnisse insofern einfacher, als die gewöhnliche Ordnungsstruktur der reellen Zahlen deren metrische Eigenschaften in kanonischer Weise festlegt. Gerade das Verhältnis von der Menge, die dem Raum zugrunde gelegt wird, und dessen Metrik bildet das Kernproblem im mehrdimensionalen Fall, wie im Weiteren ausgeführt wird.

Damit erscheint sie als Beschreibung von Maßverhältnissen, die unabhängig von dem zugrundeliegenden Bereich sind und die darum auch als unabhängig davon existierend gedacht werden müssen.

Erst nach Riemann steht der Mathematik ein hinreichend differenzierter und zugleich genügend reichhaltiger Begriff zur Verfügung, der es erlaubt, den informellen Raumbegriff zu ersetzen. Von nun an ist es möglich festzulegen:

Der Raum bildet einen Spezialfall einer dreifach ausgedehnten Größe.

(Vgl. RIEMANN, 1892; 272)

(Der angesprochene Spezialfall ist dadurch gekennzeichnet, daß sich der Abstand zweier Punkte (das "Bogenelement") aus den Quadraten der Differentiale ergibt. Das Festhalten an dieser Forderung stellt einen Rest des "informellen Raumbegriffes" dar.)

Wir wollen hier nicht auf die Frage eingehen, wieweit eine solche Konzeption des Raumes unter philosophischem Aspekt adäquat ist. Eine mögliche Richtung der Kritik deutete schon F. Klein an:

"Hierin [nämlich in der Tatsache, daß der ausgedehnte Körper die Grundlage der Raumanschauung bildet] also liegt ein fundamentaler Unterschied zwischen unserer Vorstellung vom Punctraume und demjenigen arithmetischen Begriffe, den man als sein Analogon construirt hat, nämlich dem Begriffe der (n-fach ausgedehnten) <u>Mannigfaltigkeit</u>; das Erste bei der Auffassung der Mannigfaltigkeit ist das einzelne Werthsystem."

(Vgl. KLEIN, 1873; 254 Anm.)

Der Verfasser möchte hier auf die Tatsache aufmerksam machen, daß der Anschauungsraum im Gegensatz zur Mannigfaltigkeit von ausgedehnten, dreidimensionalen Körpern konstituiert wird.

Die vorgeführte Quantifizierung des Kontinuums benützt wesentliche Eigenschaften der reellen Zahlen. Dieses Programm war demnach erst nach der Klärung des Begriffs "reelle Zahl" abgeschlossen. Neben den Problemen, die der allgemeine Funktionsbegriff aufwarf (vgl. Kapitel 6 dieses Teiles) finden wir hier die zweite Wurzel des "Arithmetisierungsprogramms", das in I 5. dargestellt wird.

Mit Riemann beginnt der Standpunkt des Empirismus[28] in der Geometrie zu wirken. Ansätze in dieser Richtung finden sich schon bei Gauß[29], aber ihren expliziten Ausruck fand die empiristische Auffassung erst in Riemanns berühmte Vortrag, denn mit Riemann beginnt die Verselbständigung der metrischen Betrachtungsweise (man könnte auch sagen: die Abstraktion vom informellen Raumbegriff):

Wenn der der Geometrie zugrundeliegende Raum nur noch dadurch gekennzeichnet ist, daß er eine stetige Mannigfaltigkeit von Zahlen (mit Metrik) bildet, dann erscheinen auch andere als die gewöhnliche Euklidische Maßbestimmung zulässig. Dies hat Riemann deutlich ausgesprochen:

"Es folgt nun, ..., als zweite der oben gestellten Aufgaben eine Untersuchung über die Massverhältnisse, deren

---

28) Dieser ist charakterisiert durch die folgenden Behauptungen:
- die Geometrie ist die Theorie der Raumanschauung;
- die "richtige" Geometrie des Raumes ist nur empirisch zu ermitteln.

29) Man denke an Gaußens berühmte Formulierung, daß die Zahl im Gegensatz zum Raum Produkt des menschlichen Geistes sei, der man darum ihre Eigenschaften vorschreiben könne. Zum Einfluß von Gauß auf Riemann s. SCHOLZ, 1980; 26 - 30.

eine solche Mannigfaltikeit fähig ist, und über die Bedingungen, welche zur Bestimmung dieser Massverhältnisse hinreichen. Diese Massverhältnisse lassen sich nur in abstracten Grössenbegriffen untersuchen und im Zusammenhange nur durch Formeln darstellen; unter gewissen Voraussetzungen kann man sie indess in Verhältnisse zerlegen, welche einzeln genommen einer geometrischen Darstellung fähig sind, und hierdurch wird es möglich, die Resultate der Rechnung geometrisch auszudrücken."

(RIEMANN, 1892; 276)

(Hier wird die später als Riemann-Helmholtz-Lie-Poincaré'sches Raumproblem bekannt gewordene Frage aufgeworfen: inwieweit ist die Metrik einer Mannigfaltigkeit von anderen Eigenschaften derselben bestimmt? Schon die Reihe von namhaften Forschern, die sich mit ihr auseinandersetzten, deutet auf die Schwierigkeit dieses Problems hin[30].) Riemann spricht explizit von anderen möglichen Längenstimmungen, etwa solchen, bei denen das Bogenelement eine vierte Potenz wäre (RIEMANN, 1892; 278). Hier geht er über Gaußens Arbeiten zur Flächentheorie weit hinaus, da dieser stets nur eine zu der Fläche von vorne herein gehörige Metrik betrachtete. Das Verhältnis Arithmetik/Geometrie gestaltet sich folgendermaßen:

- der Raum wird vollständig arithmetisiert; er <u>ist</u> eine Zahlenmannigfaltikeit,
- zugleich verselbständigt sich der neue Raumbegriff von seinem informellen Ursprung: alle Funktionen, die gewissen Minimalanforderungen genügen, sind als Maßbestimmungen möglich.

---

30) Zu diesem Problem und seiner Lösung s. FREUDENTHAL, 1956.

Die Auswahl zwischen diesen kann nach verschiedenen Kriterien geschehen: innerhalb der Mathematik etwa nach Einfachheitsgesichtspunkten. Welche Metrik dem physikalischen Raum zu eigen ist, das ist nach Riemann eine Frage, die nur empirisch geklärt werden kann. Damit wird die von Kant behauptete Apriorität der Euklidischen Geometrie bestritten. Die Diskussion um diesen Punkt hält derzeit noch an.[31)]

31) Eine Darstellung der empiristischen Schule der Geometrie findet sich bei TORRETTI, 1978; 4.1; zur Apriorität vgl. die Anmerkungen von A. Kamlah in REICHENBACH, 1977; 402 f.

3. Die Anerkennung der komplexen Zahlen - Anschauung als erkenntnisbegründende Instanz

Das folgende Kapitel stellt in einem kurzen Abriß die Entwicklung der komplexen Zahlen dar. Ähnlich den negativen Zahlen wurden die Wurzeln aus negativen Zahlen als "unmögliche" Zahlen bezeichnet. Erst nach einer langen Epoche erfolgreicher Anwendung erfolgte ihre endgültige Anerkennung durch die mathematische Fachwelt. Einen entscheidenden Beitrag hierzu leistete Gauß mit der Entwicklung der nach ihm benannten Zahlenebene[32].

3.1 Die Entwicklung der komplexen Zahlen bis Gauß

Die Geschichte der komplexen Zahlen beginnt in der Neuzeit mit Cardano (1501-1576). In seiner "Ars magna" von 1545 stellt er im 15. Kapitel folgende Aufgabe (diese findet sich wieder in der weitverbreiteten "Algebra" Eulers von 1770 - vgl. in dieser Nr. 151):

Die Zahl 40 ist so in zwei Faktoren zu zerlegen, daß deren Summe 10 ergibt - gesucht ist also x mit

$$(10 - x) \cdot x = 40.$$

Cardano errechnet die Lösungen zu $5 + \sqrt{-15}$ und $5 - \sqrt{-15}$. Der entscheidende Schritt, den Cardano nun macht, ist der, daß er zur "Probe" diese Lösungen unter Benützung des Distributivgesetzes miteinander multipliziert und tatsächlich 40 erhält. Er tat also so, als ob $\sqrt{-15}$ eine gewöhnliche

---

32) Ausführliche Darstellungen dieses Themas findet man bei TROPFKE, 1933, GERICKE, 1970 und BEMAN, 1899.

Zahl wäre. Cardano war sich der Tragweite seines Tuns wohl bewußt, denn er bezeichnete diese "Zahlen" als "vere sophisticae". 1629 stellt Girard den Satz auf, daß eine Gleichung n-ten Grades unter Berücksichtigung der komplexen Lösungen n Wurzeln besitze ("Fundamentalsatz der Algebra" - bewiesen von Gauß 1799). Er rechtfertigte den Gebrauch der neuen Größen so:

"On pourrait dire à quoi sert ces solutions qui sont impossible; je respond pour trois choses, pour la certitude de la reigle générale & qu'il n'y a point d'autre solutions & pour son utilité."

(zitiert bei TROPFKE, 1933; 108, Anm. 658)

Ähnlich heißt es auch noch in Descartes' "Géométrie"[33]:

"Endlich bemerken wir, daß sowohl die wahren, wie die falschen Wurzeln einer Gleichung nicht immer reell, sondern manchmal nur imaginär sind, d.h. man kann sich zwar alle Male bei jeder beliebigen Gleichung so viele Wurzeln, wie ich angegeben habe vorstellen [imaginer], aber manchmal gibt es keine Größen, die den so vorgestellten entsprechen."

(DESCARTES, 1637; 81)

In der "Algebra" von 1770 beweist Euler scharfsinnig, daß die imaginären Zahlen "unmögliche Zahlen" (Gauß nannte später diese Bezeichnung "unschicklich" und "häßlich"; GAUSS, 1831; 175) seien; nachdem Euler nachgewiesen hatte, daß die imaginären Zahlen weder größer noch kleiner als null sind, schließt er:

---

33) Die "falschen" Wurzeln einer Gleichung waren die negativen.

"143. Weil nun alle möglichen Zahlen, die man sich immer vorstellen mag, entweder größer oder kleiner als 0 oder aber 0 selbst sind, ist klar, daß die Quadratwurzeln von Negativzahlen nicht einmal zu den möglichen Zahlen gerechnet werden können. Folglich müssen wir sagen, daß sie unmögliche Zahlen sind. Dieser Umstand führt uns zum Begriff solcher Zahlen, die ihrer Natur nach unmöglich sind und gewöhnlich imaginäre oder eingebildete Zahlen genannt werden, weil sie bloß in der Einbildung vorhanden sind."

Nichtsdestotrotz ging Euler fleißig und erfolgreich mit den "unmöglichen" Größen um. Ihm verdanken wir eine Fülle geläufiger Formeln wie:

$$(\cos \pi t + i \sin \pi t)^n = \cos \pi nt + i \sin \pi nt$$

$$e^{it} = \cos\pi t + i \sin\pi t$$

Die meisten dieser Formeln finden sich in seiner "Introductio in Analysin Infinitorum" von 1748, dem wohl meistgelesenen Analysislehrbuch der Mathematikgeschichte.

Dieses Vertrauen in die bloßen "Buchstaben" veranlaßt Manheim dazu, Euler als den größten Formalisten des auf die Erfindung der Infinitesimalrechnung folgenden Jahrhunderts zu bezeichnen (MANHEIM, 1964; 9). Ähnlich äußert sich Tropfke:

"Man muß die Wichtigkeit der Resultat, aber auch der Unbefangenheit bewundern, mit der man ohne eigentliche Grundlage die imaginären Größen zu verwenden sich gestattete."

(TROPFKE, 1933; 113)

Grundlage bedeutete damals erst einmal: anschauliche Interpretation. Dies wird deutlich, wenn man die Mühen betrachtet, die man unternahm, um die negativen Zahlen zu veranschaulichen (vgl. EULER, 1770; 43 - 47). Solche anschaulichen Modelle waren keineswegs nur didaktisch gemeint - sie sicherten vielmehr den ontologischen Status der fraglichen Gegenstände (hier also Zahlen); sie bewiesen, daß diese "möglich" waren (wobei "möglich" mehr bedeutete, als "ohne Widersprüche und effizient handhabbar"!)[34)] Nach unwirksam gebliebenen Versuchen vom Wallis (1685), Wessel (1798)[35)] und Argand (1806)[36)] gelang Gauß die uns geläufige Interpretation der komplexen Zahlen als Vektoren in der Ebene einschließlich der algebraischen Operationen.

3.2 Die räumliche Versinnlichung der komplexen Zahlen durch Gauß

Gauß publizierte seine Interpretation der komplexen Zahlen erst 1831 in der Selbstabzeige seiner Arbeit über biquadratische Reste (Theoria residuorum biquadraticorum. Commentatio secunda - zitiert als GAUSS, 1831). Allerdings scheint er schon längere Zeit über diese Darstellung ("Gauß'sche Zahlenebene") verfügt zu haben, was ein Brief aus dem Jahre 1811 beweist[37)].

---

34) Zum Problem der "Möglichkeit" vgl. man II 3.

35) Der Gauß antizipierende Vorschlag dieses Autors geriet in völlige Vergessenheit und wurde erst hundert Jahre später entdeckt (BEMAN, 1899).

36) Argand faßte interessanterweise das Operieren mit den "unmöglichen" Zahlen deshalb als gesichert auf, weil es sich (im modernen Sinne) bewährt habe:

"Certains points de théorie en algèbre et en géométrie portent sur des principes admis par l'induction et donc la certitude est établie plutôt par l'exactitude des conséquences qui en découlent que par les raisonnements sur lesquels on les fonde."

(zitiert nach BEMAN, 1899;171)

(Induktion = Sicherung durch Folgerungen)

37) Vgl. hierzu die ausgezeichnete Darstellung von Adolf (später Abraham) Fraenkel (zitiert als FRAENKEL, 1920; zum bisher aufgeführten pp. 19 - 25). Neben der genannten Selbstanzeige bildet das Fragment "Fragen der Metaphysik der Mathematik" (GAUSS Werke, Band XI, 396 f.) eine weitere wichtige Quelle zum Verständnis der Auffassungen von Gauß. Der Titel des Fragments stammt von Gauß selbst, er entspricht einer von Gauß oft verwandten Formel in Zusammenhang mit den komplexen Zahlen (vgl. FRAENKEL, 1920; 4) und darf als Ausdruck der Bedeutung gewertet werden, die er diesen Fragen zumaß.

Es waren zwei Begründungsarten für die komplexe Zahlen denkbar:

- eine <u>geometrische</u> durch Angabe einer "räumlichen Versinnlichung",
- eine <u>arithmetische</u> durch Rückführung auf die Eigenschaften anderer, bereits bekannter Zahlenarten.

Gauß wählte die erste Möglichkeit: mit Hilfe der bekannten von ihm gegebenen Interpretation wies er nach, daß die komplexen Zahlen kein "inhaltsleeres Zeichenspiel" (GAUSS, 1831; 169) sind. Die Möglichkeit der "Versinnlichung" zeigt, daß man sich nicht vom Boden der Anschauung entfernt hat. Hier klingt deutlich der normative Aspekt von Anschauung (vgl. 1.5) an.

Gauß zieht aus seiner Darstellung folgendes Fazit:

> "Hier ist also die Nachweisbarkeit einer anschaulichen Bedeutung von $\sqrt{-1}$ vollkommen gerechtfertigt, und mehr bedarf es nicht, um diesse Grösse in das Gebiet der Gegenstände der Arithmetik zuzulassen."
>
> (GAUSS, 1831; 177)

Den komplexen Zahlen mußte "gleiches Bürgerrecht" eingeräumt werden, "Bedeutung" wurde von Gauß durchaus gegenstandstheoretisch gefaßt: um dem mathematischen Zeichen $\sqrt{-1}$ eine <u>Bedeutung</u> zu verleihen, mußte ein anschaulich gegebener Gegenstand <u>aufgezeigt</u> werden, den dieses Zeichen bezeichnet. Cantor nannte dies später eine "transiente"

Begründung (CANTOR, 1883; 562)[38] - man vergleiche "begründen$_1$" im Exkurs von 1.4.

Gauss wies in seiner "Selbstanzeige" weiter darauf hin, daß schon den negativen Zahlen keine Gegenstände im engeren Sinne entsprächen, sondern nur Relationen zwischen solchen. (Derartige Fragen beschäftigten Gauß und seine Zeitgenossen sehr: so schildert Beman verschiedene Interpretationsvorschläge für i, die darauf hinauslaufen, diese "Zahl" als Länge der Seite des Quadrats mit dem Flächeninhalt -1 aufzufassen. - Vgl. BEMAN, 1899; 165. Ähnliche Spekulationen stellte Gauß in seinem "Fragment" an.)

Zusammenfassend läßt sich Gaußens Position so formulieren:

> Gegenstände in der Mathematik sind nur dann voll legitimiert, wenn ihnen eine anschauliche Interpretation gegeben werden kann. Die Tatsache, daß ihre Verwendung zu keinen Widersprüchen führt, genügt nicht als Rechtfertigung.

Diese Grundhaltung, die wir als Paradigma der anschau-

---

38) An der angegebenen Stelle heißt es:
"Wir können in zwei Beziehungen von der Wirklichkeit oder Existenz der ganzen Zahlen, ... sprechen; ... einmal dürfen wir die ganzen Zahlen insofern für wirklich ansehen, als sie auf Grund von Definitionen in unserem Verstande einen ganz bestimmten Platz einnehmen, von allen übrigen Bestandteilen unseres Denkens aufs Beste unterschieden werden, zu ihnen in bestimmten Beziehungen stehen und somit die Substanz unseres Geistes in bestimmter Weise modifizieren; es sei mir gestattet, diese Art der Realität unserer Zahl ihre intrasubjektive oder immanente Realität zu nennen. Dann kann aber auch den Zahlen insofern Wirklichkeit zugeschrieben werden, als sie für einen Ausdruck oder ein Abbild von Vorgängen und Beziehungen in der dem Intellekt gegenüberstehenden Außenwelt gehalten werden müssen, ... Diese zweite Art von Realität nenne ich die transsubjektive oder auch transiente Realität der ganzen Zahlen."

lichen Begründung[39] bezeichnen wollen, könnte bestimmend gewesen sein für Gauß' Zurückhaltung gegenüber seinen eigenen Erkenntnissen über Nichteuklidische Geometrien (sowie über höherdimensionale Geometrien). Bis hin zu F. Klein und E. Beltrami blieben diese Systeme ja rein "formal" - denn ihre Schöpfer Bolyai und Lobatschevskij konnte nur aufweisen, daß man mit der Negation des Parallelenaxiomn ein konsistentes Gebäude von Lehrsätzen errichten kann. Erst die Angabe der zugehörigen euklidischen Modelle durch Riemann und die genannten Forscher führte zur allgemeinen Anerkennung der Nichteuklidischen Geometrien als gleichberechtigte "Gegenstände" der Mathematik.

3.3 Gauß' Auffassung vom Wesen der Mathematik

Hier stoßen wir auf einen Kern der Überzeugungen von Gauß. Nunmehr wird klar, warum Gauß oft eine eher konservative Grundhaltung gegenüber Neuerungen - selbst wenn sie seine eigenen Entdeckungen waren! - einnahm: er stand ganz auf der Grundlage des Paradigmas der anschaulichen Begründung. In diesem Sinne war Gauß ein Vollender seinerEpoche; mit Riemann sollte ihm ein konsequenter Neuerer folgen. Letzterer befreite sich von den Fesseln, die das alte Paradigma auferlegte (als Beispiele mögen die elliptische Geometrie und die in 2.3 angesprochene Mannigfaltigkeitslehre dienen).

---

39) "Paradigma" ist hier im Sinne von Thomas Kuhn zu nehmen - also als Regel- oder Normensystem, das eine gemeinsame wissenschaftliche Praxis beherrscht (vgl. KUHN, 1978; 26).

Hier besteht Gelegenheit, kurz auf das Verhältnis von Gauß zu Kants Philosophie der Mathematik einzugehen. Gauß lehnte Kants Lehre von der Apriorität des Raumes ab (vgl. 2.3). Im Briefwechsel mit Bessel finden sich einige Stellen, die dies eindeutig belegen (eine Zusammenstellung derselben findet man bei BECKER, 1975; 178 - 183). Der Raum und seine Geometrie waren für Gauß nur auf empirischem Wege erkennbar. Damit leitete er, wenn auch nicht öffentlich, die Reihe der Empiristen in der Geometrie ein.

In der "Selbstanzeige" von 1831 findet sich auch Gaußens Interpretation der natürlichen Zahlen: diese gründen auf der Möglichkeit, Dinge zu einer Menge zusammenzufassen. Die negativen und alle anderen bekannten Zahlenarten aber beziehen sich auf Relationen von Dingen, nur die natürlichen Zahlen beziehen sich direkt auf Substanzen, was bedeutet: für sich denkbare Dinge. Hier weicht Gauß von Kant insofern ab, als er keine zeitliche Sukzession zur Begründung des Zahlbegriffs heranzieht (im Gegensatz z.B. zu Hamilton; vgl. 5.3). Zur Grundeinstellung von Gauß äußerst sich Fraenkel folgendermaßen:

> "Gauß nimmt zwar auch hier [gemeint ist: in der Selbstanzeige von 1831] zunächst einen ausgesprochen realistischen Standpunkt ein, ..., der eine Erweiterung eines gegebenen Zahlbereichs nur dann gerechtfertigt wissen will, wenn den neu aufzunehmenden Gebilden andere Dinge oder Begriffe anschaulich zugeordnet werden können, die ohnehin - etwa auf Grund der räumlichen Erfahrung oder der räumlichen Anschauung - allgemeine Anerkennung genießen."
>
> (FRAENKEL, 1920; 8)

Auf die räumliche Anschauung berief sich Gauß auch bei seinem ersten Beweis des Fundamentalsatzes der Algebra von 1799. Dort unterstellte er stillschweigend die Geltung des Zwischenwertsatzes[40], was Bolzano kritisierte und zu seiner Schrift "Rein analytischer Beweis des Lehrsatzes, daß zwischen je zwey Werthen, die ein entgegengesetztes Resultat gewähren, wenigstens eine reelle Wurzel der Gleichung liege" (1817) veranlaßte. Dort heißt es in der Vorrede über den Gauß'schen Beweis:

> "Er beschenkte uns zwar dieser vortreffliche Gelehrte schon in dem Jahre 1799 mit einem Beweis für diesen Satz, der aber noch den von ihm selbst eingestandenen Fehler hatte, daß er die rein analytische Wahrheit auf eine geometrische Betrachtung gründete,...."
>
> (BOLZANO, 1817; 3 f.)

Wir werden im Abschnitt über das Arithmetisierungsprogramm sehen, daß gerade Bolzano ein wichtiger Vorläufer dieser Bewegung gewesen ist.

3.4 Die arithmetische Begründung der komplexen Zahlen (Hamilton, Cauchy)

Den anderen Weg, nämlich die komplexen Zahlen arithmetisch zu begründen und so ein "Arithmetisierungsprogramm" durchzuführen, beschritt erstmals Hamilton. In einem Vortrag mit dem Titel "Theory of Conjugate Functions, or Algebraic Couples, with a Preliminary and Elementary Essay on Algebra as the Science of Pure Time" von 1833 interpretierte er

---

40) Hierzu F. Klein (KLEIN, 1895; 233):

> "Bei Gauß wird die Raumanschauung, insbesondere die Anschauung von der Stetigkeit des Raumes noch unbedenklich als Beweisgrund benutzt."

Die Stetigkeit des Raumes bedeutet modern gesprochen Vollständigkeit.

die komplexen Zahlen als Paare reeller Zahlen, für die die algebraischen Verknüpfungen festgelegt werden; also etwa:

$$(a,b) \cdot (c,d) = (ac - bd, ad + bc)$$

Wie der Titel schon andeutet, verwendet Hamilton die Zeit als Grundlage für seinen Zahlbegriff. Darin zeigt er sich, abweichend von Gauß, als treuer Kantianer. Gericke gibt das folgende aufschlußreiche Zitat von Hamilton:

"In Analogie zur Geometrie sucht er [Hamilton] einen Bereich der Erfahrung, aus dem man die Regeln der Algebra ablesen kann, und findet ihn in der Zeit. 'This belief involves the three following as components: First, that the notion of Time is connected with existing Algebra; Second, that this notion of intuition of Time may be unfolded into an independent Pure Science; and Third, that the Science of Pure Time, thus unfolded, is coextensive and identical with Algebra, so far as Algebra itself is a Science. The first component judgement is the result of an induction; the second of a deduction; the third is a joint result of the deductive and inductive processes."

(GERICKE, 1970; 81 f.)

Die besondere Bedeutung dieses Ansatzes sieht Fraenkel darin, daß er "zum ersten Mal die Unrichtigkeit der Meinung von Gauß gezeigt hat, wonach die volle Rechtfertigung der komplexen Zahlen nicht ohne Zuhilfenahme geometrischer Betrachtungen zu erbringen sei." (FRAENKEL, 1920; 41)

Dem ist entgegenzuhalten, daß hier "Rechtfertigung" in zweierlei Sinn verwandt wird: für Gauß wäre eine "anschauungsfreie" Begründung à la Hamilton einer Verschiebung des Problems gleichgekommen: man hat dieses lediglich auf die ebenso begründungsbedürftigen reellen Zahlen zurückgespielt. Die Aufgabe wäre nun, diese "geometriefrei" einzuführen. Damit sind wir dann bei Kroneckers Forderung nach Zurückführung der gesamten Arithmetik auf die natürlichen Zahlen angelangt. Davon dann später (vgl. I 5.). Noch ein anderer Einwand gegen Hamilton lag nahe:

warum sollte man die einzuführenden Operationen gerade so, wie er das vorschrieb, definieren? Das brachte ihrem Erfinder den Vorwurf des Dogmatismus ein[41]. Dieser wurde später (durch Weierstraß, F. Schur und Pasch) entkräftet durch den Nachweis, daß alle algebraischen Abschlüsse der reellen Zahlen isomorph sind, d.h. daß es im wesentlichen nur einen algebraisch-abgeschlossenen Oberkörper von $\underline{R}$ gibt.

Fraenkel bezeichnet die Hamilton'sche Begründung als "immanente", die von Gauß hingegen als "transiente" (vgl. 3.2). Er meint nun, letzterer habe sich nur mangels einer (befriedigenderen?!) Lösung zu einer transienten entschlossen[42]. Gegen diese These spricht, daß Gauß auch dann noch an seiner Begründungsweise festhielt, als er von Johann Bolyai (vom Standpunkt des "Arithmetisierungsprogramms" aus) kritisiert wurde (1837 in dessen Preisschrift "Responsio ad quaestionem ...").

Offensichtlich war es nicht nur die Verlegenheit um eine arithmetische Theorie, die Gauß veranlaßte, die komplexen Zahlen auf die räumliche Anschauung zu begründen. Es ist auch nicht bekannt, daß sich Gauß den Ansatz von Hamilton zu eigen gemacht hätte.

---

41) Ein ähnliches Argument spielt in der Diskussion um die Modelle der Nichteuklidischen Geometrien eine Rolle: warum sollen wir Kreisbögen als "nicht-euklidische Geraden" sehen und eben nicht doch als "euklidische Kreisbögen"? - vgl. A. Kamlahs Anmerkungen in REICHENBACH, 1977; 412 f.

42) "Gauß hat, ..., die transiente Begründung der komplexen Zahlen nicht an sich aus mathematischen oder metaphysichen Erwägungen für notwendig gehalten, als vielmehr geglaubt, sich mit ihr begnügen zu müssen, weil er keinen Weg zu einer immanenten Begründung vor sich sah!"

(FRAENKEL, 1920; 41)

Erwähnt sei noch, daß Cauchy 1847 empfahl, die komplexen Zahlen als Restklassen reeller Polynome zu betrachten - also modern gesprochen, von der Körperisomorphie

$$\underline{C} = \underline{R}\,[X]/_{(X^2 + 1)}$$

Gebrauch zu machen, um die Verwendung der fragwürdigen komplexen Zahlen zu vermeiden (GERICKE, 1970; 80 f.). Damit legte er eine zweite geometriefreie Begründung vor.

Insgesamt kann man feststellen, daß die arithmetische Auffassung der komplexen Zahlen erst um 1850 in weiteren Kreisen wirksam wurde. Bis zu diesem Zeitpunkt waren es eindeutig die Arbeiten von Gauß, die die Verwendung der komplexen Zahlen legimitierten. Ihm gebührt daher das Verdienst der Durchsetzung der komplexen Zahlen.

3.5 Formalismus als Ausweg

In der Entwicklung der komplexen Zahlen begegnet uns ein typisches Beispiel für einen in der Mathematikgeschichte häufiger auftretenden Mechanismus, für den wir die Bezeichnung "Formalismus als Ausweg" vorschlagen möchten. Dieser tritt immer dann in Erscheinung, wenn neue Verfahren (Gegenstände, ...) auftreten, deren Verwendung sich als nützlich erweist, ohne daß ihr Status geklärt wäre. Sie werden dann als "rein formal" erklärt, was einerseits ihre weitere Anwendung zuläßt, andererseits aber die Frage nach der Natur dieser Gegenstände ausklammert. Ein prägnantes Beispiel hierfür aus neuester

Zeit ist die Theorie der Distributionen[43].

Weitere Beispiele liefern die Nichteuklidischen Geometrien (s. 3.3) und die projektive Ebene. Diese wurde ursprünglich durch Desargues 1639 "rein formal" durch Hinzufügen von "Punkten" zur gewöhnlichen Ebene - für jede Richtung einen - eingeführt. Eine "anschauliche Bedeutung", wie man sie in dem folgenden Identifikationsschema auszudrücken pflegt, blieb bis weit ins 19. Jahrhundert hinein unbekannt.

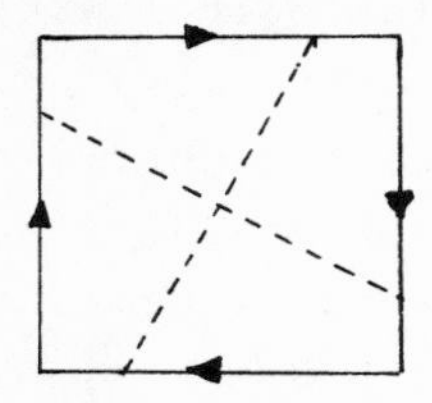

Vollständige Klarheit wurde erst durch die Klassifikation der Flächen[44] geschaffen. Es wird dort nachgewiesen, daß sich die projektive Ebene in die Reihe der nicht-orientierbaren Flächen einordnet - und zwar als eine mit zwei "Kreuzhauben". Zum Abschluß sei noch auf den "Frühformalismus"[45], wie wir ihn in Deutschland vor allem bei E. Heine antreffen, hingewiesen. Bei ihm heißt es:

"Die Frage, was eine Zahl sei, beantworte ich, ..., nicht dadurch, dass ich die Zahl begrifflich definire, die irrationalen Zahlen etwa gar als Grenze einführe, deren Existenz eine Voraussetzung wäre. Ich stelle mich bei der Definition auf den rein formalen Standpunkt, indem ich gewisse greifbare Zeichen Zahlen nenne, so daß die Existenz dieser Zahlen also nicht in Frage steht."

(HEINE, 1872; 173)

---

43) Lighthill schreibt im Vorwort zu seinem Lehrbuch (LIGHTHILL, 1966):

"Gewidmet Paul Dirac, der erkannte, daß es richtig sein muß, Laurent Schwartz, der es bewies und Georg Temple, der zeigte, wie einfach es ist."

44) Dehn-Heegard, 1908 nach Vorarbeiten zahlreicher Autoren: vgl. SCHOLZ, 1980; 164-167 und PONT, 1974; chap. III und IV.

45) Bezogen auf den Hilbertschen Formalismus.

Hier werden viele, später von Hilbert vertretene Ansichten antizipiert. Wir werden darauf im Kapitel über den Formalismus zurückkommen (vgl. III 1).

Zusammenfassung

Bis hin zu Gauß fungiert Anschauung als erkenntnisbegrenzendes und -begründendes Prinzip. Mathematische Gegenstände sind nur dann vollständig legitimiert, wenn sie einer anschaulichen Interpretation fähig sind. Ihre widerspruchsfreie Verwendbarkeit genügt nicht, denn diese weist lediglich ihre formale Möglichkeit aus. "Anschauung" wird weitgehend unspezifisch gebraucht; gemeint ist meist "räumliche Anschauung", wie sie durch Skizzen, Diagramme u.ä. vermittel wird. Als Ideal wird die Veranschaulichung aller Gegenstände der Mathematik angestrebt. Ist eine Veranschaulichung noch nicht gelungen, so wird oft ein "formalistischer Ausweg" gewählt: bis zur endgültigen Klärung können Gegenstände als "bloß-formale" zugelassen werden.

4. Die Entwicklung des Funktionsbegriffes

Eine wesentliche Rolle in der Diskussion um Anschauung und Mathematik spielten die von uns als "Monster" bezeichneten Funktionen, die im 19. Jahrhundert entdeckt wurden. Bevor wir zur Darstellung dieser "pathologischen" Beispiele kommen, wollen wir die Entstehung des modernen Funktionsbegriffs betrachten. Dies ist erforderlich, weil die Monster nur auf diesem Hintergrund verstanden werden können.

4.1 Zur Frühgeschichte des Funktionsbegriffes

In seiner Abhandlung "Neue Einblicke in die Entstehungsgeschichte der Höheren Analysis" (künftig als MAHNKE, 1925 zitiert - eine knappe Zusammenfassung hiervon ist MAHNKE, 1926) unternimmt D. Mahnke den Versuch, Leibniz' Entdeckung der Infinitesimalrechnung an Hand von unveröffentlichtem Originalmaterial zu rekonstruieren. Die Plausibilität dieses Unternehmens beruht in erster Linie darauf, daß Leibniz stets bemüht war, neben seinen Ergebnissen auch deren Genese zu dokumentieren - nicht zuletzt, um dieses Material als Grundlage für die Konstruktion einer "universellen Methode" verwerten zu können. In den fraglichen Untersuchungen bildete sich parallel zur "Analysis des Unendlichen", wie man die Infinitesimalrechnung in Anspielung auf die analytische Geometrie auch bezeichnete, der Funktionsbegriff heraus. Auch der Terminus "Funktion" findet sich hier erstmals.

Natürlich wurden bereits vor Leinitz Funktionen in der Mathematik und in den angrenzenden Gebieten betrachtet: sei es in Form endlicher Tabellen, sei es in der Form von Gleichungen (etwa bei Kegelschnitten) oder in der von

Proportionen[46]. Diese Konzepte wurden jedoch alle separat verwandt - der vereinheitlichende Funktionsbegriff fehlte noch.

Der Funktionsbegriff bildete sich in mehreren charakteristischen Stufen bei Leibniz heraus. Sie finden sich in Manuskripten des Zeitraumes 1670 - 1673; veröffentlicht hat Leibniz seine erste Definition von "Funktion" 1694 in den "Acta eruditorum" (s. 4.2). In unserem Zusammenhang ist das Manuskript n° 575 - in der Signatur der Hannoverischen Landesbibliothek - vom August 1673 von besonderer Bedeutung. Es trägt die Überschrift

Methodus tangentium inversa seu de functionibus

(die Hervorhebungen stammen von Leibniz). Wie diese Formulierung schon deutlich macht, spielte das inverse Tangentenproblem - die Suche nach einer Stammfunktion, würden wir heute sagen - eine zentrale Rolle bei der Entstehung des Funktionsbegriffes.

Es lassen sich bei Leibniz folgende Stufen der Herausbildung des Funktionsbegriffes unterscheiden[47]. Insgesamt läßt sich diese Entwicklung als Übergang vom Beschreibungsmittel "functio" zum eigenständigen Objekt "Funktion" kennzeichnen und damit verbunden als eine Auflösung des geometrisch-anschaulichen Kurvenbegriffes im analytischen Funktionsbegriff.

---

46) Zur Vorgeschichte des Funktionsbegriffes vgl. BOYER, 1946 und YOUSCHKEVITCH, 1977.

47) Man vergleiche hierzu MAHNKE, 1925; 45 - 52. Bei Mahnke finden sich auch genaue Quellenangaben. Wir geben hier nur einen Überblick, weshalb ausführliche Verweise auf die Originalmanuskripte Leibniz' unterbleiben.

1. Schon vor dem eben genannten Zeitraum gebrauchte Leibniz gelegentlich das Wort "functio" im Wechsel mit "officium". Er charakterisierte mit seiner Hilfe bestimmte "Stücke" durch ihre Aufgabe bezüglich einer Kurve: so spricht er etwa von der "functio" Tangente[48]. Diese ist durch die Aufgabe zu kennzeichnen, daß sie die Kurve in einem Punkt berührt und in einer Umgebung desselben sie weder berührt noch schneidet (sie erfüllt also eine bestimmte Funktion, wie wir auch heute sagen können). Weitere Beispiele solcher "functiones" sind Subtangente, Normale und Subnormale[49]. Die Kurve selbst wird auf dieser Stufe noch nicht mit "functio" in Verbindung gebracht; sie bildet den Ausgangspunkt, auf den sich alle "functiones" beziehen. Demnach ist "functio" auf dieser Stufe ein reines Beschreibungsmittel.

2. Einen Schritt in Richtung auf den modernen Funktionsbegriff tat Leibniz, als er das umgekehrte Tangentenproblem folgendermaßen formulierte; aus der Kenntnis der Veränderung der "functio" Tangente ist die Kurve selbst zu ermitteln; er spricht von "regressus a Tangentibus aut aliis functionibus ad ordinatas" (MAHNKE, 1925; 48)[50]. In heutiger Terminologie formuliert sucht Leibniz nach einem Funktional (nämlich dem Integral), das zu gegebener Ableitungsfunktion (d.i. die Veränderung der "functio"

---

48) Um Verwechslungen mit "Funktion" (im modernen Sinne) auszuschließen, wird im Folgenden immer von "functio" gesprochen, wenn der in 1. dargelegte Sinn von "Funktion" gemeint ist. Zur Leibnizschen Verwendung von "Tangente" vgl. Anm.52).

49) Vergleiche die typische Formulierung:

"ex aliis linearum in figura data functiones facientium generibus assumtis"

(zitiert bei MAHNKE, 1925; 45 Anm. 3)

50) Hier wird "functio" schon gegenständlich gebraucht: die Tangente übt nicht mehr eine Funktion aus, sondern sie ist eine Funktion (vgl. 4).

Tangente) eine zugehörige Stammfunktion liefert[51].

3. In den Manuskripten Leibniz' aus dieser Zeit wird der moderne Funktionsbegriff noch in anderer Weise antizipiert. Die entscheidende Stelle hierzu lautet (aus Manuskript n° 575 - 1673):

"Esto Figura Curvilinea ABCDA. in qua Relatio applicatae ED. ad abscissam AE. aequatione quadam nobis cognita explicatur."

(zitiert bei MAHNKE, 1925; 44)

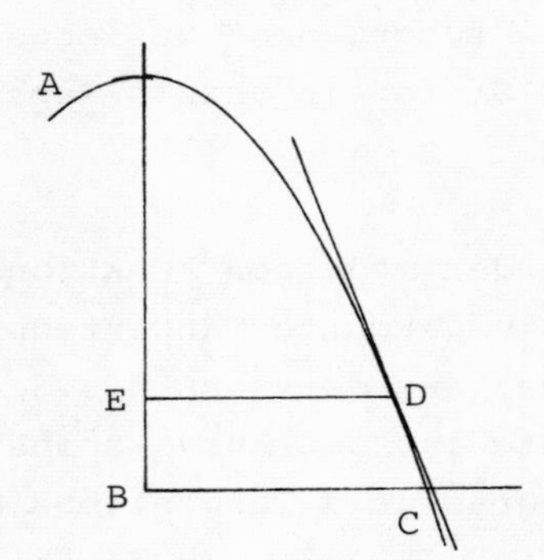

(Hinweis: D ist der variable Kurvenpunkt. Man muß sich die Parabel als nach rechts geöffnet denken; das Koordinatensystem liegt im Scheitel der Kurve, also im Punkt A. Die Strecke AB liegt auf der (modern gesprochen) x-Achse, weshalb AE die Abszisse des Kurvenpunktes D ist und ED dessen Ordinate (welche Leibniz als die "axis applicatur" bezeichnet).

Modern gesprochen wird hier die Kurve als Darstellung einer Relation zwischen den Elementen aus Definitions- und Wertebereich aufgefaßt - oder anders gesagt, als Graph einer Funktion. Sieht man Abszisse und Ordinate eines Kurvenpunktes als "functiones" der Kurve an - was Leibniz seit 1672 tat (vgl. MAHNKE, 1925; 48) - so stellt sich sofort ein Zusammenhang von "functio" und Kurve ein: nämlich Kurve als "relatio" [auch: ratio] inter duas functionibus". Die "relatio" wird durch die Kurve gestiftet, weshalb letztere vorrangig bleibt. Jacob Bernoulli kehrt aber wenige Jahre später dieses Verhältnis um und

51) Vergleiche Stufe 3 in I 4.6.

spricht von der "relatio coordinatorum, i.e. ipsa curva" (1694). (MAHNKE, 1925; 50)

4. Aber auch bei Leibniz selbst findet eine Weiterentwicklung des Begriffes "functio" statt. War dieser zuvor ein reines Beschreibungsmittel, mit dessen Hilfe gewisse Stücke durch ihre Aufgabe charakterisiert wurden ("functiones facientes"), so geht Leiniz 1673 dazu über, von den Stücken selbst als "functiones" zu sprechen: sie erfüllen nicht nur eine Aufgabe, sondern sie sind diese Aufgabe. Hierin erschöpft sich gewissermaßen aus der neuen Sichtweise ihr Wesen. Damit aber ist "functio" selbst zu einem Gegenstand geworden. Auf diese Weise will Leibniz ausdrücken, "daß es sich bei den von ihm so benannten Funktionen ["functiones"] nicht um konstante, sondern um gesetzesmäßig veränderliche Größen handelt, die zu anderen Variabelen, z.B. zur Abszisse oder Ordinate der Kurve in bestimmter Beziehung stehen, ..." (MAHNKE, 1925; 48). Im Hinblick auf den modernen Funktionsbegriff muß man hervorheben, daß "functio" jetzt in engem Zusammenhang mit "gesetzmäßiger Abhängigkeit" steht: so ändert sich z.B. die Tangente in Abhängigkeit vom Kurvenpunkt. Eine "functio" im alten Sinne (Tangente) ist von anderen "functiones" im alten Sinne (den Koordinaten des Kurvenpunktes) abhängig: das macht gerade eine "functio" im neuen Sinne aus. Die von Leibniz betrachtete Situation ist also abstrakt und damit schwierig zu fassen (wie in 1. geht es auch hier letztlich um ein Funktional ($f \longrightarrow f'$), das einer Funktion als "ganzer" eine andere zuordnet).

5. Die erste im Druck erschienene Definition von "functio" stammt von Leibniz. Sie erschien 1694 in der "Acta eruditorum" und war noch ganz der oben geschilderten Auffassung verpflichtet:

"Functionem voco proportionem rectae, quae ductis ope sola puncti fixi et puncti curvae cum curvedine sua dati rectis abscinditur."

(LEIBNIZ, 1694; 306)

Als Beispiele nennt der Verfasser u.a.: Abszisse, Ordinate, Tangente[52], Subtangente, Normale etc.

6. Jacob Bernoulli sprach 1798 erstmals von "Linea, quam vocis, Functiones"[53], womit zum Ausdruck gebracht wird, daß die Kurve eine veränderliche Größe (Function) graphisch darstelle (repraesentare). Damit ist die Kurve bloße Veranschaulichung einer Funktion: die geometrische Anschauung wird dem nunmehr analytischen Begriff "Funktion" untergeordnet. Eine Funktion kann auch ohne Veranschaulichung durch eine Kurve als existent gedacht werden.

7. Bei Leibniz zeichnet sich in einer anderen Hinsicht der Vorrang des Analytischen ab: Descartes bestand auf dem Unterschied zwischen algebraischen und nicht-algebraischen Kurven und hatte letztere als "mechanische" bezeichnet, um deutlich zu machen, daß sie nicht in das Gebiet der exakten Mathematik, sondern in das der approximativen Mechanik gehörten. Bei Leibniz werden

---

52) Da die Tangente eine Gerade und keine Strecke ("portio rectae") ist, scheint dies im Widerspruch zur obigen Definition zu stehen. Man muß aber berücksichtigen, daß Leibniz von "tangens" spricht - was üblicherweise mit "Tangente" übersetzt wird und damit den Teil der Tangenten meint, der von Kurvenpunkt und Schnittpunkt mit der x-Achse begrenzt wird. Kennt man dieses Stück, so läßt sich der Steigungswinkel und damit die Gleichung der Tangenten bestimmen.

53) Vgl. MAHNKE, 1925; 50.

diese Klassen gleichberechtigt nebeneinandergestellt:

> "Wenn aber die Figur nicht geometrisch [d.i. nicht algebraisch] ist, so macht das nichts aus, sie wird nämlich nach dem Vorbilde einer geometrischen behandelt; ...; eine Tangente jedenfalls kann man an ageometrische ebensowohl legen wie an geometrische."

(zitiert bei MAHNKE, 1925; 44 f.)

Vom Standpunkt des Analytikers ist zwischen $y = x^x + x$ und $y = x^2$ kein <u>grundsätzlicher</u> Unterschied zu sehen; daß die erste Kurve transzendent, die andere aber algebraisch ist, mag für die Geometrie wichtig sein (Konstruierbarkeit mit Zirkel und Lineal). Vom Analytiker verlangt die eine raffiniertere Berechnungsmethoden als die andere, was aber keine prinzipielle Differenz ausmacht.

Johann Bernoulli verwandte erstmals die Ausdrucksweise "functionem differentiare" und "functio differentiata" (Brief an Leibniz vom 5.7.1698 - zitiert bei MAHNKE, 1925; 51). Damit ist aus dem geometrischen Objekt Tangente ein durch analytische Operationen bestimmter Gegenstand geworden. Allerdings findet sich diese Formulierung noch nicht in seinem Lehrbuch der "Differentialrechnung" von 1691/92. Dieser Umstand dürfte dazu beigetragen haben, daß sich diese Ausdrucksweise verhältnismäßig spät durchsetzte. Bei den Gebrüdern Bernoulli tritt der Funktionsbegriff hauptsächlich in Zusammenhang mit dem <u>isoperimetrischen Problem</u> auf - einer Fragestellung also, die, interpretiert man Kurve als Funktion, es ja erfordert, Funktionen selbst wieder als Gegenstände zu betrachten (gesucht ist die Funktion unter vielen, für die eine bestimmte Größe minimal wird). Nachzutragen ist noch, daß Leibniz in den "Acta eruditorum" (LEIBNIZ, 1692 b; 268) folgende Bezeichnungen einführte: 1. aequatione differentiare, 2. variabilis im Gegensatz zu constans, 3. differentiabilis im Gegensatz zu indifferentiabilis, 4. coordinates. 1698 gebrauchte Johann Bernoulli im bereits angeführten Brief folgende Definition von "Variable" (s. auch 4.2 unten):

"quantitas quomodocumque formata ex indeterminatis et constantibus"[54)]

womit Eulers "analytischer Ausdruck" in gewisser Weise antizipiert wird!

<u>Zur Symbolisierung von Funktionen</u>:

Eigene Symbole für Funktionen erscheinen erstmals im Briefwechsel Leibniz/Johann Bernoulli. Leibniz schlug folgende Notation vor: x^{1}, x^{2} - und falls es sich um rationale Funktionen handeln sollte: x^{r1}, x^{r2} (das ist zu lesen als: x in der ersten Funktion bzw. x in der ersten rationalen Funktion). Die Angabe der unabhängigen Variable fehlt noch völlig. Bernoulli bevorzugte zunächst x^{1}, x^{2}. Später schlug er vor, Funktionen der unabhängigen Variable x mit X oder ξ zu bezeichnen, um so das "Gedächtnis zu erleichtern".

In der letztgenannten Schreibweise tritt also die abhängige Variable implizit auf. Das 18. Jahrhundert hielt sich dann weitgehend an Bernoullis Empfehlung. Euler führte 1734 die Klammerschreibweise und den Buchstaben f ein ("si $f(\frac{x}{a} + c)$ denotet functionen quamcunque ipsius $\frac{x}{a} + c$")[55)].

---

54) In moderner Ausdrucksweise ist dies ein <u>Term</u>. Dieser Sinn von "Funktion" sollte für die nächsten 150 Jahre dominant bleiben (vgl. I 4.3).

55) Detaillierte Darstellungen dieser Entwicklungen findet man bei CAJORI, 1928; Vol. I und in der Arbeit von YOUSCHKEVITCH, 1977.

4.2 Übersicht über verschiedene Definitionen von "Funktion"

Der uns vertraute Begriff von Funktion bildete sich erst nach einem Zeitraum von gut 200 Jahren heraus. Vorweg sei eine Übersicht, die besonders wichtige oder prägnante Definitionen enthält, gegeben. Die Reihenfolge wurde chronologisch gewählt; die Quellen werden im Anschluß an diese Aufstellung mitgeteilt.

Leibniz, 1694

"Functionem voco portionem rectae, quae ductis ope sola puncti fixi et puncti curvae cum curvedine sua dati rectis abscinditur."

Johann Bernoulli, 1696

"On appelle fonction d'une grandeur variable une quantité composée de quelque manière que ce soit de cette grandeur variable et de constantes!"

Euler, 1748

"Functio quantitatis variabilis est expressio analytica quomodocunque composita ex illa quantite et numero seu quantitatibus constantibus."

Klügel, 1803

"Function einer veränderlichen Größe ist der analytische Ausdruck der Zusammensetzung einer Grösse und dieser veränderlichen Grösse, und einer oder mehrerer unveränderlichen."

Cauchy, 1821

"Lorsque des quantités variables sont tellement liées entre elles que, la valeur de l'une d'elles étant donnée, on puisse en conclure des valeurs de toutes les autres, on conçoit d'ordinaire ces diverses quantités exprimées au moyen de l'une d'entre elles, qui prend alors le nom de variable indépendante; et les autres quantités exprimées au moyen de la variable indépendante sont ce qu'on appelle des fonctions de cette variable."

Dirichlet, 1837

"Man denke sich unter a und b zwei feste Werthe, und unter x eine veränderliche Größe, welche nach und nach alle zwischen a und b liegenden Werthe annehmen soll. Entspricht nun jedem x ein einziges, endliches y, und zwar so, dass, während x das Intervall von a bis b stetig durchläuft, y = f(x) sich ebenfalls allmählich verändert, so heisst y eine stetige oder continuirliche Function von x für dieses Intervall. Es ist dabei gar nicht nöthig, dass y in diesem ganzen Intervalle nach demselben Gesetze von x abhängig sei; ... "

du Bois-Reymond, 1875

"Die mathematische Function, falls keine besondere Bestimmung für sie vorliegt, ist eine den Logarithmentafeln ähnliche ideale Tabelle, vermöge deren jedem vorausgesetzten Zahlenwerthe der unabhängigen Veränderlichen ein Werth oder mehrere, oder ein zwischen Grenzen, die in der Tabelle gegeben sind, unbestimmter Werth der Function gehört."

Dedekind, 1887

"Unter einer Abbildung ψ eines Systemes S wird ein Gesetz verstanden, nach welchem zu jedem bestimmten Element s von S ein bestimmtes Ding gehört, welches das Bild von s heisst und mit $\psi(s)$ bezeichnet wird."

Hausdorff, 1914

"Aus zwei nichtverschwindenden Mengen A, B können wir geordnete Paare p = (a,b) bilden, deren erstes Element a ein Element von A, deren zweites Element b ein Element von B ist,...
Zuvor betrachten wir eine Menge P solcher Paare, und zwar von der Beschaffenheit, daß jedes Element a von A in einem und nur einem Paare p von P als erstes Element auftritt.

Jedes Element a bestimmt auf diese Weise ein und nur ein Element b, nämlich dasjenige, dem es zu einem Paare (a,b) verbunden auftritt, dieses durch a bestimmte, von a abhängige, dem a zugeordnete Element bezeichnen wir mit

$$b = f(a)$$

und sagen, daß hiermit in A (d.h. für alle Elemente von A) eine eindeutige Funktion von a definiert sei."

Dieudonné, 1960

"Es seien X,Y zwei Mengen, R(x,y) eine Relation zwischen $x \in X$ und $y \in Y$. Wir sagen R sei funktional bezüglich y, wenn es zu jedem $x \in X$ genau ein $y \in Y$ gibt, derart, daß R(x,y) wahr ist."

Quellen

Leibniz — Nova Calculi Differentialis Applicatio... (LEIBNIZ, 1696a; 306)

Bernoulli, J. — Histoire de l'Académie Royale des Sciences avec les Mémoires de Mathématique et de Physique 1718; 100 ff.

Euler — Introductio in Analysis Infinitorum, Band I, § 4 (2 Bände, Lausanne, 1748)

Klügel — Mathematisches Wörterbuch (Band I, Leipzig, 1803), Stichwort "Function"

Cauchy — Cours d'Analyse (2 Bände, Paris, 1821) chap. I, § 1

Dirichlet — "Über die Darstellung ganz willkürlicher Functionen durch Sinus- und Cosinusreihen" (Repititorium der Physik, Band I, 1837; 152 - 174) = Gesammelte Werke, Berlin 1889 - 1897, Band I, 133 - 160).

Du Bois-Reymond — Versuch einer Classification der willkürlichen Functionen - Journal für reine und angewandte Mathematik, 79, (1875), 21-37 p. 21 f.

Dedekind — "Was sind und was sollen die Zahlen?" (Braunschweig, 1887), § 2.

Hausdorff — Grundzüge der Mengenlehre (Leipzig, 1914, Nachdruck New York o.J.) p. 33.

Dieudonné — Grundzüge der modernen Analysis (Braunschweig, 1971), p. 13 französische Originalausgabe Eléments d'Analyse, Vol. I (New York, 1960).

4.3 Die Entwicklung des Funktionsbegriffes bis Euler: der genetische Funktionsbegriff

Die Frühgeschichte des Funktionsbegriffes findet ihren Abschluß mit den Definitionen von Leibniz und Bernoulli (s. 4.2)[56].

Leibniz war von einem durchaus anschaulichen Problem ausgegangen: zu einer Kurve sollte in einem festen Punkt die Tangente gefunden werden. Er versuchte jedoch nicht, diese Aufgabe für einen speziellen Punkt zu lösen, sondern er forschte nach einem allgemeinen Verfahren, einem Algorithmus. Dieser sollte es gestatten, das Problem für jeden beliebigen Kurvenpunkt jeder beliebigen Kurve zu lösen, was bekanntlich die Differentialrechnung leistet. Doch die Zuordnung Kurvenpunkt/Tangente war mit dem vorhandenen begrifflichen Repertoire nicht auszudrücken (es handelte sich weder um eine Gleichung oder Proportion noch kam eine algebraische Operation in Frage)[57]. Der neu zu schaffende Begriff mußte sehr allgemein sein, indem er Objekte ganz verschiedener Natur miteinander in Beziehung setzte (nämlich Tangenten und Punkte).

Dennoch blieb er bei Leibniz sehr speziell, da er auf die besondere Natur der zuzuordnenden Objekte Bezug nahm. Über dieses Stadium kam man erst hinaus durch die Einsicht, daß die Ordinate eines Kurvenpunktes in ähnlicher Weise von

---

56) Ein weiterer, hier nicht weiter verfolgter Aspekt dieser Frühgeschichte ist das Verhältnis von variabler Größe zu Funktion. Man vergleiche dazu die Bemerkung von Bos in TAGUNGSBERICHT, OBERWOLFACH, 1974; 9 - man vgl. jedoch I 4.7.

57) Wie wir bereits weiter oben gesehen haben, geht es hier um ein Funktional $f \longrightarrow f'$.

der Abszisse abhängig war, wie die Tangente vom Kurvenpunkt. Diese gesetzmäßige Abhängigkeit[58] fand ihren augenscheinlichen Ausdruck in der Kurve bzw. in deren Beschreibung durch eine algebraische Gleichung. Damit hatte man endlich dasjenige gefunden, was man direkt als _die_ Funktion ansprechen konnte (im Unterschied zu den vielen "Funktionen" von zuvor!), nämlich:

die Gesetzmäßigkeit, die identisch war mit der Kurve und die ihren Ausdruck fand in der Veränderung der Ordinate in Abhängigkeit von der Abszisse.

Dies führt nun direkt auf die Definitionen von Euler und Bernoulli (vgl. 4.2), die ja - betrachtet man sie mit modernen Augen - einen Rückfall (sprich: einen Verlust an Allgemeinheit) gegenüber der ursprünglichen Leibniz'schen darstellen.

Die Situation, auf die letztere anwendbar war, wurde von Eulers Funktionsbegriff gar nicht mehr abgedeckt - wie sollte man folgende Zuordnung durch einen analytischen Ausdruck formulieren:

Dem Kurvenpunkt $(x_o, f(x_o))$ soll die Tangente an die Kurve in diesem Punkt zugeordnet werden.

Modern ließe sich das so formulieren:

$$(x_o, f(x_o)) \longmapsto t_{x_o}(x) = f'(x_o)\cdot(x - x_o) + f(x_o)$$

$$\underline{R}^2 \supset \Gamma_f \longrightarrow A(\underline{R}, \underline{R})$$

---

58) Leibniz selbst sprach auch von "relatio" oder "ratio", wenn er diesen Sinn von Funktion meinte (vgl. 4.1 - Stufe 3).

Man benötigt also einen hoch abstrakten Abbildungsbegriff und den "abstrakten Raum" (Fréchet) $A(\underline{R},\underline{R})$[59]. An eine derartige Begriffsbildung war vor 1900 nicht zu denken. Andererseits fielen alle Kurven, die man kannte, anscheinend unter Eulers Funktionsbegriff. Auf einen Schlag konnte man diese Vielfalt auf den Begriff der Funktion reduzieren. Vergleicht man Bernoullis Definition mit der Eulers, so fällt zuerst auf, daß letzterer den Zusatz "analytisch" anbringt, was soviel bedeutet wie "durch eine Gleichung, Reihenentwicklung oder sonstige Grenzprozesse ausdrückbar"[60]. Beibehalten werden die Bestimmungen

variable Größe, beliebige Zusammensetzung, konstante Größe.

Euler ging offensichtlich davon aus, daß sich alle Funktionen so verhalten, wie algebraische dies tun (hier erweist er sich wieder als Formalist; er überträgt einfach Eigenschaften von endlichen Summe auf Reihen).

Folgende Beispiele gibt Euler für "Funktionen von z":

$$a + 3z;\ az - 4z^2;\ az + ba^2 - 4 \cdot t^2;\ a + bz + cz^2 + dz^3 + ez^4 + fz^5 + \ldots;$$

$$z^o;\ 1^z;\ \frac{a^2 - az}{a - z}$$

---

59) $A(\underline{R},\underline{R})$ ist die Menge aller affinen Funktionen von $\underline{R}$ nach $\underline{R}$.

60) Hankel erläutert diesen wichtigen aber dunklen Terminus näher (HANKEL, 1870; 64):
"Wie haben uns unter einem solchen 'analytischen Ausdruck', dessen Bedeutung Euler näher zu bestimmen nicht für nöthig hält, nichts anderes zu denken, als eine nach dem Typus algebraischer Functionen gebildete Grössenabhängigkeit. Denn die transcendenten Functionen dachte man sich durch Entwicklungen bestimmt, ..., ohne daß man sich über die Zulässigkeit einer solchen grenzlosen Fortsetzung der Operationen Bedenken gemacht hätte."
Vgl. hierzu auch YOUSCHKEVITCH, 1977; 74 f.

4.4 Der Übergang zum Dirichletschen Funktionsbegriff: die willkürlichen Funktionen

Wirksam wurde vor allem Eulers Konzept der "kontinuierlichen Funktion", d.s. solche, die im gesamten Definitionsbereich einheitlich durch einen einzigen Ausdruck dargestellt werden. Offensichtlich nahm man lange Zeit an, alle Funktionen seien von Natur aus kontinuierlich. Diese Eigenschaft wurde als mit unserer heutigen Stetigkeit gleichwertig betrachtet:

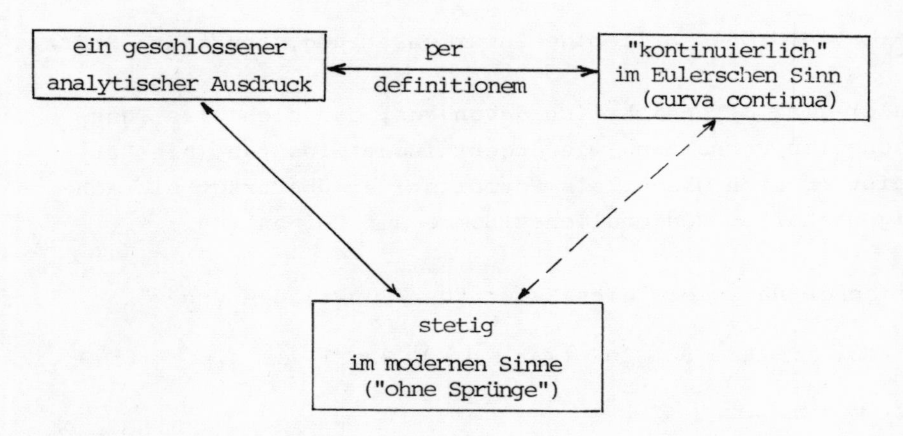

Eine Schwäche dieser Gleichsetzungen hat Cauchy aufgedeckt (CAUCHY, 1844; 145 f.)[61]:

$$f_1(x)=\begin{cases} x, & x \geq 0 \\ -x, & x < 0 \end{cases}, \quad f_2(x) = \sqrt{x^2} \text{ und } f_3(x) = \frac{2}{\pi} \int \frac{x^2}{t^2 + x^2}\, dt$$

---

61) Dieses Problem hatte Euler an einfachen Beispielen bemerkt: etwa wenn er $\frac{a^2 - az}{a - z}$ als Ausdruck bezeichnet, "der nur wie eine Funktion aussehe" (da er nach Ausklammern und Kürzen in die Konstante a übergeht). Er erkannte also schon, daß zwei analytische Ausdrücke für eine Funktion stehen können. Im übrigen drängt sich diese Einsicht auch bei der Verwendung von Substitutionen auf (vgl. YOUSCHEVITSCH, 1976; 99 f.).

Diese Funktionen stimmen für alle x mit $f_4(x) = |x|$ überein. f_1 ist offensichtlich nicht kontinuierlich, denn es wechselt ja in Null der analytische Ausdruck. f_2 und f_3 hingegen sind kontinuierlich. Wir haben also eine kontinuierliche und eine diskontinuierliche Darstellung von ein- und derselben Funktion (hier verwenden wir "Funktion" im modernen Sinn). Euler jedoch hätte - wollte er konsequent bleiben - von zwei verschiedenen Funktionen sprechen müssen. Hieran zeigt sich deutlich ein wesentlicher Zug seiner Definition: nämlich die Tatsache, daß sie <u>intensional</u> ist.

Eulers Definition betont die <u>analytische Seite</u>; der <u>anschauliche Ursprung</u> des Funktionsbegriffes kommt nicht mehr zum Ausdruck. Der Funktionsbegriff bleibt aber noch insofern anschaulich, als Funktion ja gleichbedeutend mit Kurve gedacht wird. Bei Euler finden wir unseren Bestand an elementaren Funktionen bereits voll ausgebildet. Er systematisiert diesen durch die Einteilung in algebraische und transzendente[62], ganzrationale und gebrochenrationale Funktionen.

Neben dem geschilderten finden wir noch einen zweiten Funktionsbegriff bei Euler. Dieser beruht auf der "von freier Hand gezeichneten" Kurve ("libero manu ductu"). Im Gegensatz zur ersten Gattung von Funktionen, die er als "stetige" ("curvae continuae") bezeichnet, heißen diese "unstetig" ("curvae discontinuae seu mixtae seu irregulares"). Letztere hielt Euler für analytisch nicht

---

62) Diese beiden Klassen von Funktionen sind für ihn - wie schon für Leibniz - gleichberechtigt ("Primat des Analytischen"). Hierzu und zum Folgenden vgl. man "Introductio" 1. Kapitel.

darstellbar (und damit umgekehrt analytisch-darstellbare Funktionen für "stetig" - s. unten). Für die Vorstellung einer Funktion war also noch nur ihr Graph (die Kurve) bestimmend: konnte dieser analytisch beschrieben werden, so lag eine "kontinuierliche" Funktion vor, andernfalls eine diskontinuierliche (um Verwechslungen vorzubeugen, wähle ich im Folgenden nicht "stetig"; eine kontinuierliche Funktion ist nach Euler eine, die durch einen geschlossenen analytischen Ausdruck gegeben wird). Der Aspekt der Zuordnung bleibt unbeachtet. Dies änderte sich mit Dirichlets Funktionsbegriff[63].

Der Bernoulli-Eulersche Funktionsbegriff wird im weiteren als "genetischer" Funktionsbegriff bezeichnet, weil in ihm die "Herstellungsvorschrift" für die Funktion noch explizit gefordert ist[64].

---

63) Es sei hier noch der Vollständigkeit halber darauf hingewiesen, daß Euler in den "Institutiones calculi differentialis" einen Funktionsbegriff einführte, der im wesentlichen auf dem Begriff der Variablen beruht. Eulers Definition lautete (in der Übersetzung von Youschkevitch):
"If some quantities so depend on other quantities that if the latter are changed the former undergo change, then the former quantities are called functions of the latter."

(YOUSCHKEVITCH, 1976; 70)

Setzt man abhängige Variable mit Term gleich, so wird hier von Euler "Funktion" mit ihrer analytischen Darstellung identifiziert. Ob diese Interpretation zutrifft, bedürfte einer genaueren Klärung.

64) Wir folgen damit einem Vorschlag von Steiner (vgl. STEINER, 1969). Da die Mittel, die zur Bildung analytischer Ausdrücke herangezogen werden dürfen, keiner klaren Beschränkung unterworfen wurden, darf der Terminus "genetisch" hier nicht zu eng aufgefaßt werden.

Die Beschreibungsmittel werden explizit in der Definition berücksichtigt[65]. Die andere Schwäche des genetischen Funktionsbegriffes wurde durch Arbeiten über Fourierreihen deutlich: die Entsprechung von "curva continua" und "functio" im Sinne von analytischem Ausdruck war nicht streng, wie man lange Zeit angenommen hatte.

Fourier zeigte 1806 - wenn auch noch mit Mängeln - daß man auch unstetige Funktionen in trigonometrische Reihen entwickeln konnte. Dirichlet (in DIRICHLET, 1829) vervollständigte diese Theorie durch Angabe von notwendigen Bedingungen für Entwickelbarkeit, Bedingungen also, die die Existenz einer zugehörigen Fourierreihe[66] sicherstellen. In diesem Zusammenhang erschuf Dirichlet das "Monster" (zu diesem Terminus s. I 6.1), das bis heute seinen Namen trägt (DIRICHLET, 1829; 169):

$$f(x) = \begin{cases} c \;, & x \in \underline{Q} \\ d \;, & \text{sonst} \end{cases} \qquad \text{mit } c \neq d$$

---

65) Eine Variante hiervon, die im Zusammenhang mit analytischen Fortsetzungen auftaucht, stellt das folgende von Hankel angesprochene Problem dar:

"Wenn für ein Gebiet der Veränderlichen eine Entwicklung gegeben ist, welche nicht unmittelbar über die Grenzen desselben fortgesetzt werden kann, weil sie außerhalb ihre Bedeutung verliert, wenn ferner für ein anderes Gebiet der Veränderlichen eine andere Entwicklung gegeben ist, welche in das erste Gebiet nicht fortgesetzt werden kann, und es keine für beide Gebiete gültige Entwicklung gibt, so sollen beide Entwicklungen als zu einer Funktion gehörig angesehen werden, wenn die Function in jedem der beiden Gebiete dieselben Eigenschaften zeigt."

(HANKEL, 1870; 66)

66) Wir begegnen hier der für das 19. Jahrhundert typischen Frage nach der Existenz bestimmter Objekte (etwa der Ableitung einer Funktion - Ampère, 1800; s. I 6.3 - oder einer Nullstelle - Gauß, 1799 und Bolzano, 1817). In ihr drückt sich ein grundlegender Wandel der Auffassung von Mathematik aus, den man als den Übergang von der algorithmischen zur diskursiven mathematischen Vernunft kennzeichnen kann.

(Dirichlet zeigte an ihm, daß seine Bedingungen wirklich notwendig sind: das obige f ist nämlich nicht entwickelbar, weil es Dirichlets Bedingung nicht erfüllt). Später wurde jedoch festgestellt, daß f eine analytische Darstellung besitzt (vgl. PRINGSHEIM, 1899; 7). nämlich:

$$f(x) = (c - d)(\lim_{n} \lim_{m} \cos \pi n! x^{m}) + d$$

Die von Pringsheim angegebene Formel ist inkorrekt, Lebesgue's Form

$$f(x) = (c - d)(\lim_{n} \lim_{m} (\cos \pi n! x)^{2m}) + d$$

ist dagegen korrekt. Weniger bekannt, aber einfacher ist der folgende auf Pierpont zurückgehende Ausdruck:

$$f(x) = (d - c)(\lim_{n} (\text{sign} (\sin^{2} \pi n! x))) + c$$

Also war f im Sinne Eulers <u>kontinuierlich</u>, aber ganz und gar <u>nicht stetig</u>. Die Gleichsetzung von "stetiger" Funktion und "analytisch darstellbarer" Funktion war nicht länger haltbar. Die Situation ist etwa folgende:

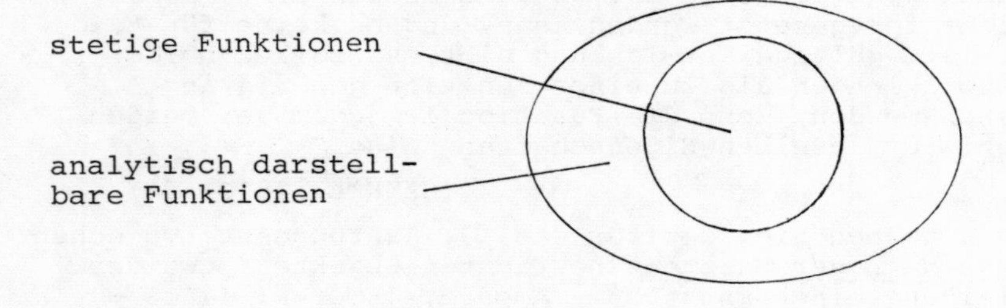

Es lag nun nahe,

1. den behaupteten Zusammenhang von "analytisch darstellbar" und "stetig" fallen zu lassen; der neue Funktionsbegriff brauchte nicht mehr Stetigkeit zu garantieren[67].

2. durch eine Abstraktion sicherzustellen, daß verschiedene Darstellungen eine Funktion ausdrücken können (anders gesagt: der genetische bzw. der intensionale Standpunkt mußte aufgegeben werden).

Genau dies tat Dirichlet. Um die gemäß 2. zu leistende Abstraktion durchführen zu können, bedurfte es vor allem eines Kriteriums, das zu entscheiden erlaubte, wann zwei Darstellungen als äquivalent zu betrachten seien. Das scheint zunächst einfach zu sein. Wir legen fest:

zwei Darstellungen f_1 und f_2 heißen äquivalent, wenn für alle x gilt: $f_1(x) = f_2(x)$

oder umgangssprachlich formuliert (diese Ausdrucksweise lag jener Zeit sicher näher):

wenn sich die Werte von f_1 und f_2 für jedes x als gleich erweisen.

Diesen Standpunkt nimmt Cauchy mit seiner Definition (s.4.2) ein. Allerdings wird hier schon ein Problem deutlich: die angegebene Äquivalenzrelation scheint vorauszusetzen, daß

---

67) Das setzt natürlich voraus, daß der Begriff "Stetigkeit" unabhängig vom Funktionsbegriff erklärt wird. Dazu wurde schon früh die Vorstellung der "durchzogenen" Linie verwandt. Cauchy faßte ähnlich wie zuvor schon Bolzano diesen Begriff dann "rein analytisch".

(CAUCHY, 1821; 34-35)

die Werte von f_1 und f_2 für jedes x effektiv berechenbar sind! Das muß, wie wir heute wissen, keineswegs der Fall sein.

Ein Ausweg bietet sich hier an: nämlich die Äquivalenzrelation nicht als Kriterium zu verwenden, sondern sie gleich in die Definition einzubeziehen[68]. Dirichlet formulierte:

"Entspricht nun jedem x ein einziges, endliches y, ..." (Vgl. 4.2)

Es wird bei ihm nichts darüber ausgesagt, wie festgestellt werden kann, ob zwei Darstellungen an allen Stellen denselben Wert liefern: diese Definition ist also nicht entscheidbar, oder, was hier aufs Gleiche hinausläuft, nicht konstruktiv. Dirichlet hat seine Definition so kommentiert:

"Abstraktion" von der Darstellung

"Es ist dabei gar nicht nöthig, dass y in diesem ganzen Intervalle nach demselben Gesetz von x abhängig sei, ja man braucht nicht einmal an eine durch mathematische Operationen ausdrückbare Abhängigkeit zu denken.

Stetigkeit als zusätzliche Eigenschaft

Geometrisch dargestellt, d.h. x und y als Abszisse und Ordinate gedacht, erscheint eine stetige Funktion als eine zusammenhängende Curve, von der jeder zwischen a und b enthaltenen Abszisse nur ein Punct entspricht.

Aufgabe der Kontinuierlichkeit im Sinne Eulers

Diese Definition schreibt den einzelnen Theilen der Curve kein gemeinsames Gesetz vor; man kann sich dieselbe aus den verschiedenartigsten Theilen zusammengesetzt oder ganz gesetzlos gekennzeichnet denken.

---

68) Modern gesprochen geht man vom Term zur Relation über.

Es geht hieraus hervor, dass eine solche Function für ein Intervall als vollständig bestimmt nur dann anzusehen ist, wenn sie entweder graphisch gegeben ist, oder mathematischen, für die einzelnen Theile desselben geltenden Gesetzen unterworfen wird.

Möglichkeiten, eine Funktion zu definieren

So lange man über eine Function nur für einen Theil des Intervalls bestimmt hat, bleibt die Art ihrer Fortsetzung für das übrige Intervall ganz der Willkür überlassen."

(DIRICHLET, 1837; 135)

Am letzten Abschnitt erkennt man, wie stark noch die Vorstellung von Funktion als überall definiert ist. Im Zusammenhang mit F. Kleins Theorie der Funktionsstreifen werden wir im nachfolgenden Teil hierauf zurückkommen (vgl. II 4.2.1).

E. Borel spricht in Zusammenhang mit dem neuen Funktionsbegriff von "willkürlichen Funktionen", um den Gegensatz zu den gesetzmäßigen, durch einen Ausdruck definierten Funktionen im Sinne Eulers zu betonen. Wir wollen uns im folgenden diesem Sprachgebrauch anschließen. Die willkürliche Funktion wirft nun ein ernstes neues Problem auf:

Um eine Funktion in einem Intervall "punktweise" definieren zu können, muß zuvor Klarheit darüber bestehen, welche Punkte (Arten von Punkten usw.) überhaupt in diesem Intervall angetroffen werden[69].

69) Du Bois-Reymond charakterisiert die mit der Dirichletschen Auffassung verbundene Interpretation der Variablen so:

"Sie setzt entschieden die numerische Auffassung des Arguments voraus, weil durch sie formale Unterschiede der Argumentwerthe erzeugt werden, die in jeder kleinsten Strecke des Arguments wiederkehren. Z.B. sind die rationalen und die irrationalen Zahlen, ... solche Unterscheidungsmittel der Argumentwerthe."

(DU BOIS-REYMOND, 1882; 142)

Wir sehen also:

Die Forderung nach Klärung des Zahlbegriffs ergibt sich u.a. aus der Einführung des Begriffs der willkürlichen Funktion.

Damit erweist sich, daß das "Arithmetisierungsprogramm" (vgl. I 5.) der zweiten Hälfte des vorigen Jahrhunderts eine Konsequenz aus den Veränderungen des Funktionsbegriffes war[70]. Standen bislang der "analytische" Ausdruck und die gezeichnete Kurve im Vordergrund (wobei letztere anschaulicher Natur ist wir haben es hier-semiotisch betrachtet - mit einer symbolischen und einer ikonischen Repräsentation der Funktion zu tun), so legt der neue Begriff das Bild der "idealen Tabelle" nahe (du Bois-Reymond; vgl. 4.2). Es war ja seit alters her üblich, Funktionen mit endlichen Definitionsbereichen dadurch auszudrücken, daß man die Werte in einer Tabelle den jeweiligen Urbildern zuordnete. Der Vorschlag Dirichlets legte es nun nahe, etwas Ähnliches auch für die unendlich vielen Punkte eines Intervalles zu versuchen: wir haben hier wieder ein Beispiel für die Analogisierung von endlichen und unendlichen Bereichen vor uns, wie sie später besonders bei Cantor auftreten wird (etwa in seiner Theorie der transfiniten Kardinalzahlen; oder in der Mengenlehre in Gestalt des Auswahlaxioms Zermelos) und wie wir sie schon bei der Gleichsetzung der Eigenschaften von endlichen Summen und unendlichen Reihen angetroffen haben (s. 4.3). In dieser Hinsicht bil-

---

70) Diese Tatsache wird bei der Darstellung der Entwicklung der Mathematik weitgehend übersehen. Meist wird einseitig das Streben nach "Strenge" betont und als Anstoß für das "Arithmetisierungsprogramm" hingestellt, ohne daß so recht klar wird, warum man gerade jetzt streng werden wollte. Es ist unseres Wissens das Verdienst Oskar Beckers, auf den erwähnten Tatbestand aufmerksam gemacht zu haben. Man vergleiche hierzu das folgende Zitat:

"Man sieht also, daß der Begriff der willkürlichen Funktion den Begriff der willkürlichen Zahlenfolge - und damit der willkürlichen reellen Zahl,..., - einschließt." (BECKER, 1927; 595)

det das "Dirichletsche Monster" einen Wendepunkt in der Mathematikgeschichte[71]:

Hier wird nämlich zum ersten Mal eine Funktion "Punkt für Punkt" in einem ganzen Intervall definiert.

Daß dieses Verfahren nicht effektiv ausführbar ist, war natürlich von vorne herein klar: Hankel nannte Dirichlets Definition deshalb auch eine "reine Nominaldefinition" (HANKEL, 1870; 67). Damit stoßen wir auf den Kern der Diskussion, die uns in 6. beschäftigen wird:

Ist es überhaupt sinnvoll, einen derartigen Funktionsbegriff zuzulassen?

Zuvor sollen noch kurz einige Weiterentwicklungen des Begriffs der willkürlichen Funktion verfolgt werden.

4.5 Die mengentheoretische Formulierung des Funktionsbegriffs (der Abbildungsbegriff)[72]

Ab etwa 1875 entwickelt G. Cantor die Mengenlehre. Im Verlaufe seiner Untersuchungen verallgemeinert er das in der alltäglichen Praxis gängige Verfahren der "Eins-zu-Einszuordnung" von endlichen Mengen auf den Fall von unendlichen Mengen. So entsteht - wenn auch noch ohne explizite

---

71) Das nächste Beispiel dieser Art stammt wohl von Riemann:

$$f(x) = \begin{cases} \frac{1}{q} & \text{, falls } x = \frac{p}{q} \text{ und } \mathrm{ggt}(p,q) = 1 \text{ und } x \neq 0 \\ 0 & \text{, sonst} \end{cases}$$

72) Eine andere Weiterentwicklung des Funktionsbegriffes kann man im "logischen Funktionsbegriff" sehen, wie man ihn z.B. bei Frege ("Funktion und Begriff", 1891) findet - für Einzelheiten s. STEINER, 1969; 32-38.

Definition - der <u>Abbildungsbegriff</u>: dieser wurde für Cantors Theorie der Kardinalzahlen (etwa bei der Definition von "gleichmächtig") zentral. Neben Cantor muß hier Richard Dedeking genannt werden, in dessen Schrift "Was sind und was sollen die Zahlen?" (1887) sich die in 4.2 wiedergegebene Definition der Abbildung eines Systems in ein anderes findet. Der Cantor-Dedekindsche-Abbildungsbegriff geht über den der Funktion hinaus, indem nicht mehr nur Zahlen anderen Zahlen zugeordnet werden; er macht aber noch nicht Gebrauch vom cartesischen Produkt und bleibt so der Vorstellung der "Eins-zu-Eins-Zuordnung" verbunden[73]. Wir wollen ihn daher den "pragmatischen Abbildungsbegriff" nennen. Den Abbildungsbegriff, der sich explizit auf Konstruktionen der Mengenlehre stützt (nämlich auf das cartesische Produkt und auf die Bildung von Teilmengen) treffen wir ein Vierteljahrhundert später bei Felix Hausdorff an: s. 4.2. Dieser nennt Zermelo als Urheber dieses Begriffs (ZERMELO, 1908). Peano führte 1911 ebenfalls Abbildungen als spezielle Relationen ein.

Die mengentheoretische Auffassung rückt wieder (im Rückgriff auf Leibniz sozusagen) den Zuordnungsbegriff in den Vordergrund - allerdings in der abstrakten Fassung als geordnetes Paar[74]. Dieser Aspekt wird besonders deutlich in der heute üblichen Darstellungsweise:

$$f: X \longrightarrow Y$$
$$x \longmapsto y$$

---

73) Die Definitionen einer Funktion als einer ausgezeichneten Teilmenge auf dem cartesischen Produkt von Definitions- und Wertemenge - also als Relation - verdankt man Ernst Schröder.

74) Zur Verwendung des geordneten Paares schreibt Hausdorff:
"Das geordnete Paar ist die natürliche Grundlage der Funktionsbeziehung."
(HAUSDORFF, 1914; 453)

Interessanterweise wurde diese erst um 1940 durch W. Hurewicz im Zusammenhang mit Gruppen und deren Homomorphismen eingeführt. Sie löste bald die alte Eulersche Bezeichnungsweise $y = f(x)$ - vgl. 4.1 - sowie die modernere $f(X) \subset Y$ ab.

Als Gründe für diesen raschen Erfolg können genannt werden:

1. Die neue Schreibweise erweist sich als sehr suggestiv, besonders wenn es um die Hintereinanderausführung von Abbildungen geht:

   $$X \xrightarrow{f} Y \xrightarrow{g} Z$$

   (dies war wohl das Hauptmotiv für Hurewicz, da er sogenannte "exakte Sequenzen" betrachtete).

2. Sie macht den Zuordnungscharakter augenscheinlich und deutet alle für eine Abbildung konstitutiven Bestandteile (Definitionsbereich, Wertebereich usw.) an.

3. Im Gegensatz zu $f(x) = y$, das ja als Gleichung "für etwas" - nämlich für den Graphen - gelesen werden kann, steht das neue Symbol "für sich" (es erscheint nicht mehr als Beschreibung eines anschaulichen Sachverhalts)[75].

4. Nicht zuletzt deshalb wird es mit seiner Hilfe möglich, Abbildungen als eigenständige, geometrische Objekte (nämlich als Pfeile oder als Kanten eines Graphen) aufzufassen und sie damit zum Ausgangspunkt von Konstruktionen zu machen: man denke etwa an die Konstruktion des klassifizierenden Raumes einer Kategorie nach Segal.

---

75) Man kann allerdings $X \longrightarrow Y$ auch als Beschreibung einer Zuordnung auffassen.

Durch die Pfeilnotation von Hurewicz wurde schließlich der bislang letzte Abstraktionsschritt vorbereitet: die Einführung von Kategorien und Funktoren bei Eilenberg und Mac Lane (1942). Ganz ähnlich wie in 4. werden auch hier die Funktionen (oder allgemeiner: Abbildungen) zu konkreten Objekten. Studiert werden Abbildungen von Funktionsmengen (meist als Morphismenmengen bezeichnet) in andere. Damit verbunden ist dann eine Abbildung der Objektmengen, bestehend aus den Quellen und Zielbereichen der Morphismen. In gewisser Weise schließt sich hier der Kreis:

Wurden ursprünglich Funktionen eingeführt, um die Zuordnung konkreter geometrischer Objekte zueinander auszudrücken, so werden nun solche Funktionen zu konkreten geometrischen (genauer: diagrammatischen) Objekten. Sie sind von der Beschreibungsebene auf eine neue Gegenstandsebene hinübergewechselt.

4.6 Ein Beispiel

Um die verschiedenen Stufen der Entwicklung des Funktionsbegriffes zu verdeutlichen, wollen wir diese an Hand eines Beispiels aufzeigen. Es geht hierbei um das Differenzieren einer Funktion[76]:

1. Die konkrete geometrische Zuordnung: in einem Punkt einer vorgegebenen Kurve (z.B. einer Parabel) wird die Tangente an diese Kurve gesucht.

   (analytische Fassung: die Funktion $f(x) = x^2$ wird an der Stelle x_o abgeleitet; d.h. es wird $f'(x_o)$ berechnet).

---

76) Dabei bedeuten:

$\underline{C}(\underline{R},\underline{R})$	Menge der differenzierbaren Funktionen von $\underline{R}$ nach $\underline{R}$,
$F(\underline{R},\underline{R})$	Menge der Funktionen von $\underline{R}$ nach $\underline{R}$,
Diff	Kategorie der Banachräume und der differenzierbaren Abbildungen zwischen solchen,
Set	Kategorie der Mengen und der Abbildungen.

2. Der Algorithmus: gesucht ist ein Verfahren, das die Aufgabe 1. für jeden Punkt x_o (der festen Kurve) löst

(Formalisierung: gesucht ist eine Abbildung d_f, die Folgendes leistet[77])

$$\begin{aligned} d_f : C(\underline{R},\underline{R}) \times \underline{R} &\longrightarrow L(\underline{R},\underline{R}) \\ (f, x_o) &\longmapsto f'(x_o) \end{aligned} \qquad \text{(f fest)}$$

3. Analog zu 2.: gesucht ist ein Verfahren, das für jede Funktion (und jeden Punkt) die Aufgabe 1. löst.

(Formalisierung: gesucht ist eine Abbildung d derart, daß

$$\begin{aligned} d: C(\underline{R},\underline{R}) &\longrightarrow F(\underline{R},\underline{R}) \\ f &\longmapsto f' \end{aligned}$$

4. "d" (aus 3.) läßt sich als Funktor auffassen von der Kategorie der Banachräume und der differenzierbaren Abbildungen in die Kategorie der Mengen und Abbildungen:

$$d: \text{Diff} \rightsquigarrow \text{Set}$$

wobei $\underline{d}$ auf Objekten wie die Identität wirkt und auf Morphismen wie d in 3.)

---

77) Hierbei wird folgende Bijektion verwandt

$$\begin{aligned} L(\underline{R},\underline{R}) &\xrightarrow{\cong} \underline{R} \\ f(x) = mx &\longmapsto m \end{aligned}$$

$L(\underline{R},\underline{R})$ ist die Menge aller linearen Funktionen von $\underline{R}$ nach $\underline{R}$.

Der Übergang von einer Stufe zur nächstfolgenden geschieht jeweils durch eine Abstraktion oder durch eine Verallgemeinerung:

1. nach 2.: Es wird von der Unterschiedlichkeit der Kurvenpunkte abgesehen.

2. nach 3.: Es wird von der Unterschiedlichkeit der differenzierbaren Funktionen abgesehen.

3. nach 4.: Es wird auch noch von der Verschiedenheit der Definitions- und Zielbereiche der Funktionen abgesehen.

4.7. Einige abschließende Bemerkungen

Unsere Untersuchung der Entwicklung des Funktionsbegriffs legt es nahe, drei Stufen zu unterscheiden:

1. Die Stufe des genetischen Funktionsbegriffs, wie wir ihn bei Euler angetroffen haben.

2. Eine Stufe, die durch die Auffassung gekennzeichnet ist, eine Funktion sei ein Zusammenhang zwischen zwei Variablen, einer abhängigen und einer unabhängigen. Dieses Verständnis von Funktion finden wir bei Lacroix und Cauchy.

3. Die Stufe, auf der eine Funktion durch eine Abbildung - eine "Punkt-zu-Punkt-Zuordnung" - festgelegt wird. Als Vertreter dieses Funktionsbegriffes haben wir

Dirichlet kennengelernt[78).]

Im Gegensatz zu Youschkevitch, der dazu tendiert, die zweite und dritte Stufe gleichzusetzen - was man z.B. seinen Ausführungen über "Euler's General Definition of a Function" (YOUSCHKEVITCH, 1976; 69-72)[79)] entnehmen kann - meinen wir, daß hier eine wesentliche Differenz vorliegt:

- durch die Gleichsetzung[80)] von "stetig" in der Form von

---

78) Auf die Differenz Variable/Funktion und einige ihrer Konsequenzen hat H. Bos in einem Diskussionsbeitrag in Oberwolfach (1974) hingewiesen (TAGUNGSBERICHT OBERWOLFACH, 1974; 9 f.).
Die folgenden Ausführungen von du Bois-Reymond über die Dirichletsche Neuerung und deren Verhältnis zu den vorhergehenden Funktionsbegriffen verdeutlichen unsere Darstellung:

"Während also Dirichlet den Funktionsbegriff dem Gegenstande [d.i. die Entwicklung in Fourierreihen] entsprechend zu beschränken lehrte, war er doch frei von den seit ihm veralteten Vorstellungen über das Wesen und die Stetigkeit von Funktionen. So sind seiner natürlichen und sachgemäßen Ausdrucksweise jene portions de fonctions gewichen, welche aus der Anschauung entspringen mochten, als ob eine Funktion gleichsam ein einheitlicher Organismus sei, aus dessen Stücken man allerdings, wie seit Fourier zugegeben werden mußte, neue Funktionen zusammensetzen könne, die aber den ungeheuerlichen Charakter ihrer Entstehung an der Stirne trügen."
(DU BOIS-REYMOND, 1876; 9)

79) Gemeint ist hier Eulers Definition einer Funktion als Zusammenhang von Variablen, wie dieser sie in den "Institutiones" gegeben hatte. Wir haben sie in unserer Darstellung beiseite gelassen, weil wir uns auf den wirksamsten Beitrag Eulers konzentrierten.

80) Auf diese Tatsache machte Jourdain mit Nachdruck aufmerksam: JOURDAIN, 1913.

"eine unabhängige Variable ändert sich stetig in ihrem Definitionsbereich" und "Stetigkeit im modernen Sinn" blieb die Vorstellung weitgehend erhalten, daß die "Stetigkeit" der Variable diejenige der Funktion zumindest lokal nach sich ziehe;

- erst Dirichlet änderte Funktionen an einzelnen Punkten ab und gab damit die Vorstellung auf, ein Funktionswert könne denjenigen an einer benachbarten Stelle bestimmen (besonders drastisch zeigt dies das Dirichletsche Monster). Gerade die Herauslösung jeglicher Stetigkeitsvorstellung aus dem Funktionsbegriff ist aber charakteristisch für die Stufe der "willkürlichen" Funktionen.

Wir wollen uns hier mit diesen Andeutungen begnügen und uns nun dem Arithmetisierungsprogramm des 19. Jahrhunderts zuwenden[81].

---

81) Ausführliche Darstellungen der Entwicklungen des Funktionsbegriffes finden sich in folgenden Arbeiten:

HANKEL, 1870; BRILL/NOETHER, 1892; PRINGSHEIM, 1899; BOHLMANN, 1900; BOYER, 1946; STEINER, 1969; BOCHNER, 1970; MONNA, 1973; TAGUNGSBERICHT OBERWOLFACH, 1974; YOUSCHKEVITCH, 1977.

Werke, in denen Abschnitte unserem Thema gewidmet sind, sind:

CAJORI, 1919; BECKER, 1927; BOYER, 1949; MANHEIM, 1964; GRATTAN-GUINESS, 1970; KLINE, 1972.

4.8 Zusammenfassung

In der folgenden Tabelle findet man noch einmal die wichtigsten Charakteristika der beiden in 4. besprochenen Funktionsbegriffe zusammengestellt:

	genetischer Funktionsbegriff	willkürliche Funktionen
Art der Definition	intensional (bezieht Darstellungsmittel mit ein)	extensional
Eigenschaften	anschaulich global berechenbar	unanschaulich lokal nicht berechenbar
Zeichencharakter	ikonisch (Kurve) oder symbolisch (analytischer Ausdruck)	symbolisch
unmittelbare Folgen aus der Definition	stückweise stetig, analytisch darstellbar	Existenz eines Unterintegrals

⟶ Verselbständigung der Beschreibungsebene

(Diese Zusammenstellung wird im Anhang zu II 3 ausführlich diskutiert werden. Die in ihr enthaltenen Bestimmungen sind somit als vorläufige anzusehen.)

5. Das Arithmetisierungsprogramm

5.1 Zwei Aspekte der Arithmetisierung

Arithmetisierung im weiteren Sinne ist der Versuch, möglichst große Teile der Mathematik oder gar die ganze Mathematik auf die Arithmetik zu gründen - in Felix Kleins Worten "die Forderung ausschließlich arithmetischer Beweisführung" (KLEIN, 1895; 233 - in diesem Vortrag wurde "Arithmetisierung" anscheinend erstmals gebraucht; man vergleiche aber das Zitat von Kronecker auf der nächsten Seite). Paradebeispiel hierfür ist die Fassung des Grenzwertbegriffes in der "Epsilon-Delta-Sprache" durch Cauchy, Weierstraß und andere.

Mit diesem Programm waren ursprünglich keine expliziten Stellungnahmen hinsichtlich Grundlagenproblemen verbunden[82]. Wertungen in dieser Richtung liegen dennoch nahe: das ersieht man schon aus den Überschriften der dieser Entwicklung gewidmeten Abschnitte gängiger Darstellungen der Mathematikgeschichte: "The Rigorous Formulation" (Boyer), "The Age of Rigor" (Grattan-Guinness), "The Installation of Rigor in Analysis" (Kline) usw.

Sie deuten auf das Arithmetisierungsprogramm im engeren Sinne hin, das die Rückführung der gesamten Mathematik

---

82) Man vergleiche hierzu das folgende Zitat aus Dedekinds "Was sind und was sollen die Zahlen?":

> "Gerade bei dieser Auffassung erscheint es als etwas Selbstverständliches und durchaus nichts Neues, daß jeder auch noch so fern liegende Satz der Algebra und höheren Analysis sich als ein Satz über die natürlichen Zahlen aussprechen läßt,... . Aber ich erblicke keineswegs etwas Verdienstliches darin - ... - diese mühselige Umschreibung wirklich vornehmen und keine anderen als die natürlichen Zahlen benutzen und anerkennen zu wollen."
>
> (DEDEKIND, 1887; VI)

Für Dedekind stellt die Reduktion auf die natürlichen Zahlen noch keinen Wert "an sich" dar.

auf die Arithmetik fordert, weil der Arithmetik - genauer noch: dem Begriff der natürlichen Zahl - ontologisch ein Vorrang zukomme. Leopold Kronecker hat diese Auffassung in klassischer Weise formuliert:

"Dabei ist aber das Wort 'Arithmetik' nicht in dem üblichen beschränkten Sinn zu verstehen, sondern es sind alle mathematischen Disciplinen mit Ausnahme der Geometrie und Mechanik, also namentlich die Algebra und die Analysis, mit darunter zu begreifen. Und ich glaube auch, dass es dereinst gelingen wird, den gesammten Inhalt aller dieser mathematischen Disciplinen zu 'arithmetisieren', d.h. einzig und allein auf den im engsten Sinne genommenen Zahlbegriff zu gründen, also die Modification und Erweiterungen dieses Begriffes (Anm. Ich meine hier namentlich die Hinzunahme der irrationalen sowie der continuirlichen Grössen) wieder abzustreifen, ... Der prinzipielle Unterschied zwischen der Geometrie und der Mechanik einerseits und zwischen den übrigen hier unter der Bezeichnung 'Arithmetik' zusammengefassten mathematischen Disciplinen andererseits besteht nach GAUSS darin, dass der Gegenstand der letzteren, die Zahl, bloss unseres Geistes Product ist, während der Raum ebenso wie die Zeit auch ausser unserem Geiste eine Realität hat, der wir a priori ihre Gesetze nicht vollständig vorschreiben können."

(KRONECKER, 1887; 338 f.)

Der letzte Teil dieses Zitates bezieht sich auf einen Brief von Gauß an Bessel vom 9.4.1830. Die besondere Dignität, die Kronecker den ganzen Zahlen zugestand, wird durch sein wohl berühmtestes Diktum

"Die ganzen Zahlen hat der Liebe Gott gemacht, alles andere ist Menschenwerk"

beleuchtet. Die ältesten Wurzeln der Kroneckerschen Auffassung kann man bei den Pythagoräern ("Alles ist Zahl") sehen. Auch Leibniz scheint einer ähnlichen Überzeugung gewesen zu sein[83].

Nimmt man die Forderung nach Rückführung des Zahlbegriffes auf die Logik[84] hinzu, so kann man die Äußerungen Kroneckers als eine Vorwegnahme des Logisierungsprogrammes ansehen (vgl. II 5.6). Gemäß dieser Lesart reklamierte Couturat die Arithmetisierung für seine antikantischen Bestrebungen:

> "... ce qui a ruiné la philosophie kantienne, ce n'est pas la Géométrie non euclidienne mais la reconstruction logique de l'analyse, ce que M. KLEIN a appelé l'arithmétisation des mathématiques..."
>
> (COUTURAT, 1904; 301)

5.2 Krisen und Bemühungen zu ihrer Überwindung

Das Arithmetisierungsprogramm stellte eine Reaktion auf Schwierigkeiten dar, die sich in der Rechtfertigung der mathematischen Praxis ergaben: es war der Ausdruck einer Krise[85]. Wir geben deshalb im Folgenden einen kurzen Überblick über Krisen in der Mathematikgeschichte und Bemühungen zu ihrer Überwindung. Die Antike beantwortete ihre Grundlagenkrise mit einem Geometrisierungsprogramm:

---

83) Man vergleiche hierzu das folgende Zitat:

> "Es gibt nichts, was nicht der Zahl unterworfen wäre. Die Zahl ist daher gewissermaßen eine metaphysische Grundgestalt und die Arithmetik eine Statik des Universums, in der sich die Kräfte der Dinge entfalten."
>
> (Leibniz. Philos. Schriften VII; 184 - Ed. Gerhardt)

84) Allerdings gab es umgekehrt Bestrebungen, die Logik zu algebraisieren (Boole, Schröder), die aber auf Durchführungs- und nicht auf Begründungsstrenge abzielten.

85) Zu den drei Krisen vgl. FRAENKEL-BAR HILLEL, 1973 und THIEL, 1972; 6-29, auch BECKER, 1927; 596 Anm. 3.

die Arithmetik wurde in die Geometrie eingebettet. Hierzu benützte man die Repräsentation von Zahlen durch Strecken, womit der Unterschied zwischen kommensurablen und inkommensurablen Größen verdeckt wurde. Geometrisierungsprogramme sind ansonsten selten gewesen. Man findet noch eines in Gaußens "Versinnlichung" der komplexen Zahlen (vgl. I 3.). Auch Newtons Appell an physikalische Vorstellungen ("Momentangeschwindigkeit") zur Rechtfertigung seiner Differentialrechnung sind hier anzuführen.

Die antiken Bemühungen räumten der Raumanschauung einen Vorrang ein, den diese erst wieder in der Neuzeit einbüßen sollte - eben im Zuge der allmählichen Arithmetisierung.

Die erste erfolgreiche Arithmetisierung der Neuzeit, auf der dann alle folgenden aufbauten, begegnet uns in der Schöpfung der Koordinatengeometrie (vgl. I 2.). Hier handelt es sich um ein heuristisch und beweistechnisch motiviertes Unterfangen: so stand für Descartes die Lösung geometrischer Aufgaben (etwa der des Pappus) im Vordergrund; kurz: die analytische Geometrie war Methode und nicht Grundlegung. Mit der Herausbildung der Infinitesimalrechnung stellte sich die Frage nach der Gültigkeit der analytischen Methode (als Quantifizierung des Kontinuums - vgl. I 2.3) in voller Schärfe. Insbesondere drängte die Verwendung infinitesimaler Größen durch die Leibnizschule dazu, die Frage nach der Struktur des zugrundeliegenden Zahl- oder Größenbereichs zu stellen. Man suchte daneben nach Möglichkeiten, den Gebrauch der fragwürdigen infinitesimalen Größen zu vermeiden. Hier ist besonders Lagrange zu nennen, der einen rein formalen Aufbau vorschlug (die Ableitung einer Funktion wird in ihm als Koeffizient der Reihenentwicklung eingeführt). Dabei übersah er, daß sein Verfahren offensichtlich zirkulär ist. Im übrigen kann, wie wir heute wissen, eine Funktion an einer Stelle differenzierbar sein, ohne dort eine Taylorentwicklung zu besitzen[86).

Manheim beurteilt die Bedeutung des Lagrangeschen Unternehmens so:

"Arithmetization began as an attempt to avoid certain conceptual difficulties. In retrospect it is not the particular program of men like Landen and Lagrange that proved important but rather the notion of arithmetization. This notion again claimed the attention of mathematicians more than half a century later."

(MANHEIM, 1964; 23)

Lagranges Auffassung konnte sich nicht durchsetzen. Wir sehen aber schon hier, wie mit der Arithmetisierung Wertungen verbunden werden: Arithmetisierung verspricht die Mathematik endlich auf festen Boden zu stellen.

Die Forderung nach Arithmetisierung tritt mit Nachdruck zu Beginn des vorigen Jahrhunderts auf. Ein wichtiges Dokument hierzu stellt die Schrift von Bolzano mit dem programmatischen Titel "Rein analytischer Beweis des Lehrsatzes, ..." (den genauen Titel entnehme man I 3.3) aus dem Jahre 1817 dar. Es geht in ihr darum, den Zwischenwert nach dem Vorbild von Gauß[87) rein analytisch zu beweisen.

---

86) Das erste Beispiel einer nicht-analytischen Funktion gab Cauchy (1823). Es handelte sich dabei um die Funktion

$$f(x) = e^{-1/x^2}$$

Damit war Langranges Auffassung von der Gleichwertigkeit von Funktion und Reihe in ihrem Kern erschüttert.

(CAUCHY, 1826; Vorlesung 10)

87) Gauß hatte seit 1799 eine Serie von Beweisen für den Fundamentalsatz der Algebra geliefert. Dabei geht es im Kern darum, die Existenz einer Nullstelle zu beweisen.

Es heißt dort über Gauß:

"Er beschenkte uns zwar dieser vortreffliche Gelehrte schon in dem Jahre 1799 mit einem Beweis für diesen Satz, der aber noch den von ihm selbst eingestandenen Fehler hatte, daß er die rein analytische Wahrheit auf eine geometrische Betrachtung gründete. Seine zwei neuesten Beweise aber sind auch von diesem Fehler ganz frei, ...
Aber eben so offenbar ist es auch, daß es ein nicht zu duldender Verstoß gegen die gute Methode ist, Wahrheiten der reinen (oder allgemeinen) Mathematik (d.h. der Arithmetik, Algebra oder Analysis) aus Betrachtungen herleiten zu wollen, welche in einen bloß angewandten (oder speciellen) Teil derselben, namentlich in die Geometrie, gehören."

(BOLZANO, 1817; 3 f.)

Bolzanos Werk blieb weitgehend unbeachtet - ganz im Gegensatz zu dem von Cauchy. Dessen "Cours d'Analyse" fand große Verbreitung und galt jahrzehntelang als vorbildlich. Im Vorwort zu dieser Sammlung von Vorlesungen über "algebraische Analysis" (1821) heißt es:

"Quant aux méthodes, j'ai cherché à leur donner toute la rigueur qu'on exige en géométrie, de manière à ne jamais recourir aux raisons tirées de la généralité de l'algèbre. Les raisons de cette espèce, quoique assez communement admises, sur-tout dans le passage des séries convergentes aux séries divergentes, et des quantités réelles aux expressions imaginaires, ne peuvent être considérées, ce me semble, que comme des inductions propres à faire pressentir quelquefois la vérité, mais qui s'accordent peu avec l'exactitude si vantée des sciences mathématiques."

(CAUCHY, 1821; II f.)

Diese Worte können als Programm der Arithmetisierungsbewegung (im weiteren Sinne) gelten.

Versuchen wir uns die Hintergründe, auf denen diese neue Entwicklung (dieses neue Paradigma, wie wir in 3. sagten) entstanden ist, klarzumachen. Die Mathematik des 18. Jahrhunderts hatte verschiedene Probleme und Unstimmigkeiten hervorgebracht:

- die Grundlagen der Infinitesimalrechnung, insbesondere die Stellung der infinitesimalen Größen selbst, waren unklar;

- der Umgang mit Reihen hatte zu Absurditäten geführt: das prominenteste Beispiel ist wohl die Einsetzung von $x = 1$ in

$$\frac{1}{1 + x} = 1 - x + x^2 - x^3 + \ldots$$

  was zu

$$\frac{1}{2} = 1 - 1 + 1 - 1 + \ldots = (1 - 1) + (1 - 1) + \ldots = 0$$

  führt (weitere Einzelheiten findet man bei BURKHARDT, 1911);

- allgemein ergaben sich Schwierigkeiten beim Umgang mit Ausdrücken, die "unendlich groß oder klein" wurden z.B. $\frac{0}{0}$;

- die Entwicklung der Theorie der Fourierreihen machte eine nähere Untersuchung der Beziehungen zwischen Stetigkeit und Funktion notwendig;

- mit der Stetigkeit eng verknüpft war der Zahlbegriff (etwa in der Form einer unabhängigen Variable, die sich stetig ändert), so daß der Zahlbegriff selbst klärungsbedürftig wurde.

Zum Abschluß sei noch erwähnt, daß manche Autoren in letzter Zeit mit der These hervorgetreten sind, daß die Entstehung des Arithmetisierungsprogrammes durch die Erfordernisse des mathematischen Unterrichts bedingt wurde (vgl. STULOFF; 1968; 73). Zur Einschätzung der oben genannten Gründe vergleiche man den nächsten Abschnitt.

5.3 Arithmetisierung versus Raumanschauung

Interessanterweise sind alle diese Probleme - sieht man einmal vom ersten ab - entstanden durch den formalen Gebrauch der mathematischen Zeichen, durch einen "ungezügelten" Formalismus.Vereinfacht gesagt, waren sie entstanden, als man mit "unendlichen" Ausdrücken genauso verfuhr wie mit endlichen[88].

Wie - so kann man fragen - kam es dann aber dazu, daß sich das Arithmetisierungsprogramm hauptsächlich gegen die Raumanschauung wandte?[89] In keinem der aufgeführten

---

88) Im I 4.4 sprachen wir von der Analogisierung des Endlichen mit dem Unendlichen.

89) So heißt es beispielsweise bei Felix Klein:

"Die Arithmetisierung der Mathematik hat, wie ich andeutete, ihren ursprünglichen Ausgangspunkt darin genommen, daß sie die Raumanschauung zurückdrängte."

(KLEIN, 1895; 234)

Auch Poincaré äußerte sich in diesem Sinne:

"Mais comment a-t-on atteint la rigueur? C'est en restreignant de plus en plus la part de l'intuition dans la science, et en faisant plus grande celle de la logique formelle."

(POINCARE, 1889; 129)

Ähnliches lesen wir bei Manheim:

"Indeed, arithmetization demonstrated the thesis that mathematics has an existence independent of the perceptual world and that, insofar as mathematics, qua mathematics is concerned, its intersection with reality is totally irrelevant."

(MANHEIM, 1964; 94)

Fälle versagt doch die räumliche Anschauung! Bei Felix Klein findet sich die folgende Erläuterung, zu der er jedoch keine Belege angibt[90]:

> "Bei GAUSS wird die Raumanschauung, insbesondere die Anschauung von der Stetigkeit des Raumes noch unbedenklich als Beweisgrund benutzt. Da zeigte die nähere Untersuchung, daß hierbei nicht nur vieles Unbewiesene unterlief, sondern daß die Raumanschauung dazu geführt hatte, in übereilter Weise Sätze als allgemeingültig anzusehen, die es nicht sind. Daher die Forderung <u>ausschließlich arithmetischer Beweisführung</u>."
>
> (KLEIN, 1895; 233)

Die Bemerkung über Gauß greift die Kritik Bolzanos auf, zielt also vermutlich auf die Verwendung des Zwischenwertsatzes ab. Bedenkt man, daß es sich bei dem zitierten Text um einen von Klein 1895 gehaltenen Vortrag handelt, so liegt es nahe, daß sein Autor die von uns als "Monster" bezeichneten Beispiele (s. I 6.) im Auge hatte. Diese lassen aber schon wegen ihrer späten Entdeckung (nach 1850) keine Rückschlüsse auf die Motive der Arithmetisierungsbewegung zu Beginn des fraglichen Jahrhunderts zu. Im Gegenteil: beim Nachweis der befremdenden Eigenschaften der "Monster" braucht man die technischen Errungenschaften der Arithmetisierung. Selbst Bolzano entdeckte sein Beispiel einer stetigen, nirgends differenzierbaren Funktion erst 1830 - also rund 15 Jahre nach Erscheinen des "Rein analytischen Beweises". Zudem war er außer Stande nachzuweisen, daß sein Beispiel wirklich in allen Punkten die fraglichen Eigenschaften besaß (vgl. I 6.3).

Die einzigen uns bekannten Überlegungen zu dieser paradoxen Problemlage stammen von Morris Kline (KLINE, 1972; 947 f.). Dieser weist darauf hin, daß mit Beginn des

---

90) Man könnte hier auf die Gauß'sche Dissertation von 1799 hinweisen.

19. Jahrhunderts die Geometrie durch die Herausbildung der Nichteuklidischen Geometrie mehr und mehr an Vertrauen verloren hat. Dieser Prestigeverlust habe im Verein mit der Kritik an den teils fragwürdigen Verfahren der Analysis (s. 5.2) zum Arithmetisierungsprogramm geführt. Dem ist entgegenzuhalten:

- die Nichteuklidische Geometrie wurde erst um 1860 allgemein bekannt und akzeptiert (durch die Veröffentlichung des Gaußschen Briefwechsels und die Entdeckung der bekannten Modelle durch Riemann, Beltrami und Klein),

- das Arithmetisierungsprogramm wurde zum großen Teil von Forschern verwirklicht, die gerade nicht mit den Grundlagen der Geometrie befaßt waren (Cauchy, Weierstraß, Dedekind, Kronecker).

Auf diese letzte Unstimmigkeit macht Kline selbst aufmerksam (KLINE, 1972; 947). Eine befriedigende Antwort steht noch aus. Die These, daß das Arithmetisierungsprogramm dadurch veranlaßt wurde, daß bei der Verwendung von Anschauung Fehler entstanden waren, erscheint als <u>irreführende Konstruktion der späteren Mathematikgeschichtsschreibung</u>. Halten wir fest:

Das Arithmetisierungsprogramm im weiteren Sinn stellte die Voraussetzungen bereit, um die Analysis weitgehend ohne Berufung auf Anschauung zu entwickeln. Im Arithmetisierungsprogramm im engeren Sinne wird dies durch die ontologische Dignität der Zahl gerechtfertigt und zur Norm erhoben.

Die Vollendung des Arithmetisierungsprogramms erweist sich somit als die Bedingung der Möglichkeit für die Verdrängung von räumlicher Anschauung aus der Mathematik - und zwar sowohl von Anschauung als Begründungsprinzip als auch von Anschauung als normatives Prinzip. Selbst in ihrer heuristischen Funktion war die Anschauung bedroht. Felix Klein hat unermüdlich vor den damit verbundenen Gefahren gewarnt; so enthält auch sein bereits zitierter Vortrag von 1895 eine "pädagogische" Nutzanwendung:

> "Die Anschauung wird nicht nur unterschätzt, sondern nach Möglichkeit überhaupt beiseite geschoben. Es ist dies ohne Zweifel eine Folge der großen inneren Wichtigkeit, welche den arithmetisierenden Tendenzen der modernen Mathematik innewohnt. Aber die Wirkung geht weit über das richtige Ziel hinaus. Es ist Zeit, einmal öffentlich auszusprechen, daß es sich dabei nicht nur um eine verkehrte Pädagogik, sondern um eine schiefe Gesamtauffassung der Wissenschaft handelt."
>
> (KLEIN, 1895; 239)

Hätte Anschauung noch als normatives Prinzip gewirkt, so hätte Weierstraß' "Monster"[91] wohl kaum bei seinen Zeitgenossen Beachtung gefunden. Es wäre vielleicht als Kuriosum eingeordnet worden - als ein Zeugnis dafür, was alles geschehen kann, wenn man den Formalismus zu weit treibt.[92] Ähnlich erging es Guido Grandi, als er 1703

---

91) Zu Weierstraß' "Monster" s. I 6.3. Man vgl. auch die in II 2. geschilderte Reaktion auf Bolzanos Entdeckung.

92) So schreibt Kline zu Bolzanos Entdeckung seiner stetigen, nicht differenzierbaren Funktion:

> "Even if it had been published in 1834 it probably would have made no impression because the curve did not have an analytic representation, and for the mathematicians of that period functions were still entities given by analytic expressions."
>
> (KLINE, 1972; 955)

aus

$$\frac{1}{2} = 1 - 1 + 1 - 1 + 1 - \ldots \quad \text{und}$$

$$0 = 1 - 1 + 1 - 1 + 1 - \ldots$$

auf $\frac{1}{2} = 0$ schloß, und dies als Beleg für die Möglichkeit der "creatio ex nihilo" heranzog (vgl. MANHEIM, 1964; 8 f.).

Mit der Entdeckung der Monster traten Anschauung und arithmetisierte Mathematik in manifesten Widerspruch zueinander: Sätze, die von der Anschauung scheinbar zwingend vorgeschrieben wurden, erwiesen sich plötzlich analytisch als falsch: die Kongruenz von heuristischer und formaler Ebene war endgültig zerstört. Die bislang erzielten Ergebnisse - und das waren unvergleichlich mehr! - hatten die anschaulichen Erwartungen voll bestätigt (man denke etwa an den Zwischenwertsatz). Durch die das Arithmetisierungsprogramm tragende Überzeugung (das neue Paradigma) waren die Weichen für diesen Konfliktfall zugunsten des Formalismus bereits gestellt.

Die Errungenschaften der Arithmetisierung prägen so maßgeblich unsere gegenwärtige Mathematik, daß hier auf eine ausführliche Darstellung derselben verzichtet werden kann. Es seien deshalb nur einige kurz angeführt:

1. Die Entwicklung der Epsilon-Delta-Sprache und die darauf aufbauende Analyse des Stetigkeits- und Grenzwertbegriffs.

2. Die Entwicklung von Konvergenzkriterien und die Unterscheidung von Konvergenz und gleichmäßiger Konvergenz.

3. Die Bedingungen, unter denen eine Funktion in eine Potenzreihe (bzw. in eine trigonometrische Reihe) entwickelbar ist, wurden geklärt.

4. Die Begriffe Funktion/Stetigkeit/Differenzierbarkeit/ Integrierbarkeit wurden gegeneinander abgegrent.

5. Der Aufbau der reellen Zahlen wurde durchgeführt.

Ausführliche Darstellungen findet man bei Grattan-Guinness (GRATTAN-GUINESS, 1970) und bei Manheim (MANHEIM, 1974; chap. IV). Die aufgeführten Errungenschaften sind vorwiegend technischer Natur; ihre Bedeutung für eine Grundlegung werden wir im Abschnitt über das "Logisierungsprogramm" (II 4.3.2) näher beleuchten.

Zahl und Zeitanschauung

Kant hatte in der Kritik der reinen Vernunft einen Zusammenhang hergestellt zwischen der Zeit als Form der inneren Anschauung[93] und dem Zahlbegriff. So heißt es beispielsweise in den "Prolegomena" (§ 10):

"Arithmetik bringt ihre Zahlbegriffe durch sukzessive Hinzusetzung der Einheiten in der Zeit zustande,..."

Dieser Teil der Lehre Kants blieb - im Gegensatz zu seinen Ansichten über den apriorischen Charakter der Geometrie und dessen Beziehung zur Anschauungsform Raum - weitgehend unbeachtet[94]. Die Zahlen (und damit waren zu jener Zeit in

---

93) S. hierzu II 1 Nachbemerkung.

94) Bolzano übte allerdings schon früh (1810) Kritik an dieser Auffassung im "Anhang über die kantische Lehre von der Construction der Begriffe durch Anschauungen" zu seinen "Beyträgen zu einer begründeteren Darstellung der Mathematik". Seine Schlußfolgerung lautet: "Die Sätze der Arithmetik bedürfen der Anschauung der Zeit auf keine Weise." (BOLZANO, 1810; 147)

erster Linie die natürlichen gemeint) galten nach einem Ausdruck von Gauß als bloßes Produkt des menschlichen Geistes. Der Akt der Hervorbringung wurde mit dem Zählvorgang in Verbindung gebracht[95]. Die reellen Zahlen traten im Zusammenhang mit dem Funktionsbegriff als "Variablen" auf. Damit erschienen sie als Objekte anderer Stufe als die natürlichen Zahlen, zu denen sie zwar gewisse Beziehungen aufweisen, auf die sie aber dennoch nicht reduziert werden können. In Form der Zahlengerade konnten die reellen Zahlen räumlich-anschaulich interpretiert werden, was ihre Unbedenklichkeit im Sinne des alten Paradigmas (vgl. I 3.2 und I 3.3) bewies. Vor Aufkommen der Arithmetisierungsbewegung war demnach die Situation die folgende:

> Die natürlichen Zahlen wurden durch den Zählakt im weitesten Sinne psychologisch begründet; während die reellen Zahlen durch ihre räumlich-anschauliche Interpretation durch geometrische Evidenz gerechtfertigt wurden. Beide Zahlenarten galten als weitgehend unabhängig voneinander.

Das Arithmetisierungsprogramm forderte den Bruch mit der räumlichen Anschauung. Damit bedurften die reellen Zahlen einer neuen Begründung. Die Verwendung der räumlichen Anschauung im Gebiete der Analysis galt nun als eine "μετα βασιξ ἐιξ ἀλλο γενοξ" [96]. Im Reich der reinen

---

95) So läßt etwa Bolzano in seiner Zahlenlehre die Zahlen aus der Aneinanderreihung von Einheiten hervorgehen (vgl. GERICKE, 1970; 91).

96) So Bolzano in seiner Einleitung zu BOLZANO, 1817. Ähnlich äußerte sich schon Gauß in seiner Dissertation von 1799.

Mathematik sollte die räumliche Anschauung, die der angewandten Mathematik (wozu auch die Geometrie zählte) zugerechnet wurde, keine Rolle mehr spielen. Demnach ergeben sich zwei Möglichkeiten für die Begründung der reinen Mathematik (insbesondere des Zahlenbegriffes):

- man gibt die Idee einer anschaulichen Begründung überhaupt auf (indem man z.B. räumliche Anschauung mit Anschauung generell gleichsetzt) und sucht nach nichtanschaulichen Begründungsmöglichkeiten (z.B. begriffliche oder logische);

- man sucht nach einer "reinen" Anschauung - die nach dem Vorangegangenen jedenfalls keine räumliche sein kann. Hier bietet sich Kants Anschauungsform "Zeit" geradezu an, da sie als Form der inneren Anschauung keinerlei Bezug zu empirischen Gegenständen zu haben scheint.

Zu dieser zweiten Alternative seien noch einige Beispiele genannt:

Hamilton griff 1831 die Lehre Kants auf, indem er versuchte, die reellen und die komplexen Zahlen aus der Zeitanschauung zu rechtfertigen[97]. Die natürlichen Zahlen setzte auch er nicht in Beziehung zur Zeitanschauung.

Dies tat erstmals Helmholtz mit seiner Abhandlung "Zählen und Messen erkenntnistheoretisch betrachtet" (1887).

---

97) Seine Abhandlung trug den programmatischen Titel:

"Theory of Conjugate Functions or Algebraic Couples; with a Preliminary and Elementary Essay on Algebra as the Science of Pure Time".

Zu diesem und dem Folgenden vergleiche man GERICKE, 1970; 126 f.

In der mathematischen Lehrbuchliteratur jener Zeit wird bei LIPSCHITZ, 1877[98] die innere Anschauung als Garant für die Gültigkeit von einfachen Rechengesetzen (z.B. des "Fundamentalsatzes" a + b = b + a) genannt. Ähnliches findet sich bei HARNACK, 1881. Frege hat diese Positionen einer Kritik unterzogen (FREGE, 1934; 17-19).

Der Vater des Arithmetisierungsprogrammes im engeren Sinne, Leopold Kronecker, darf als Anhänger der ersten Alternative bezeichnet werden. Er sah die natürlichen Zahlen als Ordinalzahlen an, hervorgegangen aus der Anordnung von wohlunterschiedenen Elementen in einer Reihe.

Erst mit Brouwers "Urintuition" (1907) wird die kantische Lehre von der Zeitanschauung größere Bedeutung für die Begründung des Zahlbegriffes erlangen. Wir wollen darauf in III 2 ausführlich eingehen.

Insgesamt kann festgestellt werden, daß die Lehre Kants von der Zeitanschauung als Grundlage der Arithmetik im 19. Jahrhundert weitgehend unbeachtet blieb.

Exkurs: Zwei Bedeutungen von "Strenge"

"Strenge" ist ein Begriff, der im Zusammenhang mit dem Arithmetisierungsprogramm immer wieder auftritt. Wir wollen ihn deshalb näher betrachten. Bei Gauß begegnen wir ihm als "rigor antiquus" und bei Cauchy lesen wir "la rigueur qu'on exige en géométrie". Mit diesem Begriff ist der Name Euklid untrennbar verbunden und mit

98) Dieses Werk scheint das erste "vollständig arithmetisierte" Lehrbuch der Analysis in deutscher Sprache gewesen zu sein.

ihm die axiomatische Methode. Frege hat diese mustergültig charakterisiert:

"Das Ideal einer streng wissenschaftlichen Methode der Mathematik, ..., das wohl nach Euklid benannt werden könnte, möchte ich so schildern. Dass Alles bewiesen werde, kann zwar nicht verlangt werden, weil es unmöglich ist; aber man kann fordern, dass alle Sätze, die man braucht, ohne sie zu beweisen, ausdrücklich als solche ausgesprochen werden, damit man deutlich erkenne, worauf der ganze Bau beruhe. Es muss danach gestrebt werden, die Anzahl dieser Urgesetze möglichst zu verringern, indem man Alles beweist, was beweisbar ist."

(FREGE, 1893; VI)

Im weiteren fügt Frege noch eine Forderung hinzu: man solle nämlich die angewandten Schlußweisen explizit machen. Damit geht er über das 19. Jhd. geforderte Maß an Strenge hinaus in Richtung auf einen auch die Beweistheorie umfassenden Formalismus. Wir können zwei Aspekte von "Strenge" unterscheiden[99]:

- die "Strenge der Durchführung" als das Bemühen, Beweise möglichst lückenlos zu führen und alle gemachten Annahmen zu explizieren;

- die "Strenge der Begründung" als das Streben nach einer möglichst soliden Grundlage für die Mathematik.

Die Parallelität zu den oben dargestellten Formen des Arith-

99) Detlef Spalt hat ähnliche Überlegungen zum Begriff "Strenge" angestellt:

"Nun gilt Cauchy zu Recht als Begründer einer 'strengen' Analysis. Dabei ist es freilich wichtig zu beachten, daß 'streng' zu jener Zeit soviel heißt wie 'deduktiv (im Gegensatz zu induktiv)' - und nicht etwa 'lückenlos aus den Axiomen abgeleitet', wie dieser Begriff neuerdings verstanden wird. (Auch die Bedeutung des Begriffes 'streng' hat sich geschichtlich gewandelt!)."

(SPALT, 1983; 62)

metisierungsprogrammes (als Durchführung und als Begründung) springt ins Auge; man vergleiche auch die beiden Bedeutungen von "begründen" (aus dem Exkurs in I 1.). Die vielzitierte "Weierstraß'sche Strenge" wird von uns als Durchführungsstrenge aufgefaßt[100]. Felix Klein stellte den Umschwung, den der neue Maßstab mit sich brachte, so dar:

> "Ein Blick auf die neueren Lehrbücher der Differential- und Integralrechnung genügt, um den großen Umschwung der Mathematik wahrzunehmen. Wo sonst Figuren als Beweismittel dienten, da sind es jetzt immer wiederholte Betrachtungen über Größen, die kleiner werden oder angenommen werden können, als jede noch so kleine vorgegebene Größe. Da werden Erörterungen vorangestellt, was die Stetigkeit einer Variabelen bedeuten soll oder nicht bedeuten soll und ob von Differentiation oder Integration einer Funktion überhaupt die Rede sein kann. Dies ist die Weierstraßsche Strenge, wie man kurz zu sagen pflegt."
>
> (KLEIN, 1895; 233)

---

100) In diesem Zusammenhang ist die folgende Gegenüberstellung der Positionen von Weierstraß und Kronecker durch Poincaré instruktiv:

> "Les notions analytiques sont donc pour Weierstraß, comme pour Kronecker, des constructions faites avec les mêmes materiaux, les nombres entiers. Mais il y a une différence entre les deux conceptions; Kronecker est surtout préoccupé de mettre en évidence le sens philosophique des vérités mathématiques; le nombre entier étant le fond de tout, il veut qu'il reste partout apparant,... .
>
> Tel n'est pas le point de vue de Weierstraß. Dès qu'il a élévé une construction, il oublie de quels matériaux elle est faite et n'y veut voir qu'une unité nouvelle dont il fait l'un des éléments d'une construction plus grandiose. Il peut le faire sans crainte, car il en a, une fois pour toutes, éprouvé la solidité."
>
> (POINCARE, 1899; 17).

Die beiden unterschiedenen Aspekte von Strenge hängen insofern voneinander ab, als Begründungsstrenge eine gewisse Durchführungsstrenge voraussetzt (so muß ja klar sein, was durch was begründet wird).

Folgt man Frege, so besteht das Begründungsprogramm darin, aus der Menge von Sätzen eine Teilmenge auszusondern, die zu Axiomen erhoben werden. Als Kriterium ist hierbei, neben der Konsistenz, zu beachten, daß aus den ausgewählten Axiomen alle wahren Sätze ableitbar sein sollen. Seit Gödels Unvollständigkeitssatz weiß man, daß dies im Falle der Arithmetik mit finiten Mitteln nicht möglich ist. Insbesondere ist die Arithmetik nicht vollständig endlich-axiomatisierbar in der Prädikatenlogik erster Stufe. Der Begründungsstrenge in Fregischer Auffassung sind also Grenzen gesetzt. Begründungsstrenge wurde von der früh-intuitionistischen Schule (Kronecker, Hölder) gegen die Arithmetisierung im weiteren Sinne gefordert und war auch das Anliegen des Logisierungsprogrammes, in dem die Arithmetisierung durch einen zweiten Schritt (die "logische" Begründung der Zahl) ergänzt wird.

6. Das goldene Zeitalter der Monster

6.1 Vorbemerkung, die Terminologie betreffend

Den Terminus "Monster" gebrauchen wir in Anlehnung an Lakatos (vgl. LAKATOS, 1972; 21 f.). Die Bezeichnung selbst findet sich schon wesentlich früher für die "denkwürdigen" (du Bois-Reymond) Funktionen, die in der zweiten Hälfte des vorigen Jahrhunderts entdeckt wurden. Wir treffen sie bei Poincaré[101)] und auch bei Borel[102)] an.

"Monster" reiht sich ein unter andere wertende Ausdrücke, die für die erwähnten Beispiele gebräuchlich waren oder teilweise noch sind wie pathologisch, unvernünftig, bizarr, abstoßend, anorthoidisch, ...

Lakatos führt "Monster" im Zusammenhang mit dem Prozeß des "Monster barring" ein, was meist im Deutschen durch "Monstersperre" wiedergegeben wird. Ein Gegenbeispiel (oder auch eine Ausnahme) wird zum Monster erklärt, um damit zum Ausdruck zu bringen, daß dieses durch geeignete

---

101) So heißt es in der englischen Übersetzung von "Science et méthode":

"Logic sometimes makes monsters. Since half an century we have seen arise a crowd of bizarre functions which seem to try to resemble as little as possible the honest functions which serve some purpose."

(POINCARE, 1908; 131)

Eine fast gleichlautende Stelle findet sich in POINCARE, 1889.

102) "Il faut donc se résigner à faire systématiquement ce que les mathématiciens ont été conduit à faire spontanément et sans esprit de système, c'est-à-dire se borner à étudier les fonctions qui se présentent naturellement, ce que nous pouvons appeler 'les êtres réels et normaux' par opposition aux monstres artificiellement créés ou même simplement conçu abstraitement."

(BOREL, 1922; 145)

Abänderungen (etwa der Definitionen) aus dem zu betrachtenden Gegenstandsbereich auszuschließen ist - wodurch das Monster "gebannt"[103] wird. Ihm wird also von vorn herein jegliches Interesse, jegliche Existenzberechtigung, abgesprochen. Lakatos diskutiert anschließend die Frage, ob ein derartiges Vorgehen sinnvoll ist:

> "It now seems to me that no conjecture is generally valid, but only valid in a certain restricted domain that excludes the exceptions. I am against dubbing these exceptions 'monsters'or 'pathological cases'. That would amount to the methodological decision not to consider these as interesting examples in their own right, worthy of a separate investigation. But I am also against the term 'counterexample'; it rightly admits them as examples on a par with the supporting examples, but somehow paints them in war-colours, so that, ..., one panics when facing them, and is tempted to abandon beautiful and ingenious proofs altogether. No: they are just exceptions.
>
> ...
>
> This means, that I accept the method of monster-barring in so far as it serves for finding the domain of validity of the original conjecture; ... "
>
> (LAKATOS, 1972; 24-26)

---

103) Ähnliche Überlegungen finden sich schon bei Poincaré:

> "On peut parcourir tout le domaine mathématique sans rencontrer aucun des obstacles qui le hérissaient autrefois; mais ces obstacles n'ont pas disparu, ils ont seulement été transportés à la frontière; ..."
>
> (POINCARE, 1889; 130)

Man vergleiche hierzu die Ausführungen von C. Thiel über Lakatos in THIEL, 1981. Als Beispiel einer Monstersperre führt Thiel die Russell'sche Typentheorie an, die einen Teil der Bildungsregeln für wohlgeformte Aussagen bildet (und damit gleichsam "versteckt" wurde) und nicht etwa explizit unter die Axiome aufgenommen wurde. (THIEL, 1981; 213)

Die Bedeutung von "Monster" soll vorläufig so fixiert werden (eine genauere Festlegung erfolgt dann in 6.4):

unter einem <u>Monster</u> verstehen wir ein Beispiel, das

a) den Geltungsbereich einer Aussage beschränkt, indem als es als limitierende Ausnahme fungiert;

b) einen ausgesprochen unerwarteten, ja paradoxen Charakter besitzt.

Durch die Eigenschaft b) unterscheidet sich also ein Monster von einem einfachen Gegenbeispiel. Zur Illustration dieser Differenz ein Beispiel: Zu der Aussage "Alle Primzahlen sind ungerade" ist die Zahl 2 ein Gegenbeispiel. Da es aber keine paradoxen Eigenschaft besitzt, würden wir sicher nicht sagen, es sei ein Monster.

Man vergleiche dies mit den folgenden Beispielen für Monster (s. 6.2). Wir wollen hier nicht auf die methodologischen Folgerungen, die Lakatos zieht, eingehen. Festzuhalten bleibt, daß Monster insofern eine besondere Klasse von mathematischen Individuen bilden, als sie von dem Erwartungen deutlich abweichen. Die Bezeichnung "Monster" soll gerade diesen paradoxen Charakter betonen.

6.2 Einige bekannte Monster

Das "goldene Zeitalter" der Monster fällt etwa mit der zweiten Hälfte des vorigen Jahrhunderts zusammen[104].

Wir wollen nun einige Ausnahmen und Monster näher betrachten. Solche sind:

a) stetige Funktionen, die nicht überall differenzierbar sind,

b) nicht überall stetige Funktionen,

c) überall unstetige Funktionen,

d) stetige, aber nirgends differenzierbare Funktionen,

e) differenzierbare Funktionen, die in jedem Teilintervall ihres Definitionsbereiches Maxima und Minima annehmen,

f) stetige Kurven, die ein ganzes Quadrat ausfüllen,

g) die Gleichmächtigkeit von Quadrat und Einheitsintervall.

---

104) Zu den Hintergründen meint Laugwitz (LAUGWITZ, 1976; 111):

"Die berühmt berüchtigten Beispiele pathologischer Funktionen tauchen erst um die Jahrhundertwende in unseren Lehrbüchern auf. Natürlich meinten die alten Analytiker nicht etwa, daß alle Funktionen differenzierbar oder sonstwie anständig seien; aber sie fanden es nicht nötig, sich für anderes zu interessieren."

Das vielleicht früheste Monster der Analysis finden wir bei Euler: im zweiten Band seiner berühmten "Introductio" (§ 517) stellt er Erwägungen zum Aussehen der Funktion $f(x) = (-1)^x$ an (es gab schon früher Überlegungen zur Frage der Logarithmen und Wurzeln negativer Zahlen; jedoch bezogen sich diese immer auf die Berechnung von einzelnen Werten und nicht auf den gesamten Verlauf einer Funktion).

ad a) und b)

Beispiele der Klasse a) sind etwa die von Cauchy (vgl. I 4.4) schon betrachtete Betragsfunktion oder auch die Funktion $f(x) = x \sin \frac{1}{x}$. Treppenfunktionen, die meist unendlich viele Unstetigkeitsstellen aufweisen, wurden von Riemann 1854 bei seiner Neufassung des Integralbegriffes verwandt. In dieser Arbeit gab Rieman ein Beispiel einer Funktion an, die abzählbar viele Singularitäten besaß (sie hatte für alle rationalen Zahlen, deren Nenner in der reduzierten Darstellung gerade ist, Sprungstellen). Mit Ausnahme dieser letzten Funktion wurden alle diese Beispiele als harmlose Ausnahmen eingestuft.

Wegen seiner großen Bedeutung soll hier Riemanns Beispiel etwas ausführlicher dargestellt werden.

Es sei x eine reelle Zahl; mit (x) werde der Abstand von x zur nächsten ganzen Zahl bezeichnet. Ist $x = \frac{z+z'}{2}$, so soll (x) = O sein (dabei sollen z und z' ganze Zahlen sein; x liegt demnach genau in der Mitte zwischen z und z').

Der Graph der Funktion $(\_): [0,1] \longrightarrow \underline{R}$ sieht folgendermaßen aus:

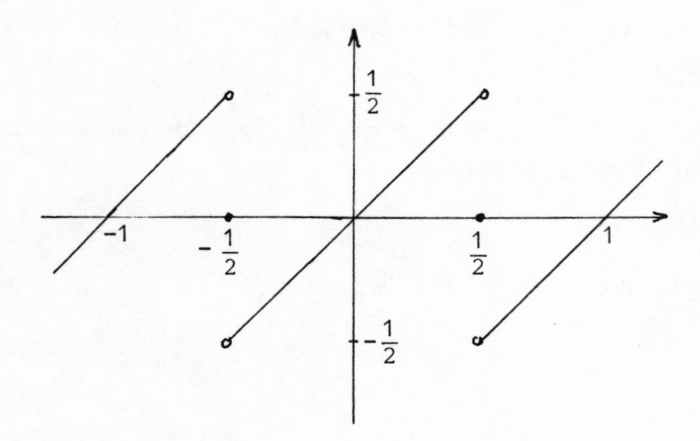

(Man beachte, daß der Abstand positiv oder negativ genommen wird, je nachdem ob die nächste ganze Zahl kleiner oder größer als x ist.)

Definiert man nun nach Riemann

$$f(x) = \sum_{j} \frac{(j \cdot x)}{j^2}$$

dann gilt[105]:

1. diese Reihe konvergiert für alle $x \in \underline{R}$ (z.B. nach dem Majorantenkriterium):

2. ist $x = \frac{p}{2 \cdot n}$, wobei p eine ungerade ganze Zahl ist, die nicht durch n teilbar sein soll, so hat f an dieser Stelle einen Sprung der Größe
$$\frac{\pi^2}{8 \cdot n^2} ;$$

3. sonst ist f stetig;

   (Aus 2. und 3. ergibt sich, daß die Unstetigkeitsstellen von f dicht in $\underline{R}$ liegen.)

4. f ist riemann-integrierbar; $F(x) = \int^{x} f(t)\, dt$ ist stetig;

5. F ist an den Stellen $x = \frac{p}{2 \cdot n}$ (p und n wie in 2.) nicht differenzierbar.

---

105) Vgl. HANKEL, 1871; 197.

Dieses Beispiel, das in Riemanns Habilitationsschrift enthalten ist, wurde erst posthum (1868) - wie die ganze Arbeit - veröffentlicht (RIEMANN, 1892; 227-265). In F haben wir also ein Beispiel einer stetigen, in einer abzählbaren Menge nicht differenzierbaren Funktion vor uns!

Ein ähnliches, auch auf Riemann zurückgehendes Beispiel ist das folgende:

$$f(x) = \begin{cases} 0 & x \in \underline{R} \setminus \underline{Q} \text{ oder } x = 0 \\ \frac{1}{p} & x = \frac{p}{q} \text{ mit p und q teilerfremd} \end{cases}$$

Diese Funktion ist an der Stelle x = 0 und an allen irrationalen Stellen stetig, sonst aber unstetig[106].

ad c):

Das erste Beispiel einer Funktion, die in keinem Punkt ihres Definitionsbereiches stetig ist, verdankt man Dirichlet. Es handelt sich hierbei um das bereits in 4.4 besprochene Monster

$$f(x) = \begin{cases} c & x \in \underline{Q} \\ d & \text{sonst} \end{cases} \qquad (c \neq d)$$

106) Vgl. GELBAUM/OLMSTED, 1964; 27.

Ein interessanter Aspekt dieser Funktion, den allerdings Dirichlet noch nicht im Auge hatte, ist der, daß sie beschränkt und dennoch nicht riemann-integrierbar ist.

ad d):

Das Verdienst, eine stetige, nirgends differenzierbare Funktion zusammen mit dem Nachweis dieser Eigenschaft angegeben zu haben, gebührt Weierstraß (zu den historischen Einzelheiten, insbesondere zu den Vorläufern von Weierstraß vgl. 6.3): er trug am 18.7.1872 der Berliner Akademie das folgende Beispiel vor:

$$f(x) = \sum_{n} b^n \cos(a^n x\pi)$$

wobei a eine ungerade ganze Zahl, b eine Zahl zwischen 0 und 1 sein soll und $ab > 1 + \frac{3}{2}\pi$. Weierstraß führte anschließend den Beweis, daß diese Funktion an keiner Stelle differenzierbar ist. Der Text des Referates findet sich in WEIERSTRASS, 1895 auf den Seiten 71-74.

Publiziert wurde dieses Monstrum erst 1875 durch Paul du Bois-Reymond (DU BOIS-REYMOND, 1875; 29-31).

ad e):

Viele merkwürdige Funktionen wurden nach dem Vorbild von Riemann und Weierstraß in den 70er und 80er Jahren des letzten Jahrhunderts konstruiert (s. 6.4). Eine fast vergessene Arbeit trug den Titel "über Differentiierbarkeit und Anschaulichkeit der stetigen Funktionen"; ihr Verfasser war der Hamburger Mathematiker Alfred Köpcke (1852-1927)(KÖPCKE, 1887 mit den Nachträgen KÖPCKE, 1889 und KÖPCKE, 1890). Auf ihren Inhalt werden wir im Abschnitt "Willkürliche Funktion und Anschaulichkeit" eingehen. Köpcke konstruiert ein Beispiel mit folgenden Eigenschaften:

- die Funktion f ist überall eindeutig endlich definiert,
- sie ist überall stetig,
- sie besitzt überall einen endlichen Differentialquotienten; rechts- und linksseitige Ableitung stimmen in jedem Punkt überein (kurz: f ist überall differenzierbar),
- sie besitzt in jedem beliebigen Intervall Maxima und Minima.

Diese Funktion ist deshalb nach Meinung ihres Schöpfers interessant, weil sie einerseits differenzierbar, andererseits aber nicht anschaulich ist.

ad f)

Im Jahre 1890 erblickte ein weiteres Monster das Licht der Welt: Peano veröffentlichte in den Mathematischen Annalen seine "Kurve, die ein ganzes Flächenstück ausfüllt" (so lautet die Übersetzung des Titels von Peanos Veröffentlichung). Diese war arithmetisch definiert; wesentlich ging dabei die Ternärdarstellung der reellen Zahlen ein[107]. Es handelt sich um eine Parameterkurve

$$p: [0,1] \longrightarrow \underline{R}^2$$

$$t \longmapsto (\chi(t),\ \psi(t))$$

107) Dies wiederum belegt - wie schon einige der vorangegangenen Beispiele - wie eng der Zusammenhang von pathologischen Funktionen und "numerischer Auffassung der Variable" (du Bois-Reymond) ist.

mit folgenden Eigenschaften:

- p ist stetig,
- p ist nirgends differenzierbar,
- das Bild von p ist genau das Einheitsquadrat $[0,1] \times [0,1]$.

Die Einzelheiten finden sich in PEANO, 1890. Hilbert hat auf geometrische Art eine Kurve konstruiert, die dasselbe leistet wie die von Peano (HILBERT, 1891).

Einige Skizzen mögen die ersten Schritte der Konstruktion verdeutlichen:

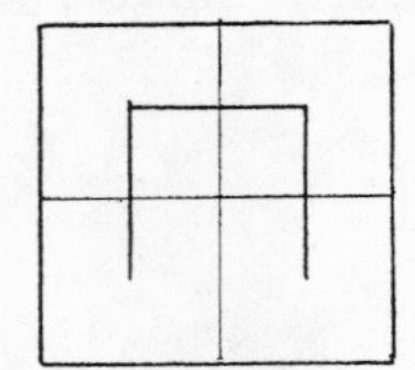

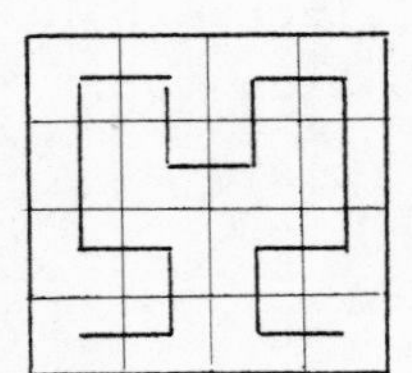

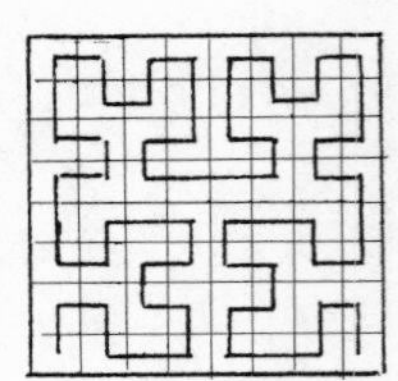

...

Hilbert erwähnt folgende Eigenschaften seines Beispiels:

"Die so gefundene Abbildung ist eindeutig und stetig und umgekehrt einem Punkt des Quadrats entsprechen ein, zwei oder vier Punkte der Linie.

...

Die oben gefundenen abbildenden Funktionen sind zugleich einfache Beispiele für überall stetige und nirgends differenzierbare Funktionen.

...

Es kann sich ein Punkt stetig derart bewegen, daß er während einer endlichen Zeit sämtliche Punkte eines Flächenstückes trifft."

(HILBERT, 1891; 460)

ad g):

In einem Brief an Dedekind vom 20.6.1877 äußert Cantor folgende Behauptung:

> "Es handelt sich darum zu zeigen, dass Flächen, Körper, ja selbst stetige Gebilde von ρ Dimensionen sich eindeutig zuordnen lassen stetigen Linien, also Gebilden von nur einer Dimension, dass also Flächen, Körper ja sogar Gebilde von ρ Dimensionen, dieselbe Mächtigkeit haben, wie Curven; ...
> Diese Frage ist, obgleich ich jahrelang das Gegenteil für richtig gehalten habe, wie mir scheint zu bejahen ... .
>
> (CANTOR - DEDEKIND, 1937; 25 f.)

Es folgt eine Beweisskizze für die Behauptung. Allerdings wies Dedekind eine Lücke in dieser nach, so daß der von Cantor später publizierte Beweis andere Hilfsmittel benützt (vgl. CANTOR, 1878).

Die Beispiele in f) und g) warfen das Problem der Dimension auf: Cantors Entdeckung zeigte, daß der Dimensionsbegriff nicht mit dem der Mächtigkeit identifiziert werden kann, denn es gibt gleichmächtige Mengen verschiedener intuitiver Dimension. Peanos Entdeckung beweist auch, daß die intuitive Dimension selbst bei stetigen Abbildungen nicht erhalten bleiben muß.

Dieses Problem wurde von Brouwer gelöst, indem er zeigte, daß die Dimension unter Diffeomorphismen erhalten bleibt: das ist der Inhalt seines berühmten Satzes von der Erhaltung der Dimension (BROUWER, 1911). Vorhergegangen war die Präzisierung des Dimensionsbegriffes durch Poincaré und Brouwer.

6.3 Die Entdeckung der stetigen, nirgendsdifferenzierbaren Funktionen

Der Übergang vom genetischen Funktionsbegriff zu den willkürlichen Funktionen brachte es mit sich, daß Stetigkeit als eine zusätzliche Forderung betrachtet werden mußte, die an Funktionen gestellt werden kann. Funktionen sind - wie Dirichlets Beispiel lehrte - von Hause aus nicht notwendig stetig. Lange Zeit galt es jedoch als selbstverständlich, daß eine stetige Funktion (mit Ausnahme einiger singulärer Stellen vielleicht) auch differenzierbar sei[108]. Für diese Annahme lassen sich drei Gründe anführen:

1. In der Nachfolge Newtons war man es gewöhnt, eine Funktionsgleichung als Bewegungsgleichung eines Teilchens zu interpretieren. Differenzierbarkeit an jeder Stelle ist dann gleichbedeutend mit der Tatsache, daß dieses Teilchen in jedem Punkt seiner Bahn eine wohlbestimmte Geschwindigkeit und Richtung besitzt. Dies galt als selbstverständlich.

---

108) So heißt es z.B. in d'Alemberts Enzyklopädieartikel "Différentiel":

"Par ces trois règles [gemeint sind Summen-, Produkt- und Potenzregel] , il n'y a point de quantité qu'on ne puisse différentier."

Wie u.a. aus einer anderen Arbeit d'Alemberts (D'ALEMBERT, 1747; 236) und aus der Abhandlung von Ampère (AMPERE, 1806) hervorgeht, war man der Meinung, daß es nur zwei Möglichkeiten gäbe, wie die Ableitung einer Funktion Singularitäten aufweisen könne: entweder ist der Grenzwert des Differenzenquotienten gleich null (ein Fall, den wir heute gar nicht mehr als singulär ansehen) oder er ist unendlich (im Sinne einer bestimmten Divergenz wie sie z.B. bei der Funktion $f(x)=\sqrt{x}$ an der Stelle $x = 0$ auftritt). Der Fall, daß überhaupt kein Grenzwert existiert, wurde nicht in Betracht gezogen. In seinem "Cours d'Analyse" betrachtet Cauchy die Funktion $f(x) = \sin 1/x$, die dem einfachsten Beispiel $g(x) = x \sin 1/x$ für das genannte Verhalten sehr nahe kommt.

2. Es erscheint ebenfalls als selbstverständlich, daß eine Kurve in fast jedem ihrer Punkte eine Tangente besitzt[109].

3. Alle bis dahin bekannten Funktionen waren differenzierbar[110].

So erschien es selbstverständlich, daß der folgende Satz wahr und deshalb auch analytisch beweisbar sei:

Jede stetige Funktion ist auch differenzierbar.

(Derartige Aussagen sind immer mit der Einschränkung "bis auf einige Ausnahmen" zu lesen, die im weiteren nicht mehr hinzugefügt wird.)

---

109) Hierzu schreibt Gilbert:
"C'est qu'en effet, l'existence de la dérivée dans une fonction continue f(x) se traduit, géometriquement, par l'existence de la tangente en un point quelconque de la courbe continue qui est la figuration géométrique de cette fonction, et s'il nous est possible de conçevoir qu'en certains points singuliers, même très rapprochés, la direction de la tangente soit parallèle à l'axe des x ou à l'axe des y, ou soit même tout à fait indéterminée, nous ne pouvons comprendre qu'il en soit ainsi dans toute l'étendue d'un arc de courbe, si petit qu'on le suppose d'ailleurs. De là, la tendence à regarder l'existence de la dérivée, dans une fonction continue, comme inutile à démontrer."

(GILBERT, 1873, II)

110) Zu dieser Tatsache schreibt Hankel:
"Die merkwürdige Thatsache, dass alle algebraischen und alle transzendenten Functionen, welche man kannte, jenem Quotienten [gemeint ist der Differenzenquotient] einen bestimmten Grenzwerth geben, blieb, eben ihrer geometrischen Evidenz wegen, als analytische ganz unbeachtet, ..."

(HANKEL, 1871; 201)

Einen ersten Versuch unternahm André M. Ampère (1775-1836) in einer Abhandlung "Recherches surquelques points de la théorie des fonctions dérivées..." (1806)[111]. Ampères Behauptung blieb lange Zeit unwidersprochen; sein "Beweis" fand Eingang in die Lehrbücher seiner Zeit[112]. Bemerkenswerterweise ist sich die Nachwelt über die Bedeutung von Ampères Beweis nicht einig: das Urteil reicht von "gänzlich verunglückt" (Hankel) bis zu "wertvoll" (wenn man die Voraussetzungen richtig interpretiert - du Bois-Reymond). Ampères Versuch blieb nicht ohne Nachahmer: Lamarle und Gilbert versuchten später, unseren Satz ebenfalls analytisch zu beweisen (vgl. 5.) unten). Meistens begründete man die fragliche Behauptung durch

---

111) AMPERE, 1806 - Kritiken dieses Unternehmens findet man bei HANKEL, 1871; 201, DINI, 1892; 88 und PASCH, 1914; 122-126.

112) Hier sind zu nennen: S. Lacroix. Traité du calcul différentiel et intégral, Bd. I (2. Auflage, Paris, 1810), p. 241 f.

(Lacroix hat den Satz von Ampère - den er allerdings einem M. Binêt aus Rennes zuschreibt - neu aufgenommen in die zweite Auflage seines Werkes - in der ersten von 1797 fehlt er).

J. Raabe. Differential - und Integralrechnung, Band I, (Zürich, 1839), p. 7.

A. de Morgan. The Differential- and Integral Calculus (London, 1842), p. 47 f.

Betrand. Calcul différentiel et intégral, Band I, (Paris, 1864), p. 2 f.

In Cauchy "Résumé des leçons sur le calcul infinitésimal" (Paris, 1823) fehlt Ampères Satz, obwohl Cauchy - wie aus seinem Vorwort hervorgeht - die Arbeit Ampères kannte und dessen Satz sehr wohl in Cauchys Darstellung der Differentialrechnung hineingepaßt hätte (der Übersetzer der deutschen Ausgabe C.H. Schnuse hat ihn dann ergänzt). Cauchy war anscheinend skeptisch gegenüber dem Beweis seines Kollegen.

(vgl. CAUCHY, 1836; 16-18)

einen Rekurs auf ihre anschauliche Evidenz (vgl. DINI, 1892; 89 oder HANKEL, 1870; 69).

In Cauchys "Cours d'Analyse" findet sich nur eine knappe Passage über das Problem der Differenzierbarkeit:

"Parmi les fractions dont les deux termes convergent avec la variable α vers la limite zéro, on doit placer la suivante

$$\frac{f(x+\alpha) - f(x)}{\alpha}$$

toutes les fois qu'on attribue à la variable x une valeur dans le voisinage de laquelle la fonction f(x) reste continue. En effet, dans cette hypothèse, la différence $f(x+\alpha) - f(x)$ est une quantité infiniment petite. On peut même remarquer qu'elle est en général un infiniment petit du premier ordre, en sorte que le rapport

$$\frac{f(x+\alpha) - f(x)}{\alpha}$$

converge ordinairement, tandis que la valeur numérique de α diminue, vers une limite finie différente de zéro."

(CAUCHY, 1821; 62)

Erst mit dem Bekanntwerden von Riemanns Beispiel (vgl. 6.2 b))[113] wurde der Zusammenhang von Stetigkeit und Differenzierbarkeit problematisch: die Stammfunktion

---

113) Publiziert wurde die Habilitationsschrift von Riemann, in der unser Beispiel enthalten ist, erst posthum (1868) - wie bereits oben erwähnt; allerdings scheint ihr Inhalt einem größeren Kreis von Personen zuvor bekannt gewesen zu sein (u.a. auch Dini in Italien).

F(x) (s. 6.2 Beispiel 4.) ist eine Funktion, die in einer dichten Teilmenge - nämlich denjenigen rationalen Zahlen, deren Nenner in der reduzierten Darstellung gerade ist - nicht differenziert werden kann. Zwei Tatsachen verhinderten jedoch, daß dieses Beispiel seine volle Wirkung entfalten konnte:

- Riemann selbst stellte keine Betrachtungen über die Differenzierbarkeit von F an (die Eigenschaft von F, nicht differenzierbar zu sein, ist ja nicht offensichtlich, da aus der Nichtstetigkeit von f nur folgt, daß F nicht stetig differenzierbar ist!)[114].

- F war <u>keine</u> Funktion im Sinne Eulers - was Manheim fälschlicherweise behauptet (MANHEIM, 1964; 71) - da $\int f(t)dt$ nicht als analytischer Ausdruck betrachtet wurde[115].

Neben Dirichlet, dessen Bedeutung als Wegbereiter für Riemann wir in 4.4 gesehen haben, gab es noch einige andere Vorläufer in der Entdeckung stetiger nirgendsdifferenzierbarer Funktionen.

---

114) Es genügt zum Nachweis der fraglichen Eigenschaft z.B. zu wissen, daß Ableitungen keine endlichen Sprünge haben.

115) Hierbei muß man sich klar machen, daß bis zur fraglichen Definition Riemanns ein Integral nach Euler durch folgende Eigenschaften definiert wurde:

$$\int_a^b f(x)\,dx = F(b) - F(a) \quad \text{und} \quad \frac{dF(x)}{dx} = f(x)$$

(HANKEL, 1871; 203)

1. Einmal ist hier Bernhard Bolzano[116] zu nennen, in dessen unveröffentlichten Papieren sich ein derartiges Beispiel gefunden hat (das er um 1830 entdeckt haben muß). Er konnte, wenn auch nur lückenhaft, zeigen, daß seine Funktion in einer abzählbaren, dichten Teilmenge der reellen Zahlen (modern gesprochen) nicht differenzierbar ist. Tatsächlich ist sie sogar nirgends differenzierbar, wie Rychlik hundert Jahre später nachwies. Zur Herstellung der Funktion verwandte Bolzano eine geometrische Konstruktion, deren entscheidender Schritt darin besteht, eine Strecke durch vier andere zu ersetzen:

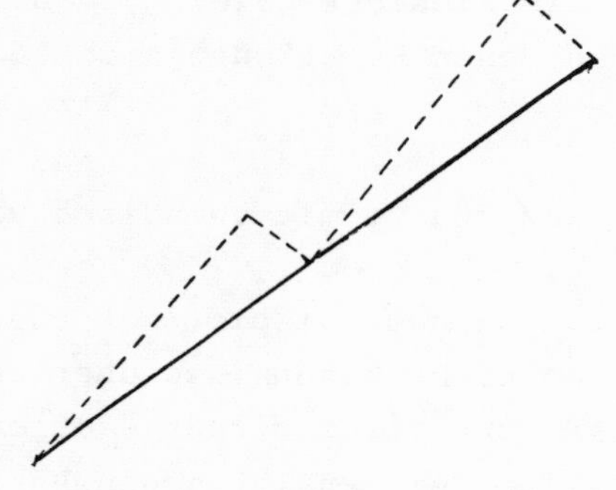

Das Verfahren wird iteriert und liefert dann eine Grenzfunktion, die in allen Punkten nicht differenzierbar ist[117]. Bolzano veröffentlichte sein Beispiel nicht; vielleicht weil er keinen analytischen Ausdruck dafür angeben konnte (insofern war es keine Funktion im

116) Von Bolzano stammt übrigens auch die Schreibweise (BOLZANO, 1817; 12 f.)

$$\frac{f(x+i) - f(x)}{i}$$

117) Einzelheiten findet man bei KOWALEWSKI, 1923 oder bei KOLMAN, 1963; 52-70.

Eulerschen Sinn[118].

Allerdings haben wir ja gesehen (in 4.3), daß auch Kurven "libero manu ductu" zugelassen wurden, womit Bolzanos Beispiel durchaus kompatibel ist. Bolzanos Ansatz wurde immer wieder aufgegriffen, zuletzt von van der Waerden, der das bislang einfachste Beispiel für die fragliche Funktionenklasse angegeben hat (VAN DER WAERDEN, 1930). Bolzanos geometrisches Verfahren zeigt noch deutlich seinen anschaulichen Ursprung: durch die Betragsfunktion und verwandte Beispiele wird ja die Einsicht geweckt, daß "Spitzen" Stellen sind, an denen Funktionen nicht differenziert werden können.

Also gilt es, eine "Kurve mit unendlich vielen Spitzen" herzustellen[119].
Im Vergleich zu Bolaznos Beispiel setzt dasjenige von Weierstraß umfangreiche Kenntnisse über Funktionenreihen und deren Konvergenz voraus - es entspringt eben schon deutlich dem "analytischen Paradigma".

---

118) In diesem Sinne äußert sich auch Kline: (KLINE, 1972; 955)

"Even if it had been published in 1834, it probably would have made no impression because the curve did not have a analytic representation."

Die gleiche Meinung vertritt auch Manheim (MANHEIM, 1964; 71). Man vergleiche hierzu den Nachtrag zu II 2.

119) Diese Formulierung wird C.G.J. Jacobi zugeschrieben - vgl. HANKEL, 1871; 202.

2. Als weiteren Vorläufer müssen wir den Schweizer Mathematiker Céllérier (1818-1889) nennen. Ebenso wie Bolzano verfügte dieser über eine nirgends differenzierbare, stetige Funktion, die auch unveröffentlicht blieb. Im Unterschied zu Bolzanos Beispiel war diese durch eine Reihe definiert, also auf analytischem Weg. Es handelte sich um die Reihe

$$f(x) = \sum_n a^{-n} \sin (a^n x) \qquad \text{(a gerade und größer als 1000)}$$

Céllérier machte seine Entdeckung um 1860; publiziert wurde sie posthum 1890 (vgl. KLINE, 1972; 955 f.).

3. Von Weierstraß selbst (WEIERSTRASS, 1895; 71 und WEIERSTRASS/DU BOIS-REYMOND, 1923; 199) stammt der Hinweis, Riemann habe in seinen Vorlesungen spätestens seit 1861 die Nirgendsdifferenzierbarkeit der Funktion

$$f(x) = \sum_n \frac{\sin n^2 x}{n^2}$$

behauptet. Er beruft sich dabei auf mündliche Überlieferungen von Schülern Riemanns. Gegen diese These spricht:

- bei Hankel, der ja ein direkter Schüler von Riemann war und der sich in seinen Darstellungen (HANKEL, 1870 und HANKEL, 1871) geradezu vorbildlich um genaue historische Informationen bemüht, ist sein verehrter Lehrer gerade in diesem Zusammenhang nicht wähnt;

- der Beweis für die Nichtdifferenzierbarkeit der fraglichen Funktion ist erheblich schwieriger als bei anderen Beispielen (etwa dem von Weierstraß). Nach Emde-Boas (EMDE-BOAS, 1969; 8) gibt es bis dato keinen elementaren Beweis dieser Tatsache. Singh bemerkt dagegen, es sei einfach zu zeigen, daß Riemanns Funktion in Null differenzierbar sei, wenn auch mit dem "Wert" unendlich (SINGH, 1935; 5)[120].

Insgesamt scheint Weierstraß' Vermutung damit wenig plausibel.

4. Hankel (in HANKEL, 1870; 69) verweist noch auf einen Aufsatz von C.F. Gauß "Allgemeine Lehrsätze in Beziehung ..." (GAUSS, 1839): hier werde in art. 16 ausdrücklich berücksichtigt, daß eine stetige Funktion nicht differenzierbar sein müsse. Der Text ist allerdings nicht eindeutig in dieser Beziehung[121].

---

120) Dem widerspricht Hardy, der die Riemannsche Funktion einer ausführlichen Untersuchung unterworfen hat (HARDY, 1906; 322-325). In seinem Vortrag über "Riemanns Beispiel eine stetigen nichtdifferenzierbaren Funktion" teilte P.L. Butzer 1984 in Oberwolfach mit, daß es gelungen sei, Folgendes zu beweisen:

Riemanns Funktion ist differenzierbar an allen Stellen der Form

$$x = \frac{2a + 1}{2b + 1} \quad \text{mit} \quad f'(x) = -\frac{1}{2};$$

sonst nirgends (das Ergebnis stammt von Luther, Aachen).

Butzer führte einige weitere Gründe an, die die oben gemachte Vermutung, daß Riemann das fragliche Beispiel gar nicht erwähnt habe, bekräftigen. Die Einzelheiten wird man der angekündigten Publikation von Butzer und Stark entnehmen können.

121) Gilbert (in GILBERT, 1873; 3) interpretiert denn auch Gauß anders:

"En résumée, Gauß admet qu'une singularité, qui se présente en un point donné d'une surface pour une certaine section normale puisse exister également pour toutes les sections normales autour de ce point. Il n'y a rien là que de parfaitement évident, et d'absolument étranger à la proprosition de M. Hankel."

Wie wir bereits gesehen haben, spielt Riemanns Beispiel

$$\sum_{j} \frac{(j \cdot x)}{j^2}$$

eine zentrale Rolle in der Geschichte unseres Monsters. Hermann Hankel, der bei Riemann in Göttingen Vorlesungen gehört hatte (1860/61), beschäftigte sich eingehend mit den neuen, merkwürdigen Funktionen (vgl. HANKEL, 1870 u. HANKEL, 1871). Die Früchte seiner Bemühungen stellt das von ihm so benannte "Prinzip der Kondensation der Singularitäten" dar (HANKEL, 1870; § 4; HANKEL, 1871; 203 - eine verbesserte und sehr ausführliche Darstellung gibt DINI, 1892; Kap. 9): dieses Verfahren erlaubt es, die Singularität einer Funktion Φ , die sich an der Stelle Null befinden soll, abzählbar oft zu "vervielfältigen", indem man zur Reihe

$$f(x) = \sum_{n} c_n \quad \Phi(\sin(nx\pi))$$

(c_j muß so gewählt werden, daß die Reihe gleichmäßig konvergiert.)

übergeht. Ihr Entdecker meinte nun, daß f(x) für alle rationalen Werte von x singulär würde (weil mindestens ein "singulärer" Summand in der Reihe auftritt).

Dieser Schluß ist nicht zwingend, weil sich ja zwei Summanden gegenseitig aufheben können[122]. Georg Cantor

122) Diese Kritik wurde zuerst von G. Cantor (vgl. CANTOR, 1882) geübt; im gleichen Sinne äußern sich Gilbert (GILBERT, 1873) und Darboux (DARBOUX, 1875): die Anzahl der Kritiker deutet schon auf die Bedeutung hin, die man Hankels Entdeckung damals beimaß!

hat dann das Verfahren auf Anregung von Weierstraß (vgl. WEIERSTRASS/DU BOIS-REYMOND, 1923; 206) verbessert und auf beliebige abzählbare Mengen verallgemeinert.

Um mit Hilfe seines Prinzips eine konkrete Funktion zu konstruieren, verwandte Hankel als Ausgangspunkt die altbekannte Funktion (eine ähnliche Funktion findet sich in Cauchys "Cours d'Analyse"):

$$\Phi(y) = y \sin \frac{1}{y}$$

(die in Null stetig, aber nicht differenzierbar ist) und setzt für y sin(nxπ) ein. So erhält man den monströsen Ausdruck

$$(s \in \underline{N} \text{ mit } s \geq 4) \qquad f(x) = \sum_{n} \frac{1}{n^s} (\sin nx\pi) \sin\left(\frac{1}{\sin nx\pi}\right)$$

Zu dieser Funktion schreibt der Verfasser:

"Die Funktion f(x) ist daher in den rationalen Punkten x zwar stetig, aber nicht in der Weise, daß ihrem Differentialquotienten ein bestimmter Werth zukäme.

Wir können dies Verhalten, welches dem unserer Funktion $\Phi(y)$ in jedem y = 0 gleicht, dahin bezeichnen: die Funktion f(x) macht in jedem rationalen Punkte x unendlich viele unendlich kleine Oscillationen, ohne jedoch jemals unstetig zu werden."

(HANKEL, 1870; 82)

Dieses Verfahren - wie übrigens auch das Cantorsche-kann immer nur eine abzählbare Menge von Singularitäten erzeugen. Der "große" Sprung zu ganz $\underline{R}$ als Ausnahmemenge blieb Weierstraß vorbehalten. Man sieht, daß sich das genaue Studium der Singularitätenmengen geradezu aufdrängt: hier liegt die Wurzel der Mengenlehre (CAVAILLES, 1938; § 3) und der mengentheoretischen Topologie (MANHEIM, 1964; chap. IV)[123].

5. Hankels Veröffentlichung rief die Opposition des belgischen Mathematikers Philippe Gilbert hervor. In einer Arbeit, die am 4. Mai 1872 vor der belgischen Akademie in Brüssel verlesen wurde, stellte er sich eine zweifache Aufgabe:

> "Le présent mémoire a un double but et se partage en deux parties. Dans la première, nous analysons le travail de M. Hankel, ...; nous reproduisons la suite des raisonnements, et nous mettons en relief quelques-unes des principales erreurs qu'ils renferment, de manière à ne laisser aucun doute, nous l'espérons du moins, sur l'inanité des conclusions.
>
> La seconde partie est encore, sous un autre point de vue, la réfutation des théories de M. Hankel. Reprenant, sans y rien changer d'essentiel, la méthode exposée par M. Lamarle dans son beau mémoire, nous essayons d'établir directement l'existence *générale* de la dérivée dans toute fonction continue."
>
> GILBERT, 1873; V)

Der von Gilbert angesprochene Aufsatz von Lamarle trägt den Titel "Etude approfondie sur deux èquations fondamentales..." und war 1855 im Bulletin der belgischen Akademie erschienen (LAMARLE, 1855). Ähnlich wie bei Ampère enthält auch diese Arbeit einen analytischen "Beweis" für die allgemeine (d.h. bis auf gewisse Singularitäten) Differenzierbarkeit stetiger

---

123) Wie die Probleme mit den reellen Zahlen damals lagen, zeigt sich deutlich in einem Brief von Weierstraß an Königsberger (WEIERSTRASS/KÖNIGSBERGER, 1923, 232 f.).

Funktionen[124], der aber anscheinend völlig ohne Resonanz blieb; insbesondere erwähnt ihn Hankel nicht[125].

Die berechtigte Kritik Gilberts an Hankel zielt auf die folgenden Punkte:

- Hankel beachtet nicht den Unterschied von Konvergenz und gleichmäßiger Konvergenz, (GILBERT, 1873; 10)

- er übersieht die Möglichkeit, daß sich "singuläre" Terme gegenseitig kompensieren können (insgesamt handhabt Hankel die Reihen nicht sorgfältig genug). (GILBERT, 1873; 12 f.).

Gilbert zieht aus seiner Kritik folgendes Fazit:

> "Conclurons donc que le principe de la condensation des singularités ne repose sur aucun fondement, et que l'existence de fonctions toujours continues, n'ayant point de dérivée déterminée pour une infinité de valeurs de la variable qui se succèdent sans intervalle assignable, reste encore à démontrer."
>
> (GILBERT, 1873; 13)[126]

---

124) So heißt es bei Lamarle (LAMARLE, 1855; 142)
"Arrivé à ce point, j'ai pu conclure que la condition (5) [die 'differenzierbar' bedeutet] subsistait seule d'une manière générale et permanente."

125) "Il faut ajouter que le mémoire de M. Lamarle parait totalement inconnu à M. Hankel, il ne fait allusion qu'à la tentative de démonstration essayée par Ampère."
(GILBERT, 1873; IV)

126) Schon Riemanns Monster widerlegt diese Behauptung Gilberts!

Den zweiten Teil seiner Arbeit mußte Gilbert richtigstellen, nachdem er das Beispiel von H.A. Schwarz kennengelernt hatte (SCHWARZ, 1873). Er tat dies mit den Worten:

"Il est à peine nécessaire de faire observer que les mêmes objections s'appliquent aux autres parties de la démonstration conçernant l'existence de la dérivée; ... . Une révision de toute cette théorie sera donc nécessaire, pour fixer nettement les charactères distinctifs auxquelles le théorème est applicable, ..."

(GILBERT, 1875; 717)

Damit war auch der letzte Versuch gescheitert, auf analytischem Wege die Unmöglichkeit unseres Monsters nachzuweisen.

Wie bereits kurz dargestellt (6.2), trug Weierstraß sein Beispiel am 18. Juli 1872 der Berliner Akademie vor; gedruckt wurden seine Ausführungen jedoch erst 1895 anläßlich der Herausgabe der Mathematischen Werke[127] ("Weierstraß hatte eine prinzipielle Abneigung gegen Druckerschwärze" so Felix Klein). Von H.A. Schwarz wird überliefert, daß Weierstraß bereits 1861 in seiner Vor-

---

127) In seinem bereits erwähnten Vortrag in Oberwolfach (s. S. 118) meldete Butzer Zweifel daran an, daß der in den "Werken" abgedruckte Text wirklich dem Weierstraß'schen Vortrag zugrunde gelegen habe. Er meinte, daß vielleicht die Episode von Riemanns Beispiel vom Herausgeber (beim fraglichen Band III war das Weierstraß selbst!) nachträglich eingefügt worden sei. ("Thirdly new evidence suggests that Weierstrass never mentioned Riemann in his talk (1872) but that this was added to the collected works of 1895." - aus Butzers Vortragsankündigung)

Dies ist wenig plausibel, da Weierstraß die Vermutung bzgl. des Riemannschen Beispiels auch in seinem Briefwechsel mit du Bois-Reymond geäußert hat. (WEIERSTRASS/DU BOIS-REYMOND, 1923; 199 f.)

lesung am Gewerbeinstitut in Berlin[128)] behauptet habe, daß

"alle Versuche, die Existenz einer Ableitung für stetige Funktionen eines reellen Argumentes allgemein zu beweisen, ohne Ausnahme als verfehlt betrachtet werden müssen."

(SCHWARZ, 1873; 269)[129)]

Weierstraß' Funktion unterscheidet sich dadurch von den Beispielen, die zuvor aufgefunden worden waren, daß sie wirklich in einem ganzen Intervall nirgends differenzierbar ist (und nicht "nur" auf einer dichten Teilmenge, wie z.B. $\underline{Q}$). In gedruckter Form erschien das fragliche Monster erst drei Jahre später - nämlich in einem Aufsatz von Paul du Bois-Reymond "Versuch einer Classification der willkürlichen Functionen..." (1875 - das Manuskript ist mit 1874 datiert, jedoch beweist der Brief von Weierstraß vom 23.11.1873 (WEIERSTRASS/DU BOIS-REYMOND, 1923; 199-201), daß Vorstufen dieses Manuskriptes, die schon das Monster enthielten, zuvor zwischen Weierstrass und du Bois diskutiert worden waren). Ziel des genannten Aufsatzes war es,

---

128) Weierstraß hielt von 1856 bis zum Wintersemester 1861/62 Vorlesungen an diesem Institut, wo Schwarz ab 1860 studierte (vgl. KLEIN, 1926; 265). Die Behauptung von Schwarz wird durch Weierstraß' eigene Angaben gestützt:

"Ich habe in meinen Vorlesungen über die Elemente der Functionenlehre von Anfang an zwei mit den gewöhnlichen Ansichten nicht übereinstimmende Sätze hervorgehoben, nämlich:

1.) dass man bei einer Function eines reellen Arguments aus der Stetigkeit derselben nicht folgern könne, dass sie auch nur an einer einzigen Stelle einen bestimmten Differentialquotienten, geschweige denn eine - wenigstens in Intervallen - ebenfalls stetige Ableitung besitze; ..."

(WEIERSTRASS, 1895; 221)

129) Diese Zeilen wurden 1873 gedruckt. Damit sind sie das erste gedruckte Zeugnis für die These von Weierstraß. Das von Schwarz angegebene Beispiel löst allerdings den mit Weierstraß' Behauptung erhobenen Anspruch nicht ein (vgl. unten).

die Funktionen im Sinne Dirichlets in Klassen einzuteilen und deren Relationen untereinander zu klären.

Solche Klassen sind:

- die Klasse der voraussetzungslosen Funktionen,
- die Klasse der integrierbaren Funktionen,
- die Klasse der stetigen Funktionen,
- die Klasse der differenzierbaren Funktionen.

Jede Klasse ist, wie du Bois nachweist, in der vorangehenden enthalten. Um die Verschiedenheit der Klassen 3 und 4 zu beweisen, bemüht du Bois-Reymond das Weierstraßsche Beispiel. Letzterer hatte es auf Bitten von du Bois diesem schriftlich mitgeteilt (leider ist dieser Brief in der Sammlung WEIERSTRASS/DU BOIS-REYMOND, 1923 [130)] nicht enthalten. Er ist bis heute verschwunden geblieben). Anders als in dem nüchternen und jeglichen Kommentars entbehrenden Vortrag von Weierstraß schwingt bei du Bois noch der Eindruck nach, den das Monster auf die Zeitgenossen gemacht hatte (weitere Kommentare werden in 6.4 wiedergegeben):

---

130) Diese beginnt mit dem Brief vom 23.11.1873, in dem Weierstraß auf das Manuskript von du Bois' Bezug nimmt. Die fragliche Mitteilung muß also schon vorher stattgefunden haben. Im genannten Brief schlägt Weierstraß vor, die Ausführungen durch den historischen Hinweis auf Riemann zu ergänzen - was dann auch geschah: s. DU BOIS-REYMOND, 1875; 28.

Weitere wichtige Stellen zu unserem Thema finden sich im Briefwechsel von Weierstraß an den folgenden Orten:

Brief an du Bois-Reymond vom 15.12.1874 (WEIERSTRASS/DU BOIS-REYMOND, 1923; 204-209), Brief von Königsberger vom 10.2.1876 (WEIERSTRASS/KÖNIGSBERGER, 1923; 231-234).

"Mit der Existenz eines Differentialquotienten hat die Bedingung der Stetigkeit nicht allein für einen einzelnen Punkt nichts zu schaffen, sondern es ist eines der ergreifendsten Ergebnisse der neueren Mathematik, dass eine Function in allen Puncten eines Intervalles stetig sein kann, ohne für irgendeinen Punct dieses Intervalles einen bestimmten Differentialquotienten zu ergeben."

(DU BOIS-REYMOND, 1875; 27)

Zur Abgrenzung gegen das Beispiel von Hankel führt der Verfasser aus:

"In der That, dass Singularitäten, wie von $x \cdot \sin \frac{1}{x}$ für $x = 0$, z.B. auf jeden rationalen Werth des Arguments einer Function fallen können, ist denkbar und unschwer einzurichten.

Ganz etwas Anderes scheinen mir aber die Functionen zu bedeuten, die Herr WEIERSTRASS seinen Bekannten mittheilt, die in keinem Punkt einen Differentialquotienten besitzen, was noch von keiner der vorher angeführten Functionen nachgewiesen worden ist, ..."

(DU BOIS-REYMOND, 1875; 23)

Wir werden im zweiten Teil dieser Arbeit auf die mit dieser Entdeckung verbundenen Fragen ausführlich eingehen.

Ebenfalls im Jahre 1875 erschein die Abhandlung "Mémoire sur les Fonctions Discontinues" von Gaston Darboux (DARBOUX, 1875). Bekannt geworden ist diese vor allem durch die Erweiterung und Präzisierung des Riemannschen Integralbegriffs, weshalb ja auch vom "Riemann-Darboux-Integral" gesprochen wird. Daneben findet sich eine detaillierte Diskussion der Beispiele von Schwarz und Riemann sowie die Funktion[131]

$$f(x) = \sum_{n} \frac{\sin(n+1)!\,\pi x}{n!}$$

---

131) Einen Vorläufer dieser Funktion findet man bei Riemann (RIEMANN, 1892; 264).

von der bewiesen wird, daß sie für keinen Wert von x differenzierbar ist (DARBOUX, 1875; 107). In gewisser Weise ist dieses Beispiel einfacher als das Weierstraß'sche, da es keine Parameter enthält, die noch geeignet zu bestimmen wären. In den einleitenden historischen Anmerkungen werden von Darboux, Riemann, Hankel, Schwarz und Gilbert genannt; Weierstraß wird nicht erwähnt[132]. Dies muß als Indiz dafür gewertet werden, daß der Berliner Vortrag nur einigen Insidern bekannt war.

Darboux unterscheidet scharf zwischen nirgends differenzierbaren Funktionen und solchen, die nur eine dichte Menge von Singularitäten besitzen.

Ein weiterer Autor, der angeregt durch die Arbeit Hankels sich mit diesen Fragen beschäftigte, war Ulisse Dini, Professor der Mathematik in Pisa. Sein Werk "Grundlagen für eine Theorie der Functionen einer reellen Veränderlichen" (deutsch 1892, italienisch 1876-78) stellt geradezu ein Handbuch pathologischer Funktionen und ihrer Herstellungsverfahren dar (vor allem Kapitel 9 "Das Prinzip der Verdichtung von Singularitäten", Kap. 10 "Functionen ohne bestimmte und endliche Derivirte" sowie Kap. 12 "Sätze über die Ableitung und deren Existenz"). Die Editionsgeschichte dieses Lehrbuches ist so verworren, daß es kaum zur Klärung von Prioritätsfragen herange-

---

132) Weierstraß machte denn auch sofort seine Priorität gegen Darboux geltend (in einem Brief an du Bois-Reymond vom 6.6.1875 - vgl. WEIERSTRASS/DU BOIS-REYMOND, 1923; 211). Dies blieb jedoch ohne die erwünschte Wirkung - auch 1879 ignoriert Darboux noch Weierstraß (in DARBOUX, 1879).

zogen werden kann[133]. Seine Bedeutung liegt darin, daß hier die "neuen" Ansichten über die Analysis erstmals systematisch ausgebreitet wurden[134].

Ab 1875 setzt eine Flut von Veröffentlichungen über merkwürdige Funktionen ein: zwei Beispiele stellen die Funktionen von Köpcke und Peano dar, die wir in 6.2 aufgeführt haben[135]. Nach Singh lassen sich die Beispiele in drei Klassen einteilen:

- Funktionen, die durch Reihen definiert werden (allein hierfür finden sich 17 Beispiele bei Singh!); hierher gehören die Funktionen von Weierstraß und Darboux,

- Funktionen, die geometrisch definiert sind (Bolzano, Hilbert),

- Funktionen, die arithmetisch definiert sind (Peano).

---

133) Insbesondere bleibt Dinis eigener Beitrag zweifelhaft.

134) Die wichtigsten Stellen für uns finden sich auf den Seiten 88, 205 und 298 der deutschen Ausgabe. Wertvolle Hilfe bietet auch das von den deutschen Bearbeitern zusammengestellte Literaturverzeichnis.

135) Zwei umfassende Darstellungen des Themas "Nirgendsdifferenzierbare Funktionen" sind SINGH, 1935 und EMDE BOAS, 1969. Eine knappe, aber dennoch sehr informative Übersicht zur Entdeckungsgeschichte der nicht differenzierbaren Funktionen findet man in dem Buch von HAWKINS, 1970.

Nach Abschluß dieser Arbeit erschien der Aufsatz " 'Riemanns Example' of a Continuous Nondifferentiable Function in the Light of Two Letters (1865) of Christoffel to Prym" von Butzer und Stark (Arbeitsbericht, Lehrstuhl A für Mathematik der RWTH Aachen, 1984), worin sich eine detaillierte Diskussion der Frage, ob Riemann ein Beispiel einer solchen Funktion besaß, findet.

Unter einer arithmetischen Definition wird dabei eine Rechenvorschrift verstanden, nach der der Wert der Funktion an jeder Stelle berechnet werden kann (so werden bei Peano die Koordinaten des zur Stelle $t \in [0,1]$ gehörigen Punktes des Einheitsquadrates aus der Ternärdarstellung von t ermittelt).

6.4 Einige zeitgenössische Reaktionen auf Weierstraß' Monster

Die Entdeckung der nirgends differenzierbaren, stetigen Funktionen löste vielfach Befremden aus. Als Folge hiervon entstand eine Diskussion um die Grundlagen der "neuen" Analysis. Schon in du Bois' Veröffentlichung von 1875 finden sich verschiedene Äußerungen, die die Tragweite der neuen Erkenntnisse andeuten:

"Noch manche Rätsel scheint mir die Metaphysik der WEIERSTRASS'schen Functionen zu bergen, und ich kann mich des Gedankens nicht erwehren, dass hier tieferes Eindringen schliesslich an eine Grenze unseres Intellects führen wird, ... Diese Functionen scheinen mir, um es kurz zu sagen, räumliche Trennungen zu setzen nicht wie die Rationalzahlen im Unbegrenztkleinen, sondern im Unendlichkleinen."

(DU BOIS-REYMOND, 1875; 29 Anm.)

Die Eigenschaft des Weierstraß'schen Monsters, stetig aber nirgends differenzierbar zu sein, nennt der Verfasser eine "der unmittelbaren Vorstellung und dem prüfenden Verstande gleich befremdliche Tatsache" (DU BOIS-REYMOND, 1875; 27)[136]. Offenbar widersprachen die neuen Ergebnisse den allgemein gehegten Erwartungen. Damit stellte sich die Frage nach den Gründen dieser Diskrepanz fast von selbst. Einen Versuch zu ihrer Beantwortung unternahm Felix Klein in seinem Vortrag "über den allgemeinen Functionsbegriff und dessen Darstellung durch eine willkürliche Curve" (KLEIN, 1873): nur wenn der allgemeine Funktionsbegriff (d.i. derjenige Dirichlets) "von jedem anschauungsmässigen Gebiete abgelöst und auf rein arithmetische Grundlage gestellt" wird (KLEIN, 1873; 244), können die neu entstandenen Probleme gelöst werden.

"Und eben hierin [in der Tatsache, daß diese Trennung noch nicht konsequent genug ausgeführt wurde] scheint der Grund für die Schwierigkeit zu liegen, die in so manchen Sätzen über willkürliche Functionen gefunden werden, wie z.B. in dem, dass es stetige Functionen ohne Differentialquotienten giebt."

(KLEIN, 1873; 249)

(Leider ist aus dem Zusammenhang nicht ersichtlich, ob Klein hier "nirgends differenzierbare" Funktionen meinte oder nur "in einer dichten Teilmenge nicht differenzierbare".) Wir werden Kleins These von der Unverträglichkeit des neuen Funktionsbegriffes mit der Anschauung in

---

136) Dieses Thema hat du Bois auch späterhin beschäftigt (vielleicht war es sogar bestimmend für seine oppositionelle Haltung gegen die weitere Entwicklung der Mathematik). In seiner "Allgemeinen Functionenlehre" von 1882 heißt es:

"Ich bemerke ausdrücklich, dass sie [die pathologische Funktion] nicht etwa wegen zu grosser Zusammengesetztheit unvorstellbar ist, sondern sie ist es im Princip, wie das Unendliche, das Unendlichkleine, die Wirkung in der Ferne, ..."

(DU BOIS-REYMOND, 1882; 243)

II 4.2 ausführlich diskutieren.

Die Antithese hierzu wurde von Christian Wiener 1881 in seinem Aufsatz "Geometrische und analytische Untersuchung der Weierstraßschen Function" (WIENER, 1881) vertreten: er wollte nachweisen, daß Weierstraß' Beispiel nicht in dem krassen Gegensatz zum Gewohnten stand, wie dies allgemein angenommen wurde:

> "Ich werde die Untersuchungen neben der analytischen um so lieber auch in der geometrischen Form ausführen, als die dadurch herbeigeführte Anschaulichkeit, die erwähnte Vermuthung des Herrn du Bois-Reymond nicht bestätigt, nach welcher durch diese Function die Unbegreiflichkeit ihren Einzug in das lichte Gebiet der Mathematik halten könne."
>
> (WIENER, 1881; 222)

(Wiener bezieht sich hier auf die oben wiedergegebene Äußerung du Bois', die Metaphysik der Weierstraß'schen Funktion betreffend. Im übrigen fühlte sich dieser durch Wiener keineswegs widerlegt, wie die Fußnote in DU BOIS-REYMOND, 1883; 273 zeigt.)

Während Klein die Unvereinbarkeit mit dem alten Paradigma der Anschauung behauptet und deshalb dessen Aufgabe fordert, möchte Wiener die Verträglichkeit des Weierstraß'schen Beispiels mit dem alten Paradigma beweisen und es damit in die "normale" Wissenschaft integrieren. Wiener wird damit zum Vertreter einer Position, die man als "fortschreitende Anschauung" bezeichnen könnte. Diese geht davon aus, daß Anschauung veränderbar sei und sich neuen Gegebenheiten anpassen könne[137].

Eine Zwischenstellung nahm der bereits erwähnte A. Köpcke ein, der einerseits zugestand, daß Weierstraß' Funktion unanschaulich sei, der aber andererseits einen Bereich anschaulicher Funktionen abgrenzen zu können glaubte (vgl. KÖPCKE, 1887).

Besonders drastisch fiel Hermites Urteil über nirgends differenzierbare Funktionen aus. In einem Brief an Stieltjes vom 22. Mai 1893 heißt es:

"Mais ces dévelopments, si élégants, sont frappés de malédiction; ... . L'analyse retire d'une main ce qu'elle donne de l'autre. Je me détourne avec effroi et horreur de cette plaie lamentable des fonctions continues qui n'ont point de dérivées ..."

(HERMITE/STIELTJES, 1905; 318)[138]

---

137) Diese Position wurden z.B. von Helmholtz im Grundlagenstreit der Geometrie vertreten. Er vertrat die Überzeugung, daß auch die Verhältnisse der Nichteuklidischen Geometrie nach einiger Übung angeschaut werden könnten. Diese Argumentation findet sich auch in der Kontroverse zwischen O. Becker und H. Reichenbach über den Status der Euklidischen Geometrie (vgl. A. Kamlahs Anmerkungen in REICHENBACH, 1977; 389-417.)

138) In seinem Nachruf auf den Berliner Mathematiker urteilte Hermite milder über dessen Entdeckung:

"Ils [les commençants] savent aussi qu'une fonction continue peut ne pas avoir de dérivée, leur horizon s'est agrandi sans qu'il leur en ait coûte d'efforts."

(HERMITE, 1897; 430)

Damit nähert sich Hermite der Position Poincarés, der die Monster als <u>logisch möglich</u> (und deshalb wichtig) aber <u>unnatürlich</u> (was als nicht anwendbar aufgefaßt werden muß) einstufte.

Weierstraß ' Beispiel und verwandte blieben über lange Zeit mit dem Bizarren und Seltsamen verbunden. Dies klingt noch bei Poincaré an, der 1889 schrieb:

"C'est alors qu'on vit surgir toute une foule de fonctions bizarres qui semblaient s'efforcer de ressembler aussi peu que possible aux honnêtes fonctions qui servent à quelque chose.

Plus de continuité ou bien de contuinité, mais pas de dérivées, etc."

(POINCARE, 1889; 130)

Nach Poincaré bewohnen die Beispiele ein "musée tératologique". Ein weiterer Vorwurf, der unseren Monstern immer wieder gemacht wurde, ist der der Künstlichkeit: sie träten "normalerweise" (d.h. in der "normalen Wissenschaft") gar nicht auf; vielmehr seien sie nur zu bestimmten Zwecken eigens geschaffen worden:

"Autrefois, quand on inventait une fonction nouvelle, c'était en vue de quelque but pratique; aujourd'hui, on les invente tout exprès pour mettre en défaut les raissonnements de nos pères, et on n'en tirera que cela."

(POINCARE, 1889; 131)

Ähnlich äußerte sich auch Borel (vgl. das Zitat auf p. 99).

Mit den Monstern beginnt die "verkehrte Welt": was bisher die Regel war, wurde nun zur Ausnahme, deren Eintreten erst durch zusätzliche Überlegungen gesichert werden mußte[139].

---

139) Übrigens betont Poincaré im zitierten Aufsatz mit Vehemenz, daß eine didaktisch aufbereitete Mathematik diese "Verkehrung" nicht mitmachen dürfe.

6.5 Was macht ein Monster zum Monster?

Lakatos (in LAKATOS, 1976; 14) unterscheidet drei Gruppen von Gegenbeispielen:

1. Gegenbeispiele lokaler Art: sie betreffen Annahmen, die innerhalb des Beweises einer Behauptung gemacht werden - sind also gegen den Beweis, nicht gegen die Behauptung gerichtet;

2. Gegenbeispiele globaler Art: sie widerlegen eine gemachte Behauptung, indem sie diese als in einem konkreten Fall unzutreffend nachweisen;

3. Monster: sie sind Gegenbeispiele (meist globaler Natur), die gar nicht als solche akzeptiert werden; vielmehr werden sie sofort ins Reich der Fabel verwiesen. In unserem Falle könnte das Verdikt, das Weierstraß' Beispiel "bannt", etwa lauten: Weierstraß' Funktion ist gar keine richtige Funktion[140].

Nehmen wir als Behauptung "Stetige Funktionen sind fast überall differenzierbar" und gehen von Ampères "Beweis" aus, so stellt die von H.A. Schwarz angegebene Funktion ein lokales Gegenbeispiel dar. Sie widerlegt nämlich einen von Ampère und Gilbert gebrauchten Schluß (vgl. GILBERT, 1875); jedoch handelt es sich nicht um ein globales Gegenbeispiel, da die angegebene Funktion bis auf

---

140) Im II. Teil werden wir verschiedene Vorschläge kennenlernen, die alle darauf hinauslaufen, innerhalb des Gebietes der Funktionen ein Teilgebiet der wahrhaft "vernünftigen" abzugrenzen.

eine - wenn auch beträchtliche Ausnahmemenge - differenzierbar ist. Die geforderte Eigenschaft - nämlich nirgends differenzierbar zu sein - weist erst Weierstraß' Beispiel auf. Dieses kann, folgt man Lakatos, wahlweise als globales Gegenbeispiel akzeptiert werden (dann muß die Behauptung fallengelassen werden) oder als Monster ausgegrenzt werden (dann wird die Dirichlet'sche Definition von "Funktion" so modifiziert, daß das Weierstraß'sche Beispiel eben keine Funktion mehr darstellt)[141].

Letztlich bleibt es der Willkür (oder dem Interesse, eine Behauptung zu retten)[142] überlassen, ob ein Beispiel als Monster oder als globales Gegenbeispiel klassifiziert wird.

Die Tatsache, daß ein Beispiel als Monster zurückgewiesen wird, geht meist einher mit der Behauptung, es sei unnütz, sinnlos oder dergleichen. Damit ergibt sich folgende Ausgangssituation für einen klärenden Dialog: wer behauptet, Beispiel B sei kein Monster sondern ein ernstzunehmendes Gegenbeispiel, der muß die Nützlichkeit, Sinnhaftigkeit oder dergleichen von B nachweisen.

So argumentierte beispielsweise Mandelbrot für seine These,

---

141) Lakatos illustriert diesen Vorgang mit einem Zitat von Jonquières:

"Such a system is not really a polyhedron but a pair of distinct polyhedra, each independent of the other ... . A polyhedron, at least from the classical point of view, deserves the name only if, before all else, a point c can move continuously over its entire surface."

(Jonquières. Note sur le théorème d'Euler... =LAKATOS, 1976; 15 Anm.)

Schon Poincaré kannte diese Taktik, wie das Zitat auf p. 99 zeigt.

142) Natürlich muß der ganze Zusammenhang der fraglichen Theorie berücksichtigt werden!

Peanokurven seien keine Monster[143].

Wir gebrauchen "Monster" in einem engeren Sinne als Lakatos:

> Unter einem Monster verstehen wir ein mathematisches Objekt, dessen Existenz aus Gründen, die der Anschauung entnommen sind, unmöglich erscheint.

Die Existenz eines Monsters beinhaltet somit keinen logischen Widerspruch, sondern einen zur Anschauung. Man könnte deshalb auch von "Paradoxien der Anschauung" sprechen.

Abweichend von Lakatos ergibt sich aus unserer Definition, daß die Klassifikation eines Objektes als "Monster" nicht willkürlich erfolgen kann. Sie bedarf vielmehr einer Übereinstimmung hinsichtlich des anschaulich-paradoxen Charakters des fraglichen Beispiels. Hiermit werden aber wieder Weichen für die Argumentation gestellt:

Derjenige, der Monster verteidigen will, muß deren Nützlichkeit trotz ihres antiintuitiven Charakters beweisen.

---

143) Unter der Überschrift "Dompter le monstre de Peano" heißt es bei Mandelbrot:

"En fait, mon premier thème est que les courbes approchées de Peano ne peuvent être des monstres, car elles ont l'utilité d'êtres belles. ... Je me flatte de l'avoir conçue, car elle [la figure] illustre sans discours ma thèse que les objets équivalents à la courbe de Peano nous avaient toujours été familiers. Ce sont des treilles de plantes, des réseaux de rivières et des coupes de cerveaux."

(MANDELBROT, 1982; 233 f.)

Im Zusammenhang mit unseren Beispielen erhebt sich zudem die Frage:

> Welche Eigenschaften lassen diese als anschaulich unmöglich erscheinen?

Dieses Problem wurde schon im 19. Jahrhundert diskutiert. So schrieb A. Köpcke:

"Für Anschauungscurven giebt es kein Merkmal, denn die Frage: was veranlasst die Unmöglichkeit des Anschauens? ist ungelöst. Man könnte denken, die Maxima in jedem Intervall trügen die Schuld - aber Weierstrass's Function wächst fortwährend und hat doch nirgends einen Differentialquotienten, ist daher [sic!] nicht anschaulich: man könnte dem Fehlen des Differentialquotienten die Schuld geben - aber das von mir soeben mitgetheilte Beispiel hat überall Maxima, ist daher [sic!] nicht anschaulich; man könnte in der fortwährenden Unstetigkeit dieses Differentalquotienten die Ursache suchen - aber das Integral einer belibiegen stetigen Function mit Maximis in jedem Intervall hat diese <u>stetige</u> Function zum Differentialquotienten, und muß dann in jedem Intervall unendlich oft dieselbe Tangente haben, ist daher [sic!] nicht anschaulich."

(KÖPCKE, 1887; 136 f.)

Implizit macht der Verfasser hier gewisse Annahmen über Eigenschaften anschaulicher Kurven (etwa "anschauliche Kurven sind nicht nirgends differenzierbar" oder "anschauliche Kurven haben nicht in jedem Intervall Maxima").

Köpcke verdeutlicht den Begriff "Kurve", den er synonym mit Function gebraucht, durch Bewegung: Bewegung eines Punktes ist eine Möglichkeit, Kurven zu erzeugen. Eine andere Möglichkeit ist, Linie als Grenze zweier Flächen aufzufassen.

Seine zentrale These lautet nun:

"Nun sind alle stetigen Functionen Grenzen zwischen zwei Flächenstücken, auch die nicht anschaulichen. Daraus folgt, daß sich jene zwei Definitionen nicht decken, und mit dieser Erkenntnis verliert die Existenz unanschaulicher Functionen bedeutend an 'Unbegreiflichkeit'."

(KÖPCKE, 1887; 136)

(Ein Analogon: man kann "Fläche" auffassen als "Oberfläche" eines Körpers oder als durch lokale Karten auf die Ebene bezogenen topologischen Raum. Zweifellos gibt der erste Begriff die von der Anschauung nahegelegte Erwartung wieder - er schließt aber die nichtorientierbaren Flächen (z.B. die projektive Ebene oder das Möbiusband) aus. Hier findet sich möglicherweise eine Erklärung für die relativ späte Entdeckung der nichtorientierbaren Flächen (durch Möbius und Listing, ~ 1860). Der Charakter der sehr viel früher eingeführten projektiven Ebene war damals noch unklar[144].

Nach Köpcke entsteht das Paradoxe durch eine Vermengung von Begriffen: man arbeitet mit dem umfassenderen analytischen Begriff von Kurve, verbindet mit diesem aber die Erwartungen bezüglich Anschaulichkeit, die der engere Begriff nahelegt.

Formale und heuristische Ebene (vgl. II 2) sind somit

---

144) Vgl. Scholz 1980; 64-70. Der Charakter der Einseitigkeit wurde nach Kleins eigenen Angaben 1874 von ihm und Schläfli geklärt (vgl. KLEIN, 1874).

nicht mehr kongruent: es gibt nicht äquivalente Beschreibungen vermeintlich ein- und desselben Objektes (dabei bedeutet "nicht äquivalent", daß die eine Beschreibung Eigenschaften impliziert, die die andere nicht einschließt). So gesehen beruhen die "Paradoxien der Anschauung" auf einer Verselbständigung der Beschreibungsebene. Dies setzt eine gewisse Autonomie der beschreibenden Mittel voraus, die erst mit der Durchführung des Arithmetisierungsprogrammes erreicht wurde (vgl. I 5).

Die weitere Entwicklung der Diskussion um die Anschaulichkeit der willkürlichen Funktionen wird in dem Kapitel gleichen Titels (II 4) ausführlich dargelegt.

Exkurs: Was geschieht nach der Entdeckung eines Monsters? (auch: welche Bedeutung kommt einem Gegenbeispiel zu?)

Wir betrachten die Situation, in die die Wissenschaft[145] gerät, wenn ein Gegenbeispiel zu einer bislang allgemein akzeptierten Behauptung bekannt wird. In Anlehnung an Lakatos unterscheiden wir drei Reaktionen:

1. Die Position des "Monsterbanners"[146] (monster banner im Original): die neuen Beispiele werden ohne weitere

---

145) Vgl. hierzu Lakatos' Vorschlag, der auf p. 134 wiedergegeben wurde.

146) Lakatos' Übersetzer Helmut Vetter verwendet das farblose "Monstersperre". - Wir weichen hier von Lakatos' Gebrauch des Terminus "Monsterbanner" ab,: zu dessen Verständnis von "Monsterbannung" s. THIEL, 1981; 213.

Begründung abgelehnt - es sei nicht wert, sich ausführlich mit ihnen zu beschäftigen (z.B. Hermites berühmtes Diktum: "Je me détourne ...").

2. Die "Verteidigung des alten Paradigmas": die vermeintlichen Gegenbeispiele sind in Wahrheit gar keine, da sie auf Trugschlüssen, fehlerhaften Rechnungen etc. beruhen. Bei genauem Studium erweist sich, daß sie nichts wesentlich Neues zu bieten haben (Vertreter dieser Position: Wiener, Gilbert). Diese Reaktion erinnert an den bekannte Aphorismus von Ringelnatz:

   "Daraus schließt er messerscharf, daß nicht sein kann, was nicht sein darf"

   ... und bemüht sich, dies zu beweisen", wäre noch zu ergänzen in unserem Fall.

3. Ein breites Spektrum von "Ausnahmebannern" (exception banner): die Methode des Ausnahmebanners besteht darin, den Gültigkeitsbereich der ursprünglichen weitergehenden Aussagen einzuschränken: also nicht mehr zu behaupten "Alle stetigen Funktionen sind differenzierbar" sondern "Alle stetigen Funktionen mit der zusätzlichen Eigenschaft E sind differenzierbar [147]". Damit

---

147) Ein Musterbeispiel hierfür sind die Ausführungen von Leo Königsberger:

"Die Betrachtung der den unendlich kleinen Incrementen der unabhängigen reellen Variabeln entsprechenden Functionalveränderungen bildet den Gegenstand der Infinitesimalrechnung, und es mag nur erwähnt werden, dass die Einleitung zur Lehre vom Unendlich-Kleinen und Unendlich-Großen der Fundamentalsatz bildet, dass jeder Function einer reellen Variabeln auch wirklich ein Differentalquotient zugehöre, d.h. dass das Verhältnis der Incremente der Function und der Variabeln nur in einzelnen Punkten einer unendlichen Strecke oder Null oder durch endliche Sprünge unstetig sein könne, im übrigen jedoch einen von dem unendlich kleinen Zuwachs der Variabeln unabhängigen endlichen

weiter s. folgende Seite

werden zugleich die Gegenbeispiele als gleichberechtigte Objekte wissenschaftlicher Forschung anerkannt. Gelingt das Vorhaben, so werden aus "Gegenbeispielen" "Ausnahmen": die Gegenbeispiele werden zu lokalen Gegenbeispielen (Lakatos), d.h. sie widerlegen nicht mehr die modifizierte Behauptung, sondern sie zeigen nur noch, daß der ursprünglich akzeptierte Beweis nicht korrekt war, indem sie mindestens einen der verwandten Schlüsse als unzulässig nachweisen.

Diese Analyse von Lakatos läßt sich am Beispiel der Behauptung

"Alle stetigen Funktionen sind bis auf endlich viele Stellen differenzierbar"

Schritt für Schritt nachvollziehen. Die ersten Beweisversuche[148] für diese Behauptung benützen folgende Schlußweise:

---

147) Fortsetzung der vorhergehenden Seite:

Werthe habe, wenn nicht die Function selbst innerhalb jener Strecke beständig unendlich oder constant ist, oder innerhalb eines endlichen Intervalles unendlich viele Maxima und Minima oder auch endlich auf einer noch so kleinen Strecke jenes Bereiches endliche Stetigkeitssprünge besitzt."

(KÖNIGSBERGER, 1877; 13)

Weierstraß selbst hat diese Behauptung seines Schülers kritisiert (WEIERSTRASS/KÖNIGSBERGER, 1923; 232/3) in einem Brief vom 10. Februar 1876. Die Quintessenz seiner Kritik lautet: "Hier kommt es zunächst darauf an, ..., was unter 'einzelnen Stellen' zu verstehen ist."

148) Eine Übersicht über diese findet man auf p.112 in der Anmerkung 112. Andere Ansätze verfolgten GALOIS, 1830 und LAMARLE, 1861.

"Wie auch immer die Function f(x) beschaffen sein mag, giebt es im Bereiche ihrer Continuität jedesmal zwei Werthe für x, innerhalb deren diese Function entweder beständig zu- oder beständig abnimmt."

(RAABE, 1839; 8)

Auch Lacroix und Ampère benützen dieses Lemma, allerdings ohne es explizit zu erwähnen (also als "hidden lemma"). Es ist unproblematisch, solange die Extremstellen der Funktion isoliert liegen[149], wie das z.B. bei ganzrationalen Funktionen der Fall ist. Das einfachste Beispiel, in dem dies nicht mehr gilt, liefert die Funktion sin $\frac{1}{x}$: da sich hier die Extremstellen in Null häufen, läßt sich kein Intervall um Null angeben, in dem die Funktion monoton wäre. Die Bedeutung der Bedingung, daß die Funktion nur endlich viele Maxima und Minima im Definitionsbereich besitze (bzw. die Bedeutung der schwächeren Bedingung, daß diese wenigstens isoliert liegen sollen), hat wohl Dirichlet als erster erkannt (DIRICHLET, 1829[150]). Neben

---

149) Vgl. DE MORGAN, 1842; 45:
"Postulat 1. - If ϕa be an ordinary value of ϕx, then h can always be taken so small that no singular value shall lie between ϕ a and ϕ (a+h). The truth of this postualte is a matter of observation. We always find singular values separated by an infinite number of ordinary values."

150) Er zeigte dort: Ist die reelle Funktion f periodisch mit der Periode 2π und gilt
a) f stückweise stetig,
b) f besitzt nur endlich viele Maxima und Minima in $[-\pi, \pi]$
so ist f in eine Fourierreihe entwickelbar.

einigen anderen technischen Mängeln[151] findet sich bei Ampère folgender bemerkenswerter Fehlschluß:

Eine Eigenschaft E, die nicht alle, aber doch "viele" Punkte des Intervalles [a,b] besitzen, kann nur einer endlichen (evtl. noch unendlichen aber diskreten, bei Ampère: "certaines valeurs particulières et isolées") Teilmenge von Punkten nicht zukommen.

(Hinter dieser Überlegung könnte die Auffassung stehen, daß das Komplement einer unendlichen Menge (nämlich der Stellen, an denen die Ableitung existiert) endlich sein müsse, worüber sich wohl als erster Bolzano in seinen "Paradoxien" Gedanken gemacht hat.)

Ampères Beweis gibt nach einigen Korrekturen folgendes Ergebnis:

Der Differentialquotient einer stetigen, nicht konstanten Funktion kann als Grenzwert in einem ganzen Intervall weder immer Null noch unendlich besitzen.[152]

Dies hielt Ampère schon für einen Beweis der Existenz der Ableitung an jedem Punkt (bis auf endlich viele Ausnahmen).

Die zweite Hälfte des vorigen Jahrhunderts brachte viele Anstrengungen in der angedeuteten Richtung: zwar wurde die ursprüngliche Intention Ampères und seiner unmittelbaren Nachfolger, die Existenz der Ableitung für stetige Funktionen ganz allgemein zu beweisen, mit wenigen Aus-

---

151) Für eine ausführliche Darstellung und Kritik des ursprünglichen Beweises von Ampère siehe man PASCH, 1914; 213-218. Die Argumentation von Raabe, Lacroix, de Morgan u.a. unterscheidet sich nicht wesentlich von der Ampères.

152) Das beste bekannte Resultat in dieser Art stammt von Lebesgue:
Eine stetige Funktion mit beschränkter Schwankung ist fast überall differenzierbar (d.h. bis auf eine Menge vom Maß Null).
Auch läßt sich zeigen:
Eine konvexe Funktion ist fast überall differenzierbar.

nahmen (LAMARLE, GILBERT) aufgegeben, aber die Frage wurde modifiziert zu:

> Unter welchen Bedingungen sind stetige Funktionen differenzierbar?

Wir sehen, daß das Gegenbeispiel (Monster) hier eine doppelte Rolle spielt: Zum einen widerlegt es den Beweisgang für das alte Theorem; zugleich aber gibt es Hinweise darauf, wie das fragliche Theorem durch "beweiserzeugende Definitionen" abzuändern sei: etwa in folgender Art und Weise:

> Eine stetige, im einem Intervall definierte Funktion, die nur endlich viele Maxima und Minima besitzt, ist in diesem Intervall differenzierbar bis auf endlich viele Stellen[153].

Diese Haltung ist nur mit einer statistischen Interpretation von "für alle" kompatibel: eine Aussage, die diesen Quantor enthält, darf solange als wahr angesehen werden, solange der Erwartungswert, bei Auswahl eines beliebigen Beispiels eines zu erhalten, für das die Aussage gilt, genügend groß ist (annähernd eins). Die Negation von "für alle" ist gewissermaßen "es gibt erheblich viele (Ausnahmen)". Wir finden hier ein induktives Element in der Mathematik[154]. Damit wird aber ein neues

---

153) Auch diese Behauptung ist falsch, wie ein weiteres Monster von Weierstraß zeigt (WEIERSTRASS/DO BOIS-REYMOND, 1923; 206).

154) Eine schöne Illustration dieser Haltung findet sich bei de Morgan (DE MORGAN, 1842; 48), der seinen "Beweis", daß jede stetige Funktion auch differenzierbar sei, folgendermaßen kommentiert:
"There are points in the preceding demonstration which lie open to certain objections, depending upon the way in which the terms of the postulates are understood. The student may, if he pleases, consider it only as given a very high degree of probability to the fact stated since we shall presently demonstrate of all classes of functions separately,..."

Verständnis der Methoden des 18. und des beginnenden 19. Jahrhunderts erforderlich: die nachträgliche Kennzeichnung als "ungenau", "unzureichend" etc. müßte einer Interpretation weichen, die hier zwei inkommensurable Paradigmata am Werke sieht. Das neue Paradigma wird kodifiziert in der bekannten Dualität von All- und Existenzquantor, wie sie sich bei Frege dann findet. Die Untersuchung dieser Zusammenhänge würde den Rahmen der vorliegenden Arbeit sprengen. Zum Abschluß sei hier nur noch darauf aufmerksam gemacht, daß wir das "alte" Paradigma auch in Ampères Arbeit am Werk sehen können:

Wie schon erwähnt, "beweist" der Verfasser ja nur: eine stetige Funktion mit endlich vielen Extrema besitzt Stellen, an denen der Grenzwert des Differentialquotienten endlich (und ungleich Null) ist. Im Beweisgang selbst bemerkt Ampère, daß es durchaus Stellen gibt, an denen dieser Limes unendlich oder Null wird ("certaines valeurs particulières et isolées), was ihn keinesfalls davon abhält, seine Behauptung im Satz selbst allgemein zu formulieren. Es ist sicherlich vorschnell, wenn man hier einfach mangelnde Sorgfalt am Werke sieht, zumal sich die Reihe der Belege leicht verlängern läßt.[155]

---

155) Es wäre interessant, zu erkunden, wann erstmals explizit (also nicht nachträglich rekonstruiert!) folgendes Beweisschema auftritt:

Behauptung: Für alle $x \in M$ gilt: $P(x)$

Gegenbeispiel: Es gibt ein $x_0 \in M$ mit $\neg P(x_0)$

Also ist die Behauptung falsch!

Implizit findet sich diese Idee schon beim antiken Beweis der Inkommensurabilität von $\sqrt{2}$. Bemerkenswert ist in dieser Hinsicht die Argumentation, mit der H.A. Schwarz 1873 sein Beispiel einer "nirgendsdifferenzierbaren" Funktion einführte:

weiter s. folgende Seite

Nachbemerkung

Die von Lakatos in LAKATOS, 1982; 34 ff. betrachtete Situation unterscheidet sich von unserem historischen Beispiel in folgender Hinsicht:

Bei Lakatos tritt das Gegenbeispiel auf der informalen Ebene auf, während der zu falsifizierende Satz der formalen Ebene angehört. In unserem Falle ist es umgekehrt:

Hier treten die Gegenbeispiele ("Monster") auf der formalen Ebene - in analytischer Form - auf, während sie einen informalen Satz falsifizieren.

---

155) Fortsetzung der vorhergehenden Seite
"Da es nämlich unendlich viele eindeutige und stetige Functionen gibt, bei denen die Annahme der Existenz einer Ableitung schlechterdings unzulässig ist, so muss jede Argumentation, welche allein aus der Stetigkeit einer Funktion die Existenz einer Ableitung derselben zu folgern sucht, an einem prinzipiellen Fehler leiden, so dass es hinreicht, ein einziges Beispiel einer eindeutig definierten und stetigen Function, welche nicht differentiirbar ist, beizubringen, um die mangelnde Folgerichtigkeit einer derartigen Schlußweise aufzudecken."
(SCHWARZ, 1873; 269 f.)

6.6 Von den Monstern zur Beschreibung der Natur (die "géométrie fractale")

Auf den folgenden Seiten wird die Theorie der "structures scalantes" vorgestellt, die von Benoit Mandelbrot entwickelt wurde. Da diese noch weitgehend unbekannt ist, erschien es zweckmäßig, die Ausführungen breiter - d.h. auch unter Einbeziehung systematischer Aspekte - zu halten. Unsere Darstellung stützt sich hauptsächlich auf MANDELBROT, 1975 und MANDELBROT, 1982. Etwa seit der Jahrhundertwende sind die geschilderten Monster als legitime Gegenbeispiele in die Mathematik integriert. Ihre Funktion besteht darin, zu zeigen, daß Begriffe wie "Stetigkeit" und "Differenzierbarkeit" verschiedene Extensionen haben - sie dienen somit zur Begrenzung der Gültigkeit bestimmter Behauptungen: damit erfüllen sie zuerst einmal einen rein negativen Zweck.[156)]

---

156) Eine Ausnahme hiervon bildet der Aufsatz "Über die sogenannte H-Curve" des Wiener Physikers Ludwig Boltzmann von 1898. In ihm wird eine nicht rektifizierbare Kurve beschrieben, die sich aus Betrachtungen in der Wärmelehre ergibt. Allerdings konnte der Verfasser nur eine geometrische Definition geben, nicht aber einen analytischen Ausdruck. Boltzmann war von der Anwendbarkeit dieser Funktionen überzeugt, wie das folgende Zitat belegt:

> "Ich rathe vielleicht nicht fehl, wenn ich glaube, dass die Geometer vom Fach der H-Curve spotten werden. Dem gegenüber möchte ich nur erinnern, dass die von Meteorographen, Barometergraphen, Termometergraphen etc. gezeichneten Curven einen Habitus zeigen, der an die Eigenschaften der H-Curve erinnert."
>
> (BOLTZMANN, 1898; 328)

Dies hatte zur Folge, daß das Interesse an den Monstern immer mehr abnahm[157]. So findet man in den heutigen Lehrbüchern der Analysis zwar stets den Hinweis, daß Stetigkeit nicht Differenzierbarkeit beinhalte, aber ein konkretes Gegenbeispiel wird selten angeführt. Erst in den letzten Jahren haben die Monster durch Mandelbrots "géométrie fractale" an Interesse gewonnen.

Mandelbrot entlehnt seine Bezeichnung bei N.Y. Vilenkin, der in seinem Buch "Stories about Sets" (englische Ausgabe 1965) die fraglichen Beispiele in sein "museum of art" oder eine "galery of monsters" (vgl. Poincarés "musée tératologique") aufgenommen hatte. Mandelbrot hingegen sieht in ihnen ein "palais de la découverte". Er nennt zwei Motive, die die Behandlung der "Frakta" (wie er die Monster auch nennt; dieser Terminus soll daran erinnern, daß deren Dimension nicht ganzzahlig ist, wobei "Dimension" die sogenannte "fraktale" Dimension meint, die Mandelbrot nach dem Vorbild von F. Hausdorff (HAUSDORFF, 1918) eingeführt hat):

- sie sind schön und damit von ästhetischem Wert,
- sie sind in der Physik, in der Kartographie usw. anwendbar.

---

157) Zu dieser Entwicklung bemerkt Mandelbrot:
"Elles [les monstres] ne sont pas passée inaperçus, l'ironie et le sarcasme que souleva l'ensemble de Cantor en témoignent. Et, comble de malchance, les mathématiciens fonçèrent vite vers une généralité accrue, et traitêrent leurs monstres de 1900 comme des mouchoirs que l'on utilise qu'une fois avant de les jeter. En particulier, nul ne les considéra comme suffisamment importants pour éprouver le besoin d'un terme génerique pour les désigner ..."

(MANDELBROT, 1982; 245)

Hierzu schreibt der Entdecker der "Frakta":

"Avant d'encourager qui que ce soit à faire connaissance de nouveaux outils de pensée, je crois juste de charactériser quelle, à mon avis, va être leur contribution. Le progrès des formalismes mathématiques n'a jamais été mon but principal, ...Dans certaines des applications, j'aurai simplement mis en forme et baptisté des concepts déjà dégagés par des chercheurs m'ayant précédé, ce qui risque de n'avoir qu'un intérêt esthétique, et peut-être cosmétique. (...). Dans la plupart des cas, cependant, je crois que les concepts de fractum et de dimension fractale seront entièrement positifs, en ce qu'ils vont contribuer à dêgager quelque chose de fondamental. Afin de le souligner, je m'efforcerai, autant que possible, de partir de ce que qu'on peut appeler un paradoxe concret: ..."

(MANDELBROT, 1975; 18 f.)

Mandelbrot reiht die Entdeckung der Monster ein unter die "anti-euklidischen Revolutionen" des 19. Jahrhunderts. Die erste von ihnen war die Entdeckung der Nichteuklischen Geometrien geweisen; die zweite die Einführung der Monster durch Cantor, Weierstraß, Peano und andere. Letztere stellte u.a. den Begriff der Dimension in Frage und war damit Ausdruck einer noch tiefergreifenden Umwälzung als die der Ersetzung des Parallelenaxioms (wir haben bereits angedeutet, daß es sich im zweiten Falle um einen Paradigmawechsel handelte):

"Elle [la deuxième révolution anti-euclidienne] ne se satisfait plus de contester des 'détails' tels que le parallélisme, mais s'attaque aux premières lignes mêmes des ELEMENTS."

(MANDELBROT, 1982; 232)

Gemeinsam ist beiden Revolutionen ihr anti-intuitiver

Charakter[158]. Die von der ersten Revolution aufgeworfenen Probleme sieht Mandelbrot durch Poincarés Konventionalismus gelöst. Ähnliches möchte er durch seinen Beitrag für die mit den Frakta entstandenen Fragen leisten. Sein Ziel heißt:

"Dompter le monster de Peano"

Peano gab in PEANO, 1890 nur eine analytische Darstellung der nach ihm benannten Kurve. Geometrische Konstruktionen fanden Hilbert (HILBERT, 1891) und Helge von Koch (KOCH, 1906). Über die Erkennbarkeit der Peanokurve heißt es bei Mandelbrot:

"Mais l'essentiel est ailleurs. On nous affirmait que la courbe de Peano ne peut être appréhendée qu'à travers l'analyse logique, et que l'intuition et l'oeil nous auraient égarés. En fait, les auteurs de ces réactions unanimes auraient mieux fait d'exercer [sic!] leur intuition et leurs yeux."

(MANDELBROT, 1982; 233/238)

---

158) Es ergeben sich hier interessante Parallelen zur Geschichte der Physik, wo es gerade in unserem Jahrhundert auch um die Durchsetzung "anti-intuitiver" Vorstellungen ging (z.B. in der Relativitätstheorie oder in der Quantenmechanik).

Die Peanokurven sind jedoch nicht nur anschaulich zugänglich, sie sind uns sogar wohlvertraut. Dies zeigt Mandelbrot an folgendem Beispiel (der "Schneeflockenkurve"):

Der Verfasser beschreibt im Anschluß an diese Skizzen, wie man jede Partialkurve - das ist eine der endlichen Näherungen der Grenzkurve - als Berühungslinie zweier "Bäume" auffassen kann[159]. Die Bedeutung einer derartigen "Veranschaulichung" liegt vor allem im <u>Qualitativen</u>:

159) Das erinnert an die Vermutung Köpckes, jede Kurve sei als Grenzlinie zweier Flächen darstellbar.

"Il est indéniable (et le fait a des conséquences de tout ordre) que les rivières sont de largeur positive et que l'inclusion de ruisselets de plus en plus minimes ne peut se poursuivre sans fin, contrairement à la construction péanienne sans fin des mathématiciens. ...
L'essentiel, ici, est qualitatif: il ne parait que l'équivalence que je viens de formuler (...) suffit pour transmuter en quelque sorte la courbe de Peano. Désormais, loin de rester le monstre que l'on avait voulu à sa naissance, on la voit devenir absolument intuitive."

(MANDELBROT, 1982; 239)

Den Schlüssel zur Erfassung der "Frakta" bilden die "structures scalantes":

"Sans trop y penser et dans un souci évident d'économie de pensée, de papier et d'encre, Peano et ses émules se sont tous arrangés pour éviter de récourir à une nouvelle règle à chaque étape de construction. Pour ajouter des sinuosités au cours de la n-ième étape, on se contente de copier la précédente à une plus petite èchelle. Il s'ensuit que tout petit morceau d'une courbe de Peano est de la même forme que divers gros morceaux du tout. J'aime dire que ces courbes dont des petites et des grosses parties ont la même forme ou structure, mais à l'échelle différentes, sont 'scalantes'. Ou encore (c'est plus précis, mais bien lourd!) 'à homothétie interne'."

(MANDELBROT, 1982; 243)

Was hiermit gemeint ist, verdeutlichen die folgenden Figuren:

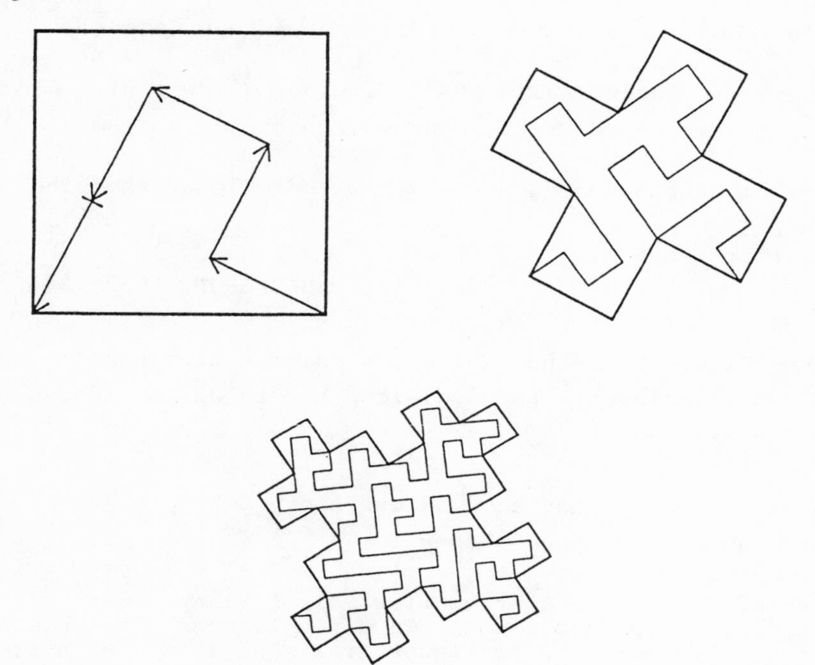

Auch die gewöhnliche Gerade der euklidischen Geometrie ist eine solche "figure scalante": jeder Ausschnitt hat exakt die Form der Ausgangsfigur (hier berühren sich die Überlegungen Mandelbrots mit denen von Lorenzen u.a., die die Geometrie auf Homogenitätsprinzipien gründen - vgl. die Darstellung in MAINZER, 1980; 193-196). Nicht skalierend ist hingegen die logartihmische Spirale[160]. Die geome-

160) die Descartes zu den "mechanischen" Kurven gerechnet hatte. Wir finden also eine Rekonstruktion der alten Unterscheidung mechanisch/geometrisch wieder in dem Begriffspaar "pas de structure scalente/structure scalante".

trischen Gebilde lassen sich in drei Klassen einteilen:

- die regulären skalierenden Figuren wie die Gerade;
- die irregulären skalierenden Figuren[161], wie die Peanokurve, auch Frakta genannt,
- die nicht skalierenden Figuren wie die logarithmische Spirale

(vgl. MANDELBROT, 1982; 244).

(Oskar Becker hat eine ähnliche Klassifikation bereits 1923 vorgeschlagen; man vergleiche hierzu die Ausführungen in II 4.4.)

Die skalierenden Figuren sind durch ein Schema bestimmt und darum leicht zu handhaben:

"Fort heureusement, l'irrégulier mais scalant n'est pas compliqué. Expliquons-nous. On dit qu'un carré est simple parce qu'il suffit de quelques traits pour le dessiner; en particulier, il suffit à donner à un traceur mécanique quelques lignes d'instruction, dont la derniére est 'fin'. S'il s'agit de tracer une courbe scalante, la principale nouveauté est que cette dernière étape devient 'maintenant recommencez, à une échelle plus petite'. L'opération est sans fin, mais l'algorithme qui la régit n'est vraiment pas compliqué."

(MANDELBROT, 1982; 244)

---

161) Solche Figuren sind aus formgleichen Teile verschiedener Größe zusammengesetzt. Im Gegensatz zu ihnen bestehen die regulären Figuren aus formgleichen Stücken gleicher Größe.

Lautet das Schema der natürlichen Zahl "noch einmal"[162], so lautet das der Frakta "noch feiner".

Wesentlich ist, daß der Prozeß des "noch feiner" der Anschauung durchaus fähig ist - wenn auch nicht sein Endprodukt: das "Feinste". Hierbei tritt das begriffliche Denken noch nicht in Aktion; verlangt ist lediglich die Fähigkeit zur Einsicht: "das Gleiche, nur kleiner"[163].

Die "objets fractals" sind geometrische Gebilde, die unregelmäßig und zerstreut erscheinen. Diese Eigenschaften teilen sie mit vielen Gegenstände der physikalischen Welt. Für Mandelbrot ist nun entscheidend, daß die von ihm eingeführte "Bruchdimension" es erlaubt, die Abweichung vom Regelmäßigen zu messen: eine ganzzahlige Dimension ist Ausdruck der Regularität, eine gebrochene der Irregularität.

Der Verfasser definiert die Frakta nicht explizit. Er begründet dies so:

"Si j'ai procédé ainsi, c'est par crainte de m'engager dans les détails sans contrepartie concrète."

(MANDELBROT, 1975; 160)

---

162) Zur operativen Erzeugung der natürlichen Zahlen siehe LORENZEN, 1965; 6.

163) Damit treten wir in Gegensatz zu Reidemeister, der in REIDEMEISTER, 1946 die These vertritt, begriffliches Denken sei notwendig zur Erfassung von Grenzprozessen - allerdings unterscheidet er nicht Prozeß und Grenze.

Folgende Minimalbestimmung können wir jedoch angeben:

Frakta müssen über eine "structure scalante" verfügen, d.h. sie müssen im "Kleinen" dem "Ganzen" ähnlich sein. Es gibt also eine Zerlegung der Figur, so daß jeder Teil, der in dieser auftritt, durch eine innere Homothetie aus dem Ganzen hervorgeht. Dabei kann noch das Streckungsverhältnis von Teil zu Teil variieren. Die ganze Figur ist gleichsam aus einer "Formmonade" hervorgegangen.

So ist es auch nicht erstaunlich, daß Mandelbrot sich auf Leibniz beruft:

"Dans l'exemple du corps humain ou d'un autre animal..., toute partie quelconque, solide ou fluide, contient en elle-même, à son tour, d'autres animaux et végétaux. Et je pense que cela doit être itéré à propos de partie quelconque de ces derniers vivants, et ainsi à l'infini. ... Je me sers d'une comparaison: imaginez une cercle; inscrivez dans ce circle trois autres cercles égaux entre eux et de rayon maximum; en chacun de ces nouveaux cercles et dans l'intervalle entre les cercles, inscrivez de nouveau trois cercles égaux du rayon maximum et imaginez que le processus en question aille à l'infini."

(Leibniz in einem Brief an R.P. des Bosses, zitiert in MANDELBROT, 1982; 243)

Vom Standpunkt der Theorie der "objets fractals" sind die Monster in jeder Hinsicht salonfähig geworden: ideengeschichtlich sind sie Leibniz' Monaden verwandt; sie sind - wie die Anwendungen zeigen - von praktischem Nutzen und darüberhinaus noch ästhetisch wertvoll (wie man z.B. an den

Arbeiten Eschers erkennen kann)[164]. Auf diesem Hintergrund übt Mandelbrot eine weitgehende Kritik an der bislang üblichen mathematischen Theorienbildung: diese hat sich eine falsche "Einfachheit" zum Ziel gesetzt und verfehlt so die interessanten Anwendungen (vgl. die Einleitung zu MANDELBROT, 1975).

---

164) Im Zusammenhang mit physikalischen Fragestellungen (z.B. Phasenübergänge) hat die Theorie der "Frakta" (neuerdings als "Mandelbrotmengen" bezeichnet), in den letzten Jahren eine stürmische Entwicklung erlebt. In Deutschland ist hier die Forschungsgruppe "Komplexe Dynamik" der Universität Bremen zu nennen. Neben der formalen Behandlung der Theorie der Mandelbrotmengen widmet sich diese Gruppe auch der Visualisierung mit Hilfe von Computergraphiken. Man vergleiche hierzu den Katalog einer Ausstellung solcher Graphiken: "Morphologie komplexer Systeme" (Bonn, 19.6.84-10.8.84).

Zusammenfassung und Anmerkungen zu Teil I:

Der erste Teil untersucht das Verhältnis von Anschauung und Mathematik an Hand einiger ausgewählter Beispiele. Der Bogen spannt sich dabei von der antiken Philosophie der Mathematik bis hin zur zeitgenössischen 'géométrie fractale' von Benoit Mandelbrot. Als wichtigstes Ergebnis der antiken Diskussion ergibt sich die Einsicht in den zeichenvermittelten Charakter der mathematischen Erkenntnis. Damit wird die Zurückweisung des empiristischen Mißverständnisses (vgl. 1.2) - das in der Annahme besteht, die Gegenstände der Mathematik seien tatsächlich empirische - ermöglicht, wobei aber zugleich der Anschauung als sinnliche Erkenntnis von Zeichen eine wichtige Rolle zugestanden werden kann. Diese Interpretation wird in 1.6 mit den Auffassungen von Platon und Aristoteles verglichen. Systematisch entfaltet wird der genannte Ansatz im dritten Teil dieses Buches. Anschließend wird das Aufkommen der analytischen Geometrie im 17. Jahrhundert (Fermat, Descarte) betrachtet. Die Koordinatenmethode erweist sich als unabdingbare Voraussetzung für die später erfolgende Arithmetisierung. Mit der Entwicklung dieser Verfahrensweise wird die sich in der Nachfolge entfaltende Divergenz von analytisch-symbolischer Beschreibungsebene und anschauungsbezogener Gegenstandsebene vorbereitet. Während für Descartes analytische Formeln noch Beschreibungen von unabhängig von diesen existierenden Objekten waren, werden später umgekehrt die Gegenstände als durch solche Formeln definierte und damit geschaffene angesehen. Diese Ersetzung einer Gegenstandsebene durch eine andere wird am Beispiel des Funktionsbegriffes (in 4.1 bis 4.4) erläutert. Deutlich wird dieser Vorgang auch an der Entwicklung des Raumbegriffes der modernen Mathematik, die ihren Abschluß in Riemanns berühmten Habilitationsvortrag fand (2.3).

Insgesamt läßt sich sagen, daß die Anschauung nach und nach ihre erkenntnisbegründende und -begrenzende normative Funktion (vgl. Einleitung und 1.5) verliert, um auf ein ausschließlich heuristisches Hilfsmittel reduziert zu werden. In Kapitel 3 werden die angesprochenen Funktionen von Anschauung am Beispiel der komplexen Zahlen verdeutlicht. Letztere wurden erst - so lautet unsere These - als vollwertige Gegenstände der Mathematik akzeptiert, als ihre Vereinbarkeit mit der Anschauung durch die Gaußsche Zahlenebene nachgewiesen wurde (3.2). Weder ihre erwiesene Nützlichkeit noch ihre Widerspruchslosigkeit in der bisherigen Praxis legitimierten ihren Gebrauch vollständig. Das zeigt, daß das Paradigma der anschaulichen Grundlegung (nur das ist mathematisch sinnvoll, was sich mit der Anschauung vereinbaren läßt) bis hin zu Gauß (3.3) und seinen Zeitgenossen wirksam war. Das 19. Jahrhundert bringt in Gestalt des Arithmetisierungsprogrammes - dessen zentrale Anliegen der Funktions- (Übergang vom genetischen zum Dirichletschen Ansatz) und der Zahlbegriff (Verdrängung der räumlich-anschaulichen Begründung der reellen Zahlen als sogenannte Größen durch deren Zurückführung auf die natürlichen Zahlen mit analytischen Hilfsmitteln - vgl. 2.3, 5.3 und 5.4 sowie die kritische Auseinandersetzung mit diesem Anspruch in III 4) gewesen sind - einen Paradigmawechsel mit sich. Oft wird dieser als Reaktion auf die Unstimmigkeiten verstanden, die die Infinitesimalmathematik zeigte (vgl. 5.2). Wir analysieren die Entstehung der angesprochenen Paradoxien und werden zu der Einsicht geführt, daß sie auf der durch die Verwendung analytischer Mittel begünstigten Verselbständigung der Beschreibungsebene beruhen (4.8 und 6.5). Zur Bekräftigung der These, daß die räumliche Anschauung zu Widersprüchen führe (II 4.3.1) werden meist - neben den Nichteuklidischen Geometrien - die sogenannten pathologischen Funktionen angeführt. Die Entstehungsgeschichte dieser Monster (vgl. zu diesem Terminus 6.1 und 6.4) wird im Kapitel 6 ausführlich dargestellt. Wir konzentrieren uns auf das Beispiel stetiger nirgendsdifferenzierbarer Funktionen, deren erste 1872 von Weierstraß veröffentlicht wurde. Die Abschnitte 6.3 und 6.4 enthalten die teilweise verworrene Entdeckungsgeschichte dieser berühmten Funktionen. In 6.2 finden sich einige Vorläufer derselben. Kurz angesprochen werden auch die verschiedenen Versuche, die anschaulich scheinbar zwingende Tatsache, daß stetige Funktionen - abgesehen von bestimmten Ausnahmemengen - differenzierbar sind, mit analytischen Hilfsmitteln zu beweisen (Ampère, Gilbert, Lamarle - vgl. 6.5 Exkurs). Zum Abschluß dieses Kapitels wird die 'géométrie fractale' von Benoit Mandelbrot dargestellt. Sie darf als ein Versuch der Rehabilitierung der Anschauung angesehen werden, denn sie versucht zu zeigen, daß mit den 'structures scalantes' (die wesentlich interne Homothetie bedeuten) ein Schlüssel zum anschaulichen Verständnis vieler Monster zur Verfügung steht. Sie ermöglicht damit eine Rekonstruktion des Anschaulichen auf der Beschreibungsebene und schafft damit eine partielle Überbrückung des oben geschilderten Gegensatzes von Beschreibungs- und Gegenstandsebene.

II. Historisch-Systematischer Teil

1. Der Begriff "Anschauung"

1.1 Kants Lehre

Auf den nachfolgenden Seiten werden wir den Versuch unternehmen, die Bedeutung des Terminus "Anschauung" genauer zu klären. Dies erscheint angezeigt, weil er in den noch darzustellenden Diskussionen um die "willkürlichen Funktionen" eine zentrale Rolle spielt. Allerdings wird nicht versucht, seine Begriffsgeschichte vollständig aufzuarbeiten. Wir beschränken uns auf die Darstellung von Kants Lehre über die Anschauung, weil diese der Mehrzahl der späteren Autoren als Ausgangspunkt diente. Anschließend werden wir unseren Gebrauch von Anschauung fixieren, der semiotische Begriffe zu Hilfe nehmen wird. Dabei werden wir uns einer von Andreas Kamlah im Anschluß an Reichenbach vorgeschlagenen Differenzierung des Anschauungsbegriffs bedienen.

Auf eine Schwierigkeit sollte von vorneherein hingewiesen werden: die deutsche Sprache ist eine der Sprachen, die es erlaubt, einen Unterschied zwischen "Anschauung" und "Intuition" zu machen (ähnlich gibt es im Niederländischen "aanschouwing" und "intuitie"). Diese Differenzierung verschwindet, sobald man ins Englische oder Französische übersetzt. Am Ende dieses Abschnittes werden wir einen Interpretationsvorschlag für die beiden genannten Begriffe vorlegen. Kant unterscheidet in der "Kritik der reinen Vernunft" die beiden Erkenntnisvermögen "Sinnlichkeit" und "Verstand" (B 33)[1]. Während der Verstand mit Begriffen einen Gegenstand denkt, wird durch die Sinnlichkeit ein Gegenstand in einzelnen Anschauungen gegeben. Er-

---

1) Zitate der Form "B xyz" beziehen sich auf die Seite xyz der zweiten Auflage der KrV von 1787.

kenntnis kann nur entstehen, wenn Begriffe sinnlich gemacht werden, das heißt wenn ihnen ihr Gegenstand in der Anschauung beigefügt wird und umgekehrt, wenn Anschauung verständlich gemacht, das heißt unter Begriffe gebracht wird (B 33). In der Anschauung ist ein Gegenstand "gegeben": er tritt als Erscheinung der Sinne auf. Der Gegenstand affiziert das "Gemüt", indem er unsere Sinnlichkeit anspricht. Dies ruft Empfindungen hervor (B 34). Es muß unterschieden werden zwischen Anschauungen, die mit Empfindung [2] verbunden sind und die Kant als empirische Anschauungen bezeichnet (B 75/B 34) und den reinen Anschauungen, "in denen nichts, was zur Empfindung gehört, angetroffen wird." (B 34) [3].

Jede Anschauung besitzt einen a posteriorischen Anteil - von Kant als Materie der Anschauung bezeichnet - und einen a priorischen Anteil - von Kant Form der Anschauung genannt. Die Form der Anschauung meint die Organisationsprinzipien (das sind Raum und Zeit), nach denen "das Mannigfaltige der Erscheinung in gewissen Verhältnissen geordnet werden kann" (B 34). Ausdrücklich weist Kant die Möglichkeit einer nicht-sinnlichen ("intellektuellen") Anschauung zurück [4]. Anschauung und Begriff unterscheiden sich in ihrem Allgemeinheitsgrad:

2) "die die wirkliche Gegenwart des Gegenstandes voraussetzt" (B 74).

3) Eine Zwischenstellung nehmen Phantasievorstellungen ein, insofern sie keinen äußeren Gegenstand haben und somit auch "nicht-empirisch" genannt werden können. Kant handelt diese als Produkte der Einbildungskraft ab: "Einbildungskraft ist das Vermögen, einen Gegenstand auch ohne dessen Gegenwart in der Anschauung vorzustellen." (B 151). Felix Klein hat die Frage aufgeworfen, ob hinsichtlich der Genauigkeit zwischen Phantasie und empirischer Anschauung ein Unterschied bestehe (vgl. II 4.2.1). Seine Kantinterpretation läuft darauf hinaus. "reine Anschauung" mit "Einbildungskraft" gleichzusetzen, was als ein psychologisches Mißverständnis Kants bezeichnet werden muß (vgl. zu Kants Meinung B 152).

4) Vgl. hierzu B 33:
"Vermittelst der Sinnlichkeit also werden uns Gegenstände gegeben, und sie allein liefert uns Anschauungen; ..."

"Die Anschauung ist eine <u>einzelne</u> Vorstellung (representatio singularis), der Begriff eine <u>allgemeine</u> (representatio per notas communes) oder reflektierte Vorstellung (representatio discursiva)."

(KANT, Logik § 1)

Der angeblich <u>singuläre</u> Charakter der Anschauung spielt eine wichtige Rolle bei der Diskussion um Anschauung und Mathematik, denn aus ihm ergibt sich das folgende Problem:

> Die Sätze der Mathematik sind allgemeine Sätze. Wie können solche Sätze durch singuläre Anschauungen begründet werden?

Kants Lösungsvorschlag lautet: man isoliere in der Anschauung diejenigen Anteile, die deren Form ausmachen. Diese können nicht empirischen Ursprunges sein, denn sie ermöglichen ja gerade erst die Erfahrung[5]. Also ist die Form <u>a priorisch</u> und kann damit <u>allgemeine</u> und <u>notwendige</u> Urteile begründen. So vermag die Anschauung zur Grundlage mathematischer Sätze zu werden - nämlich als reine, von allen empirischen Inhalten befreite Anschauung.

Diese These Kants hat, verbunden mit der Behauptung, die reine Anschauung erzwinge die Euklidische Geometrie, zu einer intensiven Diskussion in der zweiten Hälfte des vorigen Jahrhunderts geführt.[6]

---

5) "Sind es aber nur sinnliche Anschauungen, in denen wir alle Gegenstände lediglich als Erscheinungen bestimmen, so geht die Form der Anschauung (als eine subjektive Beschaffenheit der Sinnlichkeit) vor aller Materie (den Empfindungen), mithin Raum und Zeit vor allen Erscheinungen und allen datis der Erscheinung vorher, und macht diese vielmehr allererst möglich." (B 323)

("geht vor" muß hier logisch-genetisch verstanden werden)

6) Hervorgerufen wurde diese durch das allmähliche Bekanntwerden der Nichteuklidischen Geometrien (etwa ab 1860 - vgl. hierzu I 5.3). Eine ausführliche Schilderung dieser wissenschaftstheoretisch sehr bedeutsamen Auseinandersetzung gibt TOTH, 1972. Zur weiteren Entwicklung im 20. Jahrhundert s. KAMLAH, 1972.

1.2. Was ist reine Anschauung?

Auch in den Auseinandersetzungen um die Monster spielte die geschilderte Theorie eine wichtige Rolle. Es wurde mehrfach versucht, reine Anschauung mit Hinblick auf die Mathematik zu konkretisieren:

1. Unsere Interpretation der Lehre Kants wird in 1.5 "Die Formen der Anschauung und die reine Anschauung" vorgestellt. Dort wird "reine Anschauung" aufgefaßt als diejenigen Regeln, die die Konstitution der mathematischen Objekte beherrschen. "Reine Anschauung" ist, da die Gegenstände der Mathematik immer nur vermittelt durch Zeichen zur Verfügung stehen, Ausdruck einer Zeichenkompetenz.

2. Eine weit verbreitete Interpretation lautete: reine Anschauung ist nach Kant eine Anschauung ohne empirischen Gegenstand; deshalb sollte (so lautet dieser Vorschlag) reine Anschauung mit Vorstellen im Sinne von Imaginieren gleichgesetzt werden. Diese Position wurde von Felix Klein vertreten (vgl. Anmerkung 3 dieses Teiles). Auch zur Begründung des Zahlbegriffes wurden derartige Auffassungen herangezogen[7].

3. Einen anderen Weg beschritt Reidemeister. Er setzt reine Anschauung gleich mit "einer Anschauung, die die Resultate unendlicher Verfeinerung glaubt anschauen zu können" (REIDEMEISTER, 1946; 202). Eine solche ist nach seiner Meinung widersprüchlich, wie die Paradoxien Zenons zeigten. Die so verstandene reine Anschauung ist subreptiv: sie erweckt den Eindruck, daß prinzipiell Unanschauliches doch anschaulich sei. Grenz- und Iterationsprozesse können nur durch das Denken wider-

---

7) Man vergleiche hierzu die Darstellung und Kritik von Frege in FREGE, 1934; 17-20 und unsere Darlegungen in "Zahl und Zeitanschauung" in I 5.3.

spruchsfrei beherrscht werden[8]. Die fraglichen Limesprozesse interpretiert Reidemeister ganz im Sinne der klassischen Analysis. Die vorgetragene Auffassung könnte daher so formuliert werden: reine Anschauung meint Aktualunendliches anschauen zu können. Damit wäre man bei der Position des Schöpfers der Mengenlehre, Georg Cantor, angelangt. Den Zusammenhang von Unendlichem und Anschauung hat auch Mannoury thematisiert. Das Unendliche ist als Zurückweisung (Negation) des Endlichen immer eine Bildung, die durch Ausschlußnegation[9] geschieht. Eine solche Begriffsbildung ist aber keiner anschaulichen Erkenntnis fähig - genauer gesagt: sie kann durch keinen empirischen Sachverhalt erfüllt werden und damit auch nicht empirisch angeschaut werden[10]. Damit wird das Unendliche auch für die reine Anschauung unerreichbar, da es unzulässig erscheint, dieser Fähigkeiten zuzuerkennen, die der

---

8) Zu diesem Problem vergleiche man III 1.3.

9) Mannoury unterscheidet zwischen Ausschluß- und Wahlnegation. Die Ausschlußnegation besteht im Zurückweisen einer Möglichkeit (also in unserem Fall "nichtendlich"), während die Wahlnegation eine Auswahl zwischen verschiedenen Alternativen trifft ("groß oder klein"). Die Ausschlußnegation ist keiner positiven Interpretation fähig: daß ich p ausschließe, sagt noch nichts darüber aus, was an Stelle von p gesetzt werden soll. Man vergleiche hierzu BETH, 1965; S. 21 f.

10) Hierzu schreibt Mannoury:

"Alles, was unendliche Mengen einerseits und leere Mengen andererseits betrifft, m.a.W. alles, was zu seiner Definition die Ausschließungsnegation erfordert, ist keiner physikalischen Korrelation fähig. Und zwar aus dem einfachen Grunde, daß die Ausschließungsnegation sich eben durch ihre emotionellen Bedeutungselemente (der Abwehr) von der Wahlnegation unterscheidet."

(MANNOURY, 1909; 337)

empirischen Anschauung prinzipiell nicht zukommen[11].
In diesem Sinne kann auch Kleins These verstanden werden, daß die Präzisionsmathematik keiner Anschauung fähig sei. Die Gegenstände der Präzisionsmathematik sind ja nach seiner Ansicht Limites und als solche Ausdruck des Aktual-Unendlichen. Ob dies im Falle der geometrischen Figuren wirklich zutrifft (der Kreis als Limes (im Sinne der Analysis!) der einbeschriebenen Vielecke), mag hier offen bleiben.

4. Eine weitere Interpretation von "reiner Anschauung" geht auf Hans Reichenbach zurück. In seinem Werk "Philosophie der Raum-Zeit-Lehre" von 1928 widmet er sich ausführlich der Frage nach dem Verhältnis von Anschauung und Geometrie. Der kantischen Unterscheidung von "Form" und "Materie" einer Anschauung stellt Reichenbach seine Trennung von "normativer" und "bildhafter" Funktion der Anschauung entgegen. Die normative Funktion ist verantwortlich für den Charakter von Notwendigkeit, der Anschauungen zukommt:

> "Sie [die normative Funktion] schreibt gewisse Dinge vor, sie erlaubt nicht, sie anders zu sehen; ..."
> (REICHENBACH, 1977; 60)[12]

Diese normative Funktion soll laut Reichenbach als

---

11) So lautet die Schlußfolgerung von Beth:

> "We see that according to Mannoury the infinite presupposes the exclusion negation (namely, the exclusion of the finite) and is therefore essentially foreign to empirical intuition. Further, it proved untenable to ascribe functions to the pure intuition which were essentially inaccessible to emirical intuition."
> (BETH, 1965; 21)

Akzeptiert man die letzte Prämisse nicht, so wird die Argumentation von Beth/Mannoury hinfällig.

12) Wir zitieren nach der Neuauflage von 1977, die Kamlah erläutert hat.

Nachfolger von Kants reiner Anschauung fungieren[13]. Andreas Kamlah hat in seinen Erläuterungen zur Neuausgabe der "Philosophie der Raum-Zeit-Lehre" die Reichenbachschen Differenzierungen des Anschauungsbegriffes folgendermaßen rekonstruiert[14]:

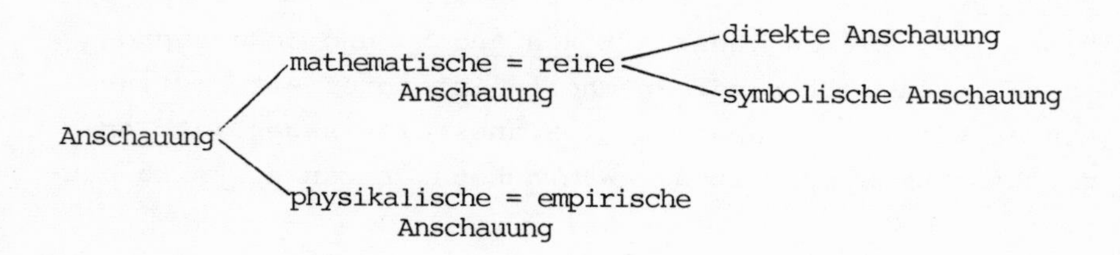

Die verschiedenen Termini werden von Kamlah so erläutert:

> "Die physikalische Anschauung besteht aus Vorstellungen von möglichen Erlebnissen oder Sinneswahrnehmungen. Sie ist die Fähigkeit, konkrete Erlebnisse in Gedanken vorher zu erleben, sich auszumalen, wie sie ablaufen könnten. ...
> Daneben gibt es die mathematische Anschauung von geometrischen Figuren, seltsame Zwitterwesen, zwischen der Sinnenwelt und der mathematischen Symbolsprache, der mathematischen Punkte, Kurven (...), Flächen, der geometrischen Ideen oder, wie Lorenzen sagt, ideativen Normen, die durch sinnlich erfaßbare Objekte nie ganz, sondern immer nur angenähert zu realisieren sind."
>
> (KAMLAH, 1977; 403)

---

13) So schreibt dieser:

> "Die normative Funktion ist die philosophisch wichtigere Komponente der Anschauung; sie ist die Ursache der philosophischen Streitigkeiten über die erkenntnistheoretische Bedeutung der Anschauung, und Kants synthetische Urteile apriori der reinen Anschauung haben hier ihre Wurzel."
>
> (REICHENBACH, 1977; 60)

14) Vgl. KAMLAH, 1977; 416. Aus einer brieflichen Mitteilung (13. Nov. 1984) von Prof. Kamlah geht hervor, daß er diese Einteilung heute nur noch mit Einschränkungen akzeptiert. Da seine neuen Einsichten noch nicht veröffentlicht sind, muß hier leider auf deren Behandlung verzichtet werden.

1.3 Helmholtz' Lehre

Die physikalische Anschauung ist nach Kamlah dadurch ausgezeichnet, daß ihre "Bilder genau das meinen, was sie darstellen" (KAMLAH, 1977; 416). In der Rede vom Bildcharakter klingt die semiotische[15] Auffassung von Anschauung an, die auf Helmholtz zurückgeht. Ihr Grundgedanke ist, daß in jeder Art von Anschauung Zeichenprozesse involviert sind: Helmholtz interpretiert Empfindungen(wir würden heute wohl Sinnesreize sagen) als Anzeichen, um sie damit als Wahrnehmungen von etwas zu deuten:

> "Unsere Empfindungen sind eben Wirkungen, welche durch äußere Ursachen in unseren Organen hervorgebracht werden, ...
> Insofern die Qualität unserer Empfindung uns von der Eigentümlichkeit der äußeren Einwirkung, durch welche sie erregt ist, eine Nachricht gibt, kann sie als ein Zeichen derselben gelten, aber nicht als ein Abbild ...
> Wenn also unsere Sinnesempfindungen in ihrer Qualität auch nur Zeichen sind, deren besondere Art ganz von unserer Organisation abhängt, so sind sie doch nicht als leerer Schein zu verwerfen, sondern sie sind eben Zeichen von Etwas, sei es etwas Bestehendem oder Geschehendem, und was das Wichtigste ist, das Gesetz dieses Geschehens können sie uns abbilden."
>
> (HELMHOLTZ, 1959a; 18 f.)

Helmholtz Bedeutung für unseren Zusammenhang liegt darin, daß er darauf aufmerksam gemacht hat, daß Anschauung Zeichenprozesse beinhaltet. Während wir aber über An-

---

15) Die Helmholtzsche Interpretation des Anschauungsbegriffes, die im Anschluß genauer erläutert werden wird, sollte nicht mit der antiken Einsicht, daß die Mathematik Zeichenanschauung beinhalte, verwechselt werden. Diese war nämlich eine Anschauung von Zeichen, während jene eine Anschauung vermittels von Zeichen ist (s. auch Anmerkung 17) unten). Wir werden im Weiteren (abweichend von Helmholtz) unter semiotischer Auffassung von Anschauung immer Anschauung von Zeichen (die wir auch Zeichenanschauung nennen) verstehen.

schauung von Zeichen sprechen, interpretiert Helmholtz Anschauung als Zeichenprozess - eine Anschauung von Zeichen wäre also nach Helmholtz ein doppelter Zeichenprozess, insofern das Wahrgenommene und die Wahrnehmung selbst jeweils Zeichencharakter besitzen. Für unsere weiteren Ausführungen spielt diese Differenz allerdings keine wesentliche Rolle.

Die zuvor zweistellige Anschauungsrelation (Anschauung sieht Angeschautes an)[16] wird bei Helmholtz dreistellig:

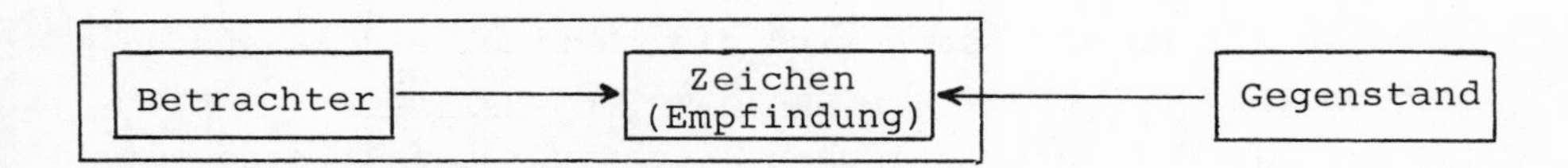

Anschauung

Unsere semiotische Auffassung läßt sich dagegen so darstellen:

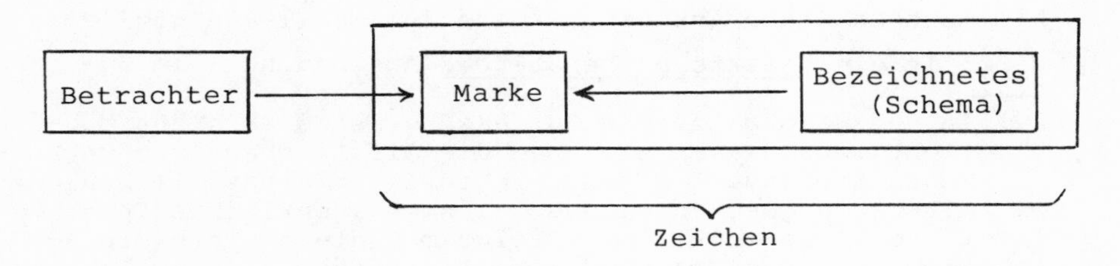

Anschauung

16) Anschauung ist nicht auf den Gesichtssinn beschränkt, weshalb an Stelle von "sehen" auch andere Prädikate (z.B. hören, tasten) stehen können. Die übliche Terminologie macht deutlich, wie stark unser Anschauungsbegriff am Paradigma des Sehens orientiert ist.

Während eine semiotische Auffassung für die mathematische Anschauung im Sinne von Reichenbach/Kamlah auf Anhieb plausibel erscheint, bringt diese im Falle der sogenannten physikalischen Anschauung doch erhebliche Probleme mit sich: was versteht man unter Zeichen, die genau das meinen, was sie darstellen? Offensichtlich soll es bei dieser Anschauungsart eben nicht auf die Zeichenvermitteltheit ankommen: Zeichen und Bezeichnetes wären identisch[17]. Die Zeichenrelation, die triadisch ist, wird auf eine binäre reduziert: das Zeichen besteht nur noch aus seiner Marke - deren referentieller Bezug entfällt. Damit verliert das Zeichen seinen schematischen Charakter[18]. Als Folge dessen wird die physikalische Anschauung zur Wahrnehmung von singulären Gegenständen (tokens). Da wir mit der mathematischen Anschauung befaßt sind, wollen wir diesen Aspekt des Anschauungsbegriffes hier nicht weiter verfolgen und uns mit den gemachten Andeutungen begnügen.

1.4 Zeichenanschauung und Mathematik

Die mathematische Anschauung wird in zwei Teile gegliedert: in die direkte mathematische Anschauung ("im Zu-

17) In der Helmholtzschen Auffassung ist dies nicht möglich, denn dieser sieht ja die mit Anschauungen verbundenen Empfindungen als Zeichen an, die natürlich nicht mit den angeschauten Gegenständen identisch sein können. Man müßte also, folgt man dieser Interpretation, die oben beanspruchte Identität zu einer Isomorphie (=Übereinstimmung in allen wesentlichen Teilen) abschwächen.

18) Genau genommen geht der schematische Charakter in doppelter Hinsicht verloren: zum einen wird durch die Marke kein Schema artikuliert (sie steht für sich und nicht für anderes); zum anderen darf die Marke selbst nicht verändert werden (bei Marken, die ein Schema aktualisieren, sind immer gewisse Abänderungen der Marke möglich, ohne daß die Zeichenrelation zerstört wird). Die Marke eines echten Zeichens selbst hat schematischen Charakter und muß deshalb von der individuellen Marke (dem "token") unterschieden werden.

sammenwirken mit der physikalischen Anschauung" - KAMLAH, 1977; 416) und die <u>symbolische mathematische Anschauung</u> ("wie in Graphiken oder bei der Vorstellung, die sich ein Hohlwelttheoretiker von der Welt macht" - KAMLAH, 1977; 416). Beim direkten Gebrauch "tritt die mathematische Anschauung als Ergänzung der physikalischen auf; sie präzisiert nur, was jene fordert" - KAMLAH, 1977; 416). Die mathematische Anschauung wäre in dieser Verwendung nichts anderes als der normative Anteil einer Anschauung:

> "Darin ist sie [die mathematische Anschauung] auf ganz bestimmte Weise möglichen Erlebnissen zugeordnet, von denen sie einige verbietet und andere zuläßt."
>
> (KAMLAH, 1977; 416)

Diese Interpretation führt zu folgendem "Kurzschluß": wenn die mathematische Anschauung mit der normativen Funktion von Anschauung identifiziert wird, so liegt es nahe, die physikalische Anschauung mit der verbleibenden bildhaften Funktion gleichzusetzen. Die mathematische Anschauung könnte dann nur in der physikalischen erfüllt werden - was aber immer nur approximativ und nie streng möglich ist. Dem ist entgegenzuhalten, daß es andere Anschauungsarten gibt - nämlich zumindest die ikonische Zeichenanschauung -, in der mathematische Anschauung streng Erfüllung finden kann (siehe unten). Hätte Reichenbach dies gesehen, so wäre seine Gleichsetzung von anschaulichem Zwang, den die mathematische Anschauung liefert, mit logischem Zwang und damit seine ganze logizistische Position nicht (ohne weiteres) aufrechtzuerhalten gewesen.

Wir wollen im Folgenden versuchen, Kamlahs Ausführungen von semiotischer Seite her näher zu beleuchten und dabei zugleich eine Terminologie für unsere weiteren Ausführungen bereitzustellen: die mathematische Anschauung ist immer

Zeichenanschauung (hierin stimmen wir mit Kamlah/Reichenbach überein). Die direkte mathematische Anschauung ist eine, die auf Ikonen beruht. Dieser Fall ist dadurch gekennzeichnet, daß die Marke Eigenschaften des zugehörigen Schemas sinnlich vorführt[19]. Das Schema ("Dreieck"), das in Herstellungshandlungen für entsprechende Marken konstituiert wird (z.B. in den Handlungen "Dreiecke zeichnen"), wird durch die Resultate dieser Herstellungshandlungen selbst repräsentiert (das sind die gezeichneten Dreiecke). Abwandlungen der Marken sind innerhalb gewisser Grenzen möglich: so kann man ein Dreieck groß oder klein, bunt oder bloß mit Bleistift zeichnen, ohne seinen Zeichencharakter zu zerstören. Diese Unbestimmtheit macht den Type-Aspekt der Marke aus. Andere Veränderungen wiederum, etwa eine Vermehrung der Ecken, sind nicht zulässig. Eine viereckige Marke kann nicht als Repräsentant einer Herstellungshandlung von Dreiecken dienen. Diese Beziehung wird oft durch die Rede von der Ähnlichkeit zwischen Marke eines Ikons und zugehörigem Schema ausgedrückt. Das ikonische Zeichen bleibt in charakteristischer Weise von der Ausführung der zugehörigen Herstellungshandlungen abhängig: nur wenn man ein Dreieck z.B. zeichnet, d.h. die Herstellungshandlung "ein Dreieck zeichnen" ausführt, kann man nachher über das ikonische Zeichen "Dreieck" verfügen. Die Marke "Dreieck" steht demnach nur als Teil der Herstellungshandlung "ein Dreieck zeichnen" (nämlich genauer gesagt: als deren Resultat) zur Verfügung. Ikone lassen es nicht zu (im Gegensatz zu Symbolen (etwa dem Wort "Dreieck") - s. unten), daß unabhängig von der ursprünglichen Anführungssituation über ein Schema verfügt wird. In Peircens Terminologie: der Interpretant

---

19) Man vergleiche zu dem folgenden SCHERER, 1984, Kapitel 2.3. Wir übernehmen hier die von Scherer vorgeschlagene Terminologie.

steht noch nicht situationsunabhängig zur Verfügung[20] (im Gegensatz zum Symbol, dessen Interpretant per Konvention eingeführt wird).

Das bisher Gesagte gilt für Ikone allgemein[21]. Mathematische Ikone zeichnen sich dadurch aus, daß zusätzlich eine Abstraktion[22] erfolgen muß: die hergestellte individuelle Marke darf nicht als physikalische Instanz des Schemas Dreieck angesehen werden (das Schema "Stuhl" wird durch Handlungen mit wirklichen Stühlen konstituiert - aber es gibt keine analogen Dreieckshandlungen, da das Schema "Dreieck" _keine empirischen_ Instanzen besitzt). Diese Abstraktion ist gleichbedeutend mit der Einsicht, daß hier _kein Gegenstand_, sondern ein _Gegenstand als Zeichen_ konstituiert wird; anders gesagt, daß es um _Zeichenherstellungshandlungen_ geht. Eine Folge hiervon ist, daß die physikalischen Eigenschaften der Marken mathematischer Ikone immer nur unwesentlich vorkommen. Wesentlich dagegen ist deren räumliche Gliederung. Da ein Ikon das zugehörige Schema _sinnlich_ anführt, lassen sich mit seiner Hilfe _anschaulich_ allgemeine Erkenntnisse gewinnen: die oben als wesentlich bezeichneten Eigenschaften teilen Marke und Schema miteinander. Die Marke _zeigt_ diese Eigenschaften (etwa daß sich zwei Winkelhalbierende _im_ Dreieck schneiden). Bestimmte Prädikate, die der Marke zukommen, sind Prädikate, die auch dem Schema zugesprochen werden müssen.

---

20) Weshalb - so kann man halb scherzhaft hinzufügen - der Geometer immer an seine Tafel gebunden bleibt!

21) Vgl. SCHERER, 1984; 67-73. Dort findet sich auch eine kritische Auseinandersetzung mit der "Ähnlichkeitstheorie" der Ikone.

22) Andere Autoren bevorzugen hier "Ideation" (Husserl/ Lorenzen) oder "Aphairesis" (Aristoteles/Inhetveen). Wir wollen hier nicht auf dieses schwierige terminologische Problem eingehen.

Eine Marke hat unendlich viele Aspekte, weshalb sie stets einen Informationsüberschuß gegenüber Definitionen aufweist, die ihre wesentlichen Züge festhalten wollen. Der Zwang, der im Falle des Ikons anschaulichen und deshalb nicht-diskursiven Ursprungs ist, resultiert daraus, daß eine Marke (genauer: eine Markenwahrnehmung) als Aktualisierung des entsprechenden Schemas gilt. Der logische Zwang, mit dem Reichenbach die normative Funktion der Anschauung letztlich identifiziert[23], erweist sich nach unserer Analyse als die (erlernte) Fähigkeit, einen Gegenstand als Marke eines Zeichens zu erkennen und somit als Zeichenkompetenz. Damit ist aber der "vorlogische" Ursprung des anschaulichen Zwanges erwiesen: er entsteht nämlich im Prozeß der Zeichenkonstitution.

Anders verhält es sich im Falle der symbolischen Anschauung. Sie beruht - wie der Name schon aussagt - auf Symbolen. Semiotisch gesehen ist das wesentlichste Merkmal von Symbolen, daß ihre Bedeutung auf Konvention beruht. Sie werden durch Definitionen eingeführt als abkürzende Bezeichnung (etwa: es sei ABC ein Dreieck) und sind deshalb - einmal eingeführt - unabhängig von der Einführungssituation verfügbar (man muß nicht immer wieder auf die Definition zurückgehen). Symbole sind Beschreibungsmittel; ihre Beherrschung stellt somit eine Beschreibungskompetenz dar. (Man muß, um das eben eingeführte Symbol ABC zu beherrschen, nicht wissen, was ein Dreieck ist. Es genügt vielmehr zu erkennen, daß überall da, wo "ABC" auftaucht, "ein Dreieck" eingesetzt werden kann: ein Symbol beherrschen heißt, eine Eliminationsregel anwenden zu können[24]. Soll das Symbol jedoch wirklich verstanden

---

23) Das ist Reichenbachs Pointe gegen Kant: die reine Anschauung ist nichts anderes als der logische Zwang (vgl. REICHENBACH, 1977; 118 f.).

24) Das ist der Inhalt der Lehre von der prinzipiellen Eliminierbarkeit des Definiendum. In der Praxis ist dies sicherlich nicht möglich. Man vergleiche im übrigen unsere Ausführungen zur "Entwicklung der mathematischen Symbole" in III 3 Exkurs.

werden (im Vollsinn des Wortes), so muß eine entsprechende Objektkompetenz bereits vorhanden sein: um zu verstehen, was die Konvention "es bezeichne ABC ein Dreieck" besagt, muß man schon wissen, was ein Dreieck ist (oder anders gesagt: was der Terminus "Dreieck" bedeutet). Kurz: die Syntax bedarf der Ergänzung durch die Semantik. Dadurch wird man auf die ikonische Repräsentation zurückverweisen, da diese für den Erwerb der Gegenstandskompetenz unverzichtbar ist. Das ist der Kern unserer pragmatisch-semiotischer Auffassung, der hier nicht weiter entfaltet werden kann (man vgl. hierzu SCHERER, 1984; Kap. II). Hinsichtlich der Gegenstände der Mathematik besagt diese Position, daß sie letztlich Handlungsschemata sind - und zwar solcher Handlungen, "die nach einiger Übung keine Zweifelsfälle mehr zulassen." (KAMBARTEL, 1976; 219 - vgl. auch III 4).

Durch Beobachtung eines Symbols lassen sich keine Sätze über das symbolisierte Schema[25] gewinnen. Vielmehr muß hierzu die Definition des Symbols verwandt werden. Ein andersartiger Fall der Symbolverwendung liegt vor, wenn man mit Hilfe von Symbolen und syntaktischen Regeln Beweise führt (vgl. hierzu III 1): diese kombinatorische Behandlung bringt keine inhaltlichen Erkenntnisse über

---

25) Symbole können für einzelne Gegenstände (z.B. "π" für das Verhältnis von Kreisumfang und Durchmesser) oder für ganze, möglicherweise offene Klassen von Gegenständen (z.B. das berühmte "R" der Mathematik) stehen. Wir sprechen in beiden Fällen von Namen. Symbole werden daneben sowohl zur Notation von Variablen als auch als sogenannte schematische Buchstaben verwandt. Dann fungieren sie als Indizes. Andere Symbole, die häufig gebraucht werden, sind z.B. das Integralzeichen und das Zeichen für die Ableitung. Will man auch diese Symbole als Namen auffassen, so muß man Gegenstände höherer Ordnung (im vorliegenden Falle: Funktionale) einführen, die durch diese Zeichen denotiert werden. Vermutlich lassen sich alle Symbole der Mathematik, sofern sie nicht Indizes im oben bezeichneten Sinne sind, als Namen entsprechender, höherstufiger Gegenstände auffassen.

die symbolisierten Gegenstände, sondern sie liefert nur Einsichten über die formale Struktur des Kalküls. In einem derartigen Vorgehen werden die Symbole auf Marken reduziert.

Zusammenfassend können wir festhalten: Zeichen werden angeschaut, wobei die zugrundeliegenden Marken (genauer: individuellen Marken) wahrgenommen werden. Im Falle des Ikons wird das Allgemeine im Besonderen sinnlich angeführt; eine anschauliche Erkenntnis des artikulierten Schemas[26] ist hier möglich, weil bestimmte Prädikate der Marke auch Prädikate des Schemas sind. Die Marke selbst steht schon als Schema ("type") zur Verfügung und ist zu unterscheiden von dem physikalischen Gegenstand "individuelle Marke" (auch: "token").

Im Falle des einzelnen Symbols spielt die Anschauung nur eine untergeordnete Rolle als Markenwahrnehmung. Erkenntnis kann hier nur begrifflich gewonnen werden. Werden dagegen - wie meist in der Mathematik - ganze Symbolsysteme und deren Transformationen betrachtet, so gewinnt das Gesamtsystem erneut ikonische Züge und damit wird anschauliche Erkenntnis wieder möglich[27].

---

26) In Fortführung der obigen Überlegungen zur Differenz ikonische/symbolische Anschauung könnte man folgende Terminologie einführen: eine Anschauung, die auf Ikonen beruht, heißt Anschauung (im engeren Sinne); eine Anschauung, die Symbole involviert, heißt Intuition. Daraus ergibt sich: die Geometrie ist vorwiegend der Bereich der Anschauung, Arithmetik und Algebra dagegen der Intuition. Man vergleiche hierzu den folgenden Abschnitt.

27) Diese Zusammenhänge werden in III 1.4 genauer untersucht.

1.5 Die Formen der Anschauung und die reine Anschauung

Kant hat in die Diskussion um die Rolle der Anschauung für die Mathematik die Unterscheidung innere/äußere Anschauung eingeführt. Diesen Anschauungsarten entsprechen Zeit und Raum als Formen und Arithmetik bzw. Geometrie als jeweilige mathematische Disziplinen. Seine Lehre betont also die Differenz zwischen Geometrie und Arithmetik und beinhaltet - wie wir im Folgenden zeigen wollen - wichtige Vorentscheidungen über die Antwort auf die Frage nach der Rolle der Anschauung in der Mathematik. Zuerst wollen wir jedoch Kant zu Wort kommen lassen: Zu Beginn der "Transzendentalen Ästhetik" heißt es:

"Vermittelst des äußeren Sinnes (...), stellen wir uns Gegenstände als außer uns, und diese insgesamt im Raume vor. Darinnen ist ihre Gestalt, Größe und Verhältnis gegeneinander bestimmt oder bestimmbar. Der innere Sinn vermittelst dessen das Gemüt sich selbst, oder seinen inneren Zustand anschaut, gibt uns zwar keine Anschauung von der Seele selbst, als einem Objekt; allein es ist doch eine bestimmte Form, unter der die Anschauung ihres inneren Zustandes allein möglich ist, so daß alles, was zu den inneren Bestimmungen gehört, in Verhältnissen der Zeit vorgestellt wird."

(B 37 f.)

Der Raum ist eine "Vorstellung a priori, die notwendigerweise äußeren Erscheinungen zum Grunde liegt" (B 39). Hieraus ergibt sich die Möglichkeit der Geometrie:

"Auf diese Notwendigkeit a priori gründet sich die apodiktische Gewißheit aller geometrischen Grundsätze, und die Möglichkeit ihrer Konstruktion a priori."

(A 24)

Ähnlich ist die Zeit die Bedingung der Möglichkeit von Arithmetik:

"Arithmetik bringt ihre Zahlbegriffe durch sukzessive Hinzusetzung der Einheiten in der Zeit zustande, ..."

(Prolegomena, § 10)

Folgende "Axiome" gelten für die Zeit:

"Sie hat nur eine Dimension: verschiedene Zeiten sind nicht zugleich, sondern nacheinander (so wie verschiedene Räume nicht nacheinander, sondern zugleich sind)."

(B 47)

Die scheinbare Symmetrie von innerer und äußerer Anschauung, von Arithmetik und Geometrie erweist sich bei näherer Betrachtung als unvollkommen. Da die äußere Anschauung immer auf ein Objekt außerhalb des Bewußtseins gerichtet ist - und sei dies auch bloß intendiert wie in der Phantasie - bleibt sie immer mit Empirischem kontaminiert[28]. Nur eine äußere Anschauung ohne Materie wäre vollkommen apriorisch. Eine solche ist aber nach Kant unmöglich. Damit bleibt in der äußeren Anschauung stets ein <u>empirisches Residuum</u>[29].

Anders liegen die Verhältnisse im Falle der inneren Anschauung und ihrer Form - der Zeit. Der intendierte Gegenstand ist hier - wie Kant betont (B 49/50) - kein empirischer. Vielmehr ist innere Anschauung <u>Reflexion des Bewußtseins auf sich selbst</u> - gleichsam Wahrnehmung des Bewußtseins von seinen Inhalten mit Hilfe des "inneren Auges".

---

28) Vgl. Bolzanos Kritik an der Unterscheidung empirische/nicht-empirische Anschauung:

"Ich begreife daher auch gar nicht, wie Kant zwischen der Anschauung, die irgend ein wirkliches vor uns <u>hingezeichnetes</u> und zwischen derjenigen, die ein nur in der <u>Einbildung construiertes</u> Dreyeck hervorbringt, einen so grossen Unterschied habe finden können, daß er das erstere zum Beweise eines apriorisch synthetischen Satzes zwar allerdings für überflüssig und unzureichend, das letztere aber für nothwendig und hinreichend erklärte."

(BOLZANO, 1810; 149)

Wie wir sehen werden, läßt Kant eine andere Interpretation zu, auf die diese Kritik nicht anwendbar ist. Bolzanos Auffassung findet sich später bei Felix Klein wieder (II 4.2.1).

29) Diese "Amphibolie" der äußeren Anschauung wirkte sich auf die Geometrie dahingehend aus, daß die Frage aufkam, ob diese nun zur reinen oder zur angewandten Mathematik zu rechnen sei, oder eventuell gar nicht zur Mathematik gehöre.

Die Sinne, die Vehikel der äußeren Wahrnehmung, spielen hierbei keine Rolle. So ist die innere Anschauung a limine über den Verdacht erhaben, mit Empirischem behaftet zu sein. Sie kommt damit dem tradierten Ideal der Intuition von allen Anschauungsarten am nächsten. Damit gewinnen wir ein Verständnis der Tatsache, daß im Zusammenhang mit der Arithmetik immer wieder von Intuition[30)] die Rede ist, während die Geometrie mit der Anschauung in Verbindung gebracht wird.

Wir wollen den Zusammenhang Zahl-Zeit-Zeichen noch etwas genauer untersuchen. In der Zeit ist es möglich, diskrete Zeitpunkte voneinander zu unterscheiden: zwei "Zeitpunkte" stimmen entweder überein oder sind disjunkt. Der Zeitpunkt selbst hat keine Binnenstruktur. Ähnliches gilt für das Symbol: die Verschiedenheit zweier Ereignisse läßt sich ausdrücken durch die Verschiedenheit der ihnen zuzuordnenden Symbole. Die Binnenstruktur des Ereignisses selbst findet dabei keinen Ausdruck. Nur Verschiedenheit oder Übereinstimmung werden repräsentiert. Mehr benötigt man andererseits nicht, um die natürlichen Zahlen zu gewinnen: betrachtet man deren schematische Erzeugung nach Lorenzen (vgl. III 4), so braucht man zur Herstellung der Ziffern im Strichkalkül nur die Fähigkeit, die wiederholte Notation des | von den Zwischenräumen zu unterscheiden. Auch hier ist die Binnenstruktur des Striches unwesentlich. Geht es wie in der Geometrie darum, Binnenstrukturen zu repräsentieren, so wird man sich der Ikone bedienen.

Der hier wesentliche Unterschied ist der zwischen externer und interner Ikonizität. Wird die räumliche Binnenstruktur

---

30) Sei es nun expressis verbis wie im Falle von Brouwers Urintuition, oder sei es bloß mittelbar, indem ein besonders privilegierter Zugang zur Arithmetik (im Unterschied zur Geometrie) behauptet wird wie etwa bei Gauß (die Zahl als bloßes Produkt unseres Geistes), Dedekind und Kronecker.

eines Ikons (z.B. eines gezeichneten Dreiecks) zum Gegenstand der Betrachtung, so liegt interne Ikonizität vor. Werden dagegen mehrere Symbole zu einem gegliederten Ganzen zusammengefaßt, so trägt dieses wieder ikonische Züge, weshalb wir von externer Ikonizität sprechen wollen. Demnach handelt es sich bei |||| o. dgl. um externe Ikonizität, wobei die Gliederung des Ganzen räumlicher Natur ist (in III 1.4, wo die hier eingeführte Unterscheidung genauer untersucht und an Beispielen erläutert wird, wird auch ausgeführt, daß die Binnengliederung nicht unbedingt räumlich sein muß). Diese extern-ikonische Darstellungsebene liegt in der Arithmetik dem Übergang zur reinen Symbolebene (mit Zeichen wie "3" oder "11") zugrunde. Auf der semiotisch betrachtet ersten Stufe beruht demnach der Unterschied zwischen Arithmetik und Geometrie bzw. zwischen innerer und äußerer Anschauung auf der Differenz von interner und externer Ikonizität. Während die Geometrie jedoch sich weitgehend auf die Betrachtung von Ikonen beschränken kann, wird in der Arithmetik der Aufstieg zur Symbolebene rasch vollzogen. Inwieweit auch auf dieser noch ikonische Reste vorhanden sind, braucht hier nicht untersucht zu werden (vgl. aber II 3 Anhang).

Die folgende Tabelle faßt unsere bisherige Diskussion der kantischen Theorie der Anschauung zusammen und bringt sie in Verbindung mit einigen traditionellen Termini:

Kant	Tradition[31]	Wissenschaft	Zeichen-charakter[32]
empirische äußere Anschauung (= Wahrnehmung)	perceptio	z.B. Physik	keiner
nicht-empirische äußere Anschauung (= Phantasie)	imaginatio	Geometrie	intern-ikonisch
innere Anschauung	intuitio	Arithmetik	extern-ikonisch symbolisch

Kant hat seine Anschauungslehre mit der erklärten Absicht entwickelt, die Möglichkeit von synthetischen Urteilen a priori - wie sie nach seiner Ansicht in der Mathematik vorliegen - zu begründen. Er übernahm dabei die Erkenntnis der Antike, daß Mathematik keine Naturwissenschaft sei, daß sie also nicht auf einfacher Wahrnehmung (empirischer Anschauung) beruhen könne. Andererseits können - folgt man Kant - synthetische Urteile nur auf Grund von Anschauung zustandekommen. All dies eingestanden muß es eine "reine Anschauung" geben, auf der die Mathematik aufbaut. Die Minimalbestimmung für "reine Anschauung" lautet: nicht-empirisch. Wie wir bereits gesehen haben, lassen sich bei Kant zwei Arten nicht-empirischer Anschauung (als mögliche Kandidaten für reine Anschauung) unterscheiden:

- nicht-empirische Anschauung im Sinne von "Anschauung <u>ohne</u> empirischen Gegenstand" (bloße Vorstellung, Phantasie);
- nicht-empirische Anschauung im Sinne von "apriorischer Anteil an jeglicher Anschauung", was soviel meint wie <u>Form</u> der Anschauung.

31) Die Bedeutung der angegebenen Termini schwankt in der Tradition stark, so daß diese Einordnung nur bedingt Gültigkeit beanspruchen darf.

32) Vgl. hierzu II 4.3.4. Man beachte: hier wird über den Zeichencharakter der <u>angeschauten</u> Gegenstände gesprochen. (Um welche Sorte von Zeichen handelt es sich?)

Im Folgenden wollen wir aufzeigen, zu welchen Schwierigkeiten die Gleichsetzung von "apriorischer Anschauung" mit "nicht-empirischer Anschauung" im zweiten der obengenannten Sinne führt und wie sich diese auflösen lassen. Anschauung ist stets Anschauung von etwas (z.B. von Dreiecken, Geraden, Punkten). Eine Anschauung ohne Angeschautes kann es nicht geben. Die bloße Anschauungsform kennt aber keinen Gegenstand. Damit ergibt sich ein zentrales Problem von Kants Erkenntnistheorie, nämlich die Trennung von Rahmen (Form) und Inhalt (Materie): Wie kann eine apriorische Anschauung verstanden werden, wenn Apriorität nur durch die Form garantiert wird, diese aber immer an einen Inhalt - oben sprachen wir vom "empirischen Residuum" - gebunden bleibt, der eben durch diese Form geformt werden soll? Hier bieten sich zwei Möglichkeiten an:

- entweder man postuliert einen nicht-empirischen Inhalt von Anschauungen (was auf die Gleichsetzung von Phantasie mit reiner Anschauung hinausläuft);
- oder man verlangt, daß der Inhalt nur unter dem Gesichtspunkt seiner Formung betrachtet werden soll.

Schließt man sich der zweiten Alternative an, so muß der Inhalt der Anschauung - die individuelle Marke im Falle eines Zeichens - als type und nicht als token, als Artikulation eines Schemas also, aufgefaßt werden. Der konkrete Gegenstand gilt als Exemplifikation seiner Formungs- (oder vielleicht besser: Herstellungs-)verfahren. Das verlangt, daß von unvermeidlichen Herstellungsmängeln der jeweiligen Marken (tokens) abgesehen wird. Damit verweist die Inhalt/Form-Problematik letztlich auf die Konstitution von Schemata[33].

---

33) Einzelheiten findet man bei KAMBARTEL, 1976; 112 ff.

Die Frage nach der Bedeutung der Anschauungsformen findet ihre Beantwortung im Kantischen Opus erst in der Theorie des Schematismus (wo es um das Zusammenspiel von Rahmen und Inhalt geht) und nicht schon in der Transzendentalen Ästhetik. Sucht man dort nach einer Lösung - und dies liegt nahe, da die Transzendentale Ästhetik sich den Anschein einer autonomen Theorie der Anschauung gibt - so bietet sich als Kandidat für die "reine Anschauung" nur die "nicht-empirische Anschauung" im ersten der oben geschilderten Sinne an. Wie wir in II 4.2 sehen werden, spielte diese Interpretation Kants eine wichtige Rolle in der Diskussion über die Bedeutung der Anschauung für die Mathematik. Dort wird auch gezeigt, warum diese Auffassung letztlich unbefriedigend ist.

Sowohl Empirismus als auch Logizismus weisen innere Beziehungen zu Kants Anschauungslehre auf:

Der Empirismus[34)] versucht die Rolle der Anschauung für die Mathematik zu retten, macht aber das Zugeständnis, daß die Gegenstände der Mathematik empirische sind[35)] - die Mathematik ist empirisch und synthetisch.

Der Logizismus rettet dagegen die Apriorität mit dem Ergebnis, daß der Anschauung keine Bedeutung mehr zukommt - die Mathematik ist apriorisch und analytisch.

Beiden Positionen ist gemeinsam, daß sie - gegen Kant, der, wie wir oben sahen, eine andere Auffassung zuläßt - Anschauung mit Wahrnehmung gleichsetzen: die einzig mögliche anschauliche Erfüllung sei - so wird behauptet - eine physikalische. Im Gegensatz hierzu werden wir zeigen, daß Anschauung, aufgefaßt als Anschauung von Zeichen,

---

34) Die empiristische Schule kommt in unserer Darstellung am ehesten in der Position F. Kleins zu Worte.

35) Er identifiziert also die informale Ebene mit der Gegenstandsebene (vgl. Einleitung).

andere Erfüllungen zuläßt, wenn der Schemaaspekt einer Zeichenanschauung entsprechend berücksichtigt wird.

Damit hat Kant den Rahmen gesteckt für die Diskussionen um das Wesen der Mathematik. Die folgende Skizze gibt einen groben Überblick über einige Vertreter der wichtigsten Richtungen und ihre Theorien:

	a priori	empirisch
analytisch	① Bolzano Frege, Hahn, Hilbert I	———
synthetisch	② Kant Brouwer (Poincaré) 36) Hilbert II	③ Klein, Pasch Helmholtz (Gauß 37), Riemann 37))

① Logizismus und/oder Formalismus
② Konstruktivismus, Intuitionismus, Formalismus
③ Empirismus
} 38)

36) Das gilt nur hinsichtlich der Arithmetik.

37) Das gilt nur hinsichtlich der Geometrie.

38) Diese summarische Aufstellung wird in den Teilen II und III der vorliegenden Arbeit weiter differenziert.

2. Formale und informale Ebene in der Mathematik am Beispiel des Funktionsbegriffes

Als Ergebnis der Entwicklung zu einer axiomatisierten Theorie gilt heute allgemein (eine abweichende Meinung vertritt z.B. der Intuitionismus (vgl. III 2)) die Mathematik als ein Gebäude von Sätzen, die durch logische Ableitungen auseinander hervorgehen. Vorausgesetzt werden hierfür gewisse Axiome. Nur diejenigen Aussagen gehören zur Wissenschaft, die sich aus jenen deduzieren lassen. Neben dieser formalen Ebene gibt es noch die informale Ebene[39]. In ihr begegnet man Hypothesen, Analogien, Skizzen, Beispielen und Gegenbeispielen - wir sprechen zusammenfassend von Konzepten[40]. Wahrnehmung und Induktion sind die wichtigsten Erkenntnisquellen in diesem Bereich. Gewisse "heuristische" Prinzipien[41] regeln das Zusammenspiel dieser beiden Ebenen. Das vielleicht Bedeutendste unter diesen ist:

> "Prinzip der Verläßlichkeit von Anschauung":
> Alles, was anschaulich klar ist, läßt sich formal beweisen - falls es nicht zum Axiom erhoben wird.

---

39) Der Übergang von Konzepten der informalen Ebene zu Begriffen der formalen wird gelegentlich in der Wissenschaftstheorie im Anschluß an Carnap als "Begriffsexplikation" bezeichnet (vgl. STEGMÜLLER, 1975 I; 373-376).

40) Eine ähnliche Unterscheidung schlug Reichenbach für die empirischen Wissenschaften vor: context of justification versus context of discovery. In Bezug auf die Mathematik wurde die obige Differenz von Lakatos betont im Rahmen seiner Theorie der heuristischen Falsifikatoren:

"Geht man davon aus, daß eine formale Theorie die Formalisierung einer informalen Theorie sein soll, dann kann man die formale Theorie 'widerlegt' nennen, wenn einer ihrer Sätze von dem entsprechenden Satz der informalen Theorie negiert wird."

(LAKATOS, 1982; 34 f.)

41) Hier sei auf das Kontinuitätsprinzip verwiesen sowie auf die verschiedenen Fassungen des Permanenzprinzips.

Im Hinblick auf dieses Prinzip können wir zwei Phasen in der neuzeitlichen Mathematik unterscheiden: in der ersten Phase wurde ein formaler Beweis für einen anschaulich evidenten Sachverhalt nicht gefordert[42]. Diese Periode ging etwa 1800 zu Ende. Danach wird versucht z.B. den Zwischenwertsatz (Bolzano, 1817) und die Differenzierbarkeit stetiger Funktionen (Ampère, 1806 und Galois 1830)[43] zu beweisen. Der Appell an die Anschauung wird fortan nicht mehr als Beweis akzeptiert - die Anschauung verliert damit ihre erkenntnisbegründende Funktion. Sie gilt nur noch als Führerin der Erkenntnis - ihre Funktion wird heuristisch.

Es setzt nun die Arithmetisierung (vgl. I 5) ein - der Versuch, anschauliche Begründungen durch kalkulatorische zu ersetzen. Dies ist das Bestreben der zweiten Phase, die um 1870 durch die "Arithmetisierung" der reellen Zahlen ihren Abschluß fand. Während dieser Entwicklung blieb das "Prinzip der Verläßlichkeit der Anschauung" weitgehend unangetastet. Formale und informale Ebene galten als kongruent. Ihre "prästabilierte Harmonie" wurde endgültig zerstört durch Weierstraß' Monster: kaum etwas schien anschaulich so evident wie die Behauptung, eine zusammenhängende Kurve besitze in (fast) allen ihren Punkten eine Tangente[44]. Diese Hypothese hatte sich auch bewährt, da alle bis dahin bekannten Funktionen differenzierbar gewesen waren (vgl. HANKEL, 1870; 65).

Formale und informale Ebene klafften nach Weierstraß' Ent-

---

42) Ideengeschichtlich kann man dies als eine Auswirkung der cartesischen Bestimmung von Wahrheit als "idea distincta et clara" sehen - vgl. VUILLEMIN, 1962; 476 f.

43) Vgl. hierzu I 6.3; zu den Ursachen dieser Entwicklung I 5.3. Auch die Untersuchungen von Gauß zum Fundamentalsatz der Algebra gehören in diesen Themenkreis.

44) Vgl. das Zitat von Gilbert in I 6.3.

deckung mit einem Male auseinander. Verschiedene Reaktionen sind in einer derartigen Situation[45] denkbar (vgl. I 6.5):

- man versucht durch Änderungen in der formalen Ebene - etwa durch Modifikation von Definitionen - die Monster auszuschließen (Position des Monsterbannens oder der Beweiserzeugung);
- man versucht durch eine kritische Analyse der informalen Ebene nachzuweisen, daß die einst so evident erscheinende Behauptung ungerechtfertigt war;
- man gibt das "Prinzip der Verläßlichkeit von Anschauung" auf und trennt so formale und informale Ebene.

Wie wir in I 6.4 dargelegt haben, fanden alle drei Alternativen ihre Anhänger[46]. Letztlich durchgesetzt hat sich der dritte Vorschlag. Im Folgenden wird der Versuch unternommen, die Hintergründe hierfür aufzuweisen.

Die neuentwickelte Analysis hatte sich bei der Behandlung naturwissenschaftlich-technischer Probleme als sehr nützlich erwiesen (man denke etwa an die Werke von Lagrange, Laplace, Fourier und Hamilton - um nur einige wichtige zu nennen). Einige der neuen Begriffsbildungen, z.B. der Dirichletsche Funktionsbegriff und die Vektoranalysis, waren sogar durch physikalische Problemstellungen motiviert worden (Problem der schwingenden Saite, Elektrodynamik). Es erschien darum wenig sinnvoll, die mittlerweile <u>bewährte</u>

---

45) Diese läßt sich vergleichen mit der Lage, in die eine empirische Wissenschaft gerät, wenn experimenteller Befund und theoretische Vorhersage nicht übereinstimmen.

46) Eine extreme Form des Monsterbannes vertrat Hermite. Aber auch die Bemühungen von Klein und Köpcke (vgl. hierzu II 4.3.1 und II 4.3.2) kann man so interpretieren. Die zweite Position, die der "fortschreitenden Anschauung", vertrat Christian Wiener (vgl. II 4.3.3). Auch Mandelbrot bezieht eine ähnliche Stellung (vgl. I 6.6).

Mathematik wegen einiger Grundlagenschwierigkeiten aufzugeben.

Eine zweite Stütze fand die Tendenz, an der arithmetisierten Mathematik festzuhalten, im "Platonismus" - jener damals dominanten Ansicht also, die "dahin geht, die Gegenstände der Mathematik als losgelöst von aller Bindung an das denkende Subjekt zu betrachten" (BERNAYS, 1976a; 63). Folgt man dieser Auffassung, so werden mathematische Sachverhalte entdeckt und nicht erschaffen. Die Formalismen, in denen mathematische Sätze ausgedrückt werden, dienen der Beschreibung solcher objektiv existenter Sachverhalte. Darum sind sie mehr als bloßes Mittel zum Zweck und dürfen nicht nach Belieben abgeändert werden, um irgendwelche Schwierigkeiten zu beseitigen. Der Arithmetisierungsprozeß wurde als eine Annäherung an die Wahrheit aufgefaßt: so galten die "alten" Theorien, die mit infinitesimalen Größen operierten, als falsch und nicht etwa als unbequem, umständlich o. dgl.[47]. Das Ringen um die reellen Zahlen, das als Konsequenz der Einführung der willkürlichen Funktionen erforderlich geworden war (vgl. I 4.4), wurde als die Suche nach dem richtigen Begriff für diese Zahlen angesehen. Der schließlich nach großen Anstrengungen entwickelte Formalismus (etwa die Beschreibung durch Cauchyfolgen rationaler Zahlen) wurde als zutreffende Charakterisierung des idealen Objektes "Menge der reellen Zahlen"

---

47) Einen Ausweg könnte die konventionalistische Interpretation anbieten, die behaupten würde, daß die Beschreibungsmittel frei wählbar sind (auch wenn sie eine unabhängige objektive Realität beschreiben sollen) und deshalb möglichst bequem gewählt werden können. Dann hätte man nämlich argumentieren können, daß die bislang üblichen Beschreibungsmittel aufgrund der aufgetretenen Inkongruenzen zweckmäßigerweise aufzugeben seien. Der Konventionalismus kam jedoch erst am Ende des 19. Jahrhunderts auf (Poincaré) und wurde vorwiegend auf die Geometrie bezogen.

betrachtet[48]; ähnlich wie Dirichlets Funktionsbegriff als adäquate Fassung des Begriffes "Funktion" angesehen werden sollte. Damit war die formale Ebene ihrer historischen Kontingenz enthoben: als adäquates Abbild - das heißt ja Wahrheit - idealer Gegenstände kann sie nicht abgeändert werden, ohne ihres Wahrheitsanspruches verlustig zu gehen. Die Frage,ob der Formalismus als inadäquat verworfen werden sollte (weil er sich mit den auf informaler Ebene gewonnenen Erwartungen nicht im Einklang gezeigt hatte[49]) wurde nicht gestellt: dies hätte zuzugestehen bedeutet, daß die "Spielregeln" der formalen Ebene und die Definition ihrer Gegenstände zumindest innerhalb gewisser Grenzen (Konsistenz!) beliebig wählbar sind.

Diesen Stand erreichte die mathematische Grundlagenforschung erst nach der Herausbildung des radikalen Formalismus ("Hilbert II") - "Schlußregeln als Spielregeln" - und nach der intuitionistischen Kritik am "tertium non datur", die deutlich machte, daß selbst die klassischen Prinzipien nicht auf universelle Zustimmung rechnen können.

Die Entwicklung der Modelltheorie - angeregt durch die nichteuklidischen Geometrien - mündete schließlich in Skolems Entdeckung der Nicht-Standard-Modelle, die zeigte, daß die Beziehung von Axiomensystemen und ihren Modellen

---

48) Wobei oft der Beschreibungsaspekt vollständig zurücktritt: dann sind reelle Zahlen nichts anderes als Äquivalenzklassen von Cauchyfolgen rationaler Zahlen - sie werden nach dieser Ansicht erschaffen und nicht mehr beschrieben (Aufgabe des Platonismus - z.B. bei Hilbert mit seiner Lehre von den implizierten Definitionen (vgl. III 1.1)).

49) Hier zeigen sich Parallelen zur Entwicklung der modernen Naturwissenschaften: auch in diesen gab es Perioden, in denen es darum ging, die damals neuen physikalischen Modelle trotz ihres anti-intuitiven Charakters durchzusetzen (etwa die Vorstellung der Erde als Kugel, der Fernwirkung oder der atomaren Struktur der Materie).

keineswegs so eng ist, wie man zuvor annahm. Die einheitliche, geschlossene dianoetische Welt des Platonismus zerfiel solchermaßen in eine Menge von möglichen Welten, alle logisch gleichberechtigt und in verschiedenen formalen Systemen darstellbar. Damit sind wir frei, unter den bekannten Systemen dasjenige auszuwählen, das unseren Zwecken am dienlichsten erscheint. Zwecke aber werden nicht auf der formalen Ebene formuliert. Von dieser Warte aus gesehen, erscheint die Entwicklung der Mathematik in der zweiten Hälfte des 19. Jahrhunderts keineswegs mehr so zwingend, wie sie sich für die Mehrzahl der damals Beteiligten darstellte[50].

Anhang

Zwei Beispiele für das Wirken der informalen Ebene:

- In seinem berühmten Brief an Hansteen vom 29.3.1826 beklagte Abel den schlechten Zustand der Analysis, der aus der mangelnden Strenge ihrer Behandlung entspringe und dem abzuhelfen er sich vorgenommen hat.
  Abel fährt fort:

  "J'en [des propositions incorrectes] ai examiné plusieurs, et j'ai été assez heureux pour les tirer au clair (la plupart). Pourvu qu'on emploie une méthode générale, ça va encore, mais j'ai dû être extrêmement circonspect, car les propositions une fois admises sans démonstration rigoureuse (c'est à dire, sans démonstration) se sont si fortement enracinées en moi, que je suis à chaque instant exposé à m'en servir sans y regarder de plus près."

  (ABEL, 1902; 23)

---

50) Eine Radikalisierung hiervon ist die Position von Lakatos, der "Wahrheit" aus der Mathematik vollständig ausschließen will und nur noch von "Ableitbarkeit in einem axiomatischen Rahmen" sprechen möchte. Folgt man Lakatos, so ist die Wahl zwischen verschiedenen Systemen völlig frei (z.B. können wir Cantorsche oder nicht-Cantorsche Mengenlehre betreiben, wie wir es wünschen).

- Der tschechische Bolzanoforscher Jarnik berichtet folgenden Vorfall in Zusammenhang mit Bolzanos Entdeckung seiner nirgendsdifferenzierbaren Funktion:

> "As mentioned by M. Jasek, Bolzano presented the manuscript of his "Functionenlehre" to his favorite student A. Slivka from Slivice; Bolzano's inheritance includes Slivka's extensive critical answer. Slivka argues with Bolzano and claims among other things that he believes it possible to prove a theorem that every continous function has a derivative everywhere except at some isolated points [Bolzano schrieb die Funktionenlehre um 1830, also rund 25 Jahre nach Ampères Arbeit!] Here we meet a wonderful proof how prejudice survives persistently in one's mind: Slivka saw with his own eyes the construction of Bolzano's function - and yet he did not believe in its existence because it contradicted (scientifically unjustifiable) ideas."
>
> (JARNIK, 1981; 41)

Nachbemerkung: Auch im Bereich der "philosophischen Logiken" ist die Inkongruenz von informaler und formaler Ebene gelegentlich aufgetreten: so etwa in der deontischen Logik, als man feststellen mußte, daß Mallys Axiomensystem den "naturalistischen Fehlschluß" als Theorem zuließ (vgl. Stichwort "Logik, deontische" (Autor: C.F. Gethmann) in ENZYKLOPÄDIE II). Dies wurde als offensichtliches Versagen der formalen Ebene eingestuft und Mallys System darum aufgegeben. Auch der Ansatz von v. Wright ließ "Paradoxien" zu (Prior, Chisholm, Rosser). Hierauf wurde ebenfalls mit Veränderung in der formalen Ebene reagiert. Ein weiteres Beispiel stellen die Diskussionen um quantifizierte Modallogiken, insbesondere um die Barcansche Formel, dar. Augenscheinlich wird der informalen Ebene im Bereich der philosophischen Logik ein größeres Gewicht beigemessen als in der Mathematik. Es wäre interessant zu ergründen, warum dem so ist.

3. Arithmetisierung und Mathematische Existenz (die erkenntnisfundierende Funktion von Anschauung)

Wie wir in I 5.3 gesehen haben, stand an der Wiege des Arithmetisierungsprogrammes ein Paradoxon: die Schwierigkeiten und Widersprüche, zu denen ein "ungehemmter" Formalismus geführt hatte, sollten durch einen streng kontrollierten unter Ausschaltung jeglicher Anschauung ausgeräumt werden. Hierbei wurde "Anschauung" im allgemeinen mit "räumlicher Anschauung" identifiziert. Die Arithmetisierung sollte die Rudimente geometrischer Argumentation aus der Analysis (etwa beim Zwischenwertsatz) beseitigen. Daß die Arithmetisierung selbst wiederum der reellen Zahlen als Fundament bedarf, hat sich erst im Laufe der Zeit herausgestellt. Ebenso blieb weitgehend unbeachtet (trotz der Kantischen Tradition), daß auch die natürlichen Zahlen einer anschaulichen Begründung durch die arithmetische Evidenz (s. III 4) fähig sind. Der oben als "ungehemmt" bezeichnete Formalismus des 18. und 19. Jahrhunderts ist durch die weitgehende Trennung von Gegenstands- und Beschreibungsebene gekennzeichnet: die Symbole der Mathematik werden - sobald Schwierigkeiten auftauchen - als bloße Marken, als Zeichen ohne Bedeutung, aufgefaßt ("Formalismus als Ausweg")[51]. Der Hilbertsche Formalismus dehnt diese Auffassung zum "Normalfall" aus.

51) So betrachtet sind $\sqrt{1}$ und $\sqrt{-1}$ gleichwertige Bildungen. Mit dem ungezügelten Formalismus war stets das "Prinzip der Permanenz der formalen Gesetze" eng verbunden. Das "Prinzip der Permanenz der formalen Gesetze" lautet in seiner Formulierung von Hankel:

"Wenn zwei in allgemeinen Zeichen der arithmetica universalis ausgedrückte Formen einander gleich sind, so sollen sie einander auch gleich bleiben, wenn die Zeichen aufhören, einfache Größen zu bezeichnen, und daher auch die Operationen einen irgend welchen anderen Inhalt bekommen."

(HANKEL, 1867; 11)

Für eine frühe philosophisch motivierte Kritik dieses Prinzips und seiner vielfältigen Interpretation sehe man Husserliana Bd. XXI (das Vorwort der Herausgeberin orientiert über den Inhalt der einzelnen Nachlaßtexte) - vgl. HUSSERL, 1983.

Eine nicht-formalistische Position muß hingegen Auskunft geben über die Bedeutung der mathematischen Zeichen. Dies kann durch den Verweis auf anschaulich Gegebenes geschehen - dann wirkt die Anschauung erkenntnisfundierend[52]. So kann das Geometrisierungsprogramm der Antike als Versuch gedeutet werden, die Raumanschauung als Grundlage für die Ontologie der mathematischen Gegenstände zu verwenden: "Existenz" wurde gleichgesetzt mit "Konstruktion"[53]; genauer: diese wird in der Konstruktion <u>aufgewiesen</u>. Jede Konstruktion beruht aber auf Handlungen mit bedeutsamen Zeichen: sie ist Aufbau aus einfachen Bestandteilen nach festen Vorschriften unter Zuhilfenahme von zugelassenen Hilfsmitteln.

Der Anschauung kommt hierbei eine dreifache Funktion zu:

1. Sie dient zur Begründung der Ausführbarkeit von Konstruktionsschritten (z.B. bei Euklid: durch zwei Punkte kann man eine Gerade ziehen; zu zwei Punkten gibt es einen Kreis, dessen Mittelpunkt einer der beiden Punkte ist, während der andere auf der Peripherie liegt).
2. Die einzelnen Konstruktionsschritte werden an anschaulichen ikonischen Zeichen vollzogen.
3. Die Existenz der Konstruktionsbasis (z.B. "es gibt zwei verschiedene Punkte in der Ebene") ist durch anschauliche Evidenz gesichert.

Im Kapitel über die Anerkennung der komplexen Zahlen (I 3.) haben wir gesehen, daß bis ins 19. Jahrhundert hinein An-

---

52) Vgl. Einleitung. Zum Problem der "mathematischen Existenz" vgl. auch III 4.

53) Diese Interpretation wurde zuerst von Zeuthen vorgeschlagen: s. ZEUTHEN, 1896. Eine kritische Würdigung derselben findet sich bei FRAJESE, 1951; 387-392.

schauung sowohl erkenntnisfundierend als auch -begrenzend gewirkt hat. Bezogen auf die Existenz mathematischer Gegenstände läßt sich diese Grundauffassung so formulieren:

> Nur diejenigen Gegenstände der Mathematik sind als existent zu betrachten, für die ein anschauliches Modell verfügbar ist.

Steht ein solches nicht zur Verfügung (wie im Falle der komplexen Zahlen vor Gauß oder der unendlich kleinen Größen), so können die fraglichen Objekte 'vorläufig' in die Mathematik aufgenommen werden in der Hoffnung auf eine spätere Legitimation (vgl. I 3.5).

Mit der Arithmetisierung kommt ein völlig neuer Sinn von 'Existenz' ins Spiel. In einer ersten Phase, deren zentrale Forscherpersönlichkeit Cauchy gewesen ist, werden die reellen Zahlen und ihre Eigenschaften (z.B. Vollständigkeit) kommentarlos vorausgesetzt. Ihre Existenz wird nicht diskutiert. Alles andere kann nun existent genannt werden, wenn es sich mit analytischen Hilfsmitteln auf die geschilderte Basis zurückführen läßt:

"Als Besitzstand der Wissenschaft soll nur angesehen werden, was durch Anwendung der gewöhnlichen Rechenoperationen als identisch richtig erwiesen werden kann."
(KLEIN, 1895; 233)

Je nachdem, was man unter "gewöhnlichen Rechenoperationen" verstehen will - ob hierzu z.B. Grenzwertbildungen gehören oder nicht - erhält man verschieden weitgehende Arithmetisierungsprogramme. 'Existenz' wird so zu einem <u>Metaprädikat</u>, das <u>Kennzeichnungen</u> (s.u.) über dem Bereich der reellen Zahlen zugesprochen werden kann. (In der Weiterentwicklung, die das Arithmetisierungsprogramm in der zweiten Hälfte des 19. Jahrhunderts genommen hat, werden die reellen Zahlen durch die als fundamentaler angesehenen natürlichen Zahlen ersetzt. Man hat es dann mit Kennzeichnungen über diesem engeren Bereich zu tun.)

Dies soll am Beispiel des Grenzwertbegriffes verdeutlicht werden. Im Laufe des letzten Jahrhunderts bürgerte sich die heute noch übliche Redeweise 'der Grenzwert a der Folge $(a_n)_{n \in \underline{N}}$ existiert' ein. Die ε-δ- Sprache, die die noch informalen Formulierungen Cauchys präzisierte[54], erlaubt es, die Konvergenz einer Folge <u>rein kalkulatorisch</u> zu behandeln (beispielsweise kann man zeigen, daß die fragliche Folge der Cauchybedingung genügt oder daß sie monoton und beschränkt ist). Die Kennzeichnung, die hierbei verwendet wird, sieht bekanntlich recht kompliziert aus:

$$\mathrm{Lim}\,(a) := \forall \varepsilon > 0 \; \exists n_0 \in \underline{N} \; \forall n \geq n_0 : |a - a_n| < \varepsilon$$ (a eine freie Variable über $\underline{R}$)

Zu zeigen ist, daß es <u>mindestens</u> ein a gibt, daß diese Aussageform (über den reellen Zahlen) erfüllt (<u>Existenz</u>) und daß es <u>höchstens</u> ein solches a gibt (<u>Eindeutigkeit</u>). In der formalen, von Russell erstmals gelieferten Analyse der Kennzeichnungen geht es um folgende Eigenschaften:

<u>Existenz:</u> $\exists a \in \underline{R}: \; \mathrm{Lim}(a)$

<u>Eindeutigkeit:</u> $\forall x, y \in \underline{R}: \; \mathrm{Lim}(x) \wedge \mathrm{Lim}(y) \rightarrow x = y$

Ist die Eindeutigkeit nicht gegeben, so spricht man von uneigentlichen Kennzeichnungen. Auch diese spielen in der Mathematik eine wichtige Rolle. Man vergleiche hierzu ENZYKLOPÄDIE II, Stichwort 'Kennzeichnung' (Verfasser: Kuno Lorenz).

Sind diese beiden Bedingungen erfüllt, so ist man berechtigt, von <u>dem</u> Grenzwert der Folge $(a_n)_{n \in \underline{N}}$ zu sprechen.

---

54) Dieser Ansicht widerspricht SPALT, 1981.

Dabei läßt sich das Problem der Eindeutigkeit ganz allgemein lösen, da die reellen Zahlen einen Hausdorffraum bilden. Hieraus folgt nämlich: existiert (!) ein Grenzwert, so ist er eindeutig bestimmt. Streng genommen ist a, so wie oben gebraucht, natürlich eine Variable, während der Grenzwert eine Konstante sein muß. Deshalb müßte man diese beiden notationell unterscheiden, etwa indem man a_{Lim} für die durch die Kennzeichnung eindeutig bestimmte Zahl schreibt. Wir wollen diese Feinheit, wie in der Mathematik allgemein üblich, hier vernachlässigen (vgl. aber II 4.3.3 Anhang II). Die vorgeführte Analyse macht deutlich, daß es sich bei dem angesprochenen Sinn von 'Existenz' nicht um absolute, sondern immer nur relative handeln kann: gibt es reelle Zahlen und besitzen diese gewisse Eigenschaften, so existiert der Grenzwert. Es war also nur konsequent, in einem nächsten Schritt die Existenz der reellen Zahlen selbst zu untersuchen[55].

---

55) Die Unsicherheit bezüglich des Status der Zahlen einerseits, aber auch die Nachwirkung der alten Vorstellungen von Existenz, spiegeln die folgenden Zitate aus Hankels "Theorie der complexen Zahlensysteme" (1867) wieder. Hankel unterscheidet:

- rein formale oder transzendente Zahlen ("solche Zahlen, deren Begriff ein vollkommen bestimmter ist, die aber einer irgend welchen Construction in der Anschauung nicht fähig sind" HANKEL, 1867; 7)
- aktuelle Zahlen ("welche in der Lehre von den wirklichen Grössen und ihrer Verknüpfung ihre Repräsentation finden" HANKEL, 1867; 7)
- potentielle oder formale Zahlen (Zahlen, "insofern in ihnen nur eine gewisse formale Beziehung zum Ausdrucke kommt" (HANKEL, 1867; 8) und die durch Aufweis einer anschaulichen Interpretation "zu actuellen gemacht werden können" - HANKEL, 1867; 7.) Jedoch hat die Geschichte der komplexen Zahlen gelehrt, daß diese Unterschiede nicht starr aufgefaßt werden dürfen.

Auf einen anderen interessanten Aspekt des Überganges zur ersten Stufe des Arithmetisierungsprogrammes hat Robinson aufmerksam gemacht:

"These weaknesses of the elder calculus had been associated throughout with the introduction of entities

Fortsetzung s. nächste Seite

Hierbei wurden zwei Wege beschritten: das weiterentwickelte Arithmetisierungsprogramm des ausgehenden 19. Jahrhunderts unternahm die Reduktion der reellen Zahlen auf die natürlichen. Die Existenz der letzteren kann fraglos angenommen werden (wie das z.B. Kronecker tat), sie kann wiederum zurückgeführt werden auf die Logik (Frege, Russell) oder sie kann unter Berufung auf die Anschauung begründet werden (schematische Erzeugung der natürlichen Zahlen). Diese verschiedenen Ansätze sowie die Frage, welche Hilfsmittel jeweils für den Aufbau der reellen Zahlen erforderlich sind, werden in III 4 diskutiert. In den beiden letztgenannten Fällen wird die Existenz der reellen Zahlen erneut relativiert bezüglich der Existenz eines anderen Bereiches ($\underline{N}$, Logik).

Eine andere Alternative wurde von Hilbert vorgeschlagen. Sie stützt sich auf die von ihm gefundene Charakterisierung der reellen Zahlen ("Über den Zahlbegriff", 1900) durch eine Menge von Axiomenschemata (z.B. als vollständiger, archimedisch-angeordneter Körper). 'Existenz' erhält nun die Bedeutung von <u>Widerspruchsfreiheit</u>. Ist eine Menge von Axiomenschemata konsistent, so existiert der in

---

55) Fortsetzung der vorhergehenden Seite:

which were commingly regarded as denizens of the world of actual infinity. It now appeared that Cauchy was able to remove them from that domain and to base Analysis on the potential infinity. He did this by choosing as basic the notion of a variable which, intiutively, suggests potentiality rather than actuality. And so it happened, that a grateful public was willing to overlook the fact that, from a strictly logical point of view, the new method shared some of the weaknesses of its predecessors and, indeed, introduced new weaknesses of its own."

(ROBINSON, 1967; 38)

Die von Robinson geschilderte Auffassung hinsichtlich der Frage Potentiell-/Aktualunendliches in der Analysis wird von Heinrich Scholz in SCHOLZ, 1928; 37 ff. sehr detailliert formuliert. An der genannten Frage entzündete sich auch die Kritik des Intuitionismus (vgl. III 2).

ihnen beschriebene Bereich. Modern gesprochen: ein solches System besitzt ein Modell. Gödels Entdeckung, daß jedes konsistente System von Axiomenschemata ein Modell in der Mengenlehre besitzt, stützt scheinbar diese Position. Gegen die Behauptung, daß mit Gödels Resultat wirklich das von Hilbert gesteckte Ziel - nämlich der Nachweis der Existenz eines Modells - erreicht ist, kann zweierlei kritisch eingewendet werden. Einerseits kann der 'konstruktive' Gehalt der Methoden der Mengenlehre angezweifelt werden. Es ist unklar, so wird argumentiert, ob ein mit Hilfe des Auswahlaxioms oder des damit äquivalenten Lemmas von Zorn gewonnenes Modell wirklich als konstruiert zu betrachten ist[56]. Zum andern zeigte Gödel durch seinen Unvollständigkeitssatz, daß das Hilbertprogramm in seiner ursprünglichen Fassung, d.h. unter Beschränkung auf ausschließlich finite Hilfsmittel in der Metamathematik (vgl. III 4), undurchführbar ist. Stärkere Hilfsmittel zuzulassen bedeutet aber gerade diejenigen Fragen bezüglich der Gewißheit der Mathematik wieder heraufzubeschwören, die Hilbert mit seinem Vorschlag vermeiden helfen wollte (denn, kurz gesagt, kann man dann fragen, warum man nicht gleich die Mathematik selbst untersucht, wenn man sowieso nichtfinite Methoden verwenden will). Der erhoffte Vorzug der Metamathematik droht bei Aufhebung der genannten Einschränkungen verloren zu gehen. Die aufgeführten Schwierigkeiten lassen heute die Hilbertsche Gleichsetzung von Widerspruchsfreiheit und Existenz problematisch erscheinen, insbesondere weil der zweite oben genannte Problemkreis von Vertretern aller Richtungen des Grundlagenstreites gleichermaßen anerkannt wird. Das gilt nicht für den ersten, der eben entscheidend von der Einschätzung des Wertes der Mengenlehre abhängt.

56) Zur Gleichsetzung von Widerspruchsfreiheit und Existenz vergleiche man BERNAYS, 1976e. Das Problem der Existenz eines Modells wird in III 1.1 und III 4 genauer diskutiert.

Wichtig für uns ist noch, daß die Gleichsetzung von Existenz und Konsistenz eine <u>kalkülhafte</u> Behandlung dieses Problemkreises erlaubt. Damit wäre, hätte das Hilbertprogramm Erfolg gehabt, die Anschauung weitgehend überflüssig für die Untersuchung von Existenzproblemen[57].

Folgende drei Stufen lassen sich also in der Entwicklung des Existenzbegriffes unterscheiden:

<u>1.</u> Existenz = Verfügbarkeit eines anschaulichen Modells (bis etwa Beginn des 19. Jahrhunderts);

<u>2a.</u> Existenz = Zurückführbarkeit mit analytischen Hilfsmitteln auf die reellen Zahlen (erste Stufe des Arithmetisierungsprogrammes; z.B. Cauchy);

<u>2b.</u> Existenz = Zurückführbarkeit mit analytischen Hilfsmitteln auf die natürlichen Zahlen (2. Stufe des Arithmetisierungsprogrammes; z.B. Kronecker, Weierstraß, Cantor, Dedekind);

<u>3.</u> Existenz = Widerspruchsfreiheit einer Menge von Axiomenschemata (Hilbert, ab 1900).

Den Stufen 2 und 3 ist gemeinsam, daß sie 'Existenz' als Metaprädikat behandeln, das Kennzeichnungen bzw. Mengen von Axiomenschemata zugesprochen werden kann. Damit gehört 'Existenz' in die <u>Beschreibungsebene</u>, denn sie bezieht sich auf sprachliche (im weitesten Sinne) Entitäten. Dagegen befinden wir uns in 1 auf der <u>Gegenstandsebene</u>; 'Existenz' bezieht sich hier auf etwas Nichtsprachliches, nämlich auf Zeichenherstellungshandlungen. Entsprechend variiert der Zeichencharakter auf den verschiedenen Stufen. In 1 haben wir es mit Ikonen zu tun, während bei 2 und 3 die Symbole überwiegen.

---

57) In III 4 wird die Frage gestellt, inwieweit Anschauung auch bei Kalkülen eine Rolle spielt (als sogenannte primitiv-formale Evidenz/bzw. als externe Ikonizität).

Zusammenfassend können wir festhalten:

> Behandelt man 'Existenz' auf der Metastufe, so erscheint Anschauung überflüssig; bleibt man hingegen auf der Objektstufe, so ist Anschauung unverzichtbar.

Aus den verschiedenen Bedeutungen von 'Existenz' ergeben sich bemerkenswerte Konsequenzen hinsichtlich der sogenannten Unmöglichkeitsbeweise. Das soll zum Abschluß dieses Kapitels kurz dargestellt werden. In unserem Zusammenhang ist es insbesondere wichtig zu fragen, inwieweit die Arithmetisierung die Entdeckung und allgemeine Anerkennung der Monster begünstigt oder vielleicht sogar erst ermöglicht hat. Die Frage nach der Tangente an einen Graph wird in der arithmetischen Fassung zu einer Frage nach der Existenz eines Grenzwertes. Hier erkennt man nochmals, welche Veränderungen in den Grundlagen der Mathematik stattgefunden haben:

In der Leibnizschen Fassung der Analysis, die Gebrauch macht von infinitesimalen Größen, galt die Bestimmung der Tangentengleichung als Rechenaufgabe analog dem geschickten Umformen von Bruchtermen. Als solche war sie gelöst (falls eine Lösung angegeben - aufgewiesen - werden konnte) oder aber ungelöst. Aus der Tatsache, daß keine Lösung gefunden wurde, kann nicht geschlossen werden, daß es gar keine Lösung gibt. Unmöglichkeitsbeweise konnten so nicht geführt werden. Der Grund hierfür ist nicht nur technischer Natur. Letztlich liegt er im Verständnis von "Existenz": Erfordert der Nachweis von "Existenz" den Aufweis eines Anschaulich-Gegebenen, so ist "Nicht-Existenz" gleichbedeutend mit der Aussage: "es ist nicht möglich, ein anschauliches Modell aufzuweisen". ("Möglich" bezieht sich hier auf die Handlung des Aufweises, ist also eine Aussage über einen empirischen Sachverhalt). Wie sollte man eine derartige Behauptung begründen?

Ein "Nicht-Existenz"-Beweis ist mit Hilfe der Negation der Implikation "möglich $\prec$ widerspruchsfrei" möglich - also durch den Nachweis eines Widerspruchs, der dann die Nichtmöglichkeit und damit die Nichtexistenz nach sich zieht. Unmöglichkeitsbeweise sind der Mathematik des 18. Jahrhunderts weitgehend fremd geblieben.

Wir wollen diese Überlegung für die Frage der Differenzierbarkeit weiter präzisieren: formal ergibt sich als Negation der Definition der Konvergenz einer Funktionswertefolge

$$\exists\ \varepsilon > 0\ \forall\ \delta > 0\ \exists\ x \in U_\delta(x_0): |f(x) - f(x_0)| < \varepsilon$$

(es gibt keine Umgebung von x_0, so daß sich alle entsprechenden Funktionswerte um weniger als ε unterscheiden).

Hierzu ist es erforderlich, ein "konkretes" $\varepsilon > 0$ anzugeben, das die obige Aussage wahr macht. Aus der Menge aller möglichen Werte für ε muß ein bestimmter ausgewählt werden. Es handelt sich also um eine <u>Ausschlußnegation</u> im Sinne von Mannoury. Wie wir in II 1.2 gesehen haben, ist es nicht möglich, auf der Basis von Anschauung eine solche Ausschlußnegation durchzuführen. Die Bestimmung von ε ist ein quantitatives Problem, Anschauung kann aber nur qualitative Aussagen belegen[58].

In diesem Sinne ermöglicht erst die Arithmetisierung die

58) Diese Einsicht findet sich schon bei Otto Hölder:

> "Dass die Halbierungslinien zweier Dreieckslinien sich im Innenraum eines Dreiecks kreuzen, sagt uns eine grobe Beurteilung des Dreiecksbildes, dass aber die dritte Halbierungslinie durch denselben Kreuzungspunkt hindurchgeht, kann unser Anschauungsbild, ..., nicht mit Sicherheit erweisen."
>
> (HÖLDER, 1900; 8)

Entstehung der Monster. Genauer gilt dies sogar in doppelter Hinsicht:

- die ε-δ-Sprache erlaubt den Beweis der Nichtdifferenzierbarkeit auch in nichttrivialen Fällen,
- die Gesamtheit der reellen Zahlen gilt als verfügbar. Dies ermöglicht es erst, gestützt auf die "numerische" Auffassung der Variablen (du Bois-Reymond), pathologische Funktionen zu bilden.

Dennoch wurde die Frage selten gestellt, ob die Monster nicht die Veranlassung zur Rücknahme oder Modifikation der Arithmetisierung (z.B. des neuen Funktionsbegriffes) geben sollten[59]. Man hätte so argumentieren können: das Auftreten der Monster zeigt, daß der moderne Funktionsbegriff nicht die ursprünglich mit "Funktion" verknüpften Vorstellungen formalisiert. Es ist zu einer "Krise des Formalismus" gekommen, die durch eine Revision der Prinzipien des Formalismus beseitigt werden muß[60]. Das hätte bedeutet, daß man der Anschauung in ihrer <u>normativen Funktion</u> wieder Geltung verschafft hätte:

> Weil der durch die Arithmetisierung entstandene Formalismus zu anschauungswidrigen Konsequenzen geführt hat, muß er revidiert werden.

---

59) Das gilt auch für die Mathematikgeschichtsschreibung, in der die Arithmetisierung kaum kritisch gewürdigt wird. Eine Ausnahme hiervon bilden STULOFF, 1968; 79 und die von Robinson/Lakatos beeinflußten Arbeiten über Non-Standard-Analysis (Laugwitz, Spalt).

60) Auch hierzu gibt es Parallelen in der modernen Physikgeschichte: die Unschärferelation Heisenbergs ergibt sich zwingend aus dem Formalismus der unendlichen Matrizen und der Fouriertransformationen. Es stellt sich hier ebenfalls die Frage: soll man den Formalismus mitsamt seinen Konsequenzen akzeptieren oder muß man ihn von Grund auf ändern?

Die Alternative, die dann tatsächlich gewählt wurde, war, die Monster als legitime Bewohner des mathematischen Reiches zu akzeptieren. Es wurde festgestellt, daß in ihrem Falle anschaulich-ikonischer und logisch/analytisch-symbolischer Zwang einander widersprechen, indem ersterer angeblich[61] die Unmöglichkeit dessen behauptet, was mit den kalkulatorischen Möglichkeiten des anderen beweisbar ist. Da der logisch/analytisch-symbolische Zwang über alle Zweifel erhaben ist, muß also der anschaulich-ikonische getrogen haben. Ihm kann fortan kein Glauben mehr geschenkt werden. Der Gegensatz Anschauung/arithmetisierte Mathematik wird im Konfliktfall gleichgesetzt mit dem von falsch und wahr[62]. Diesen Übergang kann man im Anschluß an Thomas Kuhn als einen Paradigmawechsel bezeichnen. Ganz analog zu den Naturwissenschaften, an deren Beispiel Kuhn seine Theorie entwickelte, wurde hier in der Mathematik eine wesentliche Entcheidung über die Prinzipien getroffen, welche ihren Gegenstandsbereich konstituieren.

Anhang:

Zusammenfassende Betrachtungen zur Entwicklung des Funkionsbegriffes (Symbole als Gegenstände der Mathematik)

Auf den nachfolgenden Seiten wird noch einmal die Entwicklung des Funktionsbegriffes zum Gegenstand unserer Betrachtungen. Es geht jetzt darum, die verschiedenen Stufen in diesem Prozeß herauszuarbeiten und den Charakter

---

61) Diese Einschränkung bringen wir hier in Hinblick auf die Positionen von Wiener und Mandelbrot an. Die Frage, ob die Anschauung nicht falsch eingeschätzt wurde in der geschilderten Argumentation, wird in den Abschnitten II 4.2 und II 4.4 nochmals aufgegriffen.

62) Eine Ausnahme hiervon bildet Felix Klein, der den genannten Gegensatz als einen graduellen - nämlich als den zwischen "präzis" und "approximativ" - faßte (vgl. 4.3).

der jeweils auftretenden Zeichen deutlich zu machen. Dabei wird sich zeigen, welch wichtige Rolle die Abstraktion gespielt hat. Weiter werden wir sehen, wie die Grundidee des Hilbertschen Formalismus - nämlich die Aufspaltung der Mathematik in eine rein kalkülhafte "Orthotheorie" und in eine Metatheorie, die die Zeichenkombinationen der ersteren sowie deren Transformationen betrachtet - am Beispiel des Funktionsbegriffes sich nachvollziehen läßt. Umfassend wird der Hilbertsche Formalismus in III 1 dargestellt werden.

Betrachten wir die Ausführungen des Kapitels über den Funktionsbegriff unter semiotischem Gesichtspunkt, so können wir eine Entwicklung zum rein Symbolischen feststellen. Bei Euler sind Funktion und analytische Darstellung eins: functio est expresso analytica ... . Neben dieser bevorzugten Darstellung gibt es noch andere - nämlich die curva continua, wobei diese ikonischen Charakter besitzt. Diese Gleichberechtigung zerstört erst der abstrakte Dirichletsche Begriff, der Funktion als Zuordnung faßt: also nicht mehr als Ausdruck (Gegenstand), sondern als Beziehung (Relation) zwischen Gegenständen (ursprünglich: Zahlen – später auch Funktionen, Elemente u.a.). Diese Beziehung kann u.U. - muß aber nicht - repräsentiert werden durch einen Graphen, einen analytischen Ausdruck o. dgl.[63] (vgl. hierzu II 4.1, wo die Frage der Darstellbarkeit einer "willkürlichen Funktion" durch einen analytischen Ausdruck ausführlich diskutiert wird).

Der heutige Funktionsbegriff läßt sich i.a. nur noch symbolisch repräsentieren als das bekannte "f" oder ausführlicher als f: $X \longrightarrow Y$[64]

$$x \longmapsto f(x)$$

---

63) Wir sprechen von "darstellen", wenn es um analytische Ausdrücke geht sonst allgemein von "repräsentieren".

64) Der Pfeil stellt allerdings noch einen "ikonischen" Rest dar. Zu den von uns benutzten Termini vgl. man II 1.

denn eine beliebige Funktion ist nicht in vorgegebenen Ausdrucksmitteln wie analytischer Ausdruck o.dgl. formulierbar.

Die Beziehung Symbol/Symbolisiertes ist so locker - sie ist ja rein konventionell -, daß sich die Marke selbst besonders einfach zum Gegenstand der Betrachtung machen läßt: *man "vergißt" die Tatsache, daß sie etwas Bestimmtes symbolisiert*. Die Marken sind räumliche Gebilde und können deshalb räumlich-kombinatorischen Konstruktionen unterworfen werden[65]. Ein einfaches Beispiel mag diese Überlegungen illustrieren:

Wir betrachten folgende Morphismen (z.B. reelle Funktionen):

$$f_1: X \longrightarrow Y \qquad g_1: X \longrightarrow S$$

$$f_2: Y \longrightarrow Z \qquad g_2: Y \longrightarrow S$$

$$f_3: Z \longrightarrow X \qquad g_3: Z \longrightarrow S$$

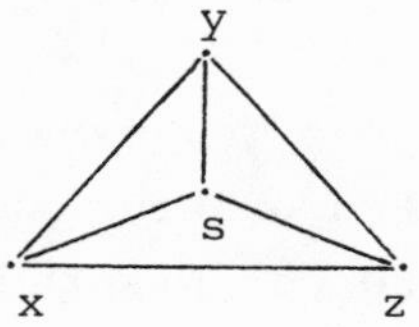

Offensichtlich bestimmen diese Morphismen ein Dreisimplex (Tetraeder): eine geeignete Symbolisierung der Morphismen (Funktionen) - nämlich als Pfeile - und ihrer Quellen und

---

65) Nach Hilbert tritt dieser Perspektivenwechsel erstmals beim Übergang von der elementaren Zahlentheorie zur Algebra auf (vgl. hierzu auch den "Exkurs über die Entwicklung der mathematischen Symbole" weiter unten in Teil III):

"...; die Buchstaben [in der elementaren Zahlentheorie] bedeuten Zahlzeichen, und durch eine Gleichung wurde die Übereinstimmung zweier Zahlen mitgeteilt. Dagegen in der Algebra betrachten wir die Buchstabenausdrücke an sich als selbständige Gebilde und die inhaltlichen Sätze der Zahlentheorie werden durch sie formalisiert. An Stelle der Aussagen über die Zahlzeichen treten Formeln, die ihrerseits nun konkrete Objekte einer anschaulichen Betrachtung sind; und an Stelle des inhaltlichen zahlentheoretischen Beweises tritt die Ableitung einer Formel aus einer anderen Formel nach gewissen Regeln."

(HILBERT, 1964c; 93)

Ziele - nämlich als Ecken - ordnet jeder Kategorie (verstanden als Menge von Morphismen und Objekte - vgl. etwa MAC LANE,1972) einen Graphen zu, der wiederum als semisimplizialer Komplex betrachtet werden kann. Diese Konstruktion - die den Topologen als "klassifizierender Raum" einer Kategorie wohlvertraut ist - benützt ganz offensichtlich Eigenschaften der gewählten Symbolisierung (wie sollte man vorgehen, wenn man $f_1(X) \subseteq Y$ schriebe, wie das einige Zeit geläufig war?): Sie ist somit nicht invariant unter Symbolwechsel!
Diese Symbolisierung, die zuvor eine unter vielen möglichen war, wird hierdurch ausgezeichnet: sie wird gleichsam individuell - ein vollwertiger Gegenstand. Somit wären wir am Ausgangspunkt einer "Metatheorie" angelangt - ganz analog zu Hilberts Vorstellungen (vgl. zu diesen III 1.).

uf der Gegenstandsebene dieser Metatheorie finden wir die Marken unserer Ausgangstheorie wieder: die Beschreibungsebene der ursprünglichen Theorie wird - unter Vernachlässigung ihres Zeichencharakters - zur Gegenstandsebene der neuen Theorie. Die Beschreibungsebene der Metatheorie selbst wird wieder von Symbolen gebildet. Hierbei stellt sich die Frage, ob die Metatheorie unabhängig von dem speziellen Abstraktionsprozeß ist, der ihre Gegenstände zur Verfügung gestellt hat. Im vorliegenden Fall ist dies ein delikates Problem, da wir ja gesehen haben, daß die Abstraktion von einer bestimmten Darstellungsweise Gebrauch macht. Die Unabhängigkeit wird dadurch gewährleistet, daß die mit Hilfe der Metatheorie bewiesenen Eigenschaften der Gegenstände der Orthotheorie darstellungsunabhängig formuliert werden können. Anders gesagt: der Beweis darf zwar von der gewählten Darstellung Gebrauch machen, aber das zu beweisende Ergebnis muß von ihr unabhängig sein. (Ähnlich wie man reelle Integrale vermöge des Residuensatzes unter Benützung komplexer Zahlen berechnen kann.)

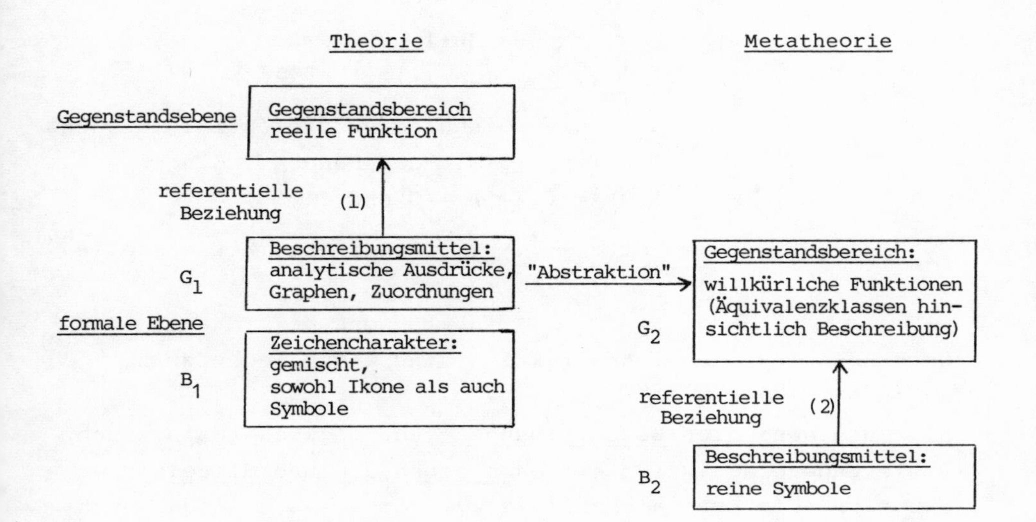

Erläuterungen

referentielle Beziehung (1): Bedingt durch den "gemischten" Zeichencharakter der Beschreibungsebene ist auch die referentielle Beziehung (1) durchaus verschieden: sie reicht von geometrischer Veranschaulichung vermittels Graphen bis zur reinen Symbolisierung (z.B. $\iota_f\ f' = f''$ oder $\lambda_x\ f(x)$).

referentielle Beziehung (2): Da wir es auf der Beschreibungsebene nur noch mit reinen Symbolen zu tun haben, ist die Referenz hier konventionell geregelt.

Abstraktion: Diese beruht darauf, verschiedene Beschreibungen als äquivalent zu setzen. Eine Funktion (im neuen Sinn) ist eine Äquivalenzklasse von Beschreibungen (z.B. sind äquivalent:

$$f(x) = \sum \frac{x^{2n+1}}{(2n+1)!}(-1)^n; \; \iota_f: f''+f = 0$$

d.h. die Lösung der Differentialgleichung $f'' + f = 0$ mit den Randbedingungen $f(0) = f(2\pi) = 0$ und $f(\frac{\pi}{2}) = 1$, die Kurve ∿ oder eine Wertetabelle[66)]

Nach Abschluß dieser Abstraktion sind wir berechtigt zu sagen:
Alle die genannten *Beschreibungen* (und möglicherweise noch viele andere äquivalente) *beschreiben ein und dieselbe Funktion*. Die Äquivalenzklasse wird mit λ_x sin x oder auch sin (__) bezeichnet. Der *intensionale Charakter* des Eulerschen Funktionsbegriffes wird durch die Abstraktion beseitigt.

Schwierigkeiten und Probleme

1. Die Umkehrung dieses Abstraktionprozesses, also die Angabe eines (oder vieler) Repräsentanten zu einer Äquivalenzklasse - die *Darstellung* im Sinne von Thiel (vgl. THIEL, 1972; 82-96 und Stichwort "Darstellung", Autor Christian Thiel, in ENZYKLOPÄDIE I, 1980) - bereitet nun Probleme: eine abstrakt beschriebene Funktion braucht ja nicht mit vorgegebenen Mitteln repräsentierbar zu sein[67)].

2. Die fragliche *Äquivalenzrelation* bedarf einer weiteren *Klärung:*
   Ein erster Schritt hierzu ist die genaue Angabe der

---

66) Bei transzendenten Funktionen wie im vorliegenden Beispiel der Sinusfunktion müßte eine solche Tabelle natürlich unendlich viele (es genügen die abzählbar vielen rationalen Stellen, wenn man die Erweiterung als stetig fordert) Argumente und Werte enthalten.

67) Die Problematik der Darstellbarkeit willkürlicher Funktionen wird in II 4.1 ausführlich erörtert.

"Bestandteile" einer Funktionsbeschreibung (Definitionsbereich, Ziel, Zuordnungsvorschrift). Dann läßt sich im zweiten Schritt folgendes bestimmen:

Zwei Beschreibungen (im alten Sinne) f_1 und f_2 heißen <u>äquivalent</u> (im Zeichen $f_1 = f_2$), wenn gilt:

- f_1 und f_2 sind <u>genau</u> an denselben Stellen x definiert (ihre Definitionsbereiche stimmen überein: $Def_{f_1} = Def_{f_2}$),
- für alle Stellen (Argumente) x, für die f_1 (und damit automatisch auch f_2) definiert ist, gilt: $f_1(x) = f_2(x)$ (die Werte von f_1 und f_2 stimmen überein).

Dabei muß der Terminus "definiert" u.U. adäquat interpretiert werden: er kann auch so komplexe Tatbestände wie "die Reihe... konvergiert an der fraglichen Stelle" beinhalten.

In diesem Sinne sind äquivalent:

a) $f_1(x) = \sum \frac{x^{2n+1}}{(2n+1)!} (-1)^n$

b) $f_2 := \iota_f : f'' + f = 0$ (unter den genannten Randbedingungen)

c) 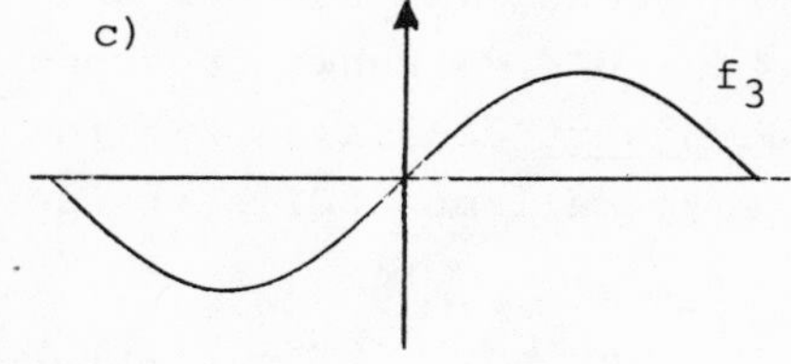

(in diesem Fall treten offenkundig schon erhebliche Probleme auf: wie soll man "sehen", daß die Werte von f_1 bzw. f_2 mit denen von f_3 übereinstimmen?)

d) f_4 sei ein "physikalisches Modell" - etwa eine schwingende Saite oder ein Pendel.

3. Unsere Betrachtungen haben gezeigt, daß der Übergang vom genetischen Funktionsbegriff zum Begriff der willkürlichen Funktion als eine Abstraktion aufgefaßt werden

kann. Eines ähnlichen Verfahrens bediente sich in jüngster Zeit Lorenzen, um in seinem konstruktiven Aufbau der Analysis (LORENZEN, 1965) Funktionen einzuführen. Er gewinnt Funktionen als "Termabstrakte" (LORENZEN, 1965; 20-22). Während jedoch bei Lorenzen die Bestandteile, aus denen Terme aufgebaut werden dürfen, genau festgelegt sind nach ihrer Art, wenn auch nicht nach ihrem Umfang, war es gerade dieser Punkt, der in der Entwicklung der Analysis zu Schwierigkeiten und Diskussionen führte (vgl. II 4.1).

Weiter haben wir gesehen, daß nicht nur Terme, sondern auch graphische Darstellungen etc. als Repräsentationen einer Funktion zugelassen wurden. In Lorenzens Aufbau, der eben ein rein arithmetischer ist, wird der Graph einer Funktion erst als Darstellung einer bestimmten Menge eingeführt. Die ursprünglich gegebene Gleichberechtigung der geometrischen Repräsentation innerhalb der Analysis ist also verlorengegangen.

4. Auch auf der Beschreibungsebene der Metatheorie ist Anschauung, wenn auch nur im eingeschränkten Sinne von Markenwahrnehmung, erforderlich. Darin liegt gerade die vermeintliche Stärke des formalistischen Ansatzes:
   - die Symbole der Beschreibungsebene sind uns nur anschaulich (wahrnehmend) gegeben; die Markenwahrnehmung ist als rudimentärste Anschauungsart über alle Zweifel erhaben[68]; aus der Sicht des Formalismus zeichnet die

68) Vgl. hierzu HILBERT, 1964c; 89:
"Soll das logische Schließen sicher sein, so müssen sich diese [d.s. seine Objekte] vollkommen in allen Teilen überblicken lassen und ihre Aufweisung, ihre Unterscheidung, ihr Aufeinanderfolgen oder Nebeneinandergereihtsein ist mit den Objekten zugleich unmittelbar anschaulich gegeben als etwas, das sich nicht noch auf etwas anderes reduzieren läßt oder einer Reduktion bedarf. ... Und insbesondere in der Mathematik sind Gegenstand unserer Betrachtung die konkreten Zahlen selbst, deren Gestalt unserer Einstellung zufolge unmittelbar deutlich und wiedererkennbar ist."

letzte Eigenschaft die Markenwahrnehmung vor anderen Weisen der Anschauung, die den schematischen Charakter der Zeichen miteinbeziehen, aus.

Zugleich wird hier aber die Pointe des (formalistischen) Ansatzes deutlich: Da die Zeichen der Beschreibungsebene der Metastufe nur noch reine Symbole ("bedeutungsleere Zeichen"; "Gestalten" nach REIDEMEISTER, 1945; 200; "Symbole von einer systematischen Vieldeutigkeit" bei BECKER, 1927) sind, ist deren Beziehung zum von ihnen bezeichneten Gegenstand definitorischer Art[69]:

Diese ist rein konventionell (und bedarf somit keiner anschaulichen Rechtfertigung).

Folglich kann nur über diejenigen Eigenschaften verfügt werden, die in der Definition festgelegt werden (z.B., um beim Funktionsbegriff zu bleiben, die Linkseindeutigkeit der zugrundegelegten Relation). Anders gesagt: das Funktionssymbol als schematischer, eine beliebige Funktion vertretender Buchstabe "enthält" nur diejenige Information, die im Funktionsbegriff selbst (vermöge seiner definitorischen Einführung) enthalten ist. Bei ikonischen Zeichen liegen die Verhältnisse anders (s. II 4.3.4).
Implizit ist in dieser Position eine Fehlertheorie für die Mathematik in ihrer älteren Fassung enthalten:

Fehler konnten sich dort einschleichen, weil die Beziehung der Ebenen nicht eindeutig - und das heißt im Sinne dieser Kritik: nicht arm genug - waren. So ent-

69) Es kann sich hierbei um eine "Definition durch Abstraktion" handeln, wie wir sie am Beispiel des Funktionsbegriffes gesehen haben. Im allgemeinen wird der Funktionsbegriff definiert und dann werden Symbole als Bezeichnungen eingeführt ("es sei f eine Funktion" - man spricht auch in diesem Fall von "Definition eines Symbols").

stand die Illusion, von der Beschreibungsebene her auf Eigenschaften der Gegenstände zurückschließen zu können.

Die Marken der Beschreibungsebene, die ja Gegenstände von G_2 sind, sind prinzipiell - d.h. innerhalb empirisch gesetzter Grenzen - genau erkennbar. Die Beziehung Marke/bezeichneter Gegenstand geht jedoch über eine solche Wahrnehmung hinaus und gilt darum (z.B. bei Hilbert) als unsicher: sie bedarf begrifflicher Hilfsmittel (allerdings nur ihrer Darstellung)[70].

Der Formalismus - im Hilbertschen Sinne - beinhaltet also eine syntaktische[71] Reduktion der Anschauung auf Markenwahrnehmung.

Es entsteht somit die Frage:
Wie ist aus einem formalistischen Verständnis von Mathematik die Möglichkeit erklärbar, mit ihrer Hilfe inhaltliche Erkenntnisse zu gewinnen?
Wir wollen dieses Problem als das Anwendungsproblem[72] bezeichnen. Wir werden darauf in Teil III dieser Untersuchung zurückkommen.

---

70) Die Beziehung Marke/Schema im Falle eines Ikons ist nicht begrifflicher, sondern anschaulicher Natur. Die Hilbertsche Untersuchung wird nur reinen Symbolen gerecht.

71) Damit ist gemeint: die Anschauung von Zeichen wird auf die Wahrnehmung der physikalischen Marken reduziert. Für den Formalisten sind darüber hinaus auch die räumlichen Beziehungen der Marken zueinander von Bedeutung, weshalb auch von einer Reduktion auf das Syntaktische gesprochen werden kann.

72) Da Hilbert selbst sein Formalismusprogramm in erster Linie als Rettungsversuch für die klassische Mathematik verstand (und weniger als eine umfassende Philosophie der Mathematik), war diese Frage für ihn wohl nur zweitrangig. Hilbert ging von einer voll entwickelten Mathematik als historischem Faktum aus, deren Inhalte zum Zwecke der Absicherung gegen Widersprüche vorübergehend "vergessen" werden sollten.

4. Diskussion um die "willkürlichen Funktionen"

Die Entdeckung der Monster hatte, wie wir bereits gesehen haben, gezeigt, daß der Dirichletsche Funktionsbegriff nicht alle Eigenschaften aufweist, die man auf der heuristischen Ebene erwartete. Es erhoben sich folgende Fragen:

- Ist es sinnvoll, einen derartig weiten Funktionsbegriff zu verwenden? Muß nicht vielmehr der Bereich aller Funktionen eingeschränkt werden auf einen Bereich von "vernünftigen" Funktionen? Was aber soll "vernünftig" dann bedeuten?
- Wie muß das Verhältnis von Anschaulichkeit und willkürlicher Funktion bestimmt werden? Lassen sich die Funktionen in anschauliche und nichtanschauliche einteilen?
- Wie ist es zu erklären, daß die Monster in ihrem Verhalten so stark von den anschaulich gewonnenen Erwartungen abweichen?

Diese Probleme wurden in verschiedenen Kontexten diskutiert. Wir geben zuerst die in der französischen "funktionentheoretischen Schule" geführte Diskussion wieder, die sich hauptsächlich mit der ersten Frage auseinandersetzte. Dann betrachten wir die Auseinandersetzung zwischen Alfred Köpcke, Felix Klein, Christian Wiener u.a., bei der es um Anschaulichkeitsprobleme ging. ("Die deutsche Diskussion"). Es folgen Abschnitte über Felix Kleins Unterscheidung von Approximations- und Präzisionsmathematik sowie über H. Hahns These von der "Krise der Anschauung". Den Abschluß dieses Kapitels bilden einige Ausführungen über das Logisierungsprogramm, das sich nach Hahn als Konsequenz aus der Krise der Anschauung ergibt und über Oskar Beckers Analysen zur Leistungsfähigkeit der Anschauung.

4.1 Die "französische Diskussion" (Berechenbarkeit und Darstellbarkeit "willkürlicher" Funktionen)

In dieser Diskussion, die nach der Jahrhundertwende in der französischen "funktionentheoretischen Schule"[73] geführt wurde und deren wichtigste Protagonisten Borel, Lebesgue und Baire waren, ging es um folgende Fragen:

Wann ist eine Funktion als wohldefiniert zu betrachten?

und

Lassen sich die Beschreibungs- (Darstellungs-)mittel für Funktionen so einschränken, daß man nur "vernünftige" Funktionen erhält?

Die erste Frage wurde von Lebesgue so beantwortet:

"Un objet est défini ou donné quand on a prononcé un nombre fini de mots s'appliquant à cet objet et à celui-là seulement; c'est à dire quand on a nommé une propriété charactéristique de l'objet."

(LEBESGUE, 1905; 205)

Als Beispiele wohldefinierter Funktionen gibt Lebesgue an: "Ist f(x) eine Funktion, so sei F(x) diejenige Stammfunktion von f(x), die an der Stelle Null verschwindet" und "f(x) sei Null oder Eins, je nachdem ob die Eulersche Zahl rational ist oder nicht." Die Definition einer

---

73) Diese Bezeichnung leitet sich von einer Buchserie ab, die Emile Borel unter dem Titel "Collection de monographies sur la théorie des fonctions", auch als "Collection Borel" bekannt, herausgab. In ihr veröffentlichten die an der dargestellten Diskussion beteiligten Autoren mehrere Werke. Eine wichtige Quelle zu dieser Schule ist BOCKSTAELE, 1949.

Funktion[74] wird von Lebesgue als Kennzeichnung behandelt. Ihre wichtigsten Charakteristika sind deshalb

74) Eine "Funktion definieren" kann Verschiedenes bedeuten:

- "Funktion" ist definiert als linkstotale und rechtseindeutige Relation (diese Bedeutung spielt hier keine Rolle).
- Eine Funktion ist an allen Stellen ihres Definitionsbereiches definiert; hier stellt "ist definiert" ein Prädikat dar, das einer Funktion zu- oder abgesprochen werden kann.
- Eine Funktion kann durch Angabe eines darstellenden Terms definiert werden:

  $y = \sin(x), \qquad y = \sum \frac{(-1)^n}{(2n+1)!} x^{2n+1}$

  In diesem Falle muß sichergestellt werden, daß der definierende Term richtig gebildet ist (also daß in diesem Beispiel die Reihe konvergiert). Die Funktion ergibt sich als "Termabstrakt" (Lorenzen) aus dem gegebenen Term (wobei zwei Terme äquivalent heißen, wenn sie für alle Argumente die gleichen Werte liefern). Hier wird "Definition" metamathematisch gebraucht, da das Verhältnis zweier mathematischer Gegenstände (nämlich Funktion und Term) zueinander ausgedrückt wird; "wird definiert durch" ist demnach eine zweistellige Relation.
- Eine Funktion kann auch durch ein Prädikat definiert werden (im metamathematischen Sinn): z.B.

  $$f(x) = \begin{cases} x & \text{wenn P wahr ist,} \\ -x & \text{sonst} \end{cases}$$

  (P ist ein Prädikat, etwa "es gibt Fermatsche Zahlen" oder "es gibt eine größte Primzahl")

  (Borel nannte solche Definitionen "enigmatisch", um darauf aufmerksam zu machen, daß hier ein "Rätsel" gelöst werden muß, um genaue Kenntnis von der Funktion zu erlangen). Borels Kritik zielte hauptsächlich auf diese Form der Definition ab: sollte es prinzipiell unlösbare Rätsel geben, so wären enigmatische Definitionen offensichtlich problematisch. Während Borel anscheinend dieser Meinung war, sah Lebesgue hier nur ein Problem unseres aktuellen Wissensstandes. Lebesgue wies jedoch nach, daß auch die zuvor geschilderte Definitionsart zu Schwierigkeiten führen kann (s. unten). In den beiden letzten Fällen wird die Relation, die die Funktion definiert (im Sinne von "die die Funktion per definitionem ist"), nicht explizit angegeben. Sie muß vielmehr erst aus der gegebenen Darstellung erschlossen werden (und das ist keineswegs immer möglich, wie das letzte der obigen Beispiele zeigt!). Der Problemkreis "Kennzeichnungen und Existenz" wurde bereits in II 2 angesprochen.

Existenz und Eindeutigkeit des gekennzeichneten Gegenstandes (hier: der Funktion). Diese werden von der Kennzeichnung präsupponiert, können aber nicht von ihr garantiert werden. Darüberhinaus muß die Kennzeichnung so beschaffen sein, daß Existenz und Eindeutigkeit des zu kennzeichnenden Objektes nicht von vorne herein ausgeschlossen sind. Aus diesem Grunde muß sie widerspruchsfrei sein. Um die Eindeutigkeit der Kennzeichnung sicherzustellen, dürfen nur solche Prädikate P in ihr gebraucht werden, die eindeutig sind, d.h. für die gilt:

$$P(x) \wedge P(y) \longrightarrow x = y$$

Hieraus wird deutlich, daß Lebesgue den traditionellen Standpunkt der Mathematiker des 19. Jahrhunderts vertrat, was ihn zu einer (wenn auch nicht so weitreichenden wie bei Borel) Opposition gegen die Entwicklungen des 20. Jahrhunderts führte. Diese zeigt sich am berühmten Beispiel des Zermeloschen Auswahlaxioms, das (grob gesprochen) besagt, daß es zu jedem System von Mengen eine Funktion gibt, die aus jeder Menge ein Element auswählt. Nehmen wir als Beispiel die Potenzmenge der reellen Zahlen. Dann gibt es nach Zermelo eine Funktion α , die folgendermaßen zu beschreiben ist:

$$\begin{aligned} \alpha: \quad \mathcal{P}(\underline{R}) &\longrightarrow \underline{R} \\ X &\longmapsto x \in X \end{aligned}$$

Solche Funktionen sind aber im Sinne Lebesgue nicht definiert, da es keine Möglichkeit gibt, α durch eine eindeutige Eigenschaft zu kennzeichnen (hierzu müßte man vermutlich die Werte x der Funktion α expliziter angeben). Man vergleiche hierzu die konträre Position von H. Cartan (in II 4.3.3 Nachtrag II). Selbst eine Kennzeichnung im eingeschränkten Sinne Lebesgues braucht noch nicht den

"Zugang" zu der fraglichen Funktion zu garantieren, wie das folgende einfache Beispiel zeigt:

$$f(x) = \begin{cases} x & \text{wenn die Goldbach'sche Vermutung wahr ist,} \\ -x & \text{sonst} \end{cases}$$

(Während im Falle der Auswahlfunktion α keinerlei Information über die Funktionswerte vorliegt, ist bei f hingegen klar, daß es sich um x oder um -x handeln muß. Nur ist nicht entscheidbar, welche dieser beiden Alternativen zutrifft. Daraus folgt, daß die Eindeutigkeit von α postuliert werden muß, die von f hingegen bewiesen werden kann.)

An derartigen "künstlichen" Gebilden entzündete sich Borels Kritik. In einer Besprechung der Dissertation von Baire (1899), in der ihr Autor eine Klassifikation der Funktionen nach ihrer Darstellbarkeit geliefert hatte[75], schreibt Borel:

"On peut se demander si la classification de M. Baire n'est pas purement idéale, c'est-à-dire s'il existe effectivement des fonctions dans les diverses classes définies par M. Baire ...; mais il est tout d'abord nécessaire d'insister un peu sur ce que l'on doit appeler un fonction définie. Il est, en effet, aisé de voir qu'il existe des fonctions de classe supérieure à un nombre quelconque (fini ou transfini) donné d'avance; ...
Mais ce raisonnement basé sur les puissances a un grave défaut: il nous apprend bien qu'il y a des fonctions de F qui n'appartiennent pas à E, mais il nous ne donne pas le moyen d'en définir une, c'est-à-dire d'en désigner une de telle manière que deux personnes, différentes, lorsqu'elles parlent de cette fonction, soient certaines qu'elles parlent de la même."

(BOREL, 1905; 156)

Dieser Position blieb Borel sein Leben lang treu: die letzte Bemerkung findet sich fast wörtlich wiederholt in einem

75) Der Inhalt dieser Arbeit wird weiter unten ausführlicher dargestellt.

Beitrag zu Le Lionnais' Sammelband "Les grands courants de la pensée mathématique" von 1948[76].

Borel möchte - abweichend von Lebesgue - die Möglichkeiten zur Definition von Funktionen noch weiter einschränken: eine Funktion darf nach seiner Meinung nur dann als wohldefiniert (Borel spricht von "effektiv definiert") betrachtet werden, wenn feststellbar ist, ob sie mit einer anderen Funktion identisch ist oder nicht[77]. Dies ist in

---

76) Siehe BOREL, 1948; 30 f.

77) Nach Borel ist eine Funktion (metamathematisch) "wohldefiniert", wenn ihre Funktionswerte (innermathematisch) "wohldefiniert" sind - was wiederum bedeutet, daß sie mit beliebiger Genauigkeit berechenbar sein sollen. Dies kann (muß aber nicht - s.u.) durch einen darstellenden Term gewährleistet werden. Hierzu schreibt Borel:

> "... on entend une fonction qui puisse être effectivement defini, c'est-à-dire telle que l'on puisse, par un nombre limité d'opérations, calculer, avec une approximation donnée, sa valeur pour une valeur donnée de la variable."
>
> (BOREL, 1950; 17)

Damit geraten die reellen Zahlen selbst (als Argumentbereich von Funktionen) und die damit verbundene "numerische Auffassung" der Variable (du Bois-Reymond; gemeint ist die Ansicht, wonach jede reelle Zahl als Individuum behandelt werden darf) in den Blick, wie sie erstmals in Dirichlets Monster zum Ausdruck kam:

> "Pouvons-nous, en effet, concevoir la fonction discontinue la plus générale d'une variable réelle (...)? Il est nécessaire, en effet, pour donner une telle fonction de donner sa valeur pour toutes les valeurs réelles de la variable. Or, cet ensemble de valeurs n'étant pas dénombrable, il n'est pas possible d'indiquer un procédé qui permettra de les avoir toutes, ..."
>
> (BOREL, 1950; 108)

Funktionen können auch - wie wir oben gesehen haben - durch Prädikate (also nicht durch Terme) definiert werden. Dann sollten nach Borel nur entscheidbare Prädikate zugelassen werden. Der problematische Begriff "entscheidbar" wird von Borel hauptsächlich negativ

Fortsetzung s. nächste Seite

unserem obigen Beispiel nicht der Fall, denn es ist derzeit nicht entscheidbar, ob f(x) mit der Identitätsfunktion übereinstimmt. Borel fordert die Berücksichtigung der Gegebenheitsweise (im Sinne Freges) der zu definierenden Funktion[78]. Ob eine Funktion wohldefiniert im Sinne Borels ist, hängt von den gewählten Beschreibungsmitteln ab (und ist demnach eine intensionale Eigenschaft). Borel erläuterte 1948 im bereits genannten Beitrag die Wichtigkeit der Beschreibungsmittel an einem anderen Beispiel. Es seien folgende Zahldarstellungen gegeben:

$$s = 1 - \frac{1}{3} + \frac{1}{5} - \frac{1}{7} + \ldots$$ (das ist die Arcustangens-Reihe an der Stelle 1)

und

$$t = \int_0^1 \sqrt{\frac{1}{1 - y^2}}\, dy$$ (das ergibt arc sin(1) - arc sin(0))

Dann ist $s = \frac{\pi}{4}$ und $t = \frac{\pi}{2}$; also $2s = t$. Andererseits entstehe die Zahl x aus der Dezimalbruchentwicklung von π dadurch, daß man in dieser die milliardste Stelle abändert. Borel schreibt nun:

---

77) Fortsetzung der vorhergehenden Seite

charakterisiert, nämlich als "nicht enigmatisch". Dabei bedeutet enigmatisch:

"... énigmatique, c'est-à-dire qui supposent résolue une énigme dont nous n'avons pas le chef."

(BOREL, 1948; 33)

78) Das hat Lebesgue bereits deutlich ausgesprochen:

"M. Borel voit une grande différence entre ses définitions et les miennes, parce que je considère les fonctions et les ensembles en soi (c'est-à-dire, sans m'occuper de la façon dans ces fonctions et ensembles me sont données) tandis qu'il prétend raisonner uniquement sur les êtres données d'une certaine manière."

(LEBESGUE, 1918; 197)

"La grande différence qu'il y a entre la comparaison entre 2s = t et la comparaison entre x et π, c'est que dans le premier cas, nous avons affaire à des nombres définis d'une manière simple, au moyen de formules qui peuvent s'énoncer en peu de mots, tandis que le nombre x se déduit de π d'une manière artificielle et la définition même de x entraîne le fait que x n'est pas égal à π."

(BOREL, 1948; 32)

Die Verschiedenheit von x und π wird durch die Definition von x selbst schon erzeugt. Deshalb ist sie trivial. Hingegen ist die Einsicht, daß 2s = t gilt, eine wirkliche Entdeckung. Die Definition von x ist künstlich im Gegensatz zu der von s oder t. Damit teilt sie ein wesentliches Merkmal mit den "enigmatischen" Definitionen, wie wir sie bei Funktionen kennengelernt haben. Borel war davon überzeugt, daß "künstliche" Begriffsbildungen in der Mathematik keinen wirklichen Nutzen haben können und deshalb höchstens ein theoretisches Interesse beanspruchen dürften. Denn nur solche Begriffsbildungen sind nach Borel von Nutzen, die eine (nicht weiter spezifizierte) "Effektivität" garantieren:

"L'idée qui m'a guidé est l'utilité qui me paraît évidente de distinguer entre les calculs qui peuvent être réellement effectués et ceux qui ne peuvent pas l'être. Les premiers, seuls, sont actuellement utilisables dans les applications des Mathématiques."

(BOREL, 1905; 161)

Wie aber kann festgestellt werden, ob eine bestimmte Definition "effektiv" (und deshalb "natürlich") ist? Wir stoßen hier auf das Kernproblem der Borelschen Position. Dieser schreibt hierzu:

"La démarcation ["entre les êtres réels et normaux, qui se présentent naturellement et les monstres artificiellement créés, ou entre les êtres réels et les êtres possibles"] est délicate, et, en certains régions, ne serait pas actuellement facile à préciser; c'est néanmoins dans cette direction seulement que l'on arrivera à faire de la théorie des fonctions une discipline entièrement cohérente."

(BOREL, 1912; 145 f.)

Da es ein schwieriges Problem ist, den Begriff "Entscheidbarkeit eines Prädikates" zu präzisieren, liegt es nahe, einen Ausweg über die Darstellung einer Funktion durch einen Term zu suchen. Damit stellt sich die Frage, ob die analytische Darstellung schon die "effektive Definitheit" - also die Berechenbarkeit der Funktionswerte - garantiert. Lebesgue befaßte sich näher mit dieser Problematik. Er betrachtete das uns bereits bekannte Monster von Dirichlet in der Form

$$\chi(x) = \lim_{n} (\lim_{m} (\cos m!\, \pi x)^{2n})$$

(die keine explizite Fallunterscheidung enthält!).

Die Bestimmung des Funktionswertes (0 bzw. 1) hängt davon ab, ob wir von einer gegebenen reellen Zahl x entscheiden können, ob sie rational ist oder nicht. Es zeigt sich, daß in diesem Fall die Kenntnis des analytischen Ausdrucks noch nicht die Berechenbarkeit der Funktionswerte garantiert[79].

---

79) "Il ne faudrait d'ailleurs pas croire qu'une fonction est nécessairement mieux définie quand on donne une propriété charactéristique de l'ensemble y, x_1, x_2, ..., x_n, car une telle propriété ne permet pas en général de calculer y. Par exemple, la fonction $\chi(x)$, ..., qui admet même une représentation analytique connue, n'est pas connue pour x = C, bien que l'on sache calculer C avec autant de décimales que l'on veut et, si nous la connaissons pour $x = \pi$, ce n'est pas son expression analytique qui nous la fait connaître."

(LEBESGUE, 1905; 205)

Also - so schließt Lebesgue - ist die Forderung nach analytischer Darstellbarkeit überflüssig; denn man grenzt durch diese Beschränkung nicht ausschließlich berechenbare Funktionen ein.

Lebesgue hatte sich in seiner Abhandlung (LEBESGUE, 1905) auch mit der Frage beschäftigt, welche Funktionen überhaupt eine analytische Darstellung besitzen. Er setzte damit die Untersuchungen von R. Baire fort, der 1899 folgende Klassifikation der Funktionen hinsichtlich ihrer Darstellbarkeit veröffentlichte[80]:

- Klasse 0: sie besteht aus allen stetigen Funktionen;
- Klasse 1: sie besteht aus allen Funktionen, die punktweise (!) Limes von stetigen Funktionen sind und die nicht zur Klasse 0 gehören;
- Klasse 2: sie besteht aus allen Funktionen, die punktweise Limes von Funktionen der Klasse 1 sind aber nicht zu dieser gehören. usw.

Mit Hilfe des Cantorschen Diagonalverfahrens gelang es Baire zu zeigen, daß sich ausgehend von einer beliebigen Klasse durch Limesbildung neue Funktionen gewinnen lassen, die nicht zu dieser Klasse gehören.

Das Bairesche Resultat war insofern negativ, als es zeigte, daß es in seiner Klassifikation keine Klasse von Funktionen gibt, die für sich ausschließlich die Darstellbarkeit reklamieren könnte. Die stetigen Funktionen sind als Limites von Polynomen darstellbar (Satz von Weierstraß); Grenzwertbildung ist aber bei der analytischen Darstellung zulässig. Also sind alle stetigen Funktionen darstellbar. Die

80) Die erste Klassifikation von Funktionen scheint Dirichlet vorgenommen zu haben - nämlich in "entwickelbare" = "stückweise monotone" und sonstige. (vgl. BOCHNER, 1970; 11). Andere Klassifikationen gaben DU BOIS, 1875 und JOURDAIN, 1905.

Funktionen erster Klasse sind Grenzwerte der stetigen Funktionen und damit darstellbar usw. Man erhält so eine aufsteigende Hierarchie immer komplizierterer Darstellungen: eine Funktion der n-ten Klasse ist als n-facher Limes stetiger Funktionen dargestellt.

Lebesgue gelang es darüber hinaus zu zeigen, daß es nichtdarstellbare Funktionen gibt. Auch er benützte entscheidend die Methoden der Mengenlehre, nämlich den Vergleich von Mengen bezüglich ihrer Mächtigkeit. Damit war - wenn auch nicht auf konstruktivem Weg[81] - gezeigt, daß der Eulersche ("Funktion als analytischer Ausdruck") und der Dirichletsche ("Funktion als Zuordnung") Funktionsbegriff in der Tat verschieden sind (es gibt mindestens eine Funktion im Sinne Dirichlets, die nicht Funktion im Sinne Eulers ist!).

Erst dieses Ergebnis rechtfertigt vollständig die Rede von "Verzicht auf Darstellbarkeit" (THIEL, 1972; 82 f.), der nach Thiel mit dem neuen Funktionsbegriff verbunden ist.

Als Alternative zum Funktionsbegriff im Sinne Dirichlets verstand Borel seine Definition der "fonction calculable":

"Nous dirons qu'on nombre α est calculable lorsque, étant donné un nombre entier quelconque n, on sait obtenir un nombre rationnel qui diffère de α de moins de 1/n.

---

81) Borel kommentierte einige Jahre später die Arbeiten von Lebesgue und Baire:

"C'est cette quasi-impossibilité d'établir une démarcation précise entre les êtres analytiques regardés comme 'simples' et les autres, qui a été l'origine des travaux qui ont considérablement accru nos connaissances en Analyse. Ces travaux étaient nécessaires; ... Mais il est permis de penser que le but définitif de ces recherches pathologiques doit être la délimination des fonctions considérées comme saines. Là encore, nous nous heurtons à des difficultés qui sont loin d'être résolues."

(BOREL, 1912; 159)

Nous dirons qu'une fonction est calculable, lorsque sa valeur est calculable pour toute valeur calculable de la variable."

(BOREL, 1912; 166)

(Die "berechenbaren Zahlen" können mit den konstruktiv-reellen Zahlen identifiziert werden.) Es ergibt sich sofort, daß die "fonctions calculables" stetig sein müssen für alle berechenbaren Zahlen. Damit haben sie ein wesentliches globales Merkmal mit den Funktionen im Eulerschen Sinne gemeinsam. Borel war überzeugt, daß nur seine "fonctions calculables" eine praktische Bedeutung besäßen.

Ein wichtiges Ergebnis der Baireschen Arbeit war, daß die analytische Darstellbarkeit viel von ihrer ursprünglichen Bedeutung verlor: es hatte sich gezeigt, daß sie als abgrenzendes Merkmal zwischen "vernünftigen" und "unvernünftigen" Funktionen untauglich ist[82]. Damit war der einzige Vorschlag zur Beschränkung der Beschreibungsmittel zurückgewiesen. O. Becker faßt dieses Resultat zusammen:

82) Ähnliches hatte Hankel bereits 1870 vermutet:

"Aber man ist geneigt zu vermuten, daß wenn der ältere Eulersche Begriff zu Grunde gelegt, und unter einer Function nur eine in Rechenoperationen gesetzmäßig dargestellte Grössenbeziehung verstanden wird, die so definirten Functionen einen engeren, in sich organisch abgeschlossenen Kreis bilden möchten, dem eine Anzahl gemeinsamer Eigenschaften allerdings zukäme, ... z.B. Stetigkeit, Differenzierbarkeit - bei allen diesen Eigenschaften einzelne singuläre Punkte ausgenommen. Diese Vermuthung hat sich nicht bestätigt. ... Kurz: Jene beiden Begriffe der Functionen, so verschieden sie auf den ersten Blick zu sein scheinen, haben sich insofern wesentlich verschieden nicht erwiesen, als wir Functionen aller möglichen Arten durch analytische Formeln darzustellen im Stande waren."

(HANKEL, 1870; 99)

(Allerdings geht Hankel bei seiner Bemerkung von der irrigen Annahme aus, er hätte eine nirgends stetige Funktion konstruiert - Hankels "total unstetige Functionen", vgl. HANKEL, 1870; 97)

"Der Dirichletsche Funktionsbegriff dient also nur als allgemeines Schema; ...; die konkret verwertbaren Funktionen müssen in irgend einer Weise konstruiert werden. Dabei ist allerdings eine Grenze für die möglichen Konstruktionsmittel nicht zu setzen ... Trotzdem erreichen die Konstruktionen nicht die abstrakte 'Nominaldefinition'."

(BECKER, 1927; 598)

Der schon bei Euler angelegte Dualismus von functio continua/functio discontinua findet so seine moderne Fortsetzung. Die dargestellte Diskussion ist "die historisch frühere Stufe des modernen [1927!] Streites zwischen Intuitionismus (der den konstruktiven Funktionsbegriff hat) und Formalismus (der die abstrakt-schematische Definition wählt)" (BECKER, 1927; 598).

Zusammenfassung:

Borels Vorschläge zur Verschärfung des Definitionsbegriffes und des Funktionsbegriffes etc. blieben weitgehend wirkungslos. Ein Grund hierfür liegt darin, daß seine Bemühungen nie systematisch angelegt waren. Im Gegensatz etwa zu den Intuitionisten versuchte Borel nicht, einen neuen und seinen Anforderungen gemäßen Aufbau der Analysis von Grund auf anzubieten. Er begnügte sich vielmehr mit vagen Termini wie "natürlich", "effektiv", "berechenbar" usw. mit deren Hilfe er innerhalb der vorhandenen Analysis Abgrenzungen vornehmen wollte. Brauchbare Präzisierungen der fraglichen Begriffe wurden erst in den 30er Jahren durch Church, Turing u.a. gegeben.

4.2 Die "deutsche" Diskussion

In den Jahren nach Bekanntwerden des Weierstraß'schen Monsters entspann sich in Deutschland eine Diskussion über die Rolle der Anschauung in der Mathematik. Auf den folgenden Seiten werden die Positionen von Felix Klein und Alfred Köpcke dargestellt. Beiden gemeinsam ist die Tendenz, der Anschauung einen Wert für die Mathematik zuzubilligen. Dies geschieht allerdings mit verschiedenen Begründungen.

Während Köpckes Beitrag isoliert stehen blieb, reiht sich Kleins Auffassung ein in die Versuche einer empiristischen Grundlegung der Geometrie, wie sie vor allem mit dem Namen Moritz Pasch verbunden sind.

Die sowohl gegen Klein als auch gegen Köpcke gerichtete Auffassung wird im nächsten Abschnitt dargestellt werden an Hand eines Beitrages von Hans Hahn (1933). Daß verwandte Vorstellungen schon lange vor der Jahrhundertwende (hauptsächlich im Arithmetisierungs- und Logisierungsprogramm) wirksam waren, kann man den Andeutungen Felix Kleins entnehmen.

4.2.1 Kleins Theorie von Approximations- und Präzisionsmathematik

Den nachhaltigen Eindruck, den die Veröffentlichung von Weierstraß' Monster seinerzeit auf die mathematische Fachwelt ausübte, spürt man in den bereits zitierten Worten von Paul du Bois-Reymond (vgl. I 6.4). Auch die rasch einsetzende Diskussion um dieses Beispiel zeigt, daß es als sehr wichtig angesehen wurde. Als einer der ersten ergriff Felix Klein das Wort. Der junge Ordinarius hielt vor der physikalisch-medicinischen Societät zu Erlangen am 8.12.1873 (also noch vor der du Bois'schen Veröffentlichung!) einen Vortrag mit dem programmatischen Titel

"Über den allgemeinen Functionsbegriff und dessen Darstellung durch eine willkürliche Curve".

In ihm ist die Kleinsche Theorie der Approximations- und Präzisionsmathematik im Ansatz enthalten, die dieser in den folgenden Jahrzehnten immer wieder erläutert und verfeinert hat. Der Verfasser stellt sich ausdrücklich die Aufgabe, die Rätsel, die die aktuelle Entwicklung der Mathematik gebracht hatte, zu ergründen - vielleicht sogar zu lösen[83]. Klein fragt nach der Möglichkeit, wie weit eine Funktion anschauungsmäßig gegeben werden kann. Zuerst werden gezeichnete Kurven (man erinnere sich an Eulers "von freier Hand gezeichnete Kurven") betrachtet - empirische Objekte der Wahrnehmung also. Sie können eine Funktion nicht exakt repräsentieren,

"denn die Zeichnung sowohl als ihre spätere Beobachtung sind, wie alle derartigen Thätigkeiten, nur von approximativer Genauigkeit".

(KLEIN, 1873; 253)

Die Wahrnehmung allein einer Skizze kann nicht dazu zwingen, den gezeichneten Strich z.B. als Darstellung einer Parabel zu identifizieren. Dem kann auch nicht die Verwendung empi-

83) "...; aber es besteht kein Zweifel, daß er [der allgemeine Funktionsbegriff] , um völlig correct zu sein auf rein arithmetische Grundlage gestellt werden muß. Ich glaube, daß dies seither, auch nach Dirichlet's strenger Definition einer Function, noch nicht in hinreichendem Maasse geschehen ist. Und eben hierin scheint der Grund für die Schwierigkeiten zu liegen, die in so manchen Sätzen über willkürliche Functionen gefunden werden, wie z.B. in dem, dass es stetige Functionen ohne Differentialquotienten gibt."

(KLEIN, 1873; 249)

rischer Hilfsmittel abhelfen, etwa eines Längenmeßgerätes. Mißt man nämlich die Ordinate an einer Stelle x_0, so wird man feststellen, daß deren Wert zwischen zwei Grenzen - etwa $x_0^2 - \delta$ und $x_0^2 + \delta$ - liegt. Den "wahren" Wert erfahren wir auf diese Weise nicht.

Diesen Stand der Diskussion erreichte Platon im "Staat". Platons Ergebnis lautet:

Die Mathematik ist keine Naturwissenschaft.

Klein kann aber - auf der Basis der Errungenschaften der modernen Mathematik - weitergehen: er betrachtet im nächsten Schritt die geschilderte Skizze vom Standpunkt der Präzisionsmathematik[84]. Aus dieser Sicht muß die empirische Kurve als "Funktionsstreifen" beschrieben werden, der mit einer gewissen Breite um den "wahren" Funktionsgraphen "herumliegt". Der analytische Ausdruck eines Funktionsstreifens lautet:

$$y = f(x) \pm \delta \quad \text{wobei } 0 < \delta < r \text{ und } r \text{ eine feste Zahl ist.}$$

(Diese Darstellung setzt die Kenntnis der Funktionswerte f(x) voraus!) Die Zeichnung ist eine physikalische Realisierung des Funktionsstreifens. Der geschilderte Vorgang müßte rückwärts durchlaufen werden, wollte man aus einem Streifen die Funktion rekonstruieren. Wie wir bereits gesehen haben, ist eine solche Rekonstruktion nur mit empirischen Hilfsmitteln nicht ausführbar. Es müssen Kennt-

84) Die Präzisionsmathematik ist das "Rechnen mit den reellen Zahlen selbst", während die Approximationsmathematik aus dem "Rechnen mit Näherungswerten" besteht (KLEIN, 1928; 5). Man kann die Präzisionsmathematik mit der arithmetisierten Analysis gleichsetzen; die Approximationsmathematik hingegen umfaßt Fehlerrechnung, Geodäsie und darstellende Geometrie.

nisse hinzutreten, die es einem ermöglichen, im Streifen den Graphen zu identifizieren. Der Interpret der Zeichnung muß den Zeichencharakter derselben beherrschen und das in der Zeichnung ikonisch repräsentierte Schema identifizieren können.

Zur Wahrnehmung tritt im Falle der gelungenen Identifikation eine "normative Komponente" hinzu[85]. Neben den "von freier Hand gezeichneten Kurven" betrachtet Klein auch "gesetzmäßig erzeugte Kurven". Als Beispiel hierfür wählen wir die "Gärtnerkonstruktion" der Ellipse:

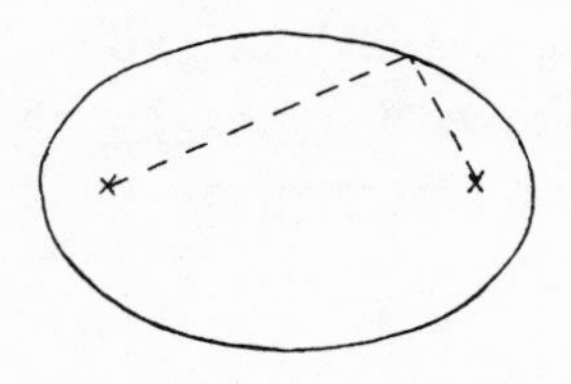

(Einen Funktionsgraphen erhält man z.B. durch Beschränkung auf den positiven Teil der Kurve

$$y = b\sqrt{1 - \frac{x^2}{a^2}}\ .)$$

85) Das geschilderte Problem ergibt sich z.B. in den Naturwissenschaften, wenn es darum geht, aus mit einem empirischen Fehler behafteten Material von Meßwerten das zugrundeliegende Gesetz zu erschließen. Die Meßwerte werden dazu durch "Fehlerbalken" dargestellt, durch die eine Kurve "möglichst gut" hindurchzulegen ist:

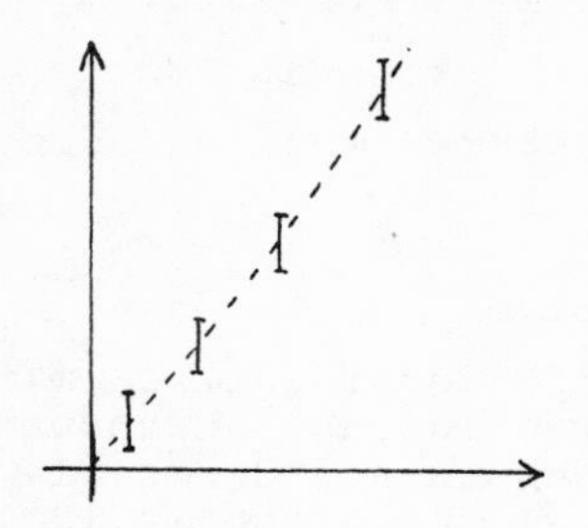

(Der oben von Klein betrachtete Fall unterscheidet sich von dem hier zugrundegelegten dadurch, daß dort ein ganzer, kontinuierlicher Funktionsstreifen gegeben war, während hier lediglich endlich viele "Fehlerbalken" bekannt sind.)

Um diese Interpolation nicht der Beliebigkeit anheimfallen zu lassen, hat sich seit Gauß die "Methode der kleinsten Quadrate" eingebürgert. Es ist in unserem Zusammenhang wichtig, daß diese Methode eine Norm beinhaltet, die über den empirischen Bereich hinausgeht. (Eine ausführliche Darstellung findet man in Felix Kleins "Elementarmathematik vom höheren Standpunkt aus"; Band III. = KLEIN, 1928.) Der Inhalt dieses Buches ist - bis

Diese Kurve bezeichnet genau das Funktionsverhältnis zwischen y und x, "sofern das Gesetz mitgetheilt wird" (KLEIN, 1873; 253). Hier ist es dieses Gesetz, das die Darstellung eindeutig werden läßt[86]. Mit ihm wird bereits der Bereich der Wahrnehmung verlassen, denn es ist nur begrifflich zu vermitteln.

Dies ist jedenfalls die Auffassung Kleins. In unsere Terminologie übersetzt geht es darum, den Zeichencharakter klar zu machen, was darauf hinausläuft, das Herstellungsverfahren für den Gegenstand "Ellipse" zu beherrschen. Dazu bedarf es keiner begrifflichen Hilfsmittel. Diese werden erst für das "Sprechen über" gebraucht. Das Ikon "Kurve" hingegen führt die Gesetzmäßigkeit <u>sinnlich</u> an. Klein vermengt in seiner Schilderung <u>Gegenstands-</u> und <u>Beschreibungskompetenz</u> miteinander.

Neben diesen Beispielen, die mit <u>Wahrnehmungen</u> zu tun haben, betrachtet Klein noch das bloße <u>Vorstellen</u>(im Sinne von "Phantasieren" - also <u>nicht</u> im Sinne Kants). Hieran sind keine empirischen Objekte beteiligt - es bedarf keiner materiellen Marken. Durch diese Unabhängigkeit von physikalischen Gegenständen scheint die Vorstellung im Gegensatz zur Wahrnehmung präzis sein zu können. Dem widerspricht Klein, wenngleich er einräumen muß, daß diese

---

85) Fortsetzung der vorhergehenden Seite

auf ergänzende Anmerkungen - weitgehend identisch mit dem von Kleins berühmter Anfängervorlesung "Anwendung der Differential- und Integralrechnung auf Geometrie (Eine Revision der Prinzipien)" (als Autographie 1902 in Leipzig publiziert), die in den Werken jener Zeit häufig zitiert wird.

86) Die gezeichnete Kurve ist in diesem Falle ein ikonisches Zeichen, das den Gegenstand "Funktion" repräsentiert, der als durch einen Term gegeben gedacht wird.

Frage wissenschaftlich nicht geklärt sei[87]. Nach Kleins Meinung ist durch Wahrnehmung und Vorstellung (die er in die Nähe von Kants "reiner Anschauung" rückt) der Bereich der Anschauung vollständig ausgeschöpft. Die gesamte Präzisionsmathematik bleibt damit der Anschauung verschlossen!

Es ist klar, daß aus einer solchen Sicht die Monster ihren pathologischen Charakter verlieren: sie sind bezüglich ihrer Anschaulichkeit von anderen Funktionen nicht unterschieden. Dies legte F. Klein 35 Jahre später in seinen bereits angesprochenen Anfängervorlesungen noch einmal ausführlich dar:

"Sei bezüglich eines Koordinatensystems x, y einerseits ein Kreis, andererseits eine Peano-Kurve durch die zugehörigen Formeln $x = \chi(t)$, $y = \psi(t)$ definiert. Besteht hinsichtlich unserer Fähigkeit, uns die so definierten Gebilde räumlich vorzustellen, in den beiden Fällen ein prinzipieller Unterschied? Ich glaube es nicht. Beidemal können wir uns durch Fixierung der Aufmerksamkeit auf einzelne Werte von t die Lage einzelner Punkte der in Betracht kommenden Gebilde in Gedanken, aber immer nur mit beschränkter Genauigkeit, festlegen; wir können uns auch, indem wir uns solcherweise benachbarte Punkte fixiert denken, mit beschränkter Genauigkeit die Richtung der Verbindungslinie vorstellen; aber an das Idealgebilde selbst kommen wir weder das eine noch das andere Mal mit unserer Vorstellung heran."

(KLEIN, 1928; 129 f.)[88]

---

87) Später kommentierte Klein:

"So wenig werden die wichtigsten Fragen behandelt, die auf den Grenzgebieten verschiedener Wissenschaften liegen."

(KLEIN, 1928; 18)

88) Er fügt hinzu:

"Dies ist meine Theorie von 1873. ... So lange man nicht einzelne Beispiele von Idealkurven ohne Differentialquotienten, wie die Weierstraßsche Kurve oder die Peanosche Kurve, eingehend überlegt hat, ist es unmöglich, über den Unterschied dieser Idealkurven von den gewöhnlich allein betrachteten Idealkurven

Kleins Betrachtungsweise (in der Präzisionsmathematik) ist a limine eine lokale: er fixiert einen Punkt der Kurve und fragt, "wie entwickelt sich die Kurve weiter?" Diese "dynamische" Betrachtung steht im Gegensatz zu der statischen Auffassung von Anschauung, die er zugrundelegt[89]. (Es muß beachtet werden, daß Klein jetzt die Frage von der Präzisionsmathematik her stellt, denn er nimmt von vorneherein die Funktionen als durch Formeln beschrieben an. Dann sucht er nach Veranschaulichungen für diese Formeln.)

Noch ungeklärt bleibt aber die Frage: "Warum empfinden wir die Weierstraß'sche Funktion als Monster, ein gewöhnliches Polynom aber nicht?" Was ist die Ursache dieser divergierenden Urteile? Kleins Antwort: sie liegt in einer unzulässigen Übertragung von Tatsachen der Approximations- in die Präzisionsmathematik.

Um eine solche Übertragung überhaupt vornehmen zu können, muß es eine Beziehung zwischen diesen beiden Bereichen geben. Stehen die Begriffsbildungen der Präzisionsmathematik bereits zur Verfügung, so lassen sich die Gegenstände der Approximationsmathematik - wie wir schon gesehen haben - mit diesen Hilfsmitteln beschreiben. So ist

---

88) Fortsetzung der vorhergehenden Seite

mit Differentialquotienten in eine philosophische Diskussion einzutreten."

(KLEIN, 1928; 130)

(Auf wen diese Kritik zielt, geht aus dem Zusammenhang nicht hervor.)

89) Besonders deutlich formulierte Paul du Bois-Reymond diesen Widerspruch:

"Alle derartigen pathologischen Functionen haben den gewöhnlichen Functionen gegenüber dieses gemein, dass man sich keine Gesichtsvorstellung von ihnen bilden kann. Die Schwankungen in jedem beliebig kleinen Intervall entsprechen eben keinem ruhigen scharfen Bilde."

(DU BOIS-REYMOND, 1882; 143)

z.B. der Funktionsstreifen das approximative Pendant für den Graphen einer Funktion.

Als Illustration für das Zusammenwirken von Approximationsmathematik und Präzisionsmathematik gibt Klein das folgende Beispiel:

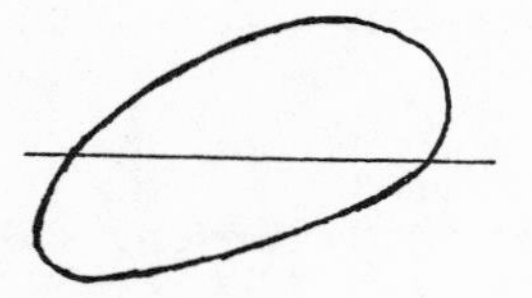

Er stellt die Frage:

> "Kann ich nun aus den gestaltlichen Verhältnissen der empirischen Kurve, die ich vor Augen sehe, auf entsprechende Eigenschaften der Idealkurve einen Schluß machen?"
>
> ...
>
> Ich darf also [da die Idealkurve etwas über die Wahrnehmung Hinausgehendes ist] nicht ausschließlich an die Anschauung appellieren. Vielmehr muß jeweils überlegt werden, ob sich bzw. weshalb sich die Dinge, die wir bei der empirischen Konstruktion sozusagen in grober Weise vor Augen sehen, vermöge der zugrunde gelegten Definitionen mit aller Schärfe auf das Idealgebilde übertragen."
>
> (KLEIN, 1928; 176 f.)

Auf unser Beispiel bezogen stellt sich u.a. die Frage, ob es beweisbar ist, daß die gesuchte Idealkurve ebenso wie die empirische genau zwei Nullstellen aufweist.

Klein zeigt, daß dies nur unter drei Voraussetzungen möglich ist:

1. Die Idealkurve muß als Jordankurve angenommen werden (d.h. als topologisches Bild der Kreislinie - insbesondere gilt also der Zwischenwertsatz).

2. Die Idealkurve soll in jedem Punkt eine bestimmte Richtung und Krümmung besitzen (also zweimal stetig differenzierbar sein).

3. Sie soll überall konvex sein und keinen Wendepunkt haben.

(1. und 2. gelten für alle Idealkurven, die empirische Kurven darstellen sollen; 3. bezieht sich auf das spezielle Beispiel)

Klein faßt das Wesentliche des Beweisganges folgendermaßen zusammen:

"Die empirische Figur dient zur Orientierung im groben; sie hat auch für die feineren Betrachtungen einen großen heuristischen Wert; schließlich muß aber der Beweis auf die Begriffsbildungen und Axiome der Präzisionsgeometrie zurückgehen."

(KLEIN, 1928; 177)

(Als Beispiel eines solchen Axioms zitiert Klein die Vollständigkeit von R.)
Die Kleinsche Methode kann als begriffliche Rekonstruktion des Anschaulichen interpretiert werden: da die Gegenstände der Präzisionsmathematik nicht angeschaut werden können - sie also rein begrifflicher Natur sind - kann ein Zusammenhang zur Anschauung eben nur durch Rekonstruktion[90]

---

90) Besonders deutlich wird dies in folgendem Zitat:
"Welche Beziehung besteht zwischen den nunmehr definierten Gebilden der Präzisionsmathematik und dem, was wir im empirischen Gebiet kurzweg 'Kurve' nennen? ... Ich behaupte:
Man wird zu einer empirischen Kurve allemal eine
Fortsetzung s. nächste Seite

hergestellt werden. Eine derartige Maßnahme heißt dann gelungen, wenn sich das aufgrund von Anschauung vermutete Ergebnis analytisch bestätigen läßt. Das Verhältnis von Approximationsmathematik und Präzisionsmathematik ist asymetrisch: Sachverhalte der Approximationsmathematik lassen sich immer durch geeignete Hilfsmittel in der Präzisionsmathematik ausdrücken; aber nicht umgekehrt. Somit verliert Anschauung ihren erkenntnisbegründenden Charakter völlig: nur analytische Verfahren können beweisen, Anschauung dagegen dient der Heuristik.

Klein gibt eine Übersicht zu den einander entsprechenden Eigenschaften von Funktionsstreifen und Funktionen (vgl. KLEIN, 1928; 22-50):

Funktionsstreifen (Approximationsmathematik)	Funktionen (Präzisionsmathematik)
kontinuierlich - Zusammenhang in den kleinsten Teilen	stetig
Vorhandensein eines größten und eines kleinsten Wertes, endliche Anzahl von Maxima und Minima in einem endlichen Intervall;	endliche Anzahl von Minima und Maxima im abgeschlossenen Intervall;
Vorhandensein einer Richtung	Vorhandensein eines ersten Differentialquotienten;
Vorhandensein einer Krümmung	Vorhandensein eines zweiten Differentialquotienten

Diese Gegenüberstellung verbirgt einen fundamentalen Unterschied: während jeder Funktionsstreifen die aufgeführten Eigenschaften besitzt, müssen die entsprechenden Eigenschaften bei Funktionen gefordert werden. Sie folgen nicht

90) Fortsetzung der vorhergehenden Seite
reguläre Idealkurve sich hinzudenken können, die mit ihr in allen wesentlichen Eigenschaften, ..., übereinstimmt, nämlich soweit, als dies in Anbetracht der beschränkten Genauigkeit der empirischen Verhältnisse überhaupt möglich ist."
(KLEIN, 1928; 128)

aus dem Funktionsbegriff[91]. Durch diese Forderungen wird innerhalb der Menge aller Funktionen eine Teilmenge ausgesondert, die Klein (unter Aufnahme eines Terminus von Jacobi) "vernünftige" oder auch "reguläre" Funktionen nennt[92].

---

91) Jedenfalls nicht aus dem modernen Dirichletschen Funktionsbegriff. Bei der Besprechung des älteren Eulerschen Begriffs sahen wir, daß Funktionen in diesem Sinne Eigenschaften wie Stetigkeit "von Hause aus" besitzen (vgl. I 4.3).

92) Ähnliche Bemühungen zur Abgrenzung eines Bereiches "vernünftiger" Funktionen haben wir im Abschnitt über die "französische Diskussion" (II 4.1) kennengelernt. Dort wurde untersucht, ob sich die "Vernünftigkeit" einer Funktion durch die Beschränkung der Darstellungsmittel garantieren läßt, was darauf hinauslief, den Dirichletschen Funktionsbegriff als zu weit zurückzuweisen. Klein hingegen hält an ihm fest und will die "Vernünftigkeit" seiner Funktionen durch zusätzlich geforderte Eigenschaften sicherstellen. Einem solchen Unternehmen stand schon du Bois-Reymond skeptisch gegenüber:

> "Man könnte daran denken, den Inbegriff der neuen Functionen [gemeint sind die Monster, die du Bois als "anorthoidisch" bezeichnet] dadurch abzugrenzen, dass man alle Functionen hineinrechnete, die entweder selbst durchweg unstetig sind, oder deren beliebig hohe Differentialquotienten es einmal werden.
>
> Wenn man aber einmal bedenkt, dass z.B. die Function $e^{-1/x}\sin 1/x$ für $x = 0$ sammt allen ihren Ableitungen orthoidisch ['vernünftig'] sich verhält und trotzdem mit immer dichter werdenden Schwankungen der Null sich nähert, so begreift man, dass die Begrenzung des Gebietes der 'gewöhnlichen' Functionen innerhalb des Functionsbegriffes keine scharfe sein kann."
>
> (DU BOIS-REYMOND, 1888; 144)

Anorthoidische Funktionen sind durch ihre Unanschaulichkeit gekennzeichnet ("..., dass man sich keine Gesichtsvorstellung von ihnen bilden kann." - DU BOIS-REYMOND, 1882; 142). Im Gegensatz zu Klein hält du Bois-Reymond eine analytische Charakterisierung der "vernünftigen" Funktionen für "nicht leicht".

Es gilt für diese:

"<u>Qualitativ (d.h. der Art nach) finden sich die Eigenschaften, welche man üblicherweise den empirischen Kurven beilegt, bei denjenigen Funktionen y = f(x) der Präzisionsmathematik wieder, welche wir vernünftige Funktionen nennen</u>."

(KLEIN, 1902; 50 f.)

Im Bereich der vernünftigen Funktionen sind die von der Anschauung nahegelegten Behauptungen zuverlässig. Die Kleinsche Analyse ergibt somit, daß es nach begrifflicher Analyse möglich ist, die Zuverlässigkeit der Anschauung auf einem gewissen Gebiet zu motivieren. Allerdings ist dieses Gebiet, wie die gesamte Präzisionsmathematik nicht der Anschauung <u>direkt</u> zugänglich; vielmehr müssen zuvor Übersetzungsregeln bereitgestellt werden.

Der paradoxe Charakter des Weierstraß'schen Beispiels erklärt sich auf diesem Hintergrund folgendermaßen:

Die Behauptung "Jeder zusammenhängende Funktionsstreifen hat an jeder Stelle eine (innerhalb gewisser Grenzen) wohlbestimmte Richtung" ist wahr, während der Satz "Jede stetige Funktion ist an allen Stellen differenzierbar" falsch ist[93]. Eine genaue Analyse dieser Zusammenhänge erfordert

93) Genau genommen müßte man auch beim Funktionsstreifen gewisse Ausnahmestellen zulassen - worauf Klein aber nicht eingeht. In Kleins eigenen Worten liest sich die obige Feststellung so:

"Eine Curve hat, nach der Anschauung, die wir thatsächlich besitzen***), in jedem Punkte eine Tangente. Dementsprechend müsste jede stetige Function einen ersten Differentialquotienten haben, was nicht richtig ist.

***) Nur von dieser (gewohnheitsmässigen) Anschauung ist im Text überhaupt die Rede; ob wir dieselbe ev. werden modificiren können, ist eine Frage, die durchaus jenseits der Grenzen unserer Betrachtung liegt."

(KLEIN, 1873; 254)

eine ins Detail gehende Klärung der Beziehung von Approximationsmathematik und Präzisionsmathematik. Hierzu finden wir neben dem bereits Dargestellten nur einige Andeutungen bei unserem Autor:

"Soweit wir von Kurven handeln, die wir zeichnen und uns konkret vorstellen, erläutern wir zunächst Beziehungen der Approximationsmathematik, andererseits ist aber die geometrische Vorstellung geeignet auf das Ideal hinzuweisen und dadurch indirekt seine Bedeutung verständlich zu machen, wie wir uns z.B. die Weierstraßsche Funktion klarmachten, indem wir die sukzessiven Näherungskurven in Betracht zogen."

(KLEIN, 1928; 84)

Klein spricht auch davon, daß der Übergang von Approximations- zu Präzisionsmathematik durch "Idealisierung" geschähe. Wie diese vonstatten geht, erfahren wir allerdings nicht[94].

Der Unterschied Approximationsmathematik/Präzisionsmathematik ist (stets) ein <u>quantitativer</u> - der aber auch qualitative Folgen haben kann, welche daher rühren, daß z.B.

---

93) Fortsetzung der vorhergehenden Seite
Während der Differentialquotient einer Funktion lokaler Natur ist, ist die Richtung eines Funktionsstreifens von dessen Verlauf im Großen abhängig:

"...: dass bei der Function der betreffende Quotient streng an dem einzelnen Werthe des Argumentes haftet; dass er bei dem Streifen dagegen sich erst durch Beurtheilung des Gesamtverlaufes ergibt."

(KLEIN, 1873; 257)

Man erkennt auch hier wieder, daß der "globale" Funktionsbegriff von Euler den anschaulichen Ursprüngen näherstand.

94) Im Vortrag von 1873 äußerte sich Klein dahingehend, daß dieser Prozeß der Gewinnung geometrischer Gegenstände (wie z.B. des Punktes) nicht als ein "Schrumpfen unter alle Grenzen" von "punktförmigen" Gebilden der Approximationsgeometrie gedacht werden kann.

"Wir können uns den Körper in hohem Masse verkleinert denken, bekommen aber niemals die fertige Anschauung eines Punktes."

(KLEIN, 1873; 254)

der Begriff des Funktionsstreifens nicht mit dem der Funktion korrespondiert. Aus seinen Ausführungen zum Unterschied von Approximationsmathematik und Präzisionsmathematik zieht Klein folgende Konsequenz:

"Da die Gegenstände der abstrakten Geometrie nicht als solche von der räumlichen Anschauung scharf erfaßt werden, kann man einen strengen Beweis in der abstrakten Geometrie nie auf bloße Anschauung gründen, sondern muß auf eine logische Ableitung aus dem als exakt vorausgesetzten Axiomensystem zurückgehen+). Trotzdem behält aber auf der anderen Seite die Anschauung auch in der Präzisionsgeometrie ihren großen und durch logische Überlegungen nicht zu ersetzenden Wert. Sie hilft uns die Beweisführung leiten und im Überblick verstehen, sie ist außerdem eine Quelle von Erfindungen und neuen Gedankenverbindungen.

+) Dieser Forderung wird heutzutage [1902] vermutlich jeder theoretische Mathematiker zustimmen; überzeugend erscheint sie mir aber erst, wenn sie so wie im Text aus der Ungenauigkeit unserer räumlichen Auffassung begründet wird."

(KLEIN, 1928; 8)

Die erkenntnisbegründende Funktion von Anschauung wird bei Klein zu einer heuristischen abgeschwächt - wenn auch zu einer sehr wichtigen heuristischen Funktion. Ähnlich finden sich auch Reste der erkenntnisbegrenzenden Funktion von Anschauung bei unserem Autor. Im Zusammenhang mit der Überlegung, ob alle widerspruchsfreien Begriffsbildungen in die Mathematik aufzunehmen seien, heißt es bei Klein:

"Die erste Frage, die sich hier erhebt ist: Kann man mit solchen Ausdrücken widerspruchsfrei operieren? Das ist in der Tat möglich, so daß vom abstrakten mathematischen Standpunkt aus nichts gegen Veronese einzuwenden ist. Man kann aber weiter fragen: Zugegeben, daß die Sache mathematisch zulässig ist, ist es darum auch zweckmäßig, sich damit zu beschäftigen?

Damit kommen wir auf die allgemeine Frage: Welche Fragestellungen sind in der Mathematik überhaupt zweckmäßig?

...

Ich möchte daher nicht der absoluten Willkür bei der mathematischen Ideenbildung das Wort reden, sondern jedem anheimstellen, daß er dabei das Ganze der Wissenschaft im Auge halten soll."

(KLEIN, 1928; 156 f.)

(Ein Beispiel einer solchen abzulehnenden Begriffsbildung stellt für Klein die nichtarchimedische Geometrie von Veronese (1891) dar.)

Hinter dieser Forderung steht die Sorge um die Anwendbarkeit der Mathematik; oder in Kleins Terminologie, um die Wahrung der Verbindung von Approximationsmathematik und Präzisionsmathematik[95]. Nur aus dieser vermag die Mathematik letztlich ihre Existenzberechtigung abzuleiten.

Klein formuliert das folgende Programm:

"1. Die Approximationsmathematik als solche in's Auge zu fassen und zu pflegen.

2. Auf der anderen Seite aber vor keiner Idealisierung (im Sinne der Präzisionsmathematik) zurückzuschrecken.

Ich möchte sagen: Man soll 'das eine tun und das andere nicht lassen'."

(KLEIN, 1928; 154)

Kleins Ausführungen bleiben zwiespältig: durch die starke Betonung des Gegensatzes von Approximationsmathematik und Präzisionsmathematik einerseits wird die Trennung von Anschauung und Präzisionsmathematik erzwungen; andererseits

---

95) Vgl. folgende Formulierung:

"Zweckmäßig sind aber nur diejenigen Fragen, die mit anderen Fragen, mit denen man sich ohnehin beschäftigen muß und sich der Natur der Dinge entsprechend auch immer beschäftigt hat, zusammenhängen."

(KLEIN, 1928; 157)

betont er mit Nachruck die Bedeutung der Anschauung für die Mathematik, ohne jedoch diese durch sein theoretisches Konzept begründen zu können[96].

Die Beziehung Anschauung/Präzisionsmathematik bleibt für Klein gebunden an die letztlich willkürliche Übersetzung von Sachverhalten der Approximationsmathematik in die Sprache der Präzisionsmathematik.

Dreh- und Angelpunkt der Kleinschen Argumentation ist die Behauptung, daß die Gebilde der Präzisionsmathematik nicht der Anschauung zugänglich seien. Anschauung ist entweder Wahrnehmung oder Vorstellung, welche beide ungenau sind und somit nicht die Gegenstände der Präzisionsmathematik erreichen können. Aus der Anschauung lassen sich nur durch "Übertragung" mathematische Aussagen gewinnen. Wir werden im dritten Teil sehen, wie sich die von Klein aufgewiesenen Schwierigkeiten durch eine Erweiterung des (Kleinschen) Anschauungsbegriffes auflösen lassen.

Klein übersieht von vorneherein, daß Anschauung in der Mathematik als Zeichenhandlung auftritt. Wird dies zugestanden, so verliert die Alternative präzis/approximativ (die bei Klein als Nachfolger der traditionellen Dichotomie singulär/universell auftritt) weitgehend an Bedeutung. Eine Zeichenkompetenz erwerben (bzw. erworben haben) schließt stets die Kenntnis ein, daß eine individuelle Marke in gewissen Grenzen verändert werden kann, ohne daß

---

96) Einen ähnlichen Eindruck empfand anscheinend Oskar Becker beim Studium des Kleinschen Werkes:

> "Klein schränkt einerseits die Anschauung sehr eng auf das Endliche ein (Funktionsstreifen usw.). Andererseits erweckt seine lebendige Darstellung doch immer wieder die Illusion der Anschaulichkeit des Transfiniten."
>
> (BECKER, 1927; 599 Anm. 2a)

sie ihren Charakter als Artikulierung eines Schemas verliert[97]. Klein hingegen behandelt die Marken ausschließlich als physikalische Gegenstände und zerstört so deren Referenzfunktion. Andererseits soll aber die Mathematik nach Klein nicht mit empirischen Objekten befaßt sein[98], weshalb folgerichtig die Differenz zwischen Approximationsmathematik und Präzisionsmathematik unüberwindlich wird.

Insgesamt kommt Klein im Rahmen unserer Untersuchungen das Verdienst zu, die Anschauung - wenn auch oft mit untauglichen Argumenten - verteidigt zu haben, gerade in einer Zeit, wo dies kaum noch geschah. Er stemmte sich mit seinen Ausführungen hauptsächlich gegen die zu seiner Zeit sehr starken Bestrebungen zu immer stärkerer Formalisierung der Mathematik[99]. Für seinen Einsatz dürften neben der bereits erwähnten Sorge um die Fruchtbarkeit der Mathematik in erster Linie didaktische Erwägungen[100] ausschlaggebend gewesen sein. Das kann hier nicht weiter verfolgt werden. Klein ist ein Repräsentant der empiristisch orientierten Auffassung von Anschauung. Diese ist charakterisiert durch die Gleichsetzung von Anschauung und Wahrnehmung.

---

97) In II 1 nannten wir dies den "Type-Aspekt" der Marke.

98) Klein war kein "harter" Empirist.

99) In diesem Sinne äußerte sich Klein auch in seinem berühmten Vortrag "Über Arithmetisierung der Mathematik" von 1895:

> "Andererseits aber habe ich auszuführen und stark zu betonen ..., daß die Mathematik keineswegs durch die logische Deduktion erschöpft wird, daß vielmehr neben der letzteren die Anschauung auch heute ihre volle spezifische Bedeutung behält."
>
> (KLEIN, 1895; 253)

100) Man vergleiche hierzu SCHUBERTH, 1971; 9-25

4.2.2 Die Theorie von Alfred Köpcke

Im Jahre 1887 veröffentlichten die Mathematischen Annalen eine Arbeit des Mathematikers Alfred Köpcke aus Ottensen (heute ein Stadtteil von Hamburg). Ihr Verfasser mußte ihr noch zwei Nachträge hinzufügen, um seine Beweisführung zu korrigieren und zu vervollständigen (1889 und 1890). Köpckes Abhandlung trägt den Titel "Über Differentiirbarkeit und Anschaulichkeit der stetigen Functionen". Sie zerfällt in einen mathematischen Teil, der die Konstruktion einer differenzierbaren Funktion mit Maxima und Minima in jedem Intervall[101)] enthält und einen mehr philosophischen Teil, der die Frage behandelt "Was verursacht die Unanschaulichkeit bestimmter Funktionen?" - wobei der Verfasser[102)] als konkretes Beispiel das uns vertraute Weierstraßsche Monster anführt. Köpcke warnt zu Beginn seiner Abhandlung vor einem weitverbreiteten Mißverständnis:

"Immer wieder verfällt man dem Irrthum, eine Zuordnung von Functionswerthen zum Argument müsse, weil sie durch die Punkte einer Ebene <u>darstellbar</u> ist, auch in der Ebene <u>anschaubar</u> sein; ..."

(KÖPCKE, 1887; 124)

(Wie aus dem größeren Zusammenhang hervorgeht, meint der Verfasser hier stetige Funktionen.)

---

101) Modern gesprochen: die Menge der Extremstellen liegt dicht im Definitionsbereich.

102) Die Beschäftigung mit der Frage nach der Rolle der Anschauung in der Mathematik dürfte bei Köpcke - ähnlich wie bei Klein - durch das Interesse an Mathematikdidaktik motiviert gewesen sein. Köpcke war nämlich Leiter des Hamburger Seminars für Lehrerausbildung. Promoviert hat er 1875 mit der Lösung einer Preisaufgabe, die Bewegung eines starren Körpers in einer Flüssigkeit betreffend, bei der Philosophischen Fakultät der Universität Heidelberg.

Aus der Stetigkeit folgt noch lange nicht die Anschaulichkeit - dies, so Köpcke, sei die einzige Lehre, die man aus den Monstern ableiten könne. Im Gegensatz zu Klein, der den approximativen Charakter jeder Repräsentation betont, geht Köpcke davon aus, daß zumindest bestimmte Klassen von Funktionen durch ihre Darstellung exakt angeschaut werden können[103]. Akzeptiert man dies, so erhebt sich sogleich die Frage

> "Was veranlasst die Unmöglichkeit des Anschauens?"
> (KÖPCKE, 1887; 136)[104]

Diese ist nach Köpcke ungelöst, nicht zuletzt weil er mit du Bois-Reymond der Ansicht ist: "Die Bestimmung Anschaulichkeit ist nicht deutlich formulierbar" (KÖPCKE, 1887; 124)[105].

---

103) Hierin sah Felix Klein den wesentlichen Unterschied zwischen sich und Köpcke:

"Während ich behaupte, daß unsere räumliche Vorstellung an sich und immer ungenau ist, meint Köpcke, daß sie völlig ausreichend sei für eine bestimmte Klasse von Funktionen, daß sie aber für andere Funktionen versage." (KLEIN, 1928; 18)

104) Nach Köpcke sind hinreichend für Nichtanschaulichkeit: nirgends differenzierbar, Maxima und Minima in jedem Intervall und nirgends stetig differenzierbar.
Aber keine dieser Eigenschaften stellt eine notwendige Bedingung für Nichtanschaulichkeit dar.

105) Dieses Zitat bezieht sich auf die Arbeit "Über das Doppelintegral" (1883) von du Bois-Reymond, wo es heißt:

"Die angedeutete Herstellungsweise kann aber unserem Strengebedürfnisse nicht genügen. Denn will man sich auch die Beschränkung auf Functionen gefallen lassen, deren Bild die Fläche anschaulich begrenzt, so ist doch diese Bestimmung selbst keine deutlich formulirbare, da doch sogar stetige Functionen, die analytisch definirt sind, im Allgemeinen kein geometrisches Äquivalent besitzen, welches als anschauliche Begrenzung von Flächenräumen gelten könnte. So bleibt uns nichts übrig, als auf die beweiskräftige Evidenz der Anschauung des Functionsbildes zu verzichten und einen rein analytischen Integralbegriff festzulegen." (DU BOIS-REYMOND, 1883; 274)

Köpcke untersucht den Ursprung des Vorurteils, daß alle stetigen Funktionen anschaulich seien. Nach Köpcke hat der Begriff Linie bzw. Graph einer Funktion einen doppelten Ursprung in der Anschauung:

- einmal bedeutet Linie "Grenze zwischen zwei Flächen";
- zum anderen aber auch "Bahn eines bewegten Massenpunktes".

Diese beiden Definitionen sind aber nicht extensional gleich:

"Nun sind alle stetigen Functionen Grenzen zwischen zwei Flächenstücken, auch die nicht anschaulichen."
(KÖPCKE, 1887; 136)

Andererseits müssen aber alle Bahnkurven als anschaulich aufgefaßt werden, wie der Verfasser nach einer längeren Überlegung feststellt[106]. Einer Bahnkurve müssen nämlich folgende Eigenschaften zugeschrieben werden:

"Ich nehme daher an, dass:

1. jede mögliche Bewegung eines Punktes in einer anschaulichen Curve geschieht;
2. in allen anschaulichen Curven eine Punktbewegung denkbar ist;
3. auf allen anschaulichen Curven eine Tangente rollen kann."

(KÖPCKE, 1887; 137)[107]

---

106) Rund 10 Jahre später, 1898, schlug der Physiker Ludwig Boltzmann vor, zur Beschreibung gewisser Bewegungsabläufe in der statistischen Mechanik nirgendsdifferenzierbare Funktionen (bzw. nicht rektifizierbare Bahnkurven, die sog. H-Kurven) heranzuziehen. N. Wiener gelang dann wesentlich später der Beweis, daß die Bahn eines Teilchens gemäß der Brownschen Bewegung tatsächlich eine nicht rektifizierbare Kurve beschreibt, also im Sinne Köpckes eine unanschauliche Kurve darstellt. (vgl. VILENKIN, 1968; 104)

107) Eigenschaft 3. bedeutet, daß die Funktion stetig differenzierbar sein soll (wie sich im weiteren Verlauf zeigt, soll sie sogar beliebig oft differenzierbar sein).

Mit Hilfe dieser Voraussetzungen beweist Köpcke den folgenden Satz:

"Alle anschaulichen Curven besitzen anschauliche Differentialcurven und anschauliche Integralcurven."

(KÖPCKE, 1887; 140)

Der Bereich der anschaulichen Funktionen wäre somit der der unendlich oft differenzierbaren Funktionen, eventuell sogar der noch engere der analytischen. Damit kommen Köpckes anschauliche Funktionen dem Eulerschen Funktionsbegriff sehr nahe. (Man muß beachten, daß nicht jede analytisch darstellbare Funktion analytisch im moderenen Sinn ist. Beispiel: $f(x) = e^{-1/x^2}$).

Wir wollen Köpckes Ansatz als <u>begriffskritisch</u> bezeichnen. Seine Analyse hat große Ähnlichkeit mit derjenigen von F. Klein: Wie jener betrachtet er das physikalische Phänomen "Bewegung eines Punktes", untersucht, welche Eigenschaften diesem zuzusprechen sind und übersetzt dann diese in mathematische Terminologie. Der entscheidende Unterschied zwischen beiden Autoren ist folgender: Für Klein ist diese Entsprechung immer nur eine ungefähre, da die Präzisionsmathematik es nur mit nicht-materiellen Gegenständen zu tun hat. Für Köpcke hingegen sind bestimmte Klassen von Funktionen anschaulich zugänglich, also ikonisch - nämlich durch das graphische Schaubild - repräsentierbar.

Dabei muß beachtet werden, daß Klein und Köpcke "genau" in verschiedener Bedeutung verwenden: während für Klein der Limes eines Grenzprozesses den "genauen" Wert darstellt (vgl. seine Gewinnung der Funktion aus dem Funktionsstreifen), ist für Köpcke eine Entsprechung "genau", wenn die zueinander gehörigen Objekte gleichartige Eigenschaften besitzen (wie der informelle Kurvenbegriff und die Graphen beliebig oft differenzierbarer Funktionen). Kleins Genauigkeitsbegriff ist quantitativ, der von Köpcke hingegen ist qualitativ.[108]

4.2.3 Andere Stimmen

Das Unbegreifliche, das mit Weierstraß' Monster verbunden war, doch noch begreiflich zu machen, war Ziel einer Arbeit von Christian Wiener, die 1883 im Crelle Journal gedruckt wurde (datiert ist sie allerdings "Karlsruhe, 31.Mai 1880"). Der Verfasser kündigt eine "Geometrische und Analytische Untersuchung der Weierstrassschen Function" an, "soweit eine solche bei einer Linie mit unendlich vielen Wellen im endlichen Raume möglich ist". (WIENER, 1883; 222). Dabei gesteht er gerade ersterer eine wichtige erkenntnistheoretische Funktion zu:

> "Ich werde die Untersuchungen neben der analytischen um so lieber auch in der geometrischen Form ausführen, als die dadurch herbeigeführte Anschaulichkeit die erwähnte Vermuthung des Herrn du Bois-Reymond nicht bestätigt, nach welcher durch diese Function die Unbegreiflichkeit ihren Einzug in das lichte Gebiet der Mathematik halten könnte."
>
> (WIENER, 1883; 222)

Inhalt der geometrischen Untersuchung ist hauptsächlich die Berechnung zweier Schrankenkurven, zwischen denen der Graph der zu untersuchenden Funktion liegt. Diese Schranken hängen wie die Weierstraßsche Funktion selbst von den Parametern a und b (siehe hierzu I 6.3) in der Weise ab, daß die Grenzen bei Annäherung an einen bestimmten Grenzwert ($a \cdot b \longrightarrow \frac{3}{2}\pi + 1$)[109] immer enger werden:

---

108) In moderner Ausdrucksweise würde man wohl von einer Isomorphie sprechen.

109) Diese Schranke wurde später von Hardy noch verbessert (HARDY, 1906).

"In der Fig. 2 hat der Flächenstreifen nur noch die Breite eines starken Striches; und während sonst die Axe eines Striches die dargestellte Curve bezeichnet, so dass dessen Breite gleichgültig ist, deckt hier die Breite des Striches das Bereich der Curve, welche zwischen seinen Rändern hin- und herschwankt. Ebenso wenig aber, wie bei einer ins Unendliche verlaufenden Curve trotz der Unmöglichkeit der vollständigen Verzeichnung die Vorstellung beschränkt ist, ebenso wenig hier bei der unendlichen Vervielfachung der Wellen im endlichen Raum."

(WIENER, 1883; 227)

Der Verfasser behauptet also eine Parallele zwischen dem Verhalten z.B. einer Hyperbel bei wachsendem Wert des Argumentes und dem der Weierstraßschen Funktion. Eine zeichnerische (sprich: ikonische) Darstellung sei in beiden Fällen nicht vollständig möglich und somit seien beide Beispiele gleich (un-)begreiflich. Wiener teilt damit die Auffassung Kleins, daß es bei rechter Betrachtung keine Monster gebe. Allerdings mißt er der geometrischen Darstellung einen anderen Wert bei als Felix Klein. Für ihn ist es keine Frage, daß alle Funktionen adäquat darstellbar sind: Alle Funktionen sind gleichermaßen anschaulich.

Wiener stieß auf wenig Wohlwollen mit seinen Ausführungen. Weierstraß erklärte sie für wissenschaftlich falsch:

"... es sei Herr Wiener durch eine gründliche geometrische und analytische Untersuchung der in Rede stehenden Function zu dem Resultate gelangt, dass die Behauptung, es besitze diese Function an keiner Stelle einen bestimmten Differentialquotienten, nicht durchweg aufrecht erhalten werden könne. Ich entnehme daraus, dass ich im Glauben, Jedermann wisse, was erforderlich ist, wenn eine stetige Function an einer bestimmten Stelle einen bestimmten Differentialquotienten besitzen soll, am Schluß des obigen Beweises mich doch zu kurz gefasst haben muss, ..."

(WEIERSTRASS, 1886; 228 f.)

Weierstraß' Kritik richtet sich gegen den analytischen Teil

der Wienerschen Abhandlung. Zu deren erkenntnistheoretischen Intentionen gibt Weierstraß keinen Kommentar ab.

Und Paul du Bois-Reymond bemerkte in einer Anmerkung zur Arbeit "Über Doppelintegrale":

"Bei dieser Gelegenheit sei mir gestattet, Herrn Wiener auf seinen gegen meine Anmerkung gerichteten Tadel zu erwidern, dass, wie aus dem ersten Theil meiner Functionentheorie (Tübingen bei H. Laupp) zu entnehmen ist, seine geometrischen Betrachtungen über die Weierstrasssche Function $\sum b^n \cos(a^n \pi x)$, die in jener Anmerkung angedeuteten Rätsel gänzlich unberührt lassen."

(DU BOIS-REYMOND, 1883; 273)

Wiener vertritt die Position der "fortschreitenden Anschauung": diese behauptet, daß die Anschauung verändert werden kann und daß somit die Unterscheidung anschaulich/unanschaulich keine endgültige sein kann. Durch eine bislang unbekannte Darstellung kann eine vermeintlich unanschauliche Funktion als "in Wirklichkeit" anschaulich nachgewiesen werden.

Eine genauere Fassung der Position der fortschreitenden Anschauung - die Wiener unterläßt - führt zu der Frage, ob es prinzipielle Grenzen für dieses Fortschreiten gibt. Dieses Problem wurde im Zusammenhang mit der Nichteuklidischen Geometrie z.B. zwischen Becker und Reichenbach diskutiert[110].

Im weiteren Verlauf unserer Untersuchung werden wir das Problem der "fortschreitenden Anschauung" gelegentlich noch streifen. Es liegt auf der Grenze zur empirischen Psychologie hin, weshalb seine ausführliche Erörterung den Rahmen dieses Buches sprengen würde. Semiotisch gewendet, geht es um den Erwerb von neuen Zeichenkompetenzen.

110) Einen Überblick zu dieser Auseinandersetzung gibt A. Kamlah in KAMLAH, 1977; 415-418.

Da die Anschauung angesprochen ist, muß es sich um ikonische Repräsentationen handeln. Die Frage läßt sich dann so formulieren: gibt es aufweisbare Beschränkungen, denen die Schemata unterliegen, die vermöge ikonischer Zeichenprozesse erlernt werden können? Man vergleiche hierzu III 4.

Zusammenfassung zu 4.2 "Die deutsche Diskussion"

Die Beiträge der "Deutschen Diskussion" konnten die mit den Monstern verbundenen Probleme nicht lösen. Dieses Versagen hat seinen Grund in dem für die Mathematik untauglichen Anschauungsbegriff, der in diesen Diskussionen gebraucht wurde. Dieser Anschauungsbegriff beruht auf der Gleichsetzung von Anschauung und Wahrnehmung. Die Tatsache, daß die mathematischen Gegenstände nur durch Zeichen verfügbar sind, wurde übersehen. Die Marken wurden infolgedessen als unvollkommene physikalische Approximation der idealen mathematischen Objekte angesehen. Während aber die Zeichenrelation nur zwei Zustände kennt - nämlich ist Zeichen für ein anderes oder nicht - läßt die Relation ungenau/genau Abstufungen zu: eine Approximation kann genauer sein als eine andere. Auch hierdurch wurde die geschilderte Diskussion von vorneherein in eine Richtung gedrängt.

4.3 Die "Krise der Anschauung" und ihre Folgen

4.3.1 Hahns Vortrag "Die Krise der Anschauung"

Seit der Jahrhundertwende etwa waren unsere Monster als vollwertige Gegenstände der Mathematik akzeptiert. Die Opposition unter den Mathematikern war weitgehend verschwunden[111]. Damit hatten sich folgende Auffassungen durchgesetzt:

- die Dirichletsche Definition des Funktionsbegriffs durch eine Zuordnungsvorschrift (die bald - durch Hausdorff, 1914 - in der Sprache der Mengenlehre formuliert wurde);
- die lokale Interpretation von Stetigkeit und Differenzierbarkeit;
- Differenzierbarkeit ist keine Folge von Stetigkeit.

Der letzte Punkt beinhaltet, daß das Weierstraß'sche Monster (und viele verwandte) als globale Gegenbeispiele zur Behauptung "Alle stetigen Funktionen sind differenzierbar" anerkannt wurden. Die Bemühungen, den verlorengegangenen Zusammenhang dieser beiden Eigenschaften durch eine zusätzliche Bedingung zur Stetigkeit wieder herzustellen, waren gescheitert. Damit wurde auch die Hoffnung zunichte gemacht, daß man die Monster als lokale Gegenbeispiele klassifizieren könnte. Die Mathematiker nahmen dies zur Kenntnis und gingen bald mit großem Erfolg daran, auf der geschilderten Grundlage neue Entwicklungen durchzuführen.

Die Diskussion um das Wesen der Monster und um ihre Bedeutung für die Grundlagen der Mathematik wurde durch

---

111) Eine Ausnahme stellten Borel (vgl. II 4.1) und die Intuitionisten dar, deren Bedenken gegen den neuen Funktionsbegriff allerdings immer im Schatten der Auseinandersetzungen um Mengenlehre und "Tertium non datur" standen.

einen vielbeachteten Vortrag von Hans Hahn wieder angefacht. Dieser trug den Titel "Die Krise der Anschauung" (HAHN, 1933)[112]. Er war Bestandteil eines Vortragszyklus "Krise und Neuaufbau in den exakten Wissenschaften", welcher Beiträge von verschiedenen Mitgliedern des Wiener Kreises enthielt (neben Hahn sprachen noch Mark, Thirring, Nöbeling und Menger)[113].

Wir erinnern uns: auch in der "Deutschen Diskussion" wurde über die damals neuen pathologischen Funktionen in ihrem Verhältnis zur Anschauung diskutiert; allerdings stets unter dem Aspekt "Wie kommt es, daß in den vorliegenden Fällen die Anschauung trügt?". Köpcke wollte diese Frage beantworten durch die Abgrenzung der Klasse der anschaulichen Funktionen; Klein hingegen trennte Approximations- und Präzisionsmathematik, beließ aber dennoch der Anschauung - wenn auch kritisch gereinigt - ihren Wert für die letztere. Also Beschränkung, keineswegs aber Verbannung der Anschauung aus der Mathematik!

Ganz anders ist dagegen der Ansatz von Hans Hahn:

"Ich enge also mein Thema weiter ein auf 'Geometrie und Anschauung' und will versuchen, zu zeigen, wie es dazu kam, daß auch auf dem Gebiete der Geometrie, die doch zunächst die ureigenste Domäne der Anschauung zu sein scheint, das Vertrauen zur Anschauung erschüttert wurde, so daß sie immer mehr in Mißkredit kam und schließlich aus der Geometrie völlig verbannt wurde."

(HAHN, 1933; 44)

Hahns Unternehmen muß auf dem Hintergrund der logizistischen Bestrebungen gesehen werden, denen ja der Wiener

---

112) Kritische Besprechung von Hahns Thesen s. v. MISES, 1933; 867 und MAY, 1937; 99.

113) In diesen Beiträgen finden sich manche Berührpunkte mit Thomas Kuhns Theorie der wissenschaftlichen Revolutionen, wie ja schon der Titel vermuten läßt.

Kreis anhing. Der Logizismus verhieß eine völlig anschauungsfreie, rein begriffliche Grundlage der Mathematik - wovon zu Kleins und Köpckes Zeiten noch nicht die Rede war. Von diesem Standpunkt aus schien die Anschauung entbehrlich zu sein[114]. Ähnlich wie ab 1860 die Verbreitung der Nichteuklidischen Geometrie zur Diskussion von Kants These, daß die Axiome der Euklidischen Geometrie synthetische Sätze a priori seien, führte[115], so soll nach Hahn die Entdeckung der Monster die Fragwürdigkeit der These, Mathematik beruhe auf Anschauung - die ebenfalls von Kant vertreten wurde - aufzeigen.

Wir wollen nun Hahns Argumentation kurz referieren: Der Verfasser geht von dem wohlbekannten Beispiel (vgl. CAUCHY, 1821; 26)

$$f(x) = \begin{cases} x \sin \frac{1}{x} & x \neq 0 \\ 0 & x = 0 \end{cases}$$

aus, woraus er Folgendes ableitet:

"Dieses relativ einfache, der Anschauung gut zugängliche Beispiel zeigt also, daß eine Kurve nicht in jedem ihrer Punkte eine Tangente zu haben braucht, darüber kann kein Zweifel bestehen. Aber man war früher der Meinung, daß die Anschauung zwingend dartue, daß ein solcher Mangel doch nur in vereinzelten Ausnahmepunkten einer Kurve auf-

---

114) Zum Logizismus s. II 4.3.2. Die These von der Entbehrlichkeit der Anschauung wird im dritten Teil dieses Buches diskutiert.

115) Vgl. hierzu die Darstellung in TOTH, 1972. Hahn setzt Kant die Position des logischen Empirismus entgegen, nämlich die These, daß die Geometrie <u>synthetisch a posteriori</u> und die <u>Analysis analytisch a priori</u> sei.

treten kann [116)] ; man war der Meinung, man könne aus der Anschauung mit voller Sicherheit entnehmen, daß eine Kurve - wenn schon nicht in allen - so doch in der überwältigenden Mehrzahl ihrer Punkte eine bestimmte Steigung aufweisen, eine bestimmte Tangente besitzen müsse."

(HAHN, 1933; 48)

Diese Auffassung sieht Hahn durch Weierstraß' Monster endgültig widerlegt:

"Freilich entzieht sich der Verlauf dieser Kurve der Anschauung durchaus: und auch schon die sukzessive konstruierten Streckenzüge werden nach wenigen Schritten des Verfahrens so fein, daß die Anschauung nicht mehr folgen kann; bei der Kurve, der sich die Streckenzüge unbeschränkt annähern, versagt sie jedenfalls gänzlich; nur das Denken, die logische Analyse kann bis zu dieser Kurve vorstoßen. Und wir sehen: hätte man sich in dieser Frage auf die Anschauung verlassen, so wäre man in Irrtum verharrt, denn die Anschauung scheint zwingend darzutun, daß es Kurven, die in keinem Punkt eine Tangente haben, nicht geben kann."

(HAHN, 1933; 50)

(Interessant ist, daß die erste Hälfte der Hahnschen Argumentation sich fast gleichlautend bei du Bois-Reymond, 1875, deutlicher noch 1882, findet. Doch wo dieser "Rätsel" findet, will unser Autor gleich weitreichende Schlüsse ziehen.) Damit war es zur "Krise der Anschauung" gekommen.

Hahn führt noch einige andere Beispiele für das Versagen der Anschauung auf: die Peanokurve, die Lakes of Wada etc. Aus all diesen entstand nach Hahn die Forderung "nach

---

116) Vgl. DE MORGAN, 1842; 45:

"If ϕ a be an ordinary value of ϕ x, than h can always be taken so small that no singular value lie between ϕ a and ϕ (a + h), ..."

Ähnliches findet sich schon bei AMPERE, 1806.

völliger Logisierung der Mathematik" (HAHN, 1933; 56)[117].
Logisierung bedeutet:

"Jeder neue mathematische Begriff muß durch rein logische Definition eingeführt werden, jeder mathematische Beweis muß mit rein logischen Mitteln geführt werden."

(HAHN, 1933; 56)

Hahns Ausführungen weisen bei genauer Analyse verschiedene Schwächen auf: zuerst einmal ist es wenig überzeugend, die Anschauung, angesichts der Vielzahl von Fällen, wo sie die Erkenntnis in die richtige Richtung leitete, auf Grund einiger weniger Fehlschlüsse zu verwerfen (darauf hat Beth hingewiesen: mit dem selben Argument müsse man dann auch die Beobachtung in den Naturwissenschaften eliminieren - vgl. BETH, 1935; 55); sodann ist es merkwürdig, einerseits zu behaupten, ein Objekt (oder ein ganzer Bereich von Objekten) sei der Anschauung unzugänglich, andererseits aber vorzugeben, die Anschauung würde hier zu falschen Aussagen Veranlassung geben. Worüber keine Aussagen gemacht werden können, können insbesondere auch keine falschen Aussagen gemacht weden. Wir stoßen hier auf die Wurzel vieler Inkonsistenzen in Hahns Argumentation:

Der Verfasser verkennt nämlich, daß die Aussagen, welche aufgrund von Anschauung, und diejenigen, welche auf logisch-arithmetische Art gewonnen werden, vermöge einer Übersetzungsvorschrift aufeinander abgebildet werden.

---

117) Ähnlich äußert sich Bense (BENSE, 1939; 58):

"So bedeutet also das Jahr 1861, als Weierstraß die Existenzmöglichkeit solcher Kurven aufwies, eine wesentliche Etappe nicht nur in der Arithmetisierung der Mathematik, sondern auch der Logisierung, und wir werden deutlich gewahr, daß Arithmetisierung und Logisierung der Mathematik zu einer wesentlichen und fortschreitenden Spaltung zwischen Denken und Anschauung führten."

(Die Jahreszahl 1861 ist falsch - vgl. I 6.3.)

So erhebt sich dann im Falle der Inkongruenz stets die Frage, ob nicht die Übersetzung versagt hat; man könnte aus dem Dilemma, daß die beiden Behauptungen

"Jede Kurve hat in fast allen Punkten eine Richtung"

und

"Jede stetige Funktion ist fast überall differenzierbar"

zu verschiedenen Wahrheitswerten führen, durch den Hinweis herausfinden, daß die anschaulichen Konzepte "Kurve" und "Richtung" durch die Begriffe "stetige Funktion" und "differenzierbar" nur ungenügend wiedergegeben werden. Nicht die Anschauung hätte dann versagt, sondern die Übersetzung![118]

---

118) Ähnlich argumentierte Richard von Mises in seiner Besprechung des Hahnschen Vortrags:

> "Aber was soll es nun heißen, die 'Anschauung versage' gegenüber dem 'Begriff der Kurve', weil derjenige, der die heute in der Mathematik üblichen Kurvendefinitionen nicht kennt, der Meinung zu sein pflegt, eine ebene Kurve könne nicht alle Punkte eines Quadrates erfüllen? Hier liegt doch nichts anderes vor, als daß der Mathematiker sich aus bestimmten Gründen für eine verhältnismäßig weite Definition der Kurve entschieden hat, die aber auch so abgeändert werden könnte, daß das erwähnte PEANOsche Gebilde (...) ausgeschlossen bliebe. Die angebliche "Krise der Anschauung' wäre also vollständig beseitigt, wenn man in der Geometrie eine engere Abgrenzung für den mit dem geläufigen Wort 'Kurve' bezeichneten Begriff wählen und für die kritischen Fälle andere Bezeichnungen wie 'Quasi-Kurve' oder 'Super-Kurve' einführen wollte."
>
> (v. MISES, 1933; 867)

Vor allem bei phänomenologisch orientierten Denkern stieß Hahn auf Widerspruch (vgl. auch die nachfolgenden Ausführungen über O. Becker). Als ein Repräsentant dieser Richtung sei hier Eduard May mit einer polemischen Bemerkung gegen Hahn zitiert:

Wünschenswert wäre dabei eine Anpassung der mathematischen Begriffe an ihren anschaulichen Gehalt - gerade so wie es F. Klein 1873 unternahm, als er sich die Frage vorlegte, "Welche Eigenschaften haben Anschauungskurven und was entspricht diesen in der Präzisionsmathematik?" Wir trafen bei Klein die erkenntnisbegrenzende Funktion von Anschauung wieder; eine Funktion, die die Bildung mathematisch-begrifflicher Konzepte beschränken will. Davon ist bei Hahn nicht die Rede, wohl aber vom umgekehrten Vorgang: die Anschauung - als ein Produkt der Gewohnheit - kann sich "umstellen" und so auch neuen Begriffen, die bislang mit keinem anschaulichen Inhalt verbunden waren, zur Anschaulichkeit verhelfen. Anschaulich meint nichts anderes als gewohnt und damit heißt ungewohnt nichts anderes als nichtanschaulich.

Bezogen auf die Euklidische Geometrie heißt das dann:

"Diese Gewöhnung an die Handhabung der üblichen Geometrie zur Ordnung unserer Erlebnisse ist es, was man als ihre Anschaulichkeit bezeichnet, jedes Abweichen davon gilt als unanschaulich, als anschauungswidrig, als anschauungsunmöglich."

(HAHN, 1933; 61)

Hahn scheint keinerlei Grenzen für die Durchführbarkeit von Veranschaulichungen anzunehmen; sein Vortrag endet

---

118) Fortsetzung der vorhergehenden Seite

"Aber auch über den Erkenntniswert der bloßen 'Anschaulichkeit' [im Gegensatz zum schauenden Erfassen von Bedeutungen] sind noch lange nicht die Akten geschlossen. Jedenfalls erledigen sich diese Fragen nicht auf so einfache Weise, wie manche Physikalisten zu denken scheinen. Nach H. HAHN z.B. hat die 'Anschauung' als Erkenntnisquelle 'versagt', weil die Peanosche Quadratkurve nicht dem Bild entspricht, das man sich gemeinhin von einer Kurve macht."

(MAY, 1937; 99 Anm. 1)

Wir haben schon gesehen, daß die Diskussionen um den Begriff der willkürlichen Funktionen um ähnliche Probleme kreisten.

mit der Skizze einer Welt, die sich daran gewöhnt hat, mehrdimensionale und nichteuklidische Geometrien zur Ordnung ihrer Erlebnisse heranzuziehen. Das Problem der Anschauung ist schließlich verschwunden, übrig bleibt nur noch die "auf psychischer Trägheit beruhende Macht der Gewöhnung" (HAHN, 1933; 62), gegen die es anzugehen gilt. Hier trifft sich Hahn mit seinem Kritiker v. Mises, der das Problem der Anschauung ganz ähnlich auflösen will:

"Tatsächlich gibt es die vielfach berufene Problematik der Anschauung überhaupt nicht, ... Man kann durch logische Umformungen aus Prämissen, die als wahr gesetzt werden, Schlüsse ziehen und diesen Vorgang pflegt man (im engsten Sinne) Mathematik zu nennen. Derjenige, dem das Material der Schlüsse geläufig ist und der sich oft genug mit den Tatbeständen beschäftigt hat, zu deren Nachbildung die Gedankengänge durchlaufen werden, der wird von seinem subjektiven Standpunkt aus die Betrachtung als 'anschaulich' bezeichnen, den anderen ist sie ungewohnt, also 'unanschaulich'. So finden heute z.B. die meisten Mathematiker, daß man sich die WEIERSTRASSsche, nirgends differenzierbare Funktion ganz gut durch eine Kurve veranschaulichen könne."

(V. MISES, 1933; 867)

Anschauung (als sinnliche Wahrnehmung) wird zu einem Produkt der Evolution[119], durch Umstellung lassen sich gänzlich andere Verhältnisse auch "veranschaulichen".

Die Differenz zwischen 'Anschauung' und 'Veranschaulichung' wird eingeebnet, der Anschauung kommt kein epistemischer Vorrang mehr zu[120].

---

119) Eine ähnliche These wird im Rahmen der evolutionären Erkenntnistheorie vertreten - vgl. VOLLMER, 1980, Kapitel B

120) Ähnliche Diskussionen entstanden um die Nichteuklidische Geometrie, als versucht wurde, die Verhältnisse in einer "hyperbolischen Welt" durch einen Trickfilm darzustellen. Reichenbach vertrat die Meinung, ein solcher Film beweise, daß der Euklidischen Geometrie anschaulich keine Vorrangstellung zukäme, während Becker dem die Frage entgegenhielt, ob der

Damit ergibt sich der folgende Einwand: wenn Anschauung nur "verinnerlichte" Gewohnheit ist und damit einer Veranschaulichung keine prinzipiellen Grenzen gesetzt sind, wie kann dann Hahn behaupten, daß eine stetige, nirgends differenzierbare Kurve anschaulich gänzlich unmöglich sei? Wir sehen, daß sich die Argumentation des Verfassers selbst aufhebt.

Die These, daß die Forderung nach Logisierung der Mathematik als Reaktion auf die Fehlleistungen der Anschauung entstanden sei, ist historisch gesehen zumindest zweifelhaft. Das haben wir in den Abschnitten über das Arithmetisierungsprogramm festgestellt (vgl. I 5).

Hahn berücksichtigt ebensowenig wie Klein den Zeichencharakter der von ihm betrachteten Darstellungen. Auch bei ihm ist Anschauung empiristisch reduziert auf Wahrnehmung physikalischer Gegenstände und als solche nur auf Singuläres gerichtet. Insgesamt sind Hahns Ausführungen wegen ihrer inneren Widersprüchlichkeit wenig überzeugend (es muß allerdings dem Verfasser zu Gute gehalten werden, daß es sich um einen populärwissenschaftlichen

---

120) Fortsetzung der vorhergehenden Seite
Zuschauer diesen Film nicht einfach als Schilderung einer skurrilen und unrealistischen Welt ansehen würde. Einen Überblick über diese Auseinandersetzung gibt KAMLAH, 1977; 411-418.

Ebenso zwiespältig wurde Jahrzehnte früher die Entwicklung von Euklidischen Modellen der verschiedenen Nichteuklidischen Geometrien aufgenommen: während die Anhänger (z.B. Natorp) der Kantischen These von der Apriorität der Euklidischen Geometrie in diesen Modellen gerade den Nachweis sahen, daß die Verhältnisse der Nichteuklidischen Geometrien nicht anschaulich seien (weil dort Geraden gekrümmt seien), zogen deren Gegner (z.B. Helmholtz) genau die entgegengesetzte Konsequenz: die Verhältnisse der Nichteuklidischen Geometrien seien nun genauso anschaulich wie die der Euklidischen Geometrie und damit sei gezeigt, daß die Anschauung keine dieser Geometrien vor den anderen auszeichne.

Vortrag handelte). Für unseren Zusammenhang sind sie aber dennoch wichtig, weil sie eine unter Mathematikern weit verbreitete Ansicht formulieren. Das läßt sich schon am großen Anklang, den dieser Vortrag fand, ablesen. Die These von der "Krise der Anschauung" und der Logisierung als deren Konsequenz ist nach unserer Ansicht systematisch irreführend und historisch falsch.

4.3.2 Der Logizismus

Den fundamentalsten Angriff auf die Anschauung stellte das logizistische Programm dar: indem es die vollständige Zurückführung der Analysis auf die Logik behauptete und damit den Charakter der Mathematik als einen rein analytischen postulierte, wurde von seinen Anhängern die These vertreten, daß die Anschauung völlig bedeutungslos für die mathematische Erkenntnis sei. Sicherheit wird nur durch die Deduktion gewährt, in deren Verlauf aus vorausgesetzten Axiomen Folgerungen abgeleitet werden. All dies geschieht ausschließlich auf der rein begrifflichen Ebene. Wir wollen kurz die Vorgeschichte des logizistischen Programms betrachten, um deutlich zu machen, wie sich dieses in die dargestellte Entwicklung der Analysis einpaßt.

Das Arithmetisierungsprogramm[121)] für die Analysis war etwa 1880 abgeschlossen: die Theorie der reellen Zahlen war auf die der rationalen Zahlen gegründet worden (unter Verwendung von Cauchyfolgen (Méray, Cantor), von Schnitten

121) Coutrat sah denn auch in der Arithmetisierung nichts als einen Wegbereiter der Logisierung:

"... ce qui a ruiné la philosophie kantienne des mathématiques, ce n'est pas la Géometrie non euclidienne mais la reconstruction logique de l'analyse, ce qui M. Klein a appelé l'arithmétisation des mathématiques ..."

(COUTRAT, 1905; 301)

(Dedekind) oder von Häufungspunkten beschränkter Mengen (Weierstraß)) und die Grundbegriffe der Analysis (wie Grenzwert, Stetigkeit, Ableitung usw.) waren in der ε- δ- Sprache "präzisiert"[122] worden. Die Begründung der Analysis schien damit ohne Bezugnahme auf geometrische Anschauung möglich. Das gesamte Gebäude ruhte nun auf den natürlichen Zahlen[123]. Damit konnte die gesamte Arithmetik als ebenso gesichert gelten wie es der "genetische Aufbau" und sein Fundament, nämlich die natürlichen Zahlen, war. Diese wurden oft als einfach und nicht weiter analysierbar betrachtet (z.B. von Kronecker). Gelegentlich (etwa LIPSCHITZ, 1877) wurden die natürlichen Zahlen mit der "inneren Anschauung" in Verbindung gebracht. Diese letzte Bastion der Anschauung wollte dann Frege mit seiner Definition der Zahl stürmen. Frege übte entschieden Kritik an den verschiedenen Begründungsversuchen des Zahlbegriffs. Er tat dies in den "Grundlagen der Arithmetik" (1884) und ausführlicher noch in den "Grundgesetzen der Arithmetik" (II. Teil) von 1903. Er setzte diesen Auffassungen seine eigene entgegen, nämlich "daß die Zahlangabe eine Aussage von einem Begriff enthalte"[124]. Die Reduktion des Zahlbegriffs auf logische Begriffe (wie Klasse und eindeutige Zuordnung) ist neben der These von der Begründbarkeit

---

122) Wir haben bereits gesehen (in II 3), daß diese "Präzisierung" nicht ohne Probleme ist: so ist z.B. gar nicht so klar, ob im genannten Kalkül wirklich die heuristisch gewonnenen Erwartungen präzisiert worden sind (wir sprachen von der "Krise des Formalismus").

123) Hilbert prägte 1900 den Terminus "genetischer Aufbau" für die schrittweise Gewinnung der reellen Zahlen aus den natürlichen. Dieser stellte er seine axiomatische Auffassung entgegen. Einen genetischen Aufbau hatte schon HANKEL, 1867, vorgeschlagen; unsere moderne Fassung mittels Äquivalenzklassenbildung geht auf Kronecker zurück.

124) Die Überschrift des § 46 der "Grundlagen der Arithmetik" heißt vollständig: "Die Zahlangabe enthält eine Aussage von einem Begriffe. Einwand, dass bei unverändertem Begriffe die Zahl sich ändere."

(FREGE, 1934; Inhaltsverzeichnis)

aller mathematischen Sätze durch logisches Schließen zentrales Anliegen des Logisierungsprogrammes. Beide Tendenzen richten sich gegen die Anschauung und gegen die Unsicherheit inhaltlichen Schließens: sind die Zahlen ausschließlich durch logische Begriffe definierbar, so wird damit ihre nicht-anschauliche Natur bewiesen[125]:

"Indem ich die Arithmetik (Algebra, Analysis) nur einen Teil der Logik nenne, spreche ich schon aus, daß ich den Zahlbegriff für gänzlich unabhängig von den Vorstellungen oder Anschauungen des Raumes und der Zeit, daß ich ihn vielmehr für einen unmittelbaren Ausfluß der reinen Denkgesetze halte."

(DEDEKIND, 1965; III)

Ebenso benötigt das Durchlaufen von Ketten logischer Schlüsse eine Anschauung[126]. Die räumliche Anschauung <u>als Beweismittel</u> war bereits durch die Arithmetisierung aus der Analysis verdrängt worden. Die erfolgreiche Durchführung des Logisierungsprogrammes hätte - da die Anschauung nun auch in ihrer <u>existenzfundierenden</u> Funktion ausgeschaltet werden sollte - damit eine <u>vollständige</u> Eliminierung der Anschauung aus Arithmetik und Analysis

125) "Die Null, die Eins sind Gegenstände, die uns nicht sinnlich gegeben werden können. Auch Diejenigen, welche die kleineren Zahlen für anschaulich halten, werden doch einräumen müssen, dass ihnen keine der Zahlen, die grösser als $1000 \cdot (1000^{1000})$ sind, anschaulich gegeben werden können, und wir dennoch Mancherlei von ihnen wissen."

(FREGE, 1934; 101)

Insbesondere bedarf es keiner inneren Anschauung zur Gewinnung der Zahlen.

126) "Es ist zwar schon vielfach ausgesprochen worden, dass die Arithmetik nur weiter entwickelte Logik sei; aber das bleibt solange bestreitbar, als in den Beweisen Übergänge vorkommen, die nicht nach anerkannten logischen Gesetzen geschehen, sondern auf einem anschauenden Erkennen zu beruhen scheinen."

(FREGE, 1893; VII)

mit sich gebracht. Somit wäre deren ausschließlich analytischen Charakter[127)] bewiesen gewesen.

Die Schwierigkeiten, auf die die Durchführung des logizistischen Programmes stieß, sind weitgehend bekannt[128)]. Sie sollen daher hier nur kurz aufgeführt werden:

1. Das Fregesche System der "Grundgesetze der Arithmetik" scheiterte an der Entdeckung der Russell-Zermelo-Antinomie (1902).
2. Um diese Antinomien auszuschalten, wurden von Russell und Whitehead die verschiedenen Varianten der Typentheorie entwickelt. Diese war mit dem Anspruch verbunden, die gesamte Mengenlehre auf die Logik zurückzuführen[129)]. Ein logizistisches Programm jeglicher Art muß die (axiomatische) Mengenlehre umfassen und beinhaltet damit alle Probleme, die mit der letzteren verbunden sind. Bei dem Versuch von Russell und Whitehead zeigte sich, daß bei der Reduktion der Mengenlehre auf die Logik einige Axiome eingeführt werden müssen, die kaum als logisch zu bezeichnen sind (etwa die Behauptung "es gibt mindestens ein Ding" oder das bekannte

---

127) Frege hat "analytisch" folgendermaßen festgelegt:

"Es kommt nun darauf an, den Beweis zu finden und ihn bis auf die Urwahrheiten zurückzuverfolgen. Stösst man auf diesem Wege nur auf die allgemeinen logischen Gesetze und Definitionen, so hat man eine analytische Wahrheit, ..."

(FREGE, 1934; 4)

Im Gegensatz zu Kant - dessen Intentionen Frege mit seinen Ausführungen weiterführen wollte (vgl. FREGE, 1934; 3 Anm.) - war Frege der Ansicht, daß es erkenntniserweiternde analytische Sätze gibt.

128) Man kann sich über diese etwa bei FRAENKEL/BAR-HILLEL, 1973 informieren.

129) Dies ist ja auch unbedingt erforderlich, will man die Analysis insgesamt auf die Logik zurückführen (denn dann muß sich z.B. auch der Funktionsbegriff durch logische Begriffe definieren lassen!).

"Unendlichkeitsaxiom"). Der Preis, der für die Zurückführung der Mathematik auf die Logik zu zahlen ist, ist der einer unzulässigen Ausdehnung des Gebietes der Logik.

Die genannten Probleme führten dazu, daß das logizistische Programm gegenwärtig meist für gescheitert gehalten wird. Bar-Hillel und Fraenkel formulieren die gängige Auffassung über den Logizismus:

> "Depending on the specific interpretation of these terms [e.g. logical, mathematical etc.] as well as on a precisification of the term 'mathematics' itself, e.g. whether geometry is or is not to be regarded as mathematics (...), the logicistic thesis runs the whole gamut between an uninteresting truism through a pious hope, whose basis is not quite clear, to an almost obvious falsity."
>
> (FRAENKEL/BAR-HILLEL, 1973; 163)

Der Charakter der Mathematik ist nach einer Variante der logizistischen Auffassung[130)] tautologisch und damit inhaltsleer[131)]. Dadurch entstehen zwei neue bedeutsame Fragen:

- Wie kann eine derartige Auffassung die Anwendbarkeit der Mathematik erklären?
- Wie kann es zur Entwicklung neuer Theorien in der Mathematik kommen?

---

130) Hier muß man allerdings Frege ausnehmen, da er ja die Meinung vertrat, es gäbe erkenntniserweiternde analytische Urteile. Die hier angesprochene Meinung vertraten u.a. Russell und Carnap.

131) So heißt es beispielsweise in Wittgensteins Tractatus:

"6.2 Die Mathematik ist eine logische Methode. Die Sätze der Mathematik sind Gleichungen, also Scheinsätze.

6.2.1 Der Satz der Mathematik drückt keinen Gedanken aus."

(WITTGENSTEIN, 1979; 102)

Wir wollen diese Probleme hier nicht weiter verfolgen, da sie uns von unserer Grundfrage nach dem Verhältnis von Anschauung und Mathematik abführen würde[132]. Eine inhaltsleere Mathematik scheint jedenfalls - sieht man einmal von der Markenwahrnehmung der Formalisten ab, die im klassischen Logizismus nie zur Diskussion stand - keinen Platz für Anschauung zu lassen.

Der heute übliche Aufbau der Mathematik mit Hilfe von Logik und Mengenlehre kann - da auch er eine anschauungsfreie Begründung der Analysis zu liefern verspricht - als Fortsetzung des Logisierungsprogrammes bezeichnet werden. Damit soll nicht geleugnet werden, daß die Entwicklung der Mengenlehre bei Cantor[133] ursprünglich unbeeinflußt von jeglicher Logisierungstendenz begann. Die Verschmelzung von Mengenlehre und Logizismus dürfte bei Russell erstmals stattgefunden haben. Allerdings kommt der Mengenlehre - in welcher Form auch immer sie vorgelegt wird - nicht jener Gewißheitsanspruch zu, der die Logik auszeichnet[134].

Gerade dieser war es aber, der Frege und seine Nachfolger dazu veranlaßte, das Logisierungsprogramm zu entwerfen. Die Gewißheit der Mathematik sollte nämlich durch Logisierung ein für alle Mal gesichert werden. Das Eingeständnis, daß die Logik alleine nicht ausreicht und Mengenlehre zu-

---

132) Für eine ausführliche Darlegung vgl. FRAENKEL/BAR-HILLEL, 1973.

133) Zu den Motiven Cantors vgl. man DAUBEN, 1970 und MANHEIM, 1964.

134) So schreibt Quine:

"Was die Grundwahrheiten, die Axiome der Mengenlehre, angeht, so sind sie weniger einsichtig und gewiß und stehen deshalb in schlechterem Ruf als die meisten mathematischen Theoreme, die wir aus ihnen herleiten."

(QUINE, 1975; 98)

sätzlich erforderlich ist, bedeutet also eine schwerwiegende Modifikation der ursprünglichen logizistischen Position. Zeitgenössische Denker wie Quine, die dem Logisierungsprogramm nahestehen, argumentieren konsequenterweise dahingehend, daß die Hinzunahme der Mengenlehre zur Logik keine wesentliche Erweiterung darstelle. Wir müssen dieses Problem hier offen lassen.

Versuchten Frege und andere Logizisten noch, die Frage nach dem ontologischen Status der mathematischen Gegenstände zu beantworten, so führte die weitere Entwicklung dazu, dieses Problem gänzlich auszuklammern[135] - ja, man könnte sagen, es zu tabuisieren. Gemeint ist hier die strukturalistische Schule, die sich hauptsächlich im Unternehmen "Bourbaki" zusammengefunden hat. In der kompromißlosen Zurückweisung der Anschauung treffen sich Logizismus und Strukturalismus, weshalb jetzt letzterer im Rahmen dieses Buches dargestellt werden soll. Wir wollen im folgenden Kapitel hauptsächlich den dieser Mathematikergruppe nahestehenden Philosophen Jules Vuillemin zu Wort kommen lassen mit seinen Ausführungen über "Die Natur und die Rolle der Anschauung" (VUILLEMIN, 1962; § 51).

4.3.3 Mathematischer Strukturalismus und Anschauung (J. Vuillemin)

(Eine Schwierigkeit, auf die wir bereits eingegangen sind - vgl. II 1 - ist die Übertragung des französischen Terminus "intuition". Wir übersetzen ihn hier stets mit "Anschauung".)

---

135) Vgl. hierzu 4.3.3 Nachtrag I: Der Strukturbegriff Bourbakis.

Vuillemin unterscheidet vier verschiedene Bedeutungen von "Anschauung", die in der Diskussion um die Grundlagen der Mathematik eine Rolle gespielt haben. Die erste Interpretation von Anschauung geht auf Descartes zurück:

"l'intuition [c'est] la représentation intellectuelle d'une nature simple"

(VUILLEMIN, 1962; 476)

Anschauung wird hier als auf Einzelnes gerichtete Rezeptivität gefaßt.

("... l'intuition intellectuelle comme la réceptivité à une représentation ..."

(VUILLEMIN, 1962; 472)).

Vereinfacht ausgedrückt könnte man sagen: man muß nur genau genug "hinsehen", dann wird sich die Lösung "von selber" zeigen. Diese Auffassung mußte nach Meinung von Vuillemin aufgegeben werden, als die Untersuchungen über die Lösbarkeit algebraischer Gleichungen durch Radikale (Lagrange, Abel, Galois) zeigten, daß bei diesem Problem nur die Strukturanalyse, nicht aber die Untersuchung des konkreten Einzelfalles, zum Erfolg führt[136]. Denn hier kommt es nicht darauf an, singuläre Beispiele - wie Descartes glaubte - möglichst "klar und deutlich" zu erkennen, sondern wichtig ist es, das die vielen Einzelfälle Vereinigende, die Struktur, zu untersuchen. (Dies ist nur dann zutreffend, wenn man an einem allgemeinen Ergebnis über die Auflösbarkeit interessiert ist, also in dem vorliegenden Fall an einem Unmöglichkeitsbeweis. Die konkrete Auflösung einer bestimmten Gleichung - die ja durch das allgemeine Ergebnis nicht in allen Fällen ausgeschlossen wird - erfordert nach wie vor die genaue Untersuchung des Einzelfalles.)

---

136) Man vergleiche dazu unsere Ausführungen über die Problematik des "Unmöglichkeitsbeweises" in II 3.

Als Konsequenz dieser Erfahrungen[137] ergab sich eine Veränderung des Anschauungsbegriffes. Anschauung wird nicht mehr als bloß rezeptiv aufgefaßt, sondern als aktive Operation ("une opération active") bestimmt[138]. Die cartesianisch verstandene Anschauung verlor durch diese Neuerung jeglichen objektiven Wert für die Mathematik; übrig blieb lediglich eine subjektive, psychologische Bedeutung im Sinne von Vertrautheit (wie wir sie bei Hahn und Mises antrafen), die nicht Gegenstand philosophischer Untersuchungen sein kann. Dieser Anschauungsbegriff kommt den Auffassungen von Vuillemin (s. unten) recht nahe.

Als nächstes setzt sich Vuillemin mit der These auseinander, Anschauung diene vermöge von Konstruktionen als Existenzbeweis[139]. Dies entspricht in unserer Terminologie der erkenntnisfundierenden (ontologischen) Funktion von Anschauung. Aber auch diese Interpretation muß nach Vuillemin verworfen werden, da die Funktion der An-

---

137) Weitere historische Belege führt Vuillemin für seine These nicht an. Es kann so der Eindruck entstehen, als sei die gesamte Entwicklung der Mathematik in Richtung "strukturelle Auffassung" abgelaufen. Dies ist sicherlich falsch, wie schon das Beispiel der projektiven Geometrie zeigt.

138) Wie andere Stellen zeigen, denkt Vuillemin hier in erster Linie an Kants Lehre vom Schematismus - die historisch allerdings vor der genannten Entwicklung der Algebra liegt (Abels entscheidende Arbeit erschien 1826, Galois' Abhandlung wurde posthum 1846 veröffentlicht. Zeitlich am nächsten zu Kant sind die Untersuchungen Lagranges zur Gleichungslehre von 1771).

139) "Peut-on, du moins, en la [l'intution] concevant de façon sensible, lui prêter la vertu de fournir au mathématicien ... les seules preuves d'existence qu'il puisse recevoir? Ainsi l'a-t-on parfois entendu dans les problèmes de construction."

(VUILLEMIN, 1962; 477 f.)

Wir haben den Zusammenhang von Existenznachweis und Anschauung im Kapitel II 3 diskutiert.

schauung in Existenzbeweisen nur illustrativ und zufällig ist. Der eigentliche Beweis ergibt sich vielmehr aus der Klassifikation der Begriffe, die an Hand eines konkreten Beispiels vorgenommen wird[140].

Im Kapitel "La théorie de Klein" entwickelt Vuillemin eine eigene Theorie der Anschauung, deren Kern die Auffassung von Anschauung als symbolische Sprache[141] darstellt. Er geht hierzu von Cauchys Bestimmung des Symbols aus: ein (algebraisches) Symbol ist eine Kombination von (algebraischen) Zeichen, die entweder selbst nichts repräsentiert oder der man eine Bedeutung beimißt, die verschieden ist von ihrer natürlichen[142].

In moderner Ausdrucksweise entsprechen wohl am ehesten schematischen Buchstaben, Variablen u. dgl. (vgl. auch Nachtrag II) den Symbolen im Sinne Cauchys. Wichtig ist jedenfalls, daß die Symbole ihre Referenz per Konvention erhalten, denn nur so wird Cauchys Definition überhaupt

---

140) "Elle [l'intuition] n'est adéquate ni à la représentation de la classification des concepts dont on entreprend l'inventaire, ni à la preuve d'existence qu'elle était censée fournir."

(VUILLEMIN, 1962; 478)

Die Klassifikation der Begriffe läuft darauf hinaus, festzustellen, in welchem Rahmen (Struktur) man sich bewegt, welches also die angenommenen Axiome sind. "Existenz" hängt nach strukturalistischer Auffassung von der jeweiligen Struktur ab (s. Nachtrag II).

141) "D'autre part, elle [la nature de l'image] est un langage symbolique, où les significations ne sont prêtées aux figures que par une convention de départ déterminant la règle de correspondance qui constitue la nature de l'image."

(VUILLEMIN, 1962; 325)

142) "En Analyse, on appelle expression symbolique toute combinaison de signes algébriques qui ne signifie rien par elle-même ou à laquelle on attribue une valeur différente de celle qu'elle doit naturellement avoir."

(CAUCHY, 1821; 153)

Als Erläuterung zum zweiten Teil der Alternative denke man etwa an $\sqrt{-1}$.

sinnvoll (einem Symbol kann man - im Gegensatz zum Ikon - ad libitum eine Referenz zusprechen ("attribuer") - Vuillemin gebraucht "symbolique" bezeichnenderweise als Gegensatz zu "nécessaire"). Damit befindet sich Cauchys Symbolbegriff durchaus in Einklang mit dem der modernen Semiotik.

Hieraus erklärt sich nach Vuillemin der Doppelcharakter der mathematischen Zeichen als konkrete Individuen und als "allgemeine Charakteristik" (entsprechend den beiden Anteilen eines Zeichens: Marke und Schema). Die Referenzfunktion ermöglicht gewissen Bildern[143)] ihre Allgemeinheit, indem sie ein Schema repräsentieren und nicht ein Einzelnes denotieren (natürlich gibt es auch andersgeartete mathematische Symbole - die sogenannten Namen - wie z.B. " π "). Für Vuillemin ergibt sich jedoch dieser Doppelaspekt daraus, daß das konkrete Zeichen lediglich ein Beispiel für den abstrakten, zuvor schon beherrschten Begriff darstellt. Das zeigt das folgende Zitat:

> "elles [les images] sont donc générales, ...; parce que la figure empirique ne sert qu'à illustrer un concept qui nous donne a priori la règle selon laquelle cette figure doit être engendrée et regardée. On aperçoit dans quelle mesure l'analyse de l'image riemannienne conforme la théorie kantienne du schématisme, comme règle de production de la figure."
>
> (VUILLEMIN, 1962; 323)

Der Fall des Ikons, das das zugehörige Schema sinnlich anführt und das seine Referenz nicht per conventionem erhält, bleibt bei unserem Autor außer Betracht. Vuillemin argu-

---

143) Vuillemin entlehnt diesen Begriff bei Riemann:

> "Le mot d'image [Bild], que Riemann a choici pour désigner une telle représentation, a sans doute l'aventage de rappeler le caractère intuitiv de cette représentation, qui nous donne à voir le cours de la fonction et ses affections. Toutefois cette vue même n'a interêt que parce qu'elle assujettit l'intuition sensible à illustrer une loi."
>
> (VUILLEMIN, 1962; 320)

mentiert stets "von oben", d.h. er geht von bereits beherrschten Schemata (z.B. Strukturen) aus. Daß umgekehrt diese Schemata "von unten" an Hand konkreter Gegenstände erlernt werden müssen, beachtet er nicht.

Um seine These zu belegen, analysiert der Verfasser die Darstellung einer komplexen Funktion vermöge der zugehörigen Riemannschen Fläche[144]. Er gelangt dabei zu folgender Schlußfolgerung:

"Mais on ne peut 'voir' un tel cours de la fonction; aussi dirons-nous d'une telle image qu'elle demeure imparfaite. Le schème, c'est-à-dire l'idée de la règle qui permet de construire, est sans doute clair et distinct, mais au point de vue sensible, il n'en va pas de même pour l'intuition; en somme le schème prétend plus qu'il ne peut faire."

(VUILLEMIN, 1962; 323 f.)

Vuillemin geht allgemein aus vom Primat der Struktur, wobei er Struktur auffaßt als "eine Menge von wohlbestimmten Elementen, die mit Kompositionsgesetzen versehen sind"[145]. Dieser Strukturbegriff ist an der Algebra orientiert; er ist für andere Gebiete der Mathematik nicht ohne weiteres brauchbar[146]. Die Strukturen selbst werden durch Definitionen (mit Hilfe von Axiomenschemata) eingeführt (vgl. Nachträge I und II):

144) Vgl. VUILLEMIN, 1962; 323

145) "une structure, c'est-à-dire un ensemble d'éléments définis munis de lois de composition"

(VUILLEMIN, 1962; 478)

(Vgl. Nachtrag I)

146) Vuillemins Strukturbegriff ist an Verknüpfungen orientiert; also an der Zusammenfassung zweier Elemente zu einem neuen Element. Für die Zwecke der Mathematik ist es allerdings erforderlich - und darauf weist Bourbaki selbst hin (BOURBAKI, 1974; 148 Anm. 2) - auch Beziehungen zwischen Gegenständen verschiedener Stufe (z.B. Element und Menge) zu betrachten. Insofern ist Vuillemins algebraischer Strukturbegriff zu eng.

"Elle [la mathématique formelle] enseignait en effet non pas à continuer indéfiniment un procédé évident de construction ..., mais à définir a priori les types des structures desquels dépend la solution d'un problème et, par conséquent, les limites que ces structures comportent intrinsèquement ... Les mathématiques sont moins une longue chaîne de raisons qu'une composition faite de différentes structures."

(VUILLEMIN, 1962; 471)

Die Entscheidung für eine Struktur ist beliebig:

"Un group peut être commutatif ou non: c'est par convenance qu'on pose cette propriété et non pas en vertu d'une exigence de notre faculté d'intuition intelectuelle."

(VUILLEMIN, 1962; 467)

Das Wesen der Operation[147] ist abstrakt; sie ist deshalb für Descartes' Anschauung unzugänglich. Wie der gesamte Kontext der Vuilleminschen Überlegungen zeigt, ist mit "Operation" nicht "operatives Verfahren" im Sinne Lorenzens gemeint - also nicht das regelgeleitete Hantieren mit konkreten Zeichen[148]. Während letzteres immer an konkrete Zeichen und damit an Anschauung gebunden bleibt[149], sind Vuillemins Operationen Verknüpfungen von Elementen aus abstrakten Gesamtheiten. Zwar kann eine solche Operation durch Symbole anschaulich repräsentiert werden, aber diese Darstellung ist - wenn die Struktur bereits definiert wurde! (vgl. Nachtrag II) - lediglich eine <u>nachträgliche</u> und <u>konventionelle Illustration</u>. Sie ist möglicherweise

147) Den Terminus "Operation" entlehnt Vuillemin der Algebra, wo er algebraische Verknüpfungen wie Addition, Substraktion etc. bezeichnet. Operationen in diesem Sinne sind spezielle Abbildungen.

148) Zu dieser Frage vgl. KAMBARTEL, 1965; 89 f.

149) Eine rudimentäre Form solcher Anschauung ist die Markenwahrnehmung.

wesentlich für das Verständnis, aber nicht für die Sache selbst. Die Anschauung tritt zu den einmal definierten Strukturen wie eine andere Sprache hinzu. Man kann die Differenz der Auffassungen von Lorenzen und Vuillemin auf den kurzen Nenner bringen: schematisch ("von unten" - ausgehend von den anschaulich gegebenen Zeichen) ist ungleich strukturell ("von oben" - ausgehend von abstrakt verfügbaren Strukturen). Werden die Strukturen aus Axiomenschemata vermöge Abstraktion gewonnen, so spielen die Symbole und damit auch die Anschauung bei diesem Vorgang eine Rolle. (Vuillemin läßt sich über die Herkunft der Strukturen nur spärlich aus; wir gehen auf diese Frage im Nachtrag II genauer ein.)

Vuillemin bezeichnet seine Auffassung darum als "linguistische Theorie" der Anschauung[150). Gemäß dieser Theorie käme also der Anschauung eine zweifache Funktion zu: zum einen meint "Anschauung als Sprache" Anschauung von Symbolen, die zu sprachlichen Mitteilungen (z.B. in Axiomenschemata) dienen, zum anderen meint "Anschauung als Sprache", daß Anschauung als Veranschaulichung (Symbol) zu Strukturen hinzutritt. Der erste Aspekt wird von Vuillemin nicht beachtet.

Übrig bleibt noch die vierte und letzte Bedeutung von Anschauung: nämlich die Urintuition der Reihe der natürlichen Zahlen, die nach Brouwer nicht weiter analysierbare Voraussetzung jeglicher Mathematik ist. Sie stellt für Vuillemin eine "metaphysische Entscheidung" dar und muß deshalb in einem anderen Kontext abgehandelt werden.

---

150) "L'analyse de la représentation kleinéenne conforme et uniforme en coordonnées homogènes a servi d'illustration à cette théorie linguistique de l'intuition: sans doute cette dernière impose-t-elle une vision. Mais cette vision est infiniment plastique parce que l'intuition est surtout un symbol."

(VUILLEMIN, 1962; 478)

151) KAMBARTEL, 1965 und KAMBARTEL, 1968; Kapitel 4 und 6.

Wir möchten im Folgenden nicht die Frage aufwerfen, inwieweit die von Vuillemin vertretene Position geeignet ist, eine Grundlegung der Mathematik zu liefern (hierzu sehe man die beiden Veröffentlichungen von Kambartel[152]). Hier soll nur seine Stellungnahme zur Anschauung untersucht werden. Wir haben schon weiter oben gesehen, daß für Vuillemin die These vom Primat der Struktur von zentraler Bedeutung ist, jene These also, daß die Mathematik Strukturen zu untersuchen habe und daß mathematische Gegenstände (wie $\sqrt{-1}$) ihre Existenz aus dem Zusammenhang der Struktur(en) ableiten, in die sie eingebettet sind (vgl. Nachtrag II). Wenn aber die Strukturen das Wesentliche der Mathematik enthalten und man deren Ursprung nicht beachtet, dann liegt die "linguistische Theorie" nahe, die besagt, daß Anschauung immer nur als nachträgliche Veranschaulichung auftritt. Der historische Ursprung der Strukturen - er muß in der Abstraktion aus konkreten Beispielen[152] gesehen werden - bleibt bei Vuillemins systematischen Betrachtungen unbeachtet. Als Folge hiervon entsteht der Eindruck, daß die Strukturen beliebig durch Definitionen hervorgebracht werden. Ihre Vermehrung unterliegt keinen Beschränkungen. Insbesondere wird das Verfahren, das zur Gewinnung der Strukturen führt und das mit dem Stichwort "explizite Definitionen zweiter Stufe" bzw. "implizite Definitionen erster Stufe" charakterisiert werden kann, keiner kritischen Überprüfung unterworfen. Insgesamt erweist sich die Position Vuillemins als ahistorisch, da sie die Genese der Strukturen unberücksichtigt läßt. Dies beeinflußt auch seine Interpretation der Rolle der Anschauung: nur wenn man davon ausgeht, daß die Strukturen anschauungsunabhängig

---

152) So entstand der Gruppenbegriff aus der Frage nach dem Gemeinsamen der damals bekannten (wenn auch nicht so benannten) endlichen Gruppen einerseits und den Transformationsgruppen der Geometrie andererseits - vgl. WUSSING, 1969.

gegeben sind, kann man Anschauung als nachträgliche Veranschaulichung interpretieren. Geht man hingegen den historisch und auch sachlich[153] richtigen Weg, der die Strukturen aus Abstraktionen hervorgehen sieht, so spielt die Anschauung hierbei eine wesentliche Rolle[154]. Sie macht nämlich die konkreten Beispiele erst zugänglich - sei es als Anschauung von Symbolen und ihrer Kombination, also Anschauung, die auf externer Ikonizität beruht, z.B. in der Algebra, sei es als auf interner Inkonizität beruhende Anschauung z.B. in der Geometrie. So verstanden ist Anschauung eine Bedingung der Möglichkeit von Strukturen. Nicht ausgeschlossen hierdurch ist es, eine Struktur auch an anderen Gegenständen zu veranschaulichen als an jenen, die bei ihrer Entdeckung eine Rolle spielten. Wir können[155] aber in der Regel unterscheiden zwischen dem "Standardmodell" einer Struktur - jenen Gegenständen, aus denen sie durch Abstraktion hervorging - und den übrigen Modellen, den "Nonstandardmodellen" (im nicht-technischen Sinne), die als nachträgliche Veranschaulichungen erst hinzukamen.

---

153) Man vergleiche hierzu Kambartels Kritik an Vuillemin, die eine Fortführung der Fregeschen Auseinandersetzung mit Hilbert darstellt (KAMBARTEL, 1965; 92-97 und KAMBARTEL, 1968; Kap. 4).

154) Wir haben weiter oben ausgeführt, daß Vuillemins "linguistische Theorie" der Anschauung diesen Weg ebenfalls zuläßt (dann nämlich, wenn man "linguistische Theorie der Anschauung" auffaßt als anschaulich-fundiertes Verständnis von Sprache).

155) Das gilt natürlich nur idealiter; im konkreten Fall werden zur Klärung solcher Fragen ausgedehnte begriffsgeschichtliche Untersuchungen erforderlich sein.

Nachtrag I. Der Strukturbegriff Bourbakis

Als Ergänzung zu den Ausführungen Vuillemins sei hier kurz der Strukturbegriff Bourbakis in dessen eigenen Worten vorgestellt. Es handelt sich um eine nicht-technische Formulierung. Dabei wird die Mengenlehre, wie man den Ausführungen entnimmt, vorausgesetzt (zu dieser Frage vgl. man Nachtrag II):

> "Es kann nun klargemacht werden, was allgemein unter einer mathematischen Struktur zu verstehen ist. Den verschiedenartigsten Vorstellungen, die mit diesem Gattungsnamen bezeichnet werden, ist gemeinsam, daß sie angewandt werden können auf Mengen von Elementen, deren Natur nicht festgelegt ist; um eine mathematische Struktur zu definieren, nimmt man eine oder mehrere Relationen zwischen diesen (nicht weiter definierten) Elementen als gegeben an (...); dann postuliert man, daß die gegebene Relation (oder die gegebenen Relationen) gewisse Bedingungen erfüllen, welche explizit festgesetzt werden und welche die Axiome der betrachteten Struktur sind. Die axiomatische Theorie einer so gegebenen Struktur aufstellen, läuft dann hinaus auf die Deduktion der logischen Folgerungen aus den Axiomen dieser Struktur, ohne Berücksichtigung irgendeiner weiteren Hypothese über die betrachteten Elemente oder die Natur dieser Elemente."
>
> (BOURBAKI, 1974; 148 f.)

Beispiele für solche Strukturen sind: die algebraischen Strukturen, die Ordnungsstrukturen und die topologischen Strukturen. Die Beschreibung Bourbakis enthält implizit bereits eine Abstraktion, indem sie von dem Charakter der zugrundegelegten Elemente von vorneherein absieht. Historisch angemessener wäre der Weg, aus der Gültigkeit bestimmter Aussagen (etwa den Gruppenaxiomen) in bestimmten Gegenstandsbereichen (z.B. bei Permutations- und Transformationsgruppen) die Gruppenstruktur als das diesen Bereichen Gemeinsame durch Abstraktion (es wird von der Besonderheit der jeweiligen Gegenstände abgesehen) erst zu gewinnen. So betrachtet wäre die Gruppenstruktur eine Form der invarianten Rede: Aussagen, die sich nur auf die Gruppenstruktur beziehen, gelten in allen Gruppen, gleich welches ihre Elemente sind. Die Bedeutung des strukturalistischen Ansatzes für die Grundlagendiskussion wird von Bourbaki selbst folgendermaßen gesehen (die jüngsten Arbeiten, von denen hier die Rede ist, werden z.T. im Nachtrag II dargestellt):

> "Wir nehmen hier einen naiven Standpunkt ein und befassen uns nicht mit den dornigen, halb philosophischen, halb mathematischen Fragen, die durch das Problem der 'Natur' der mathematischen 'Wesen' oder 'Gegenstände' aufgeworfen werden. Es genüge die Feststellung, daß die axiomatischen Untersuchungen des 19. und 20. Jahrhunderts allmählich den anfänglichen Pluralismus der Vorstellungen von diesen 'Wesen' - die man zuerst als ideale 'Abstraktionen' heterogener Sinneserfahrungen auffaßte - ersetzt haben durch eine einheitliche Vorstellung, indem allmählich alle mathematischen Begriffe zuerst auf den Begriff der natürlichen Zahl und dann in einem zweiten Stadium auf den Begriff der Menge zurückgeführt wurden. ...; die Schwierigkeiten mit der Mengenlehre verschwanden erst im Licht der jüngsten Arbeiten über logischen Formalismus als der Mengenbegriff selbst und mit ihm auch alle metaphysischen Pseudoprobleme bezüglich mathematischer 'Wesen' untergingen. Nach diesem Standpunkt sind mathematische Strukturen eigentlich die einzigen 'Gegenstände' der Mathematik."
>
> (BOURBAKI, 1974; 148 Anm. 1)

Dieses Zitat stammt wie das obige aus der Erklärung "Die Architektur der Mathematik", dessen französisches Original 1949 erschien. Aus Hinweisen in CARTAN, 1943; 11 kann man entnehmen, daß der Text der Erklärung wohl aus dem Jahre 1941 stammt. Eine ausführliche Darstellung der Auffassungen Bourbakis findet man in BOURBAKI, 1971; 9-61.

Nachtrag II. Der Aufbau der Mathematik nach strukturalistischer Auffassung (H. Cartan)

Im Folgenden sei eine Arbeit von Henri Cartan, einem der Begründer der Bourbakigruppe, aus dem Jahre 1943 referiert (CARTAN, 1943 - der erste Band der "Elemente" von Bourbaki erschien im Jahre 1939). In ihr werden die Zusammenhänge des Bourbakiprogrammes mit anderen Positionen des Grundlagenstreites (Formalismus, Logizismus) deutlich, und es werden die diesem Programm zugrundeliegenden Annahmen erläutert. Ausgangspunkt für den Aufbau der Mathematik nach "axiomatischer Methode" (wie Cartan sein Vorgehen bezeichnet)sind ein (offener) Vorrat an schematischen Buchstaben x, y, z ..., zwischen denen eine oder mehrere <u>elementare Relationen</u> (dieser Begriff ist der Prädikatenlogik entnommen, darf also - wie die gesamte Logik (s.u.) - hier als bekannt vorausgesetzt werden) erklärt sind. Mit Hilfe solcher elementarer Relationen (als Beispiel stelle man sich die Elementbeziehung vor) können <u>neue Relationen</u> erklärt werden (z.B. die Teilmengenbeziehung, die extensionale Gleichheit von Mengen usw.) Gewisse, mit Hilfe von Relationen gebildete Formeln werden nun zu <u>Axiomen</u> (Korrektur wäre es, von <u>Axiomenschemata</u> zu sprechen, da ja in den Axiomen schematische Buchstaben auftreten) erklärt. Das soll bedeuten, daß sie im weiteren Aufbau der Theorie <u>als wahr</u> betrachtet werden. Gegenstand der Axiome sind Beziehungen zwischen schematischen Buchstaben, die in der Sprache der Relationenlogik formuliert werden. Cartan kommt auf dieser Grundlage zu folgender Bestimmung der Mathematik:

"une théorie mathématique n'est pas autre chose qu'une théorie logique, déterminée par un système d'axiomes c'est-à-dire des relation construites à partir des relations élémentaires, et posées comme vraies); les êtres de la théorie sont définis <u>ipso facto</u> par le système d'axiomes, qui engendre en quelque sorte le matérial auquel vont pouvoir s'appliquer les propositions vraies; définir ces êtres, les nommer, leur 'appliquer' les propositions et relations, c'est en cela queconsiste la partie proprement mathématique de la théorie."

(CARTAN, 1943; 8 f.)

An diesem Zitat wird zweierlei deutlich:
einmal die Anleihe beim Formalismus, die darin besteht, von bedeutungsfreien Zeichen - in unserer Terminologie: von Marken - auszugehen; zum anderen die Anleihe beim Logizismus, die in der Behauptung besteht, Mathematik sei angewandte Logik. Die Logik selbst ist von der Mathematik unabhängig und darf bei deren Aufbau ohne Einschränkungen benützt werden.

Von den genannten Positionen wird in folgenden Hinsichten abgewichen:
(vom Formalismus) Die Mathematik wird nicht kalkülisiert. Es wird keine Trennung in Mathematik und Metamathematik vorgenommen. Die Marken erhalten ihre Bedeutung innerhalb des mathematischen Rahmens (durch die "internen Relationen") und nicht von außerhalb (etwa im Zusammenhang metamathematischer Betrachtungen). Die Sätze der Mathematik sind inhaltliche Sätze und insbesondere wahre Sätze.

(vom Logizismus) Die Idee, die Gegenstände der Mathematik durch explizite Definitionen mit Hilfe logischer Begriffe zu gewinnen, wird aufgegeben. Diese haben keine externe Bedeutung.

Die Mengenlehre (in der Form von Zermelo-Fraenkel) wird als Theorie der zweistelligen Elementarrelation $x \in y$ (einer Relation zwischen schematischen Buchstaben!) aufgebaut. Dabei werden die üblichen Axiome postuliert. Da die gesamte Mathematik in der Mengenlehre formulierbar ist, wird somit gezeigt, daß sich die Mathematik vollständig als Theorie im Sinne Cartans aufbauen läßt. Es gilt:

"toute la mathématique se trouvera alors, en fait, fondée sur la logique seul."

(CARTAN, 1943; 9)

Dem ist entgegenzuhalten, daß keineswegs alle Axiome des Zermelo-Fraenkel-Systems logischer Natur (etwa die Existenz der leeren Menge) sind. Die Axiome, insbesondere die in sie eingehenden elementaren Relationen (wie z.B. "$\in$") stellen offensichtlich ein außerlogisches Element in der Theorie Cartans dar, was von diesem aber weitgehend ignoriert wird. Die mathematischen Gegenstände bzw. die sie repräsentierenden Konstanten sollen durch Kennzeichnungen (vgl. II 4.1) gewonnen werden (Cartan nennt sie "explizite Elemente"): Es sei A(x) eine einstellige Relation (also ein Prädikat), für die gilt:

1) $\exists x: A(x)$

2) $A(x) \wedge A(y) \rightarrow x = y$

("gelten" muß gelesen werden als "ist deduzierbar aus den Axiomen"). Dann sei a das durch die Eigenschaft A definierte explizite Element (in moderner Notation $\iota_x A(x) =: a$. Ein Beispiel wird in Anmerkung 156) gegeben). An dieser Stelle ist es wichtig, die Variablen x und y, die in der Kennzeichnung auftreten und die für die Elemente der Ausgangsmenge (also für schematische Buchstaben) stehen, zu unterscheiden von der Konstanten a, die erst mit Hilfe der Kennzeichnung gewonnen wird. Cartan spricht von "... un élément explicite a, auquel nous donnons un nom charactéristique de la rélation A." (CARTAN, 1943; 9). Die Konstante a soll also als Name für die gesamte Kennzeichnung betrachtet werden. In einem rein syntaktischen Aufbau, wie ihn Cartan offensichtlich anstrebt, muß a als derjenige schematische Buchstabe aus dem Grundvorrat angesehen werden, der durch die Kennzeichnung eindeutig ausgezeichnet wird. (Wollte man hier ganz exakt sein, so müßte man noch zwischen den Elementen des Grundvorrates und den Mitteilungszeichen für diese unterscheiden).

Die Elemente der unteren Stufen werden also bei Cartan durch explizite Definitionen - nämlich solche mit Hilfe von Kennzeichnungen - gewonnen.[156] Erst auf höherer Stufe, dann nämlich, wenn es um die Gewinnung von Strukturen geht, muß auch er auf das Hilbertsche Verfahren der impliziten Definitionen (vgl. III 1.1) zurückgreifen.

---

156) Als Beispiel betrachte man die Definition des neutralen Elements einer Gruppe:

$$\exists z \; \forall x \; : \; R(z,x) = R(x,z) = x$$

(R sei die Verknüpfung der Gruppe). Dann führt man das Prädikat N ein:

$$N(y) \Leftrightarrow \forall x \; : R(y,x) = R(x,y) = x$$

(lies: y ist neutrales Element).

Nun kann man leicht zeigen ($y = R(y,z) = z$), daß das Prädikat N nur auf ein Element - sagen wir e - zutreffen kann.

Die Bedeutung eines expliziten Elements hängt offensichtlich vom vorgegebenen axiomatischen Rahmen ab, sie ist eine interne Eigenschaft der Theorie[157].

"Ce qui nous intéresse, c'est la construction d'une théorie mathématique à partir du calcul logique qui vient d'être exposé. Or, jusqu'à présent, la machine fabriquée semble tourner à vide: lettres dépourvues de toute signification concrète. Il va falloir leur en donner une, substituer aux variables abstraites [d.s. die schematischen Buchstaben] des êtres concrets entre lesquels existeront certaines relations. Effectivement, on a cru longtemps qu'il y avait, en mathématique, des êtres préexistants auxquels venaient s'appliquer les calculs de la logique, mais situés eux-mêmes en dehors de la logique, à laquelle ils seraient irréductibles; ... Or nous allons montrer, à la suite de J. Dieudonnée, que cette croyance doit être abandonnée: une théorie mathématique n'est pas autre chose qu'une théorie logique, déterminée par un système d'axiomes ..."

(CARTAN, 1943; 8)

Damit werden alle ontologischen Probleme ("pseudo-problèmes") aufgelöst:

"Il ne va plus être question d'objets d'une collection, mais seulement de lettres (variables) figurant dans les relations logiques."

(CARTAN, 1943; 9)

157) Vgl. hierzu III 1.1 sowie KAMBARTEL, 1976; 165-174.

Im Gegensatz zum Formalismus bilden die Marken nicht die Gegenstände der Mathematik, sondern erst die mit interner Bedeutung versehenen Marken. Ein nächster Schritt besteht nun darin, Substitutionsregeln für die gewonnenen Konstanten zu beweisen. Anschließend kann der Funktionsbegriff eingeführt werden als spezielle dreistellige Relation. Die natürlichen Zahlen ergeben sich in bekannter Weise aus den Zermelo-Fraenkel-Axiomen. Cartan faßt seine Ergebnisse so zusammen:

> "En définitive, une relation mathématique, si complexe qu'elle soit, et quels que soient les éléments et les fonctions explicites qu'elle fait intervenir, se ramène à une relation, ne contenant plus que des variables, et construite (suivant les schémas du logique) à partir de la seule relation ."
>
> (CARTAN, 1943; 10)

In Hinblick auf die Anschauung ergibt sich nun folgende Alternative:

- entweder, man gesteht zu, daß diese eine unverzichtbare und wichtige Rolle im vorgeschlagenen Aufbau spielt, insofern die Strukturen zuerst einmal nichts anderes sind als anschauliche Relationen zwischen wahrnehmbaren Marken (vgl. die Bezeichnungen wie symmetrisch, reflexiv etc. - es handelt sich hier um externe Ikonizität); abstrakte Strukturen und Relationen würden sich dann in einem nächsten Schritt als Abstraktionen aus diesen konkreten Darstellungen ergeben. Damit sind wir wieder beim ersten Sinn von "linguistischer Anschauung" (Vuillemin) angelangt, nämlich einer Anschauung von konkreten sprachlichen Entitäten.
- oder, man kehrt das soeben geschilderte Verfahren um, indem man die vorgängige Existenz der Strukturen annimmt und davon ausgeht, daß diese bereits vor ihrer konkreten Notation in irgendeiner Weise gegeben sind. Dann

könnte man die Rolle der Anschauung als bloße Hilfsfunktion charakterisieren. Dies scheint die Position von Cartan und (wie bereits ausgeführt, s. II 4.3.3) von Vuillemin zu sein. Bei Cartan finden sich hierzu nur einige Andeutungen:

> "L'étude d'une structure déterminée donne l'occasion de définir un certain nombre de notions fondamentales, de créer un vocabulaire approprié qui éveille des imagines sensibles. Et lorsque, dans un problème, interviendra cette structure, le mathématicien trouvera à sa disposition tout un arsenal de notions; de théorèmes qui décupleront son pouvoir d'investigation; grâce au vocabulaire bien choisi, son intuition pourra se donner libre cours; ..."
>
> (CARTAN, 1943; 11)

Die zweite Alternative führt in die Nähe des Platonismus (vgl. II 2.2). Dieser widerspricht aber dem strukturalistischen Ansatz, weil ja immer wieder betont wird, daß Strukturen <u>definiert</u> - also <u>erschaffen</u> - und nicht <u>entdeckt</u> - also <u>vorgefunden</u> - werden. Insofern ließe sich der Strukturalismus am ehesten dem <u>Konzeptualismus</u> zuordnen. Damit stellt er einen, wenn auch nach unserer Meinung nicht konsequent durchgeführten, Mittelweg dar zwischen den <u>rein geistigen Konstruktionen</u>, aus denen nach intuitionistischer (= nominalistischer) Ansicht die Mathematik besteht (vgl. III 2) und den vom Denken völlig <u>losgelösten Ideen</u>, die die Mathematik nach platonistischer Auffassung ausmachen. Ein wirklich folgerichtiger Konzeptualismus müßte aber, da er die Schemata aus konkreten Zeichen hervorgehen sieht ('universalia in rem'), der Anschauung eine viel weitergehende Bedeutung zugestehen, als dies Vuillemin und Cartan tun. Für den Strukturalisten ergibt sich ein Dilemma: entweder muß er den Wert der Anschauung anerkennen oder er muß eine platonistische Ontologie akzeptieren. Der Versuch, dieses Problem durch Ablehnung beider Alternativen zu lösen, muß - sollte unsere Analyse zutreffend sein - letztlich scheitern.

4.3.4 Frege über die mathematischen Zeichen: Arithmetik versus Geometrie

Freges Hauptwerke waren der Grundlegung der Arithmetik durch deren vollständige Logisierung gewidmet. Die Geometrie blieb dabei außerhalb seiner Betrachtungen[158]. Wir können also nicht erwarten, daß sich Frege ausführlich zum Problem der mathematischen Zeichen äußert. Dennoch gibt es einige Stellen, wo er sich mit den Symbolen der Arithmetik beschäftigt[159]. Wir wollen hier kurz auf diese Überlegungen und ihren historischen Hintergrund eingehen.

Die Entwicklung der symbolischen Logik, die oft als Algebraisierung der Logik bezeichnet wurde, in der zweiten Hälfte des vorigen Jahrhunderts durch Boole, de Morgan, Peirce, Schröder, Peano und Frege (um nur die wichtigsten Namen zu erwähnen) lenkte die Aufmerksamkeit verstärkt auf den Symbolbegriff[160]. In Deutschland trat Schröder mit seiner Rektoratsrede von 1890 "Über das Zeichen" zu diesem Thema hervor (SCHRÖDER, 1890). Ein anderer Entwicklungsstrang, der auf die Beschäftigung mit Zeichen drängte, war der "Frühformalismus"[161], der in Deutschland vor allem durch Heines Werk "Die Elemente der Functionenlehre" Beachtung fand. Seine Grundidee, die sich im übrigen schon bei Cauchy[162] und der Schule von Cambridge in ähnlicher Weise findet, war es, gewisse Zeichen (etwa die

---

158) Hinsichtlich dem Begründungsproblem der Geometrie ist vor allem Freges Kritik an Hilberts "impliziten Definitionen" hervorzuheben (vgl. II 3).

159) Die wichtigste Stelle ist § 98 "Was sind Zeichen?" in FREGE, 1893; II. Teil.

160) In diesen Kontext gehören als weitaus wichtigster Beitrag Peircens Bemühungen um eine allgemeine Semiotik, auf die hier aber nicht eingegangen werden kann.

161) Vgl. hierzu I 3.5.

162) Vgl. Cauchys Definition von Symbol in II 4.3.3.

für reelle oder komplexe Zahlen) als bedeutungsleer - als bloße Marken also - zu betrachten. Durch diese ausschließlich syntaktische Behandlung sollten alle semantischen Probleme vermieden werden.

Hauptsächlich gegen Heine sind die Fregeschen Ausführungen über das Wesen der Zeichen gerichtet:

"Was sind Zeichen? Ich will die Betrachtung auf Gebilde einschränken, welche durch Schreiben oder Drucken auf der Oberfläche eines physischen Körpers (Tafel, Papier) erzeugt werden; denn nur solche sind offenbar gemeint, wenn die Zahlen Zeichen genannt werden. Aber nicht jedes solche Gebilde werden wir ein Zeichen nennen - ... - sondern nur, wenn es uns dazu dient, irgendetwas zu bezeichnen, auszudrücken oder zu behaupten. Dabei wollen wir nicht von dem Zeichen selbst etwas sagen, wenn wir es gebrauchen, sondern seine Bedeutung ist uns in der Regel die Hauptsache ... In dieser Stellvertretung liegt der Nutzen der Zeichen."

(FREGE, 1893; II 105)

Wie die verwendeten Beispiele andeuten (etwa das astronomische Zeichen ♃ für Jupiter), denkt Frege in erster Linie an Symbole. Die arabischen Ziffern für natürliche Zahlen sind solche symbolischen Zeichen; sie sind genauer gesagt Namen, denn sie bezeichnen nach Frege die Klasse gleichmächtiger Klassen (kardinale Auffassung der natürlichen Zahlen)[163]. Der durch ein konkretes Zahlzeichen (z.B. "1") bezeichnete Gegenstand ist ein abstrakter, nämlich der Umfang eines Metabegriffes[164]:

"1 ist die Anzahl, welche dem Begriffe 'gleich 0' zukommt."

(FREGE, 1934; 90)

---

163) Wörtlich lautet Freges Definition so:

"Die Anzahl, welche dem Begriff F zukommt, ist der Umfang des Begriffes 'gleichzahlig mit dem Begriffe F'."

(FREGE, 1934; 79 f.)

164) s. nächste Seite

Insbesondere kann dieser abstrakte Gegenstand nicht sinnlich gegeben werden (nicht wahrgenommen werden):

"Es ist vielleicht nicht überflüssig zu bemerken, dass die Definition der 1 zu ihrer objectiven Rechtsmässigkeit keine beobachtbare Tatsache (= Satz ohne Allgemeinheit [Anm. von Frege]) voraussetzt; denn man verwechselt leicht damit, dass gewisse subjective Bedingungen erfüllt sein müssen, um uns die Definition möglich zu machen und dass uns Sinneswahrnehmungen dazu veranlassen."

(FREGE, 1834; 90)

Kurz:

"Die Zeichen sind nicht darum leer, weil sie nichts Wahrnehmbares bedeuten."

(FREGE, 1934; Teil einer Überschrift von § 16)

Die Bedeutungen der mathematischen Symbole werden - so dürfen wir Frege wohl interpretieren - durch begriffliche Definitionen eingeführt (s. die obige Definition der Zahl); sie ermöglichen damit die abkürzende Darstellung komplizierter Sachverhalte. Aus ihrem Ursprung als Definienda folgt, daß sie, wenn auch um den Preis einer umständlicheren Darstellung, eliminierbar sind. Ein Erkenntnisgewinn kann nicht durch bloßes Manipulieren der Symbole erzielt werden, sondern bedarf stets der begriff-

---

164) Fußnote der vorhergehenden Seite

Man vergleiche das folgende Zitat:

"Die Zahl kann weder als selbständiger Gegenstand noch als Eigenschaft an einem äusseren Dinge vorgestellt werden, weil sie weder etwas Sinnliches noch Eigenschaft eines äusseren Dinges ist."

(FREGE, 1934; 70)

Das kann man so lesen: die Zahl ist weder ein Gegenstand noch ein Prädikat, das einem Gegenstand zukommt.

lichen Interpretation, d.h. letztlich Rückgang auf die Definition der Zeichen[165][166].

Die Anschauung spielt in Freges System keine wesentliche Rolle: zwar sind die Marken der Zeichen wahrnehmbar, aber diese Wahrnehmung ist nur von sekundärer Bedeutung. Die eigentliche Erkenntnis ist in der Mathematik immer eine

165) Man vergleiche hierzu die Situation, wie sie bei der Verwendung von ikonischen Zeichen auftritt: hier läßt sich sehr wohl durch Analyse des Zeichens - manchmal sogar durch bloßes "Ablesen" - ein Zugewinn an Kenntnis erlangen: etwa kann man dem Graphen von $f(x) = x^2$ unmittelbar entnehmen, daß diese Funktion ein Minimum hat, einen monoton wachsenden und einen monoton fallenden Ast besitzt etc. Dagegen läßt sich aus dem Zahlzeichen 131 nur wenig über entsprechende Eigenschaften der Zahl entnehmen.
Eine gewisse Einschränkung ist hier erforderlich, denn man erkennt ja am Zahlzeichen, daß der Primfaktor "2" in der Zerlegung nicht vorkommen kann. Das deutet darauf hin, daß auch die dekadische Zahldarstellung rudimentäre ikonische Züge trägt. Dies spielt für unsere Überlegungen gegenwärtig keine Rolle.

166) Man vergleiche hierzu die folgende Passage aus den "Grundlagen der Arithmetik":

"Jeder, der Worte oder mathematische Zeichen gebraucht, macht den Anspruch, daß sie etwas bedeuten, und niemand wird erwarten, dass aus leeren Zeichen etwas Sinnvolles hervorgehe. Aber es ist möglich, dass ein Mathematiker längere Rechnungen vollführt, ohne unter seinen Zeichen etwas sinnlich Wahrnehmbares, Anschauliches zu verstehen. Darum sind diese Zeichen nicht sinnlos; man unterscheidet dennoch ihren Inhalt von ihnen selbst, wenn dieser auch vielleicht nur mittels der Zeichen faßbar wird. Man ist sich bewußt, dass auch andere Zeichen für Dasselbe hätten festgesetzt werden können. Es genügt zu wissen, wie der in den Zeichen versinnlichte Inhalt logisch zu behandeln ist; und wenn man Anwendungen auf die Physik machen will, wie der Uebergang zu den Erscheinungen geschehen muss."

(FREGE, 1934; 22 f.)

begriffliche und solcherlei Erkenntnis kann nach Frege auch nur unter Verwendung der Logik begründet werden[167].

Die Symbole treten bei Frege als nachträgliche "Veranschaulichung" mathematischer Sachverhalte auf. Für Frege war es keine Frage, daß diese Sachverhalte selbst ein von ihrer Symbolisierung unabhängiges Sein besitzen, denn er vertrat eine platonistische Ontologie für die Mathematik.

Es ist bekannt, daß Frege hinsichtlich der Geometrie ganz an Kants Lehre festhielt, indem er den synthetischen Charakter der Geometrie betonte und die Apriorität der Euklidischen Geometrie vertrat. Interessanterweise geht mit der verschiedenen Natur von Arithmetik und Geometrie einher auch eine unterschiedliche Rolle der Anschauung in diesen beiden Gebieten. In der Geometrie ist es im Gegensatz zur Arithmetik möglich - folgt man Frege - "allgemeine Sätze aus der Anschauung" zu gewinnen. Die gezeichneten geometrischen Figuren (wie Punkt, Gerade oder Dreieck) besitzen nämlich einen allgemeinen Charakter: sie können als Vertreter einer ganzen Gattung gelten[168]. Gezeichnete Figuren sind noch nicht individuiert im Gegensatz zu den Zahlen, wo jede a limine unterschieden ist von jeder anderen. Das Zahlzeichen ("5" z.B.) steht immer nur für eine Zahl (nämlich <u>die</u> "Fünf"):

---

167) "Sie [die Zahlgesetze] wären dann analytische Urteile, obwohl sie nicht durch Denken allein gefunden zu sein brauchten; denn nicht die Weise des Findens kommt hier in Betracht, sondern die Art der Beweisgründe; ..."

(FREGE, 1934; 23)

168) Vgl. FREGE, 1934; 19 f. Frege sieht hier also den <u>Schemacharakter von Anschauung</u>, der im vorliegenden Falle des Ikons darin besteht, daß die wahrgenommene Marke das artikulierte Schema sinnlich anführt.

"Anders liegt die Sache bei den Zahlen: jede hat ihre Eigenthümlichkeit. Inwiefern eine bestimmte Zahl alle anderen vertreten kann, und wo ihre Besonderheit sich geltend macht, ist ohne Weiteres nicht zu sagen."

(FREGE, 1934; 20)

Wie wir bereits gesehen haben, sind die Zahlzeichen Symbole von der Art "Namen"; sie denotieren genau eine abstrakte Entität (nämlich die Klasse jeweils aller gleichmächtigen Klassen). Existenz und Eindeutigkeit des Denotanden sind hierbei (wie bei Kennzeichnungen auch) präsupponiert. Die Individualität des Zahlzeichens bzw. der Zahl ist Resultat seiner (logisch-genetischen) Einführung. Diese macht in keiner Weise Gebrauch von Eigenschaften der Marken (sie benützt nur deren eindeutige Reproduzierbarkeit), sondern sie geschieht definitorisch mit Hilfe von bereits beherrschten Begriffen: ein zuvor erlerntes Schema[169)] wird nachträglich symbolisch repräsentiert, anders ausgedrückt: die Objektkompetenz[170)] muß schon gegeben sein, will man mittels des Symbols eine Beschreibungskompetenz erlangen.

---

169) Genau genommen ist nicht die Zahl selbst ein Schema, sondern der Zählvorgang. Dies wird besonders deutlich an der operativen Erzeugung der natürlichen Zahlen, wie sie Lorenzen vorgeschlagen hat. Eine einzelne Zahl kann als Resultat eines Teilschemas des Schemas "Zählen" aufgefaßt werden.

170) In II 1.5 haben wir gesehen, daß auch beim Erwerb der Objektkompetenz im Falle der Arithmetik ikonische Zeichen wie III eine wichtige Rolle spielen. Solche Repräsentationen hat aber Frege bei seinen Ausführungen nicht im Sinn, weshalb man Zahlzeichen und Symbol im vorliegenden Kontext gleichsetzen darf.

Die von Frege angesprochene Differenz zwischen geometrischen und arithmetischen Zeichen läßt sich semiotisch so rekonstruieren: die Zahlzeichen sind *Symbole*, während die geometrischen Figuren *Ikone* darstellen. Ikone sind durch die Tatsache ausgezeichnet, daß sie das zugehörige Schema *sinnlich* anführen.

Damit wird aber ein *Allgemeines* (nämlich das Schema) durch ein *Individuelles* (nämlich die individuelle Marke) anschaulich gegeben. Die *Individualität der Marke* tritt zurück hinter ihrer Zeichenfunktion. Ganz analog zum Symbol ist auch dies ein Resultat der Entstehungsgeschichte von Ikonen: Bestimmte Eigenschaften der Marke sind auch Eigenschaften des zugehörigen Schemas (z.B. die Dreieckigkeit), weshalb Aussagen über das Schema durch die Anschauung der Marke gesichert werden können. Man kann das auch so ausdrücken: *bestimmte Prädikate über die Marke sind immer auch Prädikate über das Schema.*

Die Schwäche von Freges Ausführungen rührt daher, daß er nicht erkannte, daß geometrische Figuren und die von ihm betrachteten Zahlzeichen zu *verschiedenen Zeichenklassen* gehören, die sich gerade hinsichtlich ihrer Repräsentationsfunktion unterscheiden. Deshalb blieb es für ihn unerklärlich, wie die geschilderten Unterschiede zwischen den genannten Zeichengattungen zustandekommen können.

Gegen die Auffassungen von Frege kann eingewandt werden:

1. Seine Bestimmung der Zahl als "Klasse von Klassen" zusammen mit einer uneingeschränkten Verwendung der Komprehension führt zu Antinomien.

2. Freges Vorschlag gewinnt hauptsächlich seine Plausibilität dadurch, daß er die Mängel anderer Interpretationen vorführt. Heute verfügen wir aber durch die "operative

Erzeugung" nach Lorenzen über eine interessante Alternative. Die Darstellung der Zahlen im "Strichkalkül" I II III ... ist eine extern-ikonische. Legt man diese an Stelle der Fregeschen zugrunde, so wird man zu einer anderen Einschätzung der Anschauung gelangen, denn auf diesem Weg eröffnet sich ein Zugang zur Arithmetik, der der Anschauung eine gewisse Bedeutung zuerkennt, da die operativ verstandene Arithmetik ja eine Theorie "schematischer anschaulicher Handlungen" ist (KAMBARTEL, 1968; 236).

In III 4 werden wir versuchen, die anschaulichen Fundamente des Zahlbegriffes herauszuarbeiten.

Nachbemerkung: Später (etwa ab 1920) hat Frege selbst die hier geschilderte Position verlassen und eine geometrische Grundlegung der Analysis vorgeschlagen (vgl. III 4).

Übersicht

	Zahl	Figur
Beispiel	"5"	△
Zeichencharakter	symbolisch	ikonisch
Zeichenfunktion	Denotation eines Teilschemas	aktualisiert und artikuliert ein Schema
	individuiert	nicht individuiert
Veränderbarkeit der Marken	beliebig	nur in unwesentlichen Eigenschaften variabel
	geschichtlicher Entwicklung unterworfen	keiner geschichtlichen Entwicklung unterworfen
Informationsgehalt	genauso groß wie das Definiens	birgt Informationen über das Schema
Einführung	definitorisch	ostensiv

4.4 Die Leistungsfähigkeit der Anschauung: Oskar Beckers Theorie der geometrischen Limesgebilde

Das Auseinanderklaffen von informaler und formaler Ebene, das in der Entdeckung der Monster zutagetrat, wurde von vielen Seiten als Versagen der Anschauung interpretiert[171]. Als Konsequenz hieraus wurde die vollständige Trennung von Mathematik - die fortan rein formal betrieben werden sollte[172] - und Heuristik - insbesondere Anschauung - gefordert. Gegen diese Position versucht Oskar Becker in seiner 1922 vorgelegten Habilitationsschrift "Beiträge zur phänomenologischen Begründung der Geometrie und ihrer physikalischen Anwendungen" zu argumentieren. Er greift dabei auf Gedankengänge Husserls zurück, die auf den Aufweis eines lebensweltlichen Fundamentes der Geometrie abzielten[173]:

> "Die vorliegende Arbeit stellt sich die Aufgabe, mittels der phänomenologischen Methode die Grundlagen der Geometrie ... aufzuklären. Das soll in _radikaler_ Weise geschehen, nicht durch axiomatische Formulierungen, ..., sondern im Rückgang auf die ursprünglichen, die Räumlichkeit konstituierenden Raumschichten."
>
> (BECKER, 1923; 385)

Der Verfasser stellt zwei Problemkreise in den Mittelpunkt seiner Bemühungen: das _Kontinuum_ und die _Nicht-euklidische Geometrie_. Wir wollen uns dem ersten Komplex zuwenden und zwar hauptsächlich dem Abschnitt "Das Limesproblem in der phänomenologischen Begründung der eigentlichen (räumlichen) Geometrie" mit dem zentralen Para-

171) Vgl. II 4.3.1.

172) Auf den Intuitionismus, der diese Position nicht teilt, werden wir im dritten Teil eingehen (besonders in der Brouwerschen Spielart).

173) Diese wurden erst in jüngster Zeit veröffentlicht; vgl. HUSSERL, 1983.

graphen (10) "Phänomenologische Bemerkungen zu F. Kleins Theorie der geometrischen Idealgebilde". Becker stellt sich in diesem Abschnitt drei Aufgaben, deren erste wir übergehen.

> "Zweitens werden wir eine Reihe eigentümlicher Grundphänomene aufweisen, welche die Existenz von geometrischen 'Idealgebilden' in den verschiedenen Raumschichten bedingen. ...
> Von hier aus werden wir dann drittens Licht werfen können auf das Problem der Präzisions- und Approximationsgeometrie und Verwandtes, ..."
>
> (BECKER, 1923; 459 f.)

Als erstes bemüht sich Becker um die Klärung des Verhältnisses von anschaulich gegebenen - sogar: empirischen - Gegenständen zu den geometrischen Objekten.

Es war die zentrale Einsicht der Antike gewesen, daß Geometrie keine Naturwissenschaft ist, ihre Objekte also keine empirischen sein können. Muß aber deshalb auf jegliche Beziehung zu diesen verzichtet werden? Becker verneint dies. Es können Prozesse angegeben werden, die die geometrischen Gegenstände wie Punkte, Geraden etc. zur "Grenze" haben. Zur Gewinnung des Punktes z.B. bietet Becker zwei Modelle (des "Verschwindens") an:

Man denke sich auf einem dunklen Hintergrund einen hellen Lichtfleck. Es gibt zwei Möglichkeiten, diesen auf stetige Weise auszulöschen:

- man vermindert nach und nach die Helligkeit des Punktes, solange, bis sie schließlich mit der des Hintergrundes übereinstimmt ("Verlöschen");
- man verringert kontinuierlich den Durchmesser des Lichtflecks ("Abnehmen").

Im zweiten Falle bleibt, obwohl der Lichtfleck schließlich nicht mehr wahrnehmbar sein wird, während des ganzen Vorgangs der Kontrast Punkt/Hintergrund unverändert erhalten. Er führt also, im Gegensatz zum ersten, nicht zum "Nichts": "Er nähert sich vielmehr unbegrenzt einem gewissen Limes, der aber ein positives Etwas ist. Dieser Limes ist der anschauliche 'Punkt' im präspatialen Feld." (BECKER, 1923; 465). Nun kann ein solcher Punkt nicht direkt wahrnehmbar sein; er ist vielmehr nur über den Limesprozeß zugänglich:

"Wir wollen demgemäß nicht behaupten, daß der Punkt-Limes selbst schlicht gegeben sein kann, sondern nur, daß es schlicht-anschauliche Gebilde in den Sinnesfeldern gibt, die Punktlimiten in ganz eigentümlicher, direkt anschaulicher Weise 'indizieren', 'andeuten'. Damit soll ausgedrückt sein, daß für die Erfassung des Limes selbst ganz wesentlich die Vorstellung jenes Prozesses ist, in dem er intendiert wird."

(BECKER, 1923; 466)

Zu den grundsätzlichen Problemen, die mit diesem Unterfangen verbunden sind, schreibt Becker:

"Das Paradoxon, das den geometrischen Idealgebilden anzuhaften scheint, besteht im folgenden: Ein 'Punkt' in einem anschaulichen Kotinuum ist niemals schlicht gegeben, er ist kein 'morphologisches' Gebilde. Er entsteht durch einen unbegrenzt fortschreitenden Teilungsprozeß, ..."

(BECKER, 1923; 78)

Das kann man auch so ausdrücken: <u>der Punkt ist nichts Empirisches, aber dennoch etwas Anschauliches!</u>

Ähnliche Überlegungen zur Gewinnung der geometrischen Gegenstände hatte Moritz Pasch schon um 1880 angestellt. Mit dem Bekanntwerden von Hilberts "Grundlagen der Geometrie" (1899) kamen diese Versuche mehr und mehr in Verruf. So heißt es bereits sechs Jahre später in der "Enzyklopädie der Elementarmathematik" von Weber und Wellstein:

"Alle Sorgen, die man sich in den landläufigen Darstellungen der Geometrie macht, durch Grenzprozesse in der empirischen Anschauung exakte, den Axiomen völlig entsprechende Punkte, Geraden und Ebenen zu erzielen, betreffen also immer nur das Paradigma, das Illustrationsmaterial der reinen Geometrie, und speziell die Euklidischen Definitionen der Grundgebilde können nur als Beschreibungen dieser Illustration gelten. Zur Sicherung der geometrischen Wahrheit wird dadurch nicht beigetragen."

(WEBER/WELLSTEIN, 1905; 125)

Während Becker nur davon spricht, daß es empirische Gegenstände gibt, die die Existenz von Idealgebilden indizieren (die aber nicht empirischen Charakters sind!), ebnen Weber/Wellstein diese Differenz ein und unterstellen, daß diese Idealgebilde selbst empirisch zu sein hätten, folgte man der von ihnen angedeuteten Auffassung. Wir treffen hier auf eine moderne Variante des "empiristisches Mißverständnisses" (vgl. I 1.2). Der physikalische, das geometrische "Idealgebilde andeutende", Gegenstand kann semiotisch als Marke betrachtet werden, die das Schema "geometrischer Punkt" artikuliert. Diese Referenz darf insofern als "anschauliche Beziehung" gedeutet werden, als sie auf dem Erlernen von Herstellungsvorschriften[174] beruht. Analog zur Gewinnung des Punktes läßt sich eine Linie durch Schrumpfung eines Flächenstreifens in einer Dimension gewinnen[175].

---

174) Es wäre interessant, würde uns hier aber zu weit wegführen, diesen Begründungsansatz zu vergleichen mit operationalen Konzepten, wie sie im Anschluß an Poincaré/Dingler in letzter Zeit von Inhetveen (1983) und Lorenzen (1961/1983) vorgeschlagen wurden. Man vergleiche auch die Kritik von Reidemeister, der die Grenze "Punkt" (modern) als "Aktual-Unendliches" und damit nicht anschaulich Gegebenes interpretiert. (REIDEMEISTER, 1946; 201 f.)

175) Diese, auch bei Klein (KLEIN, 1873) auftretende Idee, ist neuerdings von Kamlah wieder aufgegriffen worden (KAMLAH, 1977; 411).

Die genannten Betrachtungen können alle im "präspatialen Feld" (das im wesentlichen eine Ebene ist) durchgeführt werden. Die nächste Stufe der Raumkonstitution ist der orientierte Raum, der durch Hinzutreten der dritten Dimension als "Tiefendimension" aus seinem Vorgänger hervorgeht. In ihm gibt es die Möglichkeit des "Drum-Herum-Gehens" und diesem entspricht das "Sichverbreitern" des betrachteten Objektes (ein Gegenstand, der von vorne einen Punkt zu indizieren scheint, kann aus der Seitenansicht als langer, dünner Stab erscheinen). Nur solche Gegenstände, bei denen keine Verbreiterung eintritt, dürfen als Limites indizierend gelten. Beim "Näher-Herangehen" kann das interessierende Objekt "sich entfalten", d.h. es zeigt neue Strukturen, die erst bei einer genaueren Betrachtung (einer größeren Auflösung - technisch gesprochen) zum Vorschein kommen. Insgesamt liefert das folgende Einteilung:

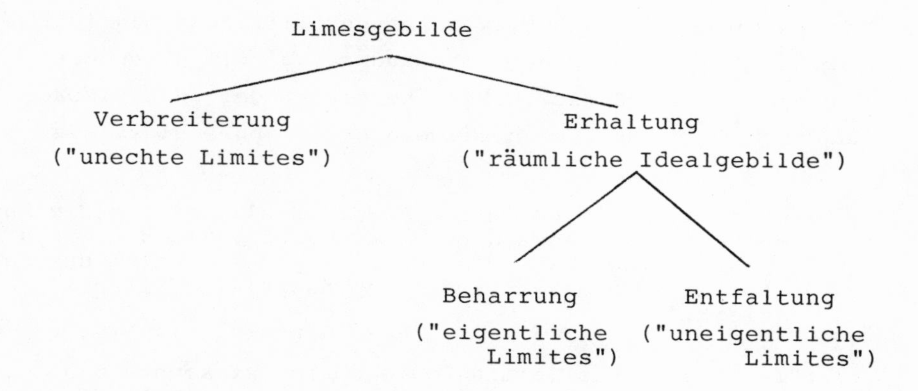

Der Limesprozeß ist nur empirischen, jedoch keinen prinzipiellen Grenzen unterworfen. Die eigentlichen Grenzgebilde, etwa ein Kreis, im Sinne der obigen Klassifikation sind beliebig gut durch räumliche Gegenstände approximierbar, "denn in jedem Stadium des Entwirrungsprozesses wird ein [- und derselbe] Limes indiziert" (BECKER, 1923; 474);

die Form bleibt während des ganzen Vorganges erhalten. Die Anschaulichkeit des Limesgebildes beruht auf derjenigen der approximierenden präspatialen Gebilde: das zugehörige Schema wird in dem Approximationsprozeß konstituiert und seine Anschaulichkeit ist nichts anderes als die Anschaulichkeit der das Schema konstituierenden Gegenstände[176].

Im Falle der unbegrenzten Entfaltung - dann wird die Form niemals konstant! - haben wir ein uneigentliches Limesgebilde vor uns, "denn hierbei wechselt der Anblick des Gebildes ständig" (BECKER, 1973; 474). Als Beispiel hierfür erwähnt Becker $y = \sin \frac{1}{x}$[177]. Auch diesen kommt noch eine - wenn auch eingeschränkte - Anschaulichkeit zu: nämlich in dem Maße, wie im Vorgang der Entfaltung stationäre Merkmale angetroffen werden[178].

Die anschauliche Konstitution des Schemas eines uneigentlichen Limes ist nach Becker nur unvollständig möglich: gewisse Anteile sind der Anschauung zugänglich, andere hingegen nicht. Diese Lücken überbrückt der analytische Ausdruck, der das Limesgebilde als ein abgeschlossenes,

---

176) "Denn dann [im Falle des Beharrungslimes] ist die Anschaulichkeit des Gebildes dieselbe, wie die eines präspatialen Gebildes, denn in jedem Stadium des Entfaltungsprozesses wird ein präspatialer Limes indiziert."
(BECKER, 1923; 474)

177) In Mandelbrots Terminologie übersetzt könnte man diese uneigentlichen Limites als solche Gebilde interpretieren, die keine "structure scalante" besitzen (z.B. die logarithmische Spirale). Allerdings wäre dann das Beckersche Beispiel vermutlich kein uneigentliches Limesobjekt.

178) "Freilich sind auch im Falle der Entfaltung zumeist (immer?) gewisse Momente an den Figuren (z.B. die Kurvenmaxima u. dgl.) stationär. Darauf beruht dann das, was noch an jenen Gebilden im eigentlichen Sinne anschaulich ist."
(BECKER, 1923; 475)

aktual-unendliches beschreibt und damit die Grenzen jeglicher Anschauung übersteigt.

Mit Mandelbrots Arbeiten steht uns heute hier ein neuer Zugang zur Verfügung. Er kann dazu dienen, Beckers Theorie der Limites zu vereinheitlichen. Dies soll am Ende dieses Kapitels geschehen. Zuvor wollen wir, um mehr Anschauungsmaterial zur Verfügung zu haben, Beckers Klassifikation der Monster studieren.

Anwendung. Beckers Klassifikation der Monster

Nachdem der Verfasser die Theorien von Felix Klein[179)] und Alfred Köpcke[180)] referiert hat, führt er folgende Terminologie ein:

> "zu unterscheiden sind 'glatte' (beliebig oft differenzierbare) und 'kritzelige' [181)] Kurven (Beispiele: die Weierstraßsche und die Peanosche Kurve) ... Die erste Art hält er [Köpcke] für anschaulich im Sinne eines echten Limesgebildes; die zweite nicht."
>
> (BECKER, 1923; 474 f.)

Beckers Lösung dieses Problems ergibt sich aus den Ausführungen über die Limesgebilde:

- die "glatten" Kurven sind eigentliche Limites, die im Verlauf des Grenzprozesses ihre Form nicht ändern; das Ziel dieser Entwicklung bleibt immer dasselbe und darum ist es anschaulich;
- die "Kritzelkurven" entfalten sich im Verlaufe des Grenzprozesses, so daß das Ziel nie vollständig feststeht.

179) Vgl. hierzu II 4.2.1.

180) Vgl. hierzu II 4.2.2.

181) Dieser Ausdruck stammt anscheinend von E.H. Moore, der 1900 eine Arbeit mit dem Titel "On certain crincly curves" in den Transactions der AMS veröffentlichte.

"Der Unterschied ist nur der: Im Falle des 'Beharrens' weiß man, daß nichts Neues auftritt, die Phantasie gelangt zur Ruhe; im Falle der Entfaltung erscheinen stets neue und immer reichere Gebilde; das Ganze erscheint der Vorstellungskraft unerschöpflich. (Anm. Wesentlich ist, daß solche Idealgebilde nur durch Gesetze gegeben werden können. Niemals können sie in der Anschauung gewissermaßen 'beobachtet' werden. ...)"

(BECKER, 1923; 475)

Während Klein den Limescharakter aller geometrischen Gegenstände betont, legt Köpcke Nachdruck auf den Unterschied zwischen beharrenden und entfaltenden Gebilden.

Kleins Beispiele (aus KLEIN, 1928) zerfallen in drei Klassen:

"Die <u>erste</u> Gruppe umfaßt reine Entfaltungslimites; wie die Weierstraßsche und die Peano-Kurven, oder die einfacheren Kurven
$y = \sin \frac{1}{x}$ oder $y = x \sin \frac{1}{x}$. Bei der Entfaltung wachsen ihre Oszillationen unbegrenzt an Zahl für eine bestimmte endliche Strecke der Abszissenachse. Sie lassen sich auflösen in eine unendliche, jedoch gesetzmässige 'Folge' von Bildern, die glatte Kurven ('Partialkurven') darstellen, nur daß jedes Bild komplizierter ist als das vorhergehende. Die 'Verhältnisse' im Limes selbst sind nur insofern vorstellbar, als sie stationär (beharrend) sind. ...

Die <u>zweite</u> Gruppe der Kleinschen Beispiele dagegen scheint uns in einem nach Brouwer aufgefaßten Kontinuum gar nicht existieren zu können. [Es handelt sich hierbei um das Cantorsche Diskontinuum und verwandte mengentheoretische Bildungen] ...

Die <u>dritte</u> Gruppe der Kleinschen Beispiele endlich wird gebildet von den mit rein geometrischen (nicht arithmetischen) Methoden gewonnenen unendlichen Punktmengen, wie sie vor allem durch iterierte 'Inversion' an Kreisen erhalten werden. Von ihnen ist es uns zweifelhaft, ob sie als Entfaltungslimiten aufzufassen sind oder ob sie gar keine 'entscheidungsdefiniten' Mannigfaltigkeiten bilden. Eine dritte Möglichkeit scheint uns schwerlich denkbar. Doch möchten wir darüber kein abschließendes Urteil fällen. ...

Zusammenfassend können wir wohl sagen, daß sich unsere Begriffsbildung der verschiedenen Arten der Limiten der Aufgabe des phänomenologischen Verstehens der modernen mathematischen Untersuchungen über die geometrischen Idealgebilde gewachsen gezeigt hat."

(BECKER, 1923; 475 ff.)

Wie bereits oben angedeutet muß die Unterscheidung von beharrenden und entfaltenden Limites nach den Untersuchungen Mandelbrots relativiert werden. Auch entfaltende Grenzgebilde können eine Struktur aufweisen, die erhalten bleibt - nämlich ihre "structure scalante".

Interessanterweise hat Oskar Becker später in seinem Hauptwerk "Mathematische Existenz" (1927) Überlegungen angestellt, die denen Mandelbrots sehr nahe kommen. Es geht ihm dort darum, "die konkrete Möglichkeit der Unterbauung des Schemas der transfiniten Zahlen durch Phänomene" aufzuzeigen (BECKER, 1927; 536). Eine Klasse solcher Vorkommnisse sind die Stufen der Bildgegebenheiten, Fälle, in denen Bilder sich selbst als Teil enthalten. Becker führt hierfür aus dem Bereich der Geometrie drei Beispiele an, von denen wir das letzte hier wiedergeben (das als "Hawai-Ohrring" in der Topologie geläufig ist):

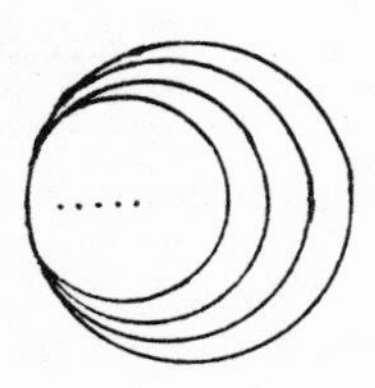

Im Weiteren heißt es dann bei Becker:

"Es ist klar, daß in einer wirklichen Zeichnung nur eine endliche (und zwar recht kleine) Anzahl Bilder ineinander geschachtelt werden kann. Auch wenn man sich ideale

Zeichnungen denkt, die bei immer stärkerer Vergrößerung immer feinere Einzelheiten zeigen würden [hier verweist Becker auf seine Analysen von 1923], könnte man doch diesen Vergrößerungsprozeß de facto nicht unbegrenzte Zeit hindurch fortsetzen. Es ist aber doch so, daß die ersten Einschachtelungen den unendlichen Fortgang der reinen idealen Möglichkeit nach einsichtig werden lassen. Diese 'idealiter' unendliche Verwirklichung der Einschachtelung der Bilder bildet man <u>symbolisch</u> in einer der beschriebenen Figuren ab. Und auf diese, in gewissem Sinne <u>symbolische</u> Abbildung wird dann das weitere ν-te, $\nu+1$-te usw. Abbildungsverfahren angewandt. Diese 'Symbolik' ist aber keineswegs abstrakt - gedanklich, sondern anschaulich - ..."

(BECKER, 1927; 541)

(In unserer Terminologie ist diese Repräsentation nicht <u>symbolisch</u>, sondern <u>ikonisch</u>.)

Allerdings erfordert der Fall der "structures scalantes" einen <u>doppelten Grenzprozeß</u>[182]: zum einen die Konstitution des Schemas (hier also - vgl. die Skizze auf der folgenden Seite - konkret des Dreiecks, dann des Sechseckes usw.), das es dann ermöglicht, die Marke als Artikulierung dieses Schemas aufzufassen (es ist dies der Prozeß der Konstitution des Zeichens, wie er für andere geometrische Objekte ebenfalls erforderlich ist); zum andern die Approximation der nur in Form einer analytischen Formel verfügbaren Grenzfunktion (Die Marke verweist in diesem Falle auf eine Kurve, die selbst wiederum als Annäherung an eine Grenzkurve zu betrachten ist).

Diese Annäherung geschieht im Falle der skalierenden Struktur nach dem Schema "das gleiche - aber feiner", das formelmäßig in der "internen Homothetie" seinen Ausdruck findet. Eigenschaften, die sich auf diese Struktur beziehen, vererben sich auf den Limes.

---

182) Vergleiche hierzu die Illustrationen auf der nächsten Seite.

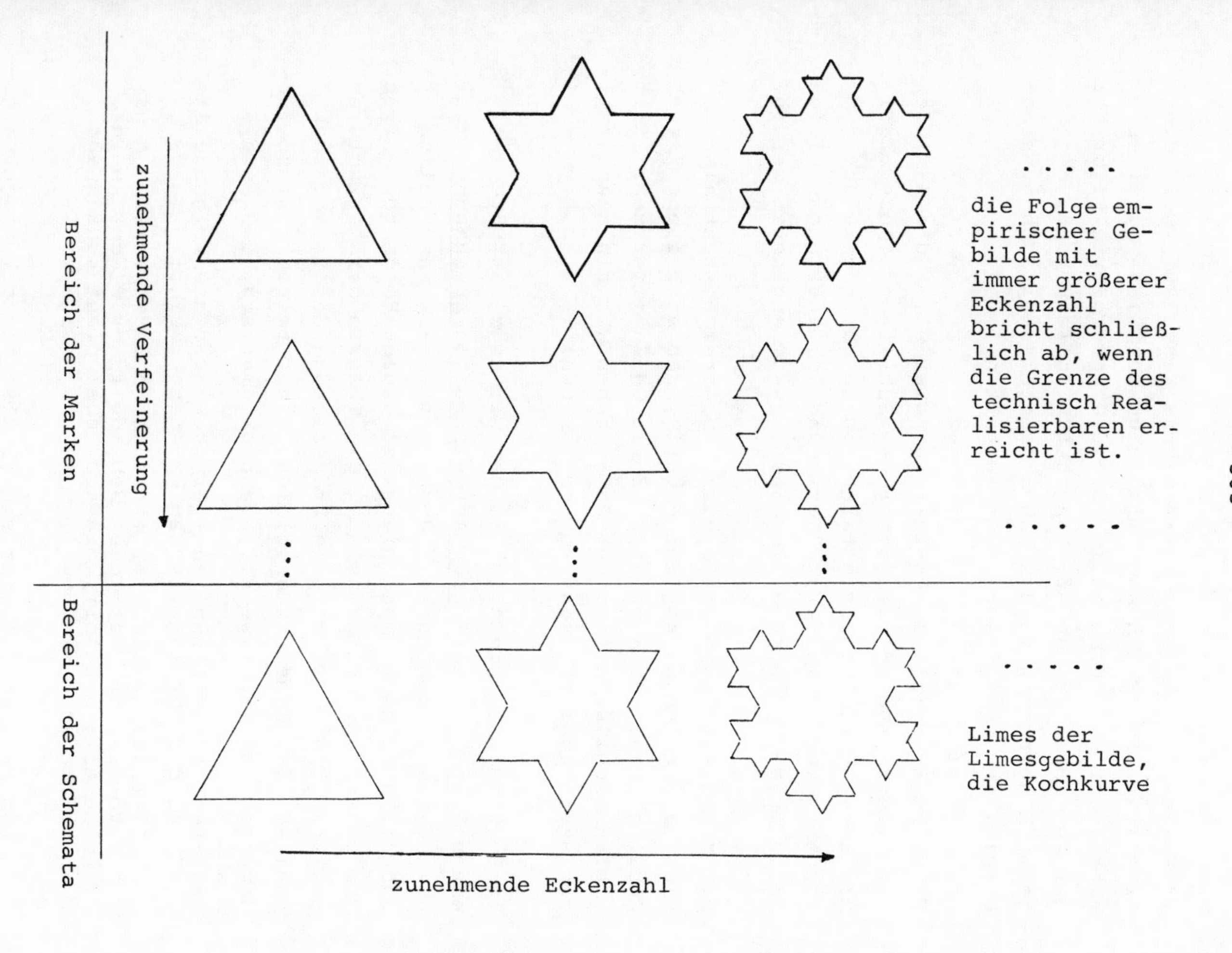
zunehmende Verfeinerung
Bereich der Marken
Bereich der Schemata
die Folge empirischer Gebilde mit immer größerer Eckenzahl bricht schließlich ab, wenn die Grenze des technisch Realisierbaren erreicht ist.
Limes der Limesgebilde, die Kochkurve
zunehmende Eckenzahl

Im Falle der Beharrung tritt nichts Neues auf, weil die fraglichen Figuren homogen im folgenden Sinne sind: es gibt immer eine Homothetie, die die vergrößerte Figur mit der Ausgangsfigur in Beziehung setzt. Alle Formen, die beim "Hineingehen in den Innenhorizont" auftauchen, sind bereits in der Ausgangsfigur enthalten.

Nicht so im Falle der Entfaltung: hier nimmt die Zahl der konstitutierenden Teile mit jedem Schritt zu. Jeder Teil der n-ten Verfeinerung entsteht durch Homothetie aus dem Ausgangsgebilde (unserer "Formmonade"), aber diese vielen Teile müssen noch zu einem Ganzen zusammengesetzt werden.

Die Komplikation im Falle vieler Monster besteht also nicht - wie Becker annimmt - darin, daß sich stets "neue" Gebilde zeigen, als vielmehr darin, daß "immer mehr" formgleiche Gebilde auftreten. Damit haben wir ein quantitatives, kein qualitatives Problem vor uns!

In Beckers Interpretation finden wir an dieser Stelle einen Rest der statischen Auffassung von Anschauung: zwar gilt die Relation Marke - Bezeichnetes als anschaulich erfaßbar, aber nicht mehr die einer ganzen Folge von Marken zum entsprechenden Limes[183]. Die Theorie der "structures scalantes" ermöglicht eine Präzisierung der Beckerschen Analyse: das Schema "das gleiche - nur feiner" ist so fundamental und lebensweltlich unproblematisch, daß es als

183) Becker hatte Ähnliches erwogen, wie die folgende Stelle aus der "Mathematischen Existenz" zeigt:

"Tatsächlich bemerkt man auch, daß der Versuch genauer Vorstellung der Ideal-Gebilde immer wieder an ihre Genesis anknüpft, die aber eben nicht konsequent durchdacht ist."

(BECKER, 1927; 599 f.)

Den Versuch der statischen, also nicht konsequent genetischen, Veranschaulichung des Aktual-Unendlichen deutet er "als eine Rückkehr zum primitiven 'Gestalten-Sehen' der archaischen Mathematik".

(BECKER, 1927; 599)

Ausgangspunkt für unsere Betrachtungen dienen kann. Es liefert uns - verbunden mit einer entsprechenden Erweiterung des Anschauungsbegriffes - den Schlüssel zur Untersuchung der aufgeworfenen Anschaulichkeitsfragen. Deren Ergebnis läßt sich in drei Thesen zusammenfassen:

1. Auch viele "Monster" sind der Anschauung zugänglich.
2. Die Behauptung, die Anschauung habe in diesen Fällen getäuscht, ist unrichtig.
3. Die Unterscheidung beharrende/entfaltende Limites ist zu ersetzen durch Figuren mit/Figuren ohne "structure scalante ".

Vermutlich umfaßt auch der Bereich der Figuren mit "structure scalante" noch nicht alle Gebilde, die man anschaulich nennen darf (man denke z.B. an die logarithmische Spirale!). Die Zusammenhänge sind auch nach Mandelbrots Analyse noch nicht vollständig aufgeklärt.

Oskar Becker hat sich mit diesem Problemkreis später (d.h. nach der "Mathematischen Existenz") nicht mehr eingehend auseinandergesetzt. Gedankengänge zur Rolle der Anschauung in der Mathematik - allerdings bezogen auf die Problematik der Euklidischen Geometrie - finden sich noch in seiner Auseinandersetzung mit Reichenbach (man vergleiche die prägnante Darstellung in KAMLAH, 1977; 410 - 418). In dieser Kontroverse ging es u.a. um die Frage: Wieviel beweist die Tatsache, daß anschauliche Modelle für Nichteuklidische Geometrien angegeben werden können? Beruht der Vorrang der Euklidischen Geometrie nur auf Gewohnheit?

<u>Zusammenfassung von II 4</u>

Die Entdeckung der Monster um 1870 hatte die Mathematiker mit der Erkenntnis konfrontiert, daß formale und informale Ebene nach Abschluß der Arithmetisierung inkongruent geworden waren. Damit war eine "Krise" eingetreten:

Es stellten sich zwei Fragen:

- Welches waren die Ursachen für das festgestellte Mißverhältnis?
- Wäre es - falls überhaupt möglich - wünschenswert, die Inkongruenz wieder zu beseitigen?

Wie leicht ersichtlich hat die zweite Frage <u>normativen Charakter</u>: es mußte abgewogen werden zwischen dem Wert, den man den neuen "Errungenschaften" der Analysis zugestehen wollte und dem, den man der Kongruenz von informaler und formaler Ebene zuerkennen mochte.

Das erste Problem dagegen erfordert eine historische Analyse der Entwicklung der Analysis. Wir haben bereits im ersten Kapitel dargestellt, welche zentrale Rolle dabei der Funktionsbegriff und seine Veränderungen spielten. Von gleicher Wichtigkeit war die Revision der Infinitesimalrechnung durch die Einführung des Grenzwertbegriffes.

Der neue Funktionsbegriff ("willkürliche Funktion") hatte sich weit von den Ursprüngen seines Vorgängerbegriffes entfernt. Darauf machte Felix Klein 1873 bereits aufmerksam. Um den Zusammenhang von informaler und formaler Ebene besser verstehen zu können, war eine Untersuchung des Wesens der mathematischen Begriffsbildung erforderlich.

Solche Bemühungen waren von Klein, Pasch und Köpcke unternommen worden (s. II 4.2). Weiter galt es festzustellen, welche Eigenschaften - neben der wohl auffälligsten der Differenzierbarkeit - sinnvollerweise von einer "vernünftigen" Funktion erwartet werden dürften. Innerhalb der Diskussion der französischen funktionentheoretischen Schule wurden hier "Berechenbarkeit" und "Darstellbarkeit (durch Reihen bestimmter Art)" vorgeschlagen. Während die erstere - hauptsächlich von Borel vertretene - Forderung nicht zuletzt an ihrer mangelnden Präzision[184] scheiterte, wurde die andere durch die unklare Abgrenzung der zulässigen Darstellungsmittel problematisch. Die Restauration des genetischen Funktionsbegriffes war damit gescheitert. Insgesamt erschienen die vorgeschlagenen Einschränkungen als wenig geeignet, um das Auftreten von Monstern zu unterbinden.

Damit war die zweite, von uns als normativ bezeichnete Frage, teilweise beantwortet: da einerseits kein geeigneter Kandidat vorhanden war, der die "willkürliche Funktion" hätte ablösen können und sich andererseits die "neue" Analysis einer starken Proliferation erfreute, war die Entscheidung klar. Eine breite Diskussion fand denn auch nicht statt. Der Widerspruch von formaler Ebene und Heuristik wurde fast stillschweigend zugunsten der ersteren entschieden.

Dies änderte sich erst als das neue Paradigma, das wir als "logifizierte Analysis" (aber unter Einbeziehung der Mengenlehre) bezeichnen können, durch die Entdeckung der Antinomien der Mengenlehre erschüttert wurde. Natürlich standen nun die Bemühungen im Vordergrund, diese gravierenden Probleme zu beseitigen[185], aber es kam

---

184) Eine wirklich brauchbare Präzisierung lieferte wohl erst die Turing-Maschine (1936) und der Begriff der rekursiven Funktion (Church'sche These 1936).

185) Im dritten Teil werden wir die beiden wichtigsten - Formalismus und Intuitionismus - diskutieren.

auch wieder die Frage auf, wie eine solche Entwicklung möglich geworden war, welche ihre historischen Ursprünge waren usw. Hierher gehört das Postulat der "Krise der Anschauung" von Hahn, aber auch Beckers Untersuchungen zur Leistungsfähigkeit der Anschauung. Unsere Analysen führten zu einer eindeutigen Zustimmung zur These Beckers, daß die Anschauung in angebbaren Bereichen einen adäquaten Zugang zu den mathematischen Gegenständen liefert. Wir konnten diese Einschränkungen unter Benutzung neuerer Ergebnisse (Mandelbrot) beträchtlich erweitern und präzisieren. Insbesondere sahen wir, wie sich die Beckerschen Limesprozesse semiotisch als Konstitution von Schemata verstehen lassen.

5. Zusammenfassung zum historisch-systematischen Teil

Das Ziel, das sich der historisch-systematische Teil gesetzt hatte, war ein zweifaches gewesen: zum einen sollte die Terminologie geklärt werden, die zur Rekonstruktion der Auseinandersetzungen um die Monster erforderlich ist, zum andern sollte diese Diskussion, die schließlich in der Proklamation der "Krise der Anschauung" durch Hans Hahn gipfelte, dargestellt werden. Es erschien sinnvoll, neben der Klärung des Anschauungsbegriffes zwei eng mit diesem verknüpfte Probleme zu erörtern, nämlich das Problem des Verhältnisses von formaler und informaler Ebene sowie das Problem der mathematischen Existenz. Die Schulen im Grundlagenstreit der Mathematik werden im zweiten Teil nur soweit berücksichtigt, als sie für die geschilderten Diskussionen direkt von Wichtigkeit waren (wie z.B. der Logizismus für Hahn). Beckers Versuch, die Anschauung zu rehabilitieren, wurde ebenfalls in den historisch-systematischen Teil aufgenommen, da er weitgehend unabhängig von den wichtigsten Strömungen ist und andererseits unsere Darstellung seiner Thesen auf das Problem der Monster und ihres Verhältnisses zur Anschauung beschränkt werden konnte. Im einzelnen gelangen wir zu folgenden Ergebnissen:

Der Abschnitt über den "Begriff Anschauung" analysierte die Triade Anschauung/reine Anschauung/Anschauungsform im Anschluß an Kant. Es wurde gezeigt, daß es einen inneren Zusammenhang zwischen der Lehre, daß die Arithmetik auf die Anschauungsform Zeit gegründet sei und dem Arithmetisierungsprogramm des 19. Jahrhunderts - aufgefaßt als der Versuch einer apodiktischen Grundlegung der Mathematik - gibt. Wir sahen weiter, daß Kants reine Anschauung konstruktiv als Regel zur Herstellung anschaulicher Figuren aufgefaßt werden kann. Im Anschluß an Helmholtz entwickelten wir unseren semiotischen Anschauungsbegriff, der der

Tatsache Rechnung tragen soll, daß die Mathematik eine zeichengestützte Wissenschaft ist. Fundamental für uns ist die Unterscheidung zwischen Ikon und Symbol. Während ersteres ein Schema sinnlich anführt und damit Ausdruck einer Objektkompetenz ist, beruht die Referenz von Symbolen auf (in der Mathematik meist expliziten) Definitionen, so daß deren Beherrschung eine Metakompetenz darstellt. Im Falle der Ikone ist anschauliche Erkenntnis möglich: gewisse Prädikate über die Marke sind auch Prädikate über das Schema. Die Marke eines einzelnen Ikons - ein Individuelles also - führt das repräsentierte Schema - ein Allgemeines - sinnlich an. Dies macht den schematischen Charakter der Zeichenanschauung aus. Im Falle des Symbols kommt der Anschauung nur als Markenwahrnehmung eine Rolle zu. Im Abschnitt III 4 wird es darum gehen, zu zeigen, daß anschauliche Evidenzen - gestützt auf ikonische Repräsentationen - für den Aufbau der Mathematik unerläßlich sind.

Wir haben dann gesehen, daß die Anschauung als Bindeglied zwischen informaler und formaler Ebene eine wichtige Rolle spielt. Insbesondere wurde aufgezeigt, wieso es zu einer "Krise" der Analysis kam. Die formale Ebene erweist sich weitgehend als ein Produkt der Arithmetisierung, die hier als Versuch verstanden wird, diese Ebene autonom zu gestalten. Das hatte Folgen für den Begriff der mathematischen Existenz: während früher die Angabe eines anschaulichen Modells als notwendige und hinreichende Bedingung für Existenz galt (wir sahen dies am Beispiel der "Versinnlichung" der komplexen Zahlen bei Gauß), wird schließlich mit Hilberts Lehre von den impliziten Definitionen die Widerspruchsfreiheit zum einzigen Kriterium. Der alte Existenzbegriff steht in engem Zusammenhang zum Ikonbegriff, da Ikone immer die Wirklichkeit von Schemata indizieren. Wir können damit vom Übergang vom semiotischen

(= intuitiven) Existenzbegriff zum logischen (= diskursiven) sprechen.

Es folgte die Darstellung der Diskussionen um die willkürlichen Funktionen. Die französische Diskussion suchte als Reaktion auf das Auftauchen der Monster den Funktionsbegriff so einzuschränken, daß schließlich nur noch "vernünftige" Funktionen zugelassen wären. Sie bewegte sich somit ganz in der formalen Ebene und ließ die Anschauung außer Acht. Wir kamen zu dem Ergebnis, daß Borels Bemühungen an der Vagheit seiner Begriffe sowie am Fehlen eines systematischen Ansatzes scheiterten. In Abweichung hiervon bezog die deutsche Diskussion ausdrücklich die Anschauung und damit die informale Ebene ein. Gefragt wurde: läßt sich ein innermathematisches Pendant zu den anschaulichen Funktionen (Kurven) finden? Es zeigte sich, daß Kleins strikte Trennung von Approximations- und Präzisionsmathematik ihn hinderte, die Rolle der Anschauung in der Präzisionsmathematik zu begründen.

Nach dem Scheitern all dieser Bemühungen und auf dem Hintergrund der ausbrechenden Grundlagenkrise der Mathematik wurde von Hahn die "Krise der Anschauung" postuliert. Hahns Thesen wurden ausführlich dargelegt und anschließend eine immanente Kritik an seinem Standpunkt formuliert. Dann wurde das Logisierungsprogramm, auf das Hahn sich explizit berief, auf seine Stellungnahme zur Anschauung hin untersucht. Der Logizismus gesteht der Anschauung keine Rolle in der Mathematik zu, da sich diese angeblich vollständig auf die anschauungsfreie Logik reduzieren läßt. Anschließend wurde die These aufgestellt und belegt, daß der zeitgenössische Strukturalismus, zumindest was seine Haltung gegenüber der Anschauung anbelangt, als eine Fortführung des Logisierungsprogrammes zu verstehen ist. Die "reinen Denkgesetze" (Dedekind) des Logizismus werden durch die nicht minder reinen (= anschauungsfreien) Strukturen ersetzt. Deren Ursprung blieb bei Vuillemin weitgehend im Dunkeln: sind sie aus sprachlichen Gebilden (z.B. Axiomenschemata) abstrahiert oder werden sie ontologisiert zu immer schon da gewesenen Entitäten (Platonismus)? In einem Nachtrag wurde ein Vorschlag von Henri Cartan diskutiert, der die obige Frage dahingehend beantwortet, daß Strukturen mit Hilfe von schematischen Buchstaben definiert werden. Es zeigte sich dabei, daß die Anschauung als Wahrnehmung von Marken im strukturalistischen Ansatz (wie auch im formalistischen) eine wichtige und weitgehend unterschätzte Rolle spielt. Den Schluß dieses Komplexes bilden einige Ausführungen Freges über das Zeichen. Es wurde erläutert, wie sich Freges Darlegungen in den Kontext des Logisierungsprogrammes, das hier hauptsächlich als die Bewegung aufgefaßt werden muß, die die traditionelle Logik im Sinne von "weg von inhaltlichem Schließen und hin zur Kalkülisierung" reformieren wollte, einfügen. Weiter wurde zu zeigen versucht, wie sich die Differenz von arithmetischen und geometrischen Zeichen, die Frage treffend charakterisiert, ohne sie aber erklären zu können, in unserem semiotischen Ansatz verstehen läßt. Frege nimmt allerdings innerhalb des Logizismus eine Sonderstellung ein, weil er bezüglich der Geometrie an der kantischen Lehre festhielt. Als Konsequenz hieraus gestand er der Anschauung in diesem Bereich eine wichtige Rolle zu. Beim späten Frege finden wir sogar den Versuch - den wir in III 4 in ähnlicher Weise unternehmen werden - die Analysis auf die Raumanschauung zu gründen.

Den Abschluß des historisch-systematischen Teils bildeten die Überlegungen Oskar Beckers zu Hahns These von der "Krise der Anschauung". Becker versuchte, die Lücke zwischen Approximations- und Präzisionsmathematik, die sich bei Klein in hinderlicher Weise auftat, zu schließen, indem er die aristotelische Idee der mathematischen Gegenstände als bloß werdende wieder aufgriff. Die Analysen Beckers erwiesen sich in vielen Detailfragen als zutreffend und nützlich. Was die große Linie anbelangt, so leiden sie aus unserer Sicht darunter, daß sie keinen ausdrücklichen Gebrauch vom Zeichenbegriff machen (obwohl es viele Ansätze in dieser Richtung bei Becker gibt). Es müßte - so vermuten wir - das Paradigma des Phänomens (im Sinne Husserls) aufgegeben werden zugunsten des Paradigma des Zeichens (im Sinne Peircens).

III. Systematischer Teil

1. Auf dem Wege zur Zeichenanschauung

1.1 Von der Krise der Anschauung zur impliziten Definition

Der Wert der Anschauung für die Mathematik wurde - so lautete eine These[1], der wir schon mehrfach begegneten - durch zwei Ereignisse im Verlaufe des 19. Jahrhunderts in Frage gestellt. Es waren dies die Entdeckung und der systematische Ausbau[2] der nichteuklidischen Geometrien und das Aufkommen der Monster (s. I 6). Die als Reaktion hierauf angestrebte vollständige Ausschaltung der Anschauung stellte eine doppelte Aufgabe:

- zum einen mußte der Appell an die Anschauung als beweisende Instanz (etwa in der Form "es ist anschaulich klar, daß eine stetige Kurve mit positiven und negativen Werten die x-Achse mindestens einmal schneidet") ersetzt werden durch lückenlose Deduktion vermöge logischen Schließens aus vorgegebenen Axiomen[3],

---

1) So schreibt beispielsweise Cassirer (unter Berufung auf Hahn - s. II 4.3.1):

"Denn durch die modernen Fortschritte der Mathematik war die Anschauung nicht nur ständig zurückgedrängt worden, sondern es war schließlich zu einer eigentümlichen 'Krise der Anschauung' gekommen. Es gibt in der Entwicklung des mathematischen Denkens viele und berühmte Beispiele, die das Mißtrauen gegen die Beweiskraft der reinen Anschauung wach erhalten und es ständig nähren mußten."

(CASSIRER, 1973; 32)

Ähnlich äußern sich BENSE, 1939 und POINCARE, 1889.

2) Zur Rezeptionsgeschichte der Nichteuklidischen Geometrien vgl. TOTH, 1972; 64-69.

3) Eine Weiterentwicklung hiervon bildet die Kalkülisierung, wie sie später der Formalismus vorgeschlagen hat - vgl. III 4.

- zum anderen mußte das traditionelle Verständnis von "Axiom" verändert werden.

Wir wollen uns jetzt dem zweiten Punkt zuwenden. Zuerst werden wir das im 19. Jahrhundert vorherrschende, hauptsächlich an Kant orientierte Verständnis von "Axiom" darstellen. Es soll damit nicht behauptet werden, daß dies auch die Auffassung der Antike gewesen war. Dieses schwierige Problem kann in unserem Zusammenhang offen bleiben.

Die Axiome[4] Euklids galten als Beschreibungen von Eigenschaften und Relationen existenter Objekte. Die Gegenstände selbst mußten unabhängig von der Axiomatik als seiend bekannt sein. Als existenzbegründende Instanz fungierte die Anschauung: sie belegte, daß es sich in den Axiomen nicht um bloße Beschreibungen fiktiver (wie "der gegenwärtige König von Frankreich ist kahl") Eigenschaften von Nichtexistentem handelt, sondern daß die Axiome einer anschaulichen - wenn auch nicht physikalischen - Erfüllung fähig sind[5]. In II 3 haben wir diesen "intuitiven Existenz-

---

4) Gleiches gilt für die Definitionen bei Euklid. Die Überlieferung hat den von Euklid selbst vermutlich noch gemachten Unterschied zwischen Postulaten und Axiomen eingeebnet. In der Terminologie Euklids ginge es hier um die Postulate.

5) Über die Euklidische Auffassung von "Axiom" schreiben Hilbert/Bernays:
"Ferner haben auch die Axiome Euklids nicht die existenziale Form. EUKLID setzt nicht voraus, daß die Punkte sowie die Geraden einen festen Individuenbereich bilden. Er stellt deshalb auch nicht Existenz-Axiome auf, sondern Konstruktionspostulate.
...
Dieser methodische Standpunkt ist jedoch nur dann durchführbar, wenn die Postulate als der Ausdruck einer bekannten Tatsächlichkeit oder einer unmittelbaren Evidenz angesehen werden. Die hiermit sich erhebende Frage nach dem Geltungsbereich der geometrischen Axiome ist bekanntermaßen sehr heikel und strittig, ..."

(HILBERT/BERNAYS, 1968; 20)

begriff" eingehend analysiert. Entfällt die erkenntnisbegründende Funktion der Anschauung, so stellt sich sofort die Frage: "Wie kann man sicher sein, daß es Gegenstände gibt, die den Forderungen eines bestimmten Axiomensystems genügen?" Hier wird - modern gesprochen - auf die Modelltheorie verwiesen, deren Aufgabe es ist, geeignete Modelle für Axiomensysteme zu konstruieren. Allerdings müssen solche Konstruktionen von bestimmten bereits bekannten Gegenstandsbereichen ausgehen[6], die selbst wiederum begründungsbedürftig sind. Da jeglicher Appell an die Anschauung untersagt sein soll, muß die formale Mathematik gleichsam "für sich selber sorgen" - sie will ihre Gegenstände selbst anschauungsfrei hervorbringen oder zumindest auf nicht-anschauliche Weise vorfinden. Daß eben genau dies möglich sei, verhieß Hilberts Lehre von den "impliziten Definitionen" (auch formale oder existenziale Axiomatik genannt - die wichtigste Originalquelle hierzu ist der Aufsatz "Axiomatisches Denken" von Hilbert (HILBERT, 1964 a)): durch ein Axiomensystem sollen nach dieser Auffassung die Gegenstände (z.B. Punkte, Geraden,...) implizit mitdefiniert werden[7]. Die Grundidee

---

6) Etwa den natürlichen und den reellen Zahlen. Der Vollständigkeitssatz von Gödel, nach dem jedes konsistente Axiomensystem ein Modell in der Mengenlehre besitzt, setzt ersichtlich die letztere voraus.

7) Cassirer hat die Lehre von den impliziten Definitionen so charakterisiert:
"Die Mathematik ist und bleibt im Grunde stets eine 'reine Beziehungslehre', und in ihrer modernen Gestalt ist es gerade dieser Grundcharakter, der sich immer schärfer ausgeprägt hat. Wenn sie von irgendwelchen Gebilden spricht und die Natur dieser Gebilde erforscht, so ist es niemals das An-Sich-Sein derselben, ..., wonach sie fragt. Was sie feststellen will, und was sie allein interessiert, sind die Verhältnisse, in denen diese Gebilde zueinander stehen. In ihnen geht, für die mathematische Betrachtung, ihr 'Sein' auf: die einzelnen Elemente empfangen ihre Be-

der "impliziten Definitionen" läßt sich durch die Analogie zu den "impliziten Funktionen" erläutern: eine Gleichung $F(x,y) = 0$ (um einen einfachen Fall zu wählen) kann unter bestimmten Bedingungen eine explizite Funktion $y = f(x)$ definieren, obwohl die Gleichung nicht nach y auflösbar ist. Ähnlich soll eine implizite Definition mehrere Termini simultan festlegen, ohne in die Form einer expliziten Definition gebracht werden zu können. Die Axiome erhalten darüber hinausgehend eine existenzbehauptende Funktion[8], denn die Existenz der definierten Gegenstände soll autonom durch die Axiome gewährleistet werden. Als einzige Anforde-

---

7) Fortsetzung der vorhergehenden Seite:

stimmung und damit ihre Bedeutung erst aus dem systematischen Zusammenhang, dem sie sich einfügen. Sie sind nun durcheinander, nicht unabhängig voneinander definiert. In seiner Lehre von der 'impliziten Definition' hat Hilbert diesen Zug des mathematischen Denkens am schärfsten herausgestellt und ihn logisch vollständig geklärt."

(CASSIRER, 1973; 34)

8) Den Unterschied zwischen traditioneller und moderner Axiomatik hat van der Waerden treffend dargestellt:

"1. Die Gegenstände, auf die sich die klassischen Axiome beziehen sind von vorne herein bestimmt und bekannt. ...

2. Das zweite Merkmal der klassischen Axiomatik ist, daß derjenige, der die Axiome aufstellt, sie für wahr hält.

Die moderne Axiomatik unterscheidet sich von der traditionellen dadurch, dass die Gegenstände, von denen die Rede ist, beliebig gewählt werden können, sofern sie nur die Axiome erfüllen. ... Die Axiome sind keine echten Aussagen, deren Richtigkeit vom Autor behauptet wird, sondern das gesamte Axiomensystem ist nur ein Teil einer Definition. ... Die Wasserscheide zwischen der klassischen und der modernen Axiomatik verläuft zwischen PASCH und HILBERT."

(van der WAERDEN, 1967; passim)

rung[9] an ein Axiomensystem bleibt die Widerspruchsfreiheit: nur ein konsistentes System von Axiomen kann existenzial aufgefaßt werden[10].

Gegen diese Lehre Hilberts opponierte Frege. Dieser wies darauf hin, daß die Rede von "impliziter Definition" irreführend ist, da das Axiomensystem (Frege bezog sich auf Hilberts "Grundlagen der Geometrie") bestimmte geometrische Grundbegriffe (wie Punkt, Gerade, ...) als <u>undefinierte</u> Termini enthalte. Damit handelt es sich bei den Axiomen im neuen Sinne nicht mehr um Aussagen, sondern um Aussageschemata mit Prädikaten als "Variabeln". Solche können aber nur als <u>Definitionen zweiter Stufe</u> betrachtet werden, die nicht mehr Gegenstände, sondern Beziehungen definieren.

An dieser Stelle kann nun kritisch eingewendet werden, daß eine Relation nur da bestehen kann, wo sie existente Objekte, denen die fraglichen Prädikate zukommen, in Beziehung setzt. Gibt es weder Punkte (bzw. Gegenstände, denen das Prädikat

---

9) Zur existenzialen Axiomatik schreibt Bernay:

"Während Euklid sich die zu betrachtenden Figuren immer konstruiert denkt, geht die heutige Axiomatik aus von der Vorstellung eines von vorneherein festliegenden Systems von Dingen, ...
So tritt z.B. an die Stelle des euklidischen Konstruktionspostulates, ..., im Hilbertschen Sinne das Existenzaxiom: ...
Diese Sätze sind allerdings nur dann von Bedeutung, wenn die in den Axiomen formulierten Anforderungen sich überhaupt durch ein System von Dingen mit gewissen auf sie bezogenen Prädikaten erfüllen lassen. ... Aus diesem Grunde besteht für jede axiomatische Theorie die Erforderlichkeit eines Nachweises der <u>Erfüllbarkeit</u>, d.h. der <u>Widerspruchsfreiheit</u> ihrer Axiome."

(BERNAYS, 1976 d; 20 f.)

10) Man vergleiche unsere Ausführungen über den Begriff der mathematischen Existenz in II 3. Die Hilbertsche Lehre legt es nahe, Mathematik als "Wissenschaft vom Logischmöglichen" zu verstehen, denn die Menge von Aussagen, die keinen Widerspruch impliziert, kann - rein logisch betrachte - wahr sein.

"Punkt" zukommt) noch Geraden (bzw. Gegenstände, denen das Prädikat "Gerade" zukommt), so verliert die Inzidenzrelation jeglichen Sinn. Anders gesagt: eine Struktur setzt die Existenz ihres Anwendungsbereiches voraus; sie selbst kann diese nicht sichern. Soll die Strukturmathematik nicht von Nichts handeln, so muß sie an irgendeiner Stelle die Existenz gewisser Gegenstände (Frege sprach von Urelementen, die durch "Erläuterung" - nicht durch Definition - eingeführt werden müssen; vgl. KAMBARTEL, 1976; 169) sichern.

In dieser Situation sind nun mehrere Lösungsansätze denkbar[11]. Zum einen kann man wieder auf die Anschauung zurückgreifen und versuchen, von einer anschaulich-sicheren Basis aus Gegenstandsbereiche für die Mathematik zu konstruieren. Dies ist Hilberts Haltung in Bezug auf die elementare Zahlentheorie (Arithmetik) gewesen und allgemein die Grundidee des Konstruktivismus (vgl.III 2, wo der Intuitionismus als ein Repräsentant dieser Richtung dargestellt wird). Wir werden in III 4 auf die Frage des anschaulichen Fundamentes der Mathematik zurückkommen. Eine andere Antwort auf dieses Problem war die Hilbertsche Idee der Trennung von Mathematik und Beweistheorie (= Metamathematik). Mit ihrer Hilfe sollten Konsistenzbeweise gefunden werden, die gemäß der Gleichsetzung von Existenz und Konsistenz als Existenzbeweise interpretiert werden könnten. Die mit dieser Auffassung von Existenz verbundenen Schwierigkeiten wurden bereits in II 3 dargestellt. Die folgenden Abschnitte sind der genaueren Untersuchung dieses Formalismuspro-

---

11) Die verschiedenen Ansätze zur Lösung dieses Problems entsprechen z.T. den in II 3 geschilderten Interpretationen des Terminus "Existenz".

programmes[12] gewidmet. Insbesondere wird sich die Gelegenheit ergeben, auf die Bedeutung der Zeichen für die Mathematik genauer einzugehen. Eine dritte Reaktion auf die oben geschilderten Probleme stellt der Platonismus[13] dar. Nach dieser Ansicht ist ein Axiomensystem Beschreibung eines Gegenstandsbereiches, der unabhängig vom Mathematik treibenden Subjekt - und damit auch unabhängig von dessen Anschauung - existiert. Somit wären Freges Bedenken hinsichtlich der <u>Existenz</u> der fraglichen Gegenstände hinfällig. Diese können z.B. durch den Hinweis auf <u>Evidenzen</u> (etwa die Evidenz der Mengenlehre oder die Evidenz der Logik) ausgeräumt werden.

Einen vierten Weg versucht der <u>Strukturalismus</u> zu beschreiten, der sich hinsichtlich der ontologischen Problematik neutral verhalten möchte: "Existenz" hat nach dieser Auffassung nur einen internen Sinn innerhalb einer gegebenen Struktur. Diese geht durch Abstraktion aus Axiomenschemata hervor und wird damit erst geschaffen. In II 4.3.3 haben wir die Behauptungen des Strukturalismus einer kritischen Prüfung unterzogen.

Abschließend muß jedoch bemerkt werden, daß die ontologischen[14] und die epistemologischen[15] Grundpositionen

---

12) Man kann genauer zwischen einem Formalismus, der als <u>Programm zur Rettung der inhaltlichen Mathematik</u> auftritt und einem "strengen" Formalismus, der eine <u>Philosophie der Mathematik</u> sein will, unterscheiden. Letzterer wird z.B. von Curry vertreten; Hilbert selbst scheint mehr der ersten Position zugeneigt gewesen zu sein.

13) Zum Platonismus vgl. man BERNAYS, 1976 a und FRAENKEL, 1935.

14) Das sind Nominalismus, Konzeptualismus und Platonismus.

15) Das sind Logizismus, Strukturalismus, Formalismus und Konstruktivismus (Intuitionismus).

fast in jeder Kombination auftreten können. Insgesamt erscheinen die Auswirkungen von Hilberts Ansichten zur Axiomatik zwiespältig: einerseits begünstigen sie die Entwicklung des Platonismus und damit verbunden die Abkehr von der erkenntnisbegründenden Funktion der Anschauung. Dies charakterisiert die Position von "Hilbert I"[16]. Andererseits führten die Bemühungen um Konsistenzbeweise zwangsläufig zu Kalkülisierungen, die ihrerseits wiederum die Zeichenanschauung (in Form der Markenwahrnehmung, wie wir später zeigen werden) in den Mittelpunkt des Interesses rückten. Diese Rückwendung zur Anschauung kennzeichnet die formalistische Postition "Hilbert II"[17].

1.2 In hoc signo vinces

Die Zeichenanschauung hielt ihren Einzug in die Philosophie der Mathematik durch Hilberts "Metamathematik". Letztere kann als Reaktion auf die "Krise der Anschauung" betrachtet werden. Liefert die Anschauung auch keine sichere Basis mehr, so bleibt dennoch ein scheinbar unerschütterlicher "Anschauungsrest" übrig, nämlich die wahrgenommenen Zeichen.

---

16) Vgl. hierzu HILBERT, 1964 a.

17) Vgl. hierzu HILBERT, 1964 b und HILBERT/BERNAYS, 1968.

Gegenüber unseren bisherigen Betrachtungen tritt jetzt die Arithmetik in den Mittelpunkt. Als wichtigstes Resultat des Arithmetisierungsprogrammes können wir die Vorherrschaft der Arithmetik vor der Geometrie seit Beginn etwa des 20. Jahrhunderts festhalten. Die These vom Vorrang der Arithmetik wird fast ausnahmslos von allen maßgeblichen Positionen im Grundlagenstreit der Mathematik geteilt, denn alle lösen sie Geometrie durch Einführung von Koordinaten in Arithmetik auf. Unterschiedlich bleibt die Grundlegung der Arithmetik (sowie die Auffassung von zulässigen Beweismitteln):

- Gemäß der Lehre von den "impliziten Definitionen" werden die Zahlen durch Axiomensysteme (genauer: Axiomenschemata) implizit definiert (Hilbert I),

- im Logizismus wird jede natürliche Zahl als Klasse von Klassen gleichmächtiger Mengen definiert,

- der Strukturalismus sieht die reellen Zahlen als archimedisch geordneten, vollständigen Körper und damit als Schnittpunkt der drei "Mutterstrukturen" an,

- der Intuitionismus Brouwerscher Provenienz gewinnt die natürlichen Zahlen durch die Urintuition der werdenden Zahlenfolge,

- der Konstruktivismus Lorenzenscher Prägung gewinnt die natürlichen Zahlen durch schematisches Operieren mit Zeichen und rückt damit in die Nähe der Hilbertschen Metamathematik. Lorenzen macht den Standpunkt Hilberts in der Metamathematik zum Standpunkt der Mathematik selbst.

Es wird sich zeigen, daß vor allem die noch darzustellende formalistische Position von Hilbert II und die konstruktivistische Lorenzens Raum lassen für eine Thematisierung der Anschauung. Wie wir gesehen haben, läßt aber auch der Vuilleminsche Strukturalismus eine Interpretation zu, die der Anschauung als "linguistische Anschauung" Wichtigkeit zuerkennt.

In der Brouwerschen Schule - dem sog. Intuitionismus - wird "Anschauung" als "Intuition" interpretiert - eine Bedeutungsnuance, die nicht unwesentlich ist. Auf diese Problematik werden wir später zurückkommen (vgl. III 2 Die Rückkehr der intellektuellen Anschauung). Hier soll zunächst die formalistische Position Hilberts II betrachtet werden. Hilbert hat diese erstmals 1904 angedeutet (in seinem Heidelberger Vortrag "über die Grundlagen der Logik und Arithmetik") und nach dem Ersten Weltkrieg systematisch ausgebaut (z.B. in "Über das Unendliche" (1925) und "Die logischen Grundlagen der Mathematik" (1928)). O. Becker hat die Grundidee dieses Ansatzes - der gewisse Verwandtschaften zu Leibniz' Vorstellungen einer "ars combinatoria" aufweist - folgendermaßen dargestellt:

"Fundamental ist der Gedanke, die Widerspruchsfreiheit eines mathematischen, ins Unbegrenzte fortsetzbaren Formelsystems, durch gewisse formal-kombinatorische Eigenschaften der benutzten Symbole und die Art ihrer Kombinationen abzubilden. Man gewinnt dadurch die Möglichkeit, durch eine mathematische Betrachtung dieser Zeichenkombinationen - eine Betrachtungsweise, die Hilbert 'metamathematisch' nennt - Feststellungen über die Widerspruchsfreiheit eines darin symbolisierten Axiomensystems zu treffen."

(BECKER, 1975; 360)

Auf den folgenden Seiten sollen die Implikationen dieser Position analysiert werden. Als Bezug dient uns ein 1946 erschienener Aufsatz von Kurt Reidemeister "Anschauung als Erkenntnisquelle" (REIDEMEISTER, 1946), in dem der

Verfasser Überlegungen aus "Exaktes Denken" (1928) fortsetzt[18].

Reidemeister setzt sich zuerst mit der Rolle der räumlichen Anschauung[19] in geometrischen Beweisen auseinander. Hier argumentiert er im wesentlichen wie Hahn, dem er bekanntlich längere Zeit nahe gestanden hat:

- Anschauung ist Produkt der Gewohnheit und
- eine "anschauliche geometrische Erkenntnis von Punkten und Geraden und ihren Beziehungen in der elementaren euklidischen Geometrie" gibt es nicht

(REIDEMEISTER, 1946; 198).

Eine völlig neue Auffassung von Anschauung brachte Hilbert in die Diskussion ein durch seine metamathematischen Untersuchungen zur Zeichenanschauung. "Diese Metamathematik nennt

---

18) Hilbert selbst hat die prinzipiellen Ideen seines Formalismusprogramms in den beiden genannten Aufsätzen an folgenden Stellen formuliert: HILBERT, 1964a; 34 f. und HILBERT, 1964b; 94-97.
Da Reidemeister das Formalismusprogramm gerade im Hinblick auf die Rolle der Anschauung ausführlich untersucht hat, wird er hier als Vertreter dieser Auffassung angeführt.

19) Beispiele für Mathematiker, die an die Anschauung "glauben", sind laut Reidemeister:
- Knopp, der in seinem bekannten Lehrbuch die Einführung der reellen Zahlen durch die "anschauliche Stetigkeit" der Geraden motiviert;
- Frege, der die Grundlagen der Geometrie (im Gegensatz zu denen der Arithmetik) "durch die reine Anschauung Kants hinreichend gesichert glaubt";
- "Ferner sind hierher wohl alle Mathematiker zu rechnen, die sich mit didaktischen Fragen befaßt haben - sie alle messen der Anschauung eine viel größere Überzeugungskraft bei als dem Denken."
- Dedekind, der die Existenz einer unendlichen Menge durch die Art "intellektueller Anschauung" beweisen wollte.

(REIDEMEISTER, 1945; 195)

die Anschauung die unmittelbarste und sicherste Erkenntnisquelle, und die Sätze der Metamathematik beziehen sich auf Tatbestände, die einer unmittelbaren, anschaulichen Nachprüfung zugänglich sind." (REIDEMEISTER, 1946; 198). Diese Tatsache ist - nach Reidemeister - "merkwürdig genug, um von neuem die Fragen nach dem erkenntnistheoretischen Wert der Anschauung aufzuwerfen."

Um Klarheit zu erlangen, ist es wichtig, die beiden Arten von Anschauung - nämlich einmal als *direkte Anschauung* und einmal als *Zeichenanschauung* - säuberlich zu trennen: Schon die Stoa faßte Zeichen als ein "aliquid stat pro aliquo" - als etwas also, das für ein anderes steht - auf. Dieses "Etwas", die "*Marke*", wird in der direkten Anschauung - der Wahrnehmung - identifiziert (vgl. II 1). Dadurch wird dann das Bezeichnete zugänglich, wobei die Beziehung von Bezeichnendem (Signifiant) zu Bezeichnetem (Signifié) breit variieren kann: von einer logischen - wie etwa Teil/Ganzes - oder einer kausalen - wie schwarze Wolken/Regen - über Beziehungen der Ähnlichkeit (z.B. gezeichnetes Dreieck und "ideales" Dreieck) bis hin zur rein konventionellen - wie "es sei X ein topologischer Raum". In den beiden ersten Fällen und in ihnen verwandten heißt die Repräsentation indexikalisch und im letzten Fall symbolisch. Weisen Marke und Bezeichnetes Ähnlichkeiten auf, beruht ihre Relation also auf Gemeinsamkeit mindestens einer Qualität, so spricht man von *ikonischer Repräsentation*. Im letzten Fall sprachen wir davon (in II 1), daß die Artikulierung das Schema *sinnlich* anführt.

Wir knüpfen mit unseren Überlegungen an das obige Reidemeister-Zitat an: festzuhalten bleibt, daß (so der Verfasser)

- "die Anschauung [als Markenwahrnehmung] die unmittelbarste und sicherste Erkenntnisquelle" ist, und daß

- "die Sätze dieser Metamathematik sich auf Tatbestände beziehen, die einer unmittelbaren anschaulichen Nachprüfung zugänglich sind."

Welches sind nun die Tatbestände? Reidemeister bemüht sich, gewisse naheliegende Mißverständnisse auszuräumen:

"Wenn Hilbert z.B. seine Grundlagen der Geometrie eine logische Untersuchung der Raumanschauung nennt und später in den metamathematischen Schriften von gewissen geometrisch-anschaulichen Grundtatsachen spricht, die keiner Reduktion mehr fähig sind, so ist klar, daß hier das geometrisch Anschauliche das eine und das andere Mal in ganz verschiedenem Sinn gebraucht sein muß. Die konkreten Zeichen der Mathematik befinden sich nicht in einem geometrischen Raum, sie sind nicht geometrische Figuren einer euklidischen Geometrie; und unter den in den euklidischen Axiomen festgehaltenen Grundtatsachen kommen die keiner Reduktion mehr fähigen Anordnungsbeziehungen konkreter Zeichen gar nicht vor. Was ferner "konkretes" Zeichen bedeuten soll, ist, streng genommen, wohl nicht [aus Hilbert] zu entnehmen, und ob die [von Hilbert beanspruchte] Beziehung auf Kant zu Recht besteht, möchte ich bezweifeln.
(Anm. 1) Die elementare Mathematik betritt die Schicht, in der die metamathematischen Grundtatsachen liegen, bei der sogenannten Buchstabenrechnung der Algebra. Als Vorstufe der Metamathematik kann die ars combinatoria Leibnizens angesehen werden."

(REIDEMEISTER, 1945; 199)

Weiter heißt es kritisch:

"Ich bezweifle, daß die Anschauung, welche die *Metamathematik* ermöglicht, so unbedingt, wie *Hilbert* es ausspricht, *räumlich sein muß* - denn jene zugrunde gelegten linearen Anordnungsbeziehungen von Zeichen finden wir ja auch in der zeitlichen Erinnerung vor, ..."

(REIDEMEISTER, 1945; 199)

Es folgen nun die konstruktiven Beiträge Reidemeisters: seine Aufgabe sieht der Verfasser - und darin glaubt er sich mit Hilbert einig - in "einer methodischen und exakten Untersuchung der Anschauung" sowie darin, "erkenntnistheoretisch den Prozeß oder Akt des Anschauens und die Beschaffenheit der anschaulichen Objekte zu beschreiben." (REIDEMEISTER, 1945; 199) - wobei Anschauung bei Reidemeister Markenwahrnehmung meint.

Die Gegenstände, die uns in der Sphäre der Markenwahrnehmung begegnen, nennt Reidemeister Gestalten[20] (bei Hilbert: "bedeutungsleere Zeichen"). Diese "Gestalten" sind in einer Art "Epochē" zu nehmen:

"Wenn ich es gewohnt war, gewisse dieser Gestalten als Ansichten eines wirklichen Gegenstandes zu nehmen, oder mit einer physikalischen Erklärung zusammen zu denken, so will ich jetzt bewußt davon abstrahieren."

(REIDEMEISTER, 1945; 200)

(Curry, der in seinen "Outlines of a Formalist Philosophy of Mathematics" (CURRY, 1970) einen ganz ähnlichen Gedanken vertritt, spricht davon, daß die Zeichen ("Token" bei ihm - was unseren individuellen Marken entspricht) unabhängig von allen Repräsentationsfunktionen betrachtet werden könnten und somit "ontologische" Probleme ausgeklammert werden könnten.)

An dieser Stelle ist die Isomorphie als Grundbegriff einzuführen. Hierzu ist eine Relation zwischen den einzelnen Gestalten erforderlich, etwa "steht über" oder "nach":

---

20) Der Terminus "Gestalt" findet sich bereits 1938 bei Hermes.

sind zwei Gestaltungsreihen gegeben, die bezüglich den jeweiligen Relationen R bzw. S linear geordnet sind, so heißen diese <u>isomorph</u>, falls jede wahre Aussage R(a,b) übersetzt werden kann in eine wahre Aussage S(m,n). Beide Reihen weisen im Falle der Isomorphie vergleichbare räumliche Anordnungen auf[21].

Der Isomorphübergriff trägt der Tatsache Rechnung, daß die "Gestalten" nicht beziehungslos nebeneinanderstehen, sondern daß sie zu <u>größeren Ganzen</u> zusammengefaßt sind.

Die Sachverhalte, von denen oben die Rede war, welche "einer unmittelbaren anschaulichen Nachprüfung zugänglich sind", sind nun gerade jene, die sich durch den Iso-

---

21) Currys Position sei hier nur durch zwei Zitate angedeutet. In Kapitel "Ontological Discussion of a Formal System" (CURRY, 1970; 28 ff.) stellt Curry folgende Thesen auf:

"One of these irrelevant questions is that of the ontology of a formal system. ... For the purpose of mathematics it is sufficient to have criteria for recognizing a formal system as such, and for deciding which propositions are true: and for this we can simply say that we shall think of the tokens as objects of some sort, - <u>what objects, we neither know nor care</u>."

(CURRY, 1970; 31)

Das Wesen der Metamathematik - also des Beweises - schildert Curry so:

"It is evident that this is an essential mechanical process. The intuitive information involved depends of course on the complexity of the structural relations; but in the case of a simple system ..., this intuition is extremly rudimentary. By no stretch of the imagination can it be claimed that there are any logical principles involved - it is a <u>demonstratio ad oculos</u>. It is difficult to imagine a process more clear and more objective."

(CURRY, 1970; 32)

morphiebegriff erfassen lassen. Übertragen in unsere Terminologie geht es hier um die extern-ikonischen Merkmale des zugrundeliegenden Bereichs von Marken. Für diese behauptet Reidemeister - und diese These ist charakteristisch für den Formalismus allgemein, - die Möglichkeit anschaulicher Erkenntnis.

Reidemeister zieht aus seinen Betrachtungen folgendes Fazit:

> "Zusammenfassend können wir feststellen, daß sich aus dem Ansatz der Metamathematik eine Methode der Selbstverdeutlichung und Selbstkontrolle einer exakten Gestaltanschauung herstellen läßt, ..."
>
> (REIDEMEISTER, 1945; 201)

Wichtig ist es Reidemeister, die Markenwahrnehmung von der gewöhnlichen Anschauung - von ihm als Raumanschauung gefaßten - abzugrenzen. Nach einer kurzen Analyse der Raumanschauung stellt Reidemeister fest:

> "Positiv gesagt sehen wir vielmehr, daß der Anschauung von Gestalten, jener Anschauung also, welche die Metamathematik benützt, wesentlich ist eine Offenheit und Unbestimmtheit im kleinen und großen und daß wir eine Handlung ganz anderer Art vornehmen, wenn wir uns trotz der Anschauung zum Punkt und zur Punktgeometrie entschließen."
>
> (REIDEMEISTER, 1945; 201)

Nach Reidemeister entscheiden wir uns also trotz der räumlichen Anschauung zum Punkt und zur Geometrie (diese ist somit genuin unanschaulich). Die Abfolge kehrt sich vollständig um:

Nicht die Anschauung des räumlichen Kontinuums führt uns zum Punkt; sondern entgegen unserer Anschauung entschließen wir uns diesem!

Ersetzt man "Punkt des Kontinuums" durch "reelle Zahl", so ist Reidemeisters Behauptung die folgende:

Die Einführung der reellen Zahlen wird nicht durch irgendeine (räumlich oder zeitliche) Anschauung nahegelegt; vielmehr widerspricht sie aller Anschauung und wird auf Grund anderer Motive vorgenommen.

Anschauung ist sowohl im "Kleinen" als auch im "Großen" durch "Offenheit und Unbestimmtheit" charakterisiert - weshalb sie in diesen Bereichen unzuverlässig wird, ja sogar versagt! Der verbleibende "mittlere" Bereich ist der der Markenwahrnehmung. Diese These will der Verfasser durch eine Betrachtung über die Geschichte der Anschauung untermauern. Diese berührt folgende Themenkreise: - die Paradoxien Zenons von Elea, - die Entwicklung der Geometrie von Zeno bis Euklid, - Dürers Meßkunst, - die "geometrischen Irrtümer" Schopenhauers und Kants.

Im folgenden Abschnitt werden wir diese Themen genauer betrachten.

1.3 Von der Beschreibung der Wirklichkeit zum Modell (die Geschichte der Anschauung)

Das Wesentliche an Zenons Paradoxien ist, "daß der anschaulich als kleinste Teil einer Strecke eruierte Punkt widerspruchsvoll ist." (REIDEMEISTER, 1945; 202) Die Argumentation Zenons ist bekannt. Reidemeister kommentiert diese:

> "Wichtig scheint an diesen Schlüssen, wie unausweichlich sie von der Anschauung aus gesehen sind. ...
> Sie sind Antinomien nicht der sinnlichen, sondern gerade der reinen Anschauung, das soll hier heißen einer Anschauung, die die Resultate unendlicher Verfeinerung glaubt anschauen zu können."
>
> (REIDEMEISTER, 1945; 202)

Sinnliche Anschauung darf hier mit Wahrnehmung gleichgesetzt werden; daß diese trügerisch sein kann, ist Reidemeister kein Problem. Jedoch ist das Versagen der Anschauung - und ein solches liegt hier vor, wenn wir Reidemeister Glauben schenken - eben kein Versagen der Wahrnehmung! Es ist ein Versagen der reinen Anschauung selbst, die meint, den geometrischen Gegenstand "Punkt" direkt anschauen zu können.

Reidemeisters Auffassung der (reinen) Anschauung ist statisch, insofern es um die Möglichkeit geht, das vollendete Ergebnis eines unendlichen Prozesses anzuschauen. Dieses Merkmal teilt sie mit Kants reiner (äußerer) Anschauung und damit können Reidemeisters Argumente Kants Lehre erschüttern. Unsere Interpretation von Anschauung als Zeichenhandlung mit Schemaaspekt (Marken werden als Artikulationen von Schemata gesehen) vermögen sie aber nicht zu treffen, da hier die Anschauung durch die Einbeziehung des Schemaaspektes ihren statischen Charakter verliert - oder anders gesagt, über die bloße Markenwahrnehmung hinausgeht (das Kontinuum z.B. wird nicht einfach schlicht wahrgenommen, sondern vermöge seiner ikonischen Repräsentation angeschaut - vgl. III 4). Reidemeisters "reine Anschauung" ist letztlich - wie Anschauung allgemein bei ihm - nichts anderes als Wahrnehmung, weshalb Zeichenanschauung im Sinne Reidemeisters empiristisch reduziert bleibt auf Markenwahrnehmung.

Die Entwicklung der Geometrie in der Antike läßt sich nach Reidemeister auffassen als eine weg von der räumlichen Anschauung und hin zum Denken. Kronzeuge ist Platon, der die geometrischen Objekte zum Reich der Ideen zählte. Logische Analyse und nicht "Selbstverdeutlichung der Anschauung" war Richtschnur für diese Genesis. Reidemeisters These ist demnach so zu formulieren:

Anschauung allein ist keiner Selbstkorrektur fähig

(wobei "Selbstkorrektur" auch - evtl. sogar gerade - meint: schrittweise Annäherung an das intendierte Ideal; Präzisierung somit und nicht Korrektur). Interessant ist hier eine Gegenüberstellung mit O. Beckers Theorie des "Hineingehens in den Innenhorizont" (vgl. II 4.5). Nach Becker gibt es - ansatzweise schon im orientierten Raum, vollständig dann im homogenen Raum - sowohl die Möglichkeit der Selbstkorrektur der Anschauung als auch die der zunehmenden Schärfe:

- Selbstkorrektur liegt im Falle der "Entfaltung" und im Falle der "Verbreiterung" vor: im ersten ändert sich der Charakter des Limesgebildes (eine gerade Linie erweist sich als eine stark gedämpfte Schwingung); im zweiten geht er ganz verloren (aus einem Punkt · wird durch Drehung eine Strecke ——),

- mit zunehmender Schärfe werden die Gegenstände beim "Hineingehen" in den "Innenhorizont" erkannt; es findet "Sichentwirren" statt: dieses Entwirren ist nach Becker "unbeschränkt" möglich. (Einzelheiten findet man in BECKER, 1923; 471-473)

Aufgrund seiner statischen Auffassung von "Anschauung" übersieht Reidemeister diese Möglichkeiten. Daneben ist wichtig, daß er ja die geometrischen Gegenstände als "fertig gegeben" betrachtet, wordurch die zunehmende Verschärfung der Anschauung überflüssig wird.

Aus den Betrachtungen Dürers über die Meßkunst - besonders über die Archimedische Spirale - leitet Reidemeister eine Aussage über die Grenzen der Anschauung (d.s. jene Stellen, an denen "das Denken einsetzt") ab:

"Mit bewundernswürdiger Schärfe sind diejenigen Stellen gekennzeichnet, wo das Denken einsetzt: nämlich bei den Iterations- und Grenzprozessen. Er scheut sich nicht, die Einsicht in diese Gesetze dem Verstand beizulegen, ..."

(REIDEMEISTER, 1945; 204)

Leider wird dies von Reidemeister nicht weiter präzisiert; der Dürer-Text ist dabei auch nicht hilfreich. Offen bleiben die Fragen:

1. Warum bedarf es des Denkens erst im Falle der Iterations- und Grenzprozesse?

2. Wo genau innerhalb dieser Prozesse setzt Denken ein? Wie sind Denken und Anschauung miteinander verknüpft?

Die "Geschichte der Anschauung" belegt nach Reidemeister folgende These:

"Die Raumanschauung liefert oder erschaut Sachverhalte nicht, welche den Punktbegriff der euklidischen Geometrie oder wenigstens die Gerade als eine stetige Punktmenge [R!] rechtfertigen."

(REIDEMEISTER, 1945; 205)

Kurz: die Welt der Geometrie ist "anschauungstranszendent". Wie schon mehrfach ausgeführt, wäre auch an dieser Stelle Reidemeister dahingehend zu korrigieren, daß die Geometrie (auch wenn man sie so versteht, wie Reidemeister das tat - siehe unten) wahrnehmungstranszendent ist. Die von ihm vorgeführten Argumente treffen nur die Behauptung, die Gegenstände der Geometrie seien empirische, nicht aber die These, diese seien zeichenmäßig gegebene. Das liegt daran, daß das zugrundeliegende Argumentationsmuster genau wie bei Felix Klein auf dem Begriffspaar approximativ/präzis beruht.

Wie aber ist dann die Beziehung zwischen exakter Geometrie und Anschauungsraum beschaffen? Geometrie muß dabei aufgefaßt werden als ein "logisch abstraktes Gefüge" von Sätzen, das implizit seine Gegenstände definiert. Man muß sich in Erinnerung rufen, daß für Reidemeister die einzig zuverlässige Art der Anschauung die Markenwahrnehmung ist. Eine solcherart reduzierte Anschauung wird sicherlich nicht das leisten können, was man - so Reidemeister - vor ihr erwartete.

"Punkt und Gerade wären z.B. solche Ideen, deren Beziehungen sich im Satzgefüge der euklidischen Geometrie ausdrückten und zu denen wir keinen anderen Zugang haben, als durch das System dieser Sätze selbst."

(REIDEMEISTER, 1945; 206)

Es gibt nun zwei Formen des Zusammenhangs von Geometrie und Anschauungsraum:

> "Erstens ist es möglich, gewisse geometrische Sätze über Ungleichheitsbeziehungen, z.B. über Körper, die sich enthalten, u.ä, anschaulich zu deuten. ... So gelten z.B. gewisse Sätze der natürlichen Geometrie von Hjelmslev auch in der euklidischen Geometrie."
>
> (REIDEMEISTER, 1945; 206)

Diese Tatsache paßt nicht recht in Reidemeisters Konzept; sie ist in ihm nicht erklärbar, was in seinem Kommentar auch deutlich wird:

> "Bei näherem Zusehen erweist sich dieser zunächst mehr als einleuchtende Zusammenhang als erkenntnistheoretisch recht problematisch, weil die transzendentale Frage nach der Geltung eines logisch abgeleiteten und anschaulich deutbaren Satzes in der Anschauung nicht ohne weiteres verständlich ist."
>
> (REIDEMEISTER, 1945; 206)

Anders formuliert: Wieso ist es möglich, daß Sätze der Geometrie - die ja aus Axiomen deduziert wurden - sich bei anschaulicher Interpretation als wahre Sätze erweisen (und zwar nicht als "approximativ" wahr, sondern als "streng" wahr)? Wir werden hierauf weiter unten zurückkommen.

Verstehen wir das erste Problem als eines der Übersetzung von abstrakter Geometrie in konkret Anschauliches, so ist Reidemeisters zweites Problem genau dessen Umkehrung:

Kann man der Anschauung Beweise geometrischer Sätze entnehmen?

Reidemeister führt Schopenhauers Beweis für den Satz des Pythagoras (im Fall der Gleichschenkligkeit) als Beispiel eines solchen "anschaulichen Beweises" an. Es handelt sich um folgende Figur:

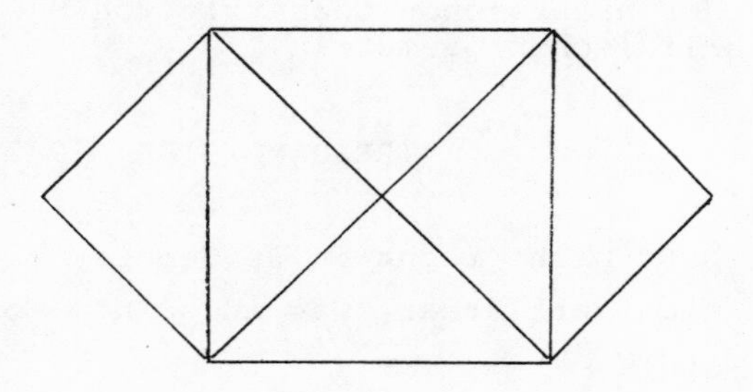

"Worin liegt hier das überzeugend Anschauliche, das kaum geleugnet werden kann? Mir scheint darin, daß man an dieser Figur sehr rasch den Beweis ablesen kann: Die Figur ist eine vorzügliche 'Charakteristik' des Beweises. ... - d.h. ein Symbol, in welchem sich die Struktur des Beweises genau abbildet. ... Und wie die Symbole der Worte, so können wir auch diese Relationen zu einer Mitteilung verwenden. Die Raumanschauung liefert so mannigfache Figuren, die in übersichtlicher Weise zur Mitteilung geometrischer Sätze und Schlußketten geeignet sind, ohne daß diese Sätze auf eine Figur selbst zuzutreffen brauchen."

(REIDEMEISTER, 1945; 206)

Wie dies möglich ist, erklärt Reidemeister nicht: offensichtlich muß doch in diesen Fällen eine Beziehung zwischen Figur und zu beweisendem Satz bestehen[22] (die Reidemeister

22) In unserer Terminologie ist die abgebildete Figur ein Ikon und kein Symbol. Deshalb ist Reidemeisters Vergleich mit der Wortsprache irreführend, da es sich bei dieser um symbolische Repräsentationen handelt. Zur Rolle von Ikonen in Beweisen vergleiche man unten 1.5. Man beachte ferner, daß "Figur" bei Reidemeister in zweierlei Sinn gebraucht wird: einmal meint "Figur" die (physikalische) Marke des vorgelegten Ikons - auf die der geometrische Satz nicht streng anwendbar ist - zum andern aber das ganze ikonische Zeichen (das als "Beweischarakteristik" fungiert).

als "Charakteristik" faßt): in welcher Beziehung stehen Figur und Satz hier? Bei genauerer Analyse erweist sich die oben abgebildete Figur als ein Ikon, woraus sich seine Bedeutung für den fraglichen Beweis leicht erklären läßt. Zur Erläuterung dieser Behauptung betrachte man die Beweisskizze auf der nächsten Seite. Der beweisende Charakter der dort zu findenden Ikone besteht darin, daß sie bestimmte Möglichkeiten, Eigenschaften usw. sinnlich anführen (vgl. den Kommentar zur Beweisskizze). Das illustrierte Übertragungsverfahren ist aber nur im Falle der Ikonizität (hier handelt es sich genauer gesagt um innere Ikonizität) möglich, weil nur hier sich Prädikate und Relationen der Marken auf das zugehörige Schema übertragen.

Anschließend urteilt Reidemeister über "Mathematik und Sprache":

"Etwas anders aber ähnlich funktioniert die Sprache in der Mathematik, deren apodiktische Gewißheit auf einer naturgemäßen und aus der Sinnlichkeit selbst entnommenen Bezeichnung der einfachsten Anschauungen und hiernächst auf der Leichtigkeit beruht, ihre Synthesis und die Möglichkeit derselben in anschaulichen Konstruktionen oder symbolischen Formeln und Gleichungen, durch deren Sinnlichkeit aller Mißverstand von selbst ausgeschlossen wird, zu bewähren und darzustellen. So bestimmt die Geometrie durch empirische Zeichen und Bilder die Idealität ihrer Begriffe."

(REIDEMEISTER, 1945; 209 f.)

Die Mathematik reicht damit ganz in die Nähe der natürlichen Sprachen: wir haben gewissermaßen eine "linguistische Theorie" der Mathematik vor uns (vgl. II 4.3.3).

<u>Beweis des Satzes von Phythagoras</u> (nach Schopenhauer):

<u>Satz</u>. In jedem gleichschenkligen rechtwinkligen Dreieck gilt:

$$\boxed{c^2 = a^2 + a^2}$$

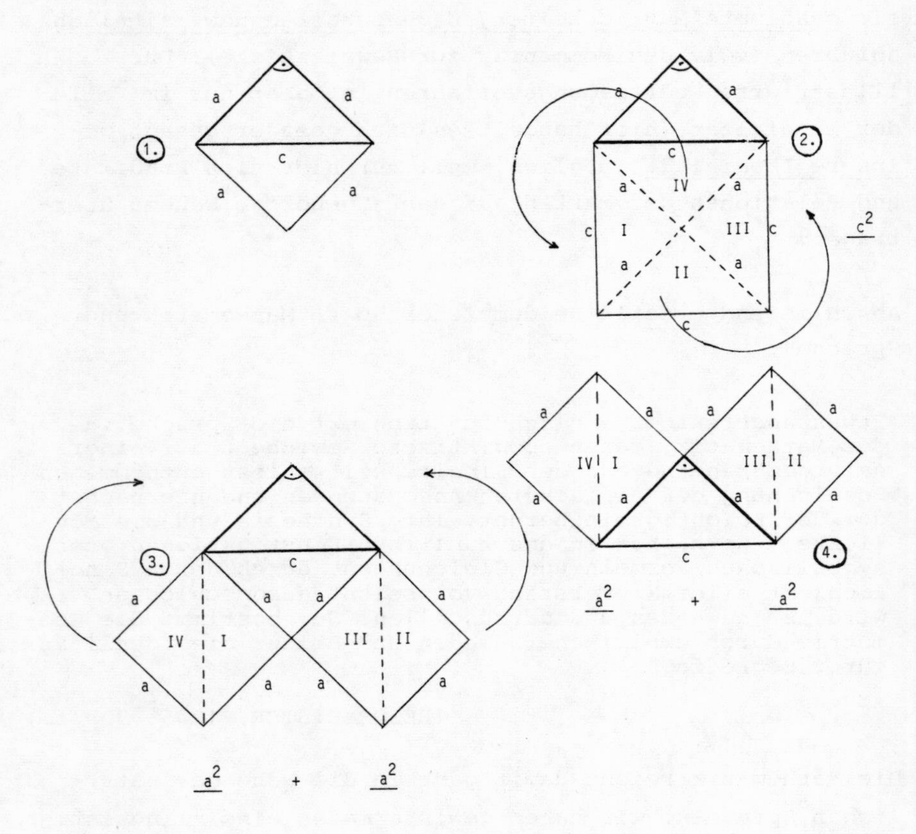

Die Ikonizität der Darstellung wird im obigen Beweis mehrfach gebraucht: etwa wenn man die Dreiecke II und IV an die Dreiecke I und III ansetzt und dabei benützt, daß die Hypotenusen dieser Dreiecke alle gleich lang sind und die Winkel sich jeweils zu rechten ergänzen. All dies zeigt das Ikon (aber nicht die gezeichnete individuelle Marke als physikalischer Gegenstand: eine exakte Messung würde mit großer Wahrscheinlichkeit zeigen, daß die fraglichen gezeichneten Strecken nicht genau gleich lang sind und die Winkel nicht exakt 45° groß sind). Die freie Beweglichkeit der Dreiecke und Quadrate bei Erhaltung der Fläche erscheint nicht als Problem. Dies stellt sich erst aus dem Blickwinkel der Nichteuklidischen Geometrie. Zum Vergleich sehe man den rein symbolischen Beweis auf p. 341.

1.4. Sind Zeichen räumliche Gebilde? - Externe und interne Ikonizität

Zum Abschluß unserer Überlegung zum Formalismus wollen wir uns noch mit Reidemeisters Kritik an Hilbert hinsichtlich des räumlichen Charakters der mathematischen Symbole beschäftigen. Bei Reidemeister hieß es:

"Die konkreten Zeichen der Mathematik befinden sich nicht in einem geometrischen Raum, sie sind nicht geometrische Figuren einer euklidischen Geometrie, ..."

(REIDEMEISTER, 1946; 199)

Ein Zeichen in dieser Totalität, wie sie in der triadischen Zeichenrelation ihren Ausdruck findet, ist sicher kein räumliches Gebilde. Sofern ein solches Zeichen aber über eine Marke verfügt (also wenn es ein dinghaftes Zeichen[23] ist - und nur solche sind für die Mathematik relevant), besitzt das Zeichen einen Anteil, der räumlich lokalisiert ist wie jeder andere physikalische Gegenstand auch. Reidemeisters Kritik muß also dahingehend präzisiert werden, daß die räumliche Natur der Marken für die Mathematik unerheblich ist (obwohl sie - und darin ist Hilbert zuzustimmen - durchaus gegeben ist). Es gilt demnach folgende präzisierte Form der Reidemeisterchen These zu untersuchen:

> Die räumliche[24] Struktur der Marken mathematischer Symbole ist für die Mathematik unerheblich.

Es empfiehlt sich, auch hier zwischen symbolischen und ikonischen Repräsentationen zu unterscheiden. Um ein konkretes Beispiel vor Augen zu haben, denke man an eine formalisierte Ableitung, die im einfachsten Falle so ausieht:

$$\frac{S \qquad S \longrightarrow T}{T}$$

(S und T seien Formeln, z.B. arithmetische)

Der formale Charakter dieser Schlußfigur ergibt sich aus der Möglichkeit, daß diese angewandt werden kann, ohne die Bedeutung von "$\longrightarrow$" oder den Aufbau von S und T zu kennen.

---

23) Im Unterschied zu Handlungen (z.B. Gesten), die als Zeichen dienen.

24) Man kann hier noch genauer zwischen metrischen und topologischen Eigenschaften unterscheiden. Letztere werden sich in unserer Analyse als wesentlich erweisen.

Um noch ein weniger triviales Beispiel vor Augen zu haben, sei hier der Beweis für 4 ≠ 2 wiedergegeben, wie er sich in HILBERT/BERNAYS, 1968; 225 findet:

Beweis der Formel $0'''' \neq 0''$

1) $(A \rightarrow B) \rightarrow (\bar{B} \rightarrow \bar{A})$

2) $(a' = b' \rightarrow a = b) \rightarrow (a \neq b \rightarrow a' \neq b')$

3) $a' = b' \rightarrow a = b$

---

4) $a \neq b \rightarrow a' \neq b'$

5) $a' \neq 0 \rightarrow a'' \neq 0'$

6) $a' \neq 0$

---

7) $a'' \neq 0'$

8) $a'' \neq 0' \rightarrow a''' \neq 0''$

---

9) $a''' \neq 0''$

10) $0'''' \neq 0''$

Dieser Beweis ergibt, aufgelöst in Beweisfäden, folgende Auflösungsfigur:

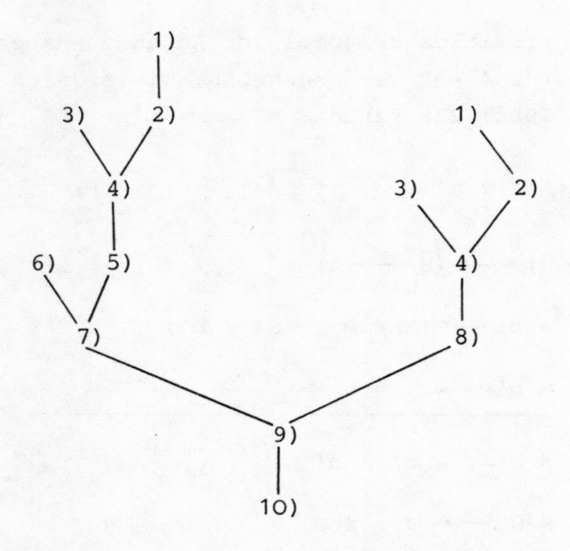

(Rein als Formeln betrachtet, mag dies als Spielerei erscheinen. Ihre mathematische Relevanz erhält diese Figur erst dadurch, daß man sie inhaltlich interpretiert.)

Die auftretenden Marken (z.B. die Buchstaben) selber haben räumliche Binnenstrukturen, die aber völlig irrelevant für die Beweistheorie sind: die isolierten Marken sind nämlich unwesentlich. Wesentlich hingegen ist ihre Beziehung zueinander: diese besitzt ikonischen Charakter (die logische Struktur wird in eine ihr ähnliche - Reidemeister spricht von isomorphe - räumliche abgebildet). Die Marken selbst sind in diesem eindimensionalen, angeordneten System Markierungen[25], Indizes, die bestimmte Stellen in der Mannigfaltigkeit kennzeichnen. Genauer genommen sind sie Namen,

25) Zum Terminus "Markierung" vergleiche man den Exkurs über die Entwicklung der mathematischen Symbole.

denn sie geben auch noch an, welches Objekt an der markierten Stelle angetroffen wird.

Halten wir fest: die metamathematische Untersuchung gebraucht Symbole, die zu ikonischen Zeichen zusammengefaßt werden, die globale (logische) Strukturen repräsentieren. Dies geschieht durch die räumliche Anordnung der Marken der Symbole, die selbst Namensfunktionen ausüben.

Anders verhält es sich bei ikonischen Zeichen: zeichnen wir z.B. ein Dreieck,

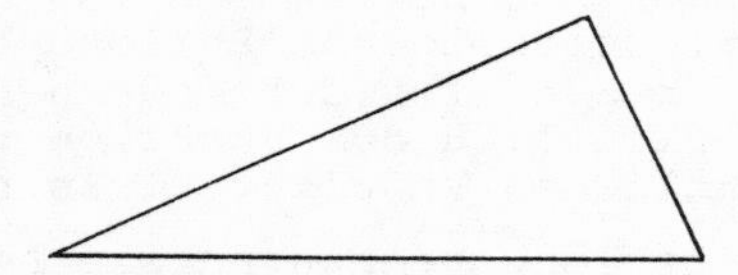

so werden bestimmte (räumliche) Eigenschaften des Schemas "Dreieck" durch diese gezeichnete Artikulation sinnlich angeführt - etwa: ein Dreieck ist ein geschlossener, aus drei Teilen bestehender Kantenzug, der die Ebene in einen inneren und einen äußeren Bereich zerlegt. Die Figur, die Marke des Zeichens, selbst besitzt eine räumliche Binnenstruktur, die wesentlich in die Ikonizität eingeht. Während also die Marken der Symbole räumlich angeordnet sind und diese Anordnung ikonische Züge trägt, sind die Marken der Ikone selbst räumlich gegliedert und diese Binnengliederung ist für den Zeichencharakter wesentlich. Auch ein isoliertes Ikon hat noch räumlichen Charakter. Im ersten Fall sprechen wir von externer, im zweiten von interner Ikonizität.

Allerdings betrachten Reidemeister und Hilbert den ikonischen Fall nicht. Wir gelangen somit zu einer zwischen beiden Autoren vermittelnden Position: Betrachtet man die Marken der mathematischen Symbole isoliert, so ist deren räumlicher Charakter unwesentlich; betrachtet man aber eine geordnete Menge solcher Marken, wie es in den beweistheoretischen Untersuchungen der Fall ist, so spielt die räumliche Anordnung eine wesentliche Rolle[26].

---

26) Letztlich - und dies hat Reidemeister gesehen - kommt es nicht auf die räumliche Anordnung an. Die Marken könnten für die Zwecke der Metamathematik auch auf andere Art und Weise angeordnet sein (etwa zeitlich). Allerdings scheint die räumliche Ordnung die für die genannten Zwecke günstigste zu sein.

In einer Abhandlung "On the Algebra of Logic. A Contribution to the Philosophy of Notation" von 1885 kam der Schöpfer der modernen Semiotik C.S. Peirce - hinsichtlich der Funktion von Symbolen in Beweisen - zu ähnlichen Resultaten. Es heißt dort:

"It has long been a puzzle how it could be that, on the one hand, mathematics is purely deductive in its nature, and draws its conclusion apodictically, while on the other hand, it presents as rich and apparently unending a series of surprising discoveries as any observational science. ... The truth, however, appears to be that all deductive reasoning, even simple syllogism, involves an element of observation; namely, deduction consists in constructing an icon or diagram the relations of whose parts shall present a complete analogy with those of the parts of the object, of experimenting upon this image in the imagination, and of observing the result so as to discover unnoticed and hidden relations among the parts. For instance, the syllogistic formula,

All M is P
S is M
∴ S is P.

This is really a diagramm of the relations of S, M and P. The fact that the middle term occurs in the two premisses is actually exhibited, and this must be done or the notation will be of no value. As for algebra, the very idea of the art is that it present formulae which can be manipulated, and that by observing the effects of such manipulation we find properties not to be otherwise discerned. In such manipulation, we are guided by previous discoveries which are embodied in general formulae. These are patterns which we have theright to imitate in our procedure, and are the icons par excellence of algebra. The letters of

26) Fortsetzung der vorhergehenden Seite:

applied algebra are usually tokens, but the x, y, z etc., of a general formula, such as

$$(x + y) \cdot z = xz + yz,$$

are blanks to be filled up with tokens, they are indices of tokens. Such a formula might, it is true, be replaced by an abstractly stated rule (say that multiplication is distributive); but no application could be made of such an abstract statement without translating it into a sensible image."

(PEIRCE, 1960; 212 f.)

("token" muß hier - abweichend von unserem Gebrauch - als Name gelesen werden.)

Wir wollen hier dieses interessante Zitat nicht ausführlich untersuchen. Eine Schwierigkeit bei einem solchen Unternehmen ist, daß der Peirce'sche Zeichenbegriff tiefgreifenden Wandlungen unterworfen war (vgl. hierzu SCHERER, 1984; Kap. 2).

Zwei Punkte wollen wir dennoch festhalten:

- nach Peirce weisen die mit Symbolen arbeitenden Beweise, deren Paradigma für ihn die der abstrakten Algebra darstellen, als Ganze ikonische Züge auf; ihre Darstellungen sind also extern-ikonisch;

- auch das logische Schließen bleibt nach Peirce an sinnliche Darstellungen weitgehend gebunden. Wir werden hierauf in III 4 zurückkommen, wo wir die Beziehung von Logik und primitiv-formaler Evidenz untersuchen werden.

Wie wir bereits gesehen haben (vgl. II 1.5) liegen der Arithmetik extern-ikonische Repräsentationen zugrunde (das gilt sowohl in systematischer (vgl. die schematische Erzeugung der natürlichen Zahlen (III 4)), als auch in historischer (vgl. Geschichte des Zahlbegriffes (GERICKE, 1970)) Hinsicht). Die Geometrie hingegen stützt sich vorwiegend auf intern-ikonische Zeichen. Die externe Ikonizität trat im Verlauf der Mathematikgeschichte, nachdem sie im Bereich der Arithmetik schon sehr früh durch die Symbolik verdrängt worden war, erst wieder ins allgemeine Bewußtsein, als man sich um die Formalisierung des mathematischen Beweisens zu bemühen begann. Im Rahmen der traditionellen Logik benutzt dagegen schon die Aristotelische Syllogistik extern-ikonische Darstellungen (darauf hat bereits Peirce aufmerksam gemacht - s. Anmerkung 26). Der Formalismus muß also als Fortsetzung dieser Entwicklungslinie angesehen werden.

1.5 Semiotik als mathematische Grundlagenwissenschaft (Hermes, Scholz)

Die Marken und deren Kombinationsmöglichkeiten bilden nach formalistischer Auffassung den Gegenstand der Beweistheorie (Metamathematik). Es erscheint darum wünschenswert, über eine "Wissenschaft der Zeichen" zu verfügen, umso mehr als sich Gödel 1930 der Übersetzung von mathematischen Aussagen aller Art in arithmetische als Hilfsmittel bedient hat ("Arithmetisierung der Syntax").

Einen ersten Schritt in diese Richtung unternahm Hermes mit seiner Arbeit "Semiotik. Eine Theorie der Zeichengestalten als Grundlage für Untersuchungen von formalisierten Sprachen" (HERMES, 1938).

Die rein syntaktische Untersuchung einer Sprache braucht nicht zwischen natürlichen und Kunstsprachen (etwa Kalkülen) zu unterscheiden:

"Sie handelt von den Sätzen und Ausdrücken einer vorgegebenen Sprache."

(HERMES, 1938 § 1)

und ihr Charakter ist empirisch[27)]! Alle Sprachen sind aus Zeichenreihen aufgebaut, wobei gewisse Eigenschaften und Operationen vorausgesetzt werden. Eine erste Aufgabe der Untersuchung besteht nun darin, die auftretenden Zeichenkonfigurationen zu notieren und anschließend zu klassifizieren. Eine "wahre" Wissenschaft allerdings darf dabei - schließt man sich Hilbert an (vgl. HILBERT, 1964a; 11) - nicht stehen bleiben, sondern muß versuchen, ihren

---

27) Dies ist im Sinne von "nicht axiomatisch" zu verstehen (Hilbert gebrauchte hierfür gelegentlich "empirisch": s. weiter unten).

Gegenstandsbereich durch Axiomatisierung zu ordnen. Hierzu heißt es weiter:

> "Dieser die Gültigkeit syntaktischer Sätze letzten Endes der Empirie überlassende Zustand ist zu vergleichen mit einer voraxiomatischen, auf die unmittelbare Anschauung gegründeten Geometrie. Das wissenschaftstheoretische Ideal hat man hier in einer Axiomatisierung gesehen, und wir sehen es auch in unserem Falle darin[2].
>
> Anm.[2]: Eine solche 'Überwindung der Anschauung' ist nicht etwa so zu verstehen, als ob hiermit etwas gegen die Anschauung überhaupt gesagt werden sollte. Die Anschauung bleibt das wichtigste Hilfsmittel für die Entdeckung neuer Theoreme; Theorien, die nicht letzten Endes mit der Anschauung verknüpft sind, erscheinen immer fragwürdig."
>
> (HERMES, 1938; § 1)

In unserem Kontext ist hieran zweierlei bemerkenswert:

1. Hermes unternimmt den Versuch, die Anschauung, die ja aus der Objektmathematik bereits verdrängt worden ist, auch noch in der Metamathematik - wo sie ja als "Markenwahrnehmung" noch eine wichtige Rolle als "sichere Quelle unserer Erkenntnis" (s. oben) spielt - zu eliminieren.

2. Die Motive, die eine derartige "Überwindung der Anschauung" wünschenswert machen, werden durch den Hinweis auf die Entwicklung der Geometrie nur angedeutet. nicht aber expliziert. Man muß wohl annehmen, daß die Argumente, welche gegen die Anschauung in der Geometrie gesprochen haben, auch gegen die Anschauung in der Syntax - der "exakten Theorie einer Sprache" - sprechen. Diese Übertragung erscheint aber fraglich: so war z.B. die "Ungenauigkeit" der Anschauung ein oft zitiertes Argument (vgl. F. Klein), das im Falle der "Markenwahrnehmung" sicher wenig hergibt. Hermes gesteht aber der Anschauung eine wesentliche Rolle als

regulatives Prinzip zu: sie soll die Proliferation von beliebigen Zeichensystemen begrenzen und als schöpferisches Prinzip die Entdeckung neuer Zeichensysteme leiten. Diese Forderungen erscheinen überzeugend; allerdings muß man sich darüber klar werden, daß sie - vom System des Formalismus her gesehen - in letzter Konsequenz unmotiviert und somit willkürlich sind. Letztlich sollen sie das "Anwendungsproblem" dezisionistisch (im Sinne von "trial and error") auflösen!

Gegenstand der neuzuschaffenden "Semiotik"[28] (H. Scholz wird als Urheber dieser Bezeichnung von Hermes angegeben) sind Ausdrücke einer Sprache, die als Gebilde aufgefaßt werden, "deren jedes aufgebaut ist aus endlich vielen nicht weiter zerlegbaren (Einzel-) Zeichen in linearer Anordnung, so daß man diese Gebilde als (endliche) Zeichenreihen auffassen kann; ferner, daß sich alle Aussagen der Syntax (prinzipiell) so formulieren lassen, daß sie nur auf 'Art und Anordnung' der Zeichen in den Zeichenreihen Bezug nehmen, d.h. 'strukturell' sind." (HERMES, 1938; § 1)

"Unter einer Zeichen(reihen)gestalt, oder kürzer: Gestalt, soll dabei eine Klasse untereinander gleichgestalteter Zeichenreihen verstanden werden. Das Ziel dieser Arbeit ist die Aufstellung eines Axiomensystems, aus dem man alle Sätze ableiten kann, die der generellen Theorie der Zeichenreihengestalten angehören und mit dessen Hilfe sich alle hierher gehörenden Begriffe definieren lassen."

---

28) Die Semiotik im Sinne von Scholz ist im wesentlichen Syntaktik, also im heutigen Verständnis nur eine Teildisziplin der Semiotik.

Zur Vorgehensweise erfahren wir folgendes:

"Bei der Aufstellung des Axiomensystems lassen wir uns naturgemäß von der Anschauung leiten. Als Axiome werden wir eine Reihe von Sätzen verwenden, die in inhaltlicher Bedeutung wahre Aussagen über Zeichenreihengestalten darstellen, und in denen Grundbegriffe auftreten, die inhaltlich Begriffen der Theorie der Zeichenreihengestalten entsprechen."

(HERMES, 1938; § 1)

Die Bemühungen von Hermes haben in der mathematischen Grundlagenforschung kaum Resonanz gefunden. Man kann wohl sagen, daß der Formalismus - soweit man ihn als mathematische Metatheorie auffaßt - hier an seine Grenzen gelangt ist: die Markenwahrnehmung ist letzten Endes nicht eliminierbar: was schon offenkundig wird an der Tatsache, daß Hermes selbst sich der Zeichen bedienen muß. Ein Gelingen des Hermesschen Unternehmens hätte soviel bedeutet, wie einen Überblick (in axiomatischer Form) zu geben über alle möglichen Kalküle.

1.6 Kritik am Formalismus (Zusammenfassung)

Der "strenge" Formalismus verspricht, eine rein syntaktisch zu behandelnde Mathematik bereitzustellen und so alle ontologischen Probleme auszuklammern. Hierzu müssen die mathematischen Zeichen, deren Wichtigkeit erkannt zu haben ein Verdienst des Formalismus ist, ihrer Referenz beraubt werden: sie sollen nur noch bedeutungsleere Marken sein. Die in der Metamathematik zugelassene Anschauung ist ganz rudimentäre Markenwahrnehmung - eine endliche Kombinatorik, die Zeichenketten nach bestimmten Vorschriften bildet.

Die geschilderte Auffassung erweist sich aus mehreren Gründen als unzureichend:

1. Seit den metamathematischen Ergebnissen von Gödel, Church, Tarski u.a. ist klar, daß das ursprüngliche Hilbertprogramm undurchführbar ist[29]. Die Beschränkung auf finite Mittel in der Metastufe kann nicht durchgehalten werden. Es entsteht damit erneut das Problem, nicht-finite Verfahren zu rechtfertigen. Damit geht aber die Pointe des Ansatzes verloren, der ja die nicht-finiten Methoden der inhaltlichen Mathematik finit rechtfertigen wollte. Es erhebt sich die Frage, warum man noch den ganzen metamathematischen "Überbau" errichten soll, wenn man doch infinite Mittel verwenden muß.

---

29) Einen informativen Überblick über die Problemlage findet man bei LAKATOS, 1982; 29-30.

2. Der Formalismus kann die Anwendbarkeit der Mathematik, z.B. in den Naturwissenschaften nicht erklären. Die Möglichkeit, angewandte Mathematik zu betreiben, bleibt ein nur dem Zufall zuschreibbares Rätsel[30].

3. Will der Formalismus mehr sein als eine kontingente Theorie des Hantierens mit Zeichen, so muß er durch eine <u>Theorie der Annehmbarkeit</u>[31] ergänzt werden. Deren Funktion ist es, zwischen "interessanten" und "uninteressanten" Kalkülen zu unterscheiden - wozu letztlich inhaltliche Erwägungen herangezogen werden müssen. Hier fordert die informale (heuristische) Ebene ihre Rechte. Unter den Kriterien für Annehmbarkeit steht die Anwendbarkeit an der Spitze, was uns zu Punkt 2. zurückführt.

4. Der Formalismus kann nicht erklären, wie es möglich ist, mathematisch gültige Sätze aus anderen Anschauungsarten als der Markenwahrnehmung zu gewinnen, da er sowohl die <u>logische</u> als auch die <u>historische</u> Genese der Begriffe der Mathematik unbeachtet läßt. Er zerstört den Zusammenhang von formaler und informaler Ebene, um ihn im Nachhinein als Desiderat in Gestalt der Annehmbarkeit wieder einzuführen.

---

30) Dieses Problem wird in III 3.2 genauer dargestellt werden. Curry muß vielleicht von dieser Kritik ausgenommen werden (vgl. CURRY, 1970; chap. XI).

31) So heißt es bei Curry:
"By acceptability, then, I mean the considerations which lead us to choose one formal system rather than another.
Acceptability is a matter of interpretation of the formal system in relation to some subject matter. ...
... This acceptability is relative to a purpose-
... - and consequently involves extra-mathematical considerations."
(CURRY, 1970; 59)

5. Die Reduktion der Anschauung auf Markenwahrnehmung verhindert eine adäquate Einschätzung der Rolle der Anschauung in der Mathematik. Die externe Ikonizität als Grundlage des formalistischen Ansatzes bleibt weitgehend ungeklärt.

2. Die Rückkehr der intellektuellen Anschauung: der Intuitionismus Brouwers

Unter der Bezeichnung "Intuitionismus" werden sowohl die Auffassungen älterer Autoren (wie Kronecker und Hölder; in gewisser Weise gehört auch du Bois-Reymond dazu) wie auch die der französischen funktionentheoretischen Schule[32)] (hauptsächlich Emile Borel), die manchmal als "halbintuitionistisch" bezeichnet wird, als auch der eigentliche Intuitionismus von Brouwer verstanden. Diese Strömung der Grundlagenforschung - und das gilt wohl für alle ihre Vertreter - entwickelte sich aus der Opposition gegen Arithmetisierung[33)] und Mengenlehre. Zwei zentrale

---

32) Vgl. hierzu den Abschnitt II 4.1 Die französische Diskussion (Berechenbarkeit und Darstellbarkeit).

33) So geriet etwa der Begriff der willkürlichen Funktion, als ein zentraler Punkt der Arithmetisierung, in das Kreuzfeuer der Kritik:

"In particular they [the intuitionists] claim that the dangers inherent in infinity as emerging in 18th century's mathematics and further aggravated by Dirichlet's arbitrary function concept, have but seemingly been checked by the 'classical' theories of real numbers, limit, continuity, integral etc. ..."

(FRAENKEL/BAR HILLEL, 1973; 200)

Punkte vereinen die diversen Ansätze:

1. Es wird eine andersartige <u>Bedeutungstheorie</u> der mathematischen Sprache gefordert: Termini verstehen soll soviel bedeuten wie die (mentalen) Konstruktionsschritte[34] angeben, die zur Bereitstellung des Gegenstandes erforderlich sind (das gleiche gilt für Beweise);

2. Das Unendliche kann nur als "Potentiell-Unendliches", wie es vor allem in der freiwerdenden Wahlfolge seinen Ausdruck findet, akzeptiert werden[35].

Im Folgenden wird hauptsächlich die Position des Schöpfers des modernen Intuitionismus Luitzen Egbert Brouwer dargestellt. Deren Weiterentwicklung, die Brouwer allerdings nie recht akzeptieren wollte, durch Heyting und viele andere wird nur gestreift. Es sei hierzu schon auf den nächsten Abschnitt über Beth verwiesen, der weitere Aspekte zu diesem Thema beisteuern wird.

Die Bezeichnung "Intuitionismus" geht auf Brouwers Dissertation (1907) zurück, in der ihr Verfasser erstmals einen systematischen Aufbau der intuitionistischen Mathematik versuchte. Hierzu mußten die Grundlagen der Mathematik untersucht werden, woraus sich die Wahl des Titels "Over de Grondslagen van de Wiskunde" erklärt. Das einzige unerschütterliche Fundament, das der Mathematik zur Ver-

---

34) Vgl. Heyting: "His [Brouwer's] main point is that mathematics as a mental construction ought not to be confused with its linguistic expression."
(HEYTING, 1975; XIV)

35) Vgl. z.B. DUMMETT, 1977; V und das Stichwort "Intuitionismus" in ENZYKLOPÄDIE II, 287-289 (Verfasser: Kuno Lorenz).

fügung steht, das andererseits aber auch ausreicht, um die gesamte Mathematik aufzubauen (da die Geometrie vermöge der Koordinatenmethode arithmetisiert werden kann), ist nach Brouwer die Reihe der natürlichen Zahlen:

"... we can call a priori only that one thing which is common to all mathematics, and is on the other hand sufficient to build up all mathematics, namely the intuition of the many-oneness, the basic intuition of mathematics."

(BROUWER, 1975a; 65)

Diese Intuition[36] - welche meist als Urintuition bezeichnet wird - erlaubt es, die natürlichen Zahlen durch iterierte Anwendung der "Zwei-Einheit" aufzubauen. Sie ist identisch mit der Erfahrung der Zeit. Allerdings handelt es sich nicht um "scientific time" sondern um "intuitive time". Die Urintuition ist diejenige Leistung des Intellekts, die allen gedanklichen Konstruktionen zugrundeliegt - sie bildet den exakten Kern aller Wissenschaften. Brouwer führt weiter zu diesem Punkte aus:

"The basic phenomenon therein [e.g. in the human interaction with nature] in which repetition is possible in the form: 'thing in time and again thing', ...
These sequences thereupon concentrate in the intellect into mathematical sequences, not sensed but observed."

(BROUWER, 1975a; 53)[37]

---

36) In diesem Punkte berühren sich die Auffassungen Brouwers mit denen Poincarés, der die vollständige Induktion stehts als synthetisch a priori aufgefaßt hat. Beide wiederum beziehen sich mit dieser Lehre auf Kant.

37) Im Original lautet dieser Satz:
"Het oer-phenomeen is darbij de tijdsintuitie zonder meer, waarin herhaling als 'ding in den tijd en nog een ding' mogelijk is, en op grond waarvan levensmomenten uitenvallen als volgreeksen van qualitatief verschillende dingen; die vervolgens zicht in het intellect concentreeren tot need gevoelde, doch waargenomen wiskundige volgreeksen."

(BROUWER, 1907; 81)

"In the preceeding pages it has been shown for the fundmental parts of mathematics how they can built up from units of perception, by simple juxtaposition, ..."

(BROUWER, 1975a; 51)

Die Urintuition trägt den Charakter eines Schemas: sie geht über die Wahrnehmung durch die Anweisung "und so weiter" (oder: "das gleiche noch einmal") hinaus. Ein derartiges Schema wurde von Brouwer als begriffliches interpretiert. Dies kommt darin zum Ausdruck, daß er Intuition und nicht Anschauung als Grundbegriff seiner Lehre wählt: die niederländische Sprache ermöglicht ebenso wie die deutsche die Unterscheidung zwischen Intuition (intuitie) und Anschauung (anschouwing)[38]. Die Entschei-

---

38) Die Wahl von Intuition als Grundbegriff ist in der Philosophie der Mathematik stets ein deutlicher Hinweis auf eine Vorrangstellung der Arithmetik. So auch bei Brouwer, der - zumindest in seinen frühen Schriften - die Geometrie gruppentheoretisch (im Sinne von Felix Klein) und damit arithmetisch auffaßt. Daneben bleibt allerdings bei Brouwer noch ein "Rest von Geometrie" in Form der Intuition des Kontinuums bestehen. Dieses Kontinuum ist das "Medium des freien Werdens" - seine Elemente sind Zugfolgen beim Schachspiel vergleichbar, die ja auch frei wählbar sind unter den Rahmenbedingungen der Spielregeln (dieser Gedanke wurde von dem späteren Schachweltmeister Max Euwe in seiner Dissertation ausgearbeitet - vgl. EUWE, 1924). Diese Intuition bildet - zumindest beim frühen Brouwer - neben der Urintuition das Fundament der Mathematik. Nicht ganz klar wird, ob die Wahlfolgen das Kontinuum konstituieren oder ob sie sich in einem bereits vorhandenen Kontinuum entfalten. Dann wären sie Beschreibungsmittel für das unabhängig von ihnen existierende Kontinuum (darauf deuten die Ausführungen in BROUWER, 1975 b; 128 hin, wo von der "Nichtausschöpfbarkeit des Kontinuums" gesprochen wird - vgl. auch die Erläuterungen von H. Weyl in WEYL, 1976; 57-65). Dies ist einer der Punkte, an denen sich Brouwer von den "Frühintuitionisten" unterscheidet.

dung zugunsten von Intuition bedeutet eine Zurückweisung von sinnlichen Anteilen am Akt der Konstruktion der Zahlreihen[39]: dieser geschieht rein im Denken und alle Wahrnehmung, von der in diesem Zusammenhang die Rede ist, meint innere Wahrnehmung - Reflexion des Denkens auf seinen Vollzug[40]. Die Konzeption Brouwers erinnert an Schellings "intellektuelle Anschauung", an eine nichtsinnliche, dennoch schöpferische Anschauung also.

Näher noch als dieser Bezug liegt - und wohl Brouwers eigenen Intentionen mehr entsprechend - die Verwandtschaft zu Kants Lehre von den "Anschauungsformen", jenen Bedingungen der Möglichkeit von Anschauung also[41], auf denen die Mathematik beruht[42].

---

39) In diesem Sinne äußert sich auch Oskar Becker: "Wie ihr Name sagt, legt diese Auffassung entscheidendes Gewicht auf die Anschauung (intuitio), die allerdings nicht als 'sinnliche' oder 'empirische' Anschauung verstanden wird, sondern die Weise der unmittelbaren Gewißheit bezeichnet, in der uns die logischen, arithmetischen und kombinatorischen Grundtatsachen gegeben sind, ..."

(BECKER, 1927; 445)

40) Damit reicht Brouwers Urintuition in bemerkenswerte Nähe zu Dedekinds berühmten Beweis der Existenz einer unendlichen Menge (Satz 66. in "Was sind und was sollen die Zahlen?" = DEDEKIND, 1887), der schon von Bolzano antizipiert wurde(§ 13 der "Paradoxien des Unendlichen"): ist s ein Inhalt meines Denkens, so auch der Gedanke s', der besagt: "s ist ein Inhalt meines Denkens" ... (ad infinitum).

41) Vgl. II 1. Es geht hier hauptsächlich um Kants Lehre von der Zeit als Form der inneren Anschauung.

42) In diesem Sinne äußert sich z.B. Michael Dummett: "The name 'intuitionism' is due to Brouwer's acceptance of the kantian thesis that our concept of natural number series is derived from temporal intuition, our apprehension of the passage of time; not, indeed, from any peculiar details of our experience, but from the a priori form of that experience as involving temporal succession."

(DUMMETT, 1977;32)

Die von Brouwer vertretene philosophische Begründung seines Standpunktes im Grundlagenstreit der Mathematik ist später mehr und mehr in den Hintergrund getreten. Durch die Formalisierung der intuitionistischen Logik und Mathematik durch Heyting (1930) wurde es möglich, diese als ein alternatives formales System von Schlußregeln und Grundannahmen zu behandeln (gewissermaßen als ein Kalkül unter vielen) ohne sich weiter um die philosophische Begründung dieser Position zu kümmern[43]. In der dialogischen Auffassung der Logik ergibt sich die intuitionistische Logik als Teil des ganzen Spektrums von "Logiken", das durch die Veränderung der Rahmenregeln entsteht und das auch die klassisch-aristotelische Logik umfaßt (vgl. LORENZEN/LORENZ, 1978). Es muß demgegenüber darauf hingewiesen werden, daß Brouwer Heytings Arbeiten nicht als Ausarbeitung seiner eigenen Position akzeptiert hat.

So kann Michael Dummett behaupten, die philosophische Haltung "[is] by no means essential for the acceptance of an intuitionistic conception of arithmetic" (DUMMETT, 1977; 32). Die Alternative Intuitionismus oder nicht wird zu einer bloß technischen Frage heruntergespielt.

Reduziert der Formalismus Zeichenanschauung auf Markenwahrnehmung und hypostasiert auf diese Weise einseitig die Beschreibungsebene, so betont der Intuitionismus den schematischen Aspekt und damit die Gegenstandsebene über: die Marken scheinen überflüssig und damit entbehrlich. Jedenfalls suggeriert dies die Rede von der "inneren Wahr-

---

43) So wird es möglich, an Werktagen klassische Mathematik und an Sonn- und Feiertagen intuitionistische Mathematik zu betreiben! (wie ein beliebtes Bonmot besagt).

nehmung" bzw. von den "mentalen Konstruktionen". Brouwer gerät damit in die Nähe eines "mentalen Empirismus"[44]. Die Repräsentation durch Zeichen allgemein und durch Sprache insbesondere ist zweitrangig. Es wird dabei übersehen, daß die Schemabildungen (mentale Konstruktionen, wie Brouwer sagt) nicht möglich sind ohne Marken[45]. Die Vernachlässigung der Beschreibungsebene erzwingt eine ontologische Überhöhung der Gegenstandsebene. Dies allerdings nicht im Sinne eines Platonismus, der die mathematischen Objekte in einer objektiven, vom denkenden Subjekt unabhängigen Realität beheimatet sieht, sondern im Sinne eines mentalen Empirismus, der die mathematischen Gegenstände im Bewußtsein vorfindet. Letztlich führt diese Reduktion der triadischen Zeichenrelation zu einer ähnlichen Einseitigkeit wie beim Formalismus: konnte jener die Möglichkeit angewandter Mathematik nicht erklären, so kann dieser den zeichengebundenen Charakter dieser Wissenschaft nicht verständlich machen.

Ausdruck und zugleich Folge hiervon ist die Brouwersche Zurückweisung jeglicher Formalisierung. Mathematik ist nicht genuin auf Mitteilbarkeit und Kontrollierbarkeit

---

44) Beth versuchte Brouwer vor dem Mentalismusvorwurf in Schutz zu nehmen, indem er auf die objektivierende Funktion der Zeichen verwies (vgl. den nächsten Abschnitt). Ob dies allerdings den Absichten des Begründers der intuitionistischen Schule gerecht wird, kann bezweifelt werden.

45) Vgl. die Kritik von Kuno Lorenz:

"Also liegt wie im philosophischen Intuitionismus das Mißverständnis vor, die Konstruktion der Gegenstände sei unabhängig von der Behandlung ihrer Darstellung möglich."

(ENZYKLOPÄDIE II; 288)

angewiesen: sie bleibt Schöpfung des auf sich gerichteten Intellekts[46]. Die operative Begründung der Arithmetik, die in mancher Hinsicht als eine Weiterentwicklung des Intuitionismus gelten kann, hat diesen Mangel beseitigt, indem sie "die Mathematik als Theorie schematischer anschaulicher Handlungen" auffaßt (und nicht als Theorie mentaler Konstruktionen wie bei Brouwer - vgl. KAMBARTEL, 1976; 236) und damit deren Intersubjektivität sichert.

3. Die Rehabilitierung der Anschauung

3.1. Beth über Denken und Anschauung in der Mathematik

Wir haben auf den vorangegangenen Seiten Diskussionen um die Rolle der Anschauung in der Mathematik dargestellt. Hierbei ergab sich, daß die wichtigsten Schulen im Grundlagenstreit (Formalismus und Intuitionismus) der Anschauung eine untergeordnete Bedeutung zuerkennen. Das weitestgehende Verdikt stammt vom Logizismus, wie es 1933 durch Hans Hahn in dessen These von der "Krise der Anschauung" seinen prägnantesten Ausdruck fand. Ebenfalls dargestellt wurde die Position von Oskar Becker, die sich kritisch abhob gegen die Thesen des Logizismus. Im Folgenden wird noch ein anderer Beitrag zu dieser Diskussion geschildert, der, andere Aspekte als Becker ein-

---

46) Die Parallelen zu der in II 1 dargestellten Lehre Kants von der inneren Anschauung und ihrer Form sind offensichtlich!

beziehend, auf die Rehabilitierung der Anschauung (nach einer kritischen Bestimmung ihrer Grenzen) abzielt. Er fällt durch diese Zielsetzung aus der grundlagentheoretischen Auseinandersetzung weitgehend heraus und blieb vielleicht deshalb gänzlich unbeachtet. Dieser Beitrag stammt von dem holländischen Logiker und Grundlagenforscher Evert Willem Beth (1908-1964), der 1935 der Reichsuniversität zu Utrecht seine Dissertation mit dem Titel "Rede en Aanschouwing in de Wiskunde" (Denken und Anschauung in der Mathematik - BETH, 1935) vorlegte. Eine Kurzfassung dieser niederländisch geschriebenen Abhandlung trug ihr Verfasser 1936 auf dem 9. Internationalen Kongress der Philosophie unter dem Titel "L'évidence intuitive dans les mathématiques modernes" vor (BETH, 1937). Er formuliert dort das Ziel seiner Bemühungen folgendermaßen:

> "L'auteur cherche à montrer qu'un appel à l'évidence intuitive pour fonder les mathématiques n'est ni rejetable (...) ni évitable (...). Cet appel à l'intuition nécessite (à cause du caractère parfois trompeur de l'intuition) un fondement subjectif des mathématiques à côté du fondement objectif."
>
> (BETH, 1937; 161)

Zugleich mit diesem Ziel ist auch der Gegner bezeichnet: der Logizismus, wie er vom Wiener Kreis (Beth zitiert Hahn ausdrücklich) und von Frege, Russell und Couturat vertreten wurde. Beth selbst ist von Brouwer und der "Signifik"-Schule um Mannoury beeinflußt. Dies äußert sich darin, daß der Verfasser die Bedeutung des erkennenden Subjektes in der triadischen Zeichenrelation hervorhebt (ähnliche wie auch Brouwer[47]).

Ließe sich das logizistische Forschungsprogramm (alle mathematischen Begriffe sind durch explizite Definitionen vermöge logischer Begriffe auf die rein begriffliche Logik zurückzuführen) realisieren, so wäre es auf diesem Wege möglich, die Anschauung vollständig aus der Mathematik zu eliminieren[48]. Will der Logizist demnach nur logisch-begriffliche Evidenz (deren Paradigma die Tautologie ist - siehe III 4) anerkennen, so sind gemäß den anderen Positionen im Grundlagenstreit auch nicht-begriffliche Evidenzen in der Mathematik notwendig (Hilberts Markenwahrnehmung, Brouwers Urintuition). Gegen alle Arten anschaulicher Evidenz wird eingewandt, daß sie trügerisch seien:

"L'argument principal contre l'application de l'évidence intuitive comme moyen de démonstration dans les mathématiques fait appel à une série des graves erreurs qu'on a commises en s'appuyant sur le témoignage de l'intuition [49]. De cette manière, par exemple, on a été anmené à considérer comme évidente l'existence d'une tangente dans un point quelconque d'une courbe continue ainsi, que l'impossibilité d'une courbe qui passe par tous les points d'une carré."

(BETH, 1937; 161)

Man erkennt hier unschwer Hans Hahns Argumentation wieder (vgl. II 4.3.1). Dem muß zweierlei entgegengehalten

---

47) Hier berühren sich Beths Gedanken mit denen Beckers aus der "Mathematischen Existenz". Letzterer wurde auf Grund der genannten Schrift von M. Geiger des "Anthropologismus" in der mathematischen Grundlagenforschung beschuldigt (man vgl. hierzu Beckers Erwiderung in BECKER, 1928a).

48) Die Schwierigkeiten, zu denen der Logizismus führt, wurden in II 4.3.2 dargestellt.

49) Beth benützt im Niederländischen stets "aanschouwing".

werden (BETH, 1937; 161):

1. In der überwältigenden Mehrzahl aller Fälle wurde die anschauliche Evidenz nachträglich durch logische Analyse bestätigt: Anschauung kann also erkenntnisleitend funktionieren;

2. Mit genau den gleichen Argumenten, mit denen Hahn die Anschauung aus der Mathematik ausschließt, könnte man die Beobachtung aus den experimentellen Wissenschaften verbannen - was offenkundig absurd wäre[50].

Die Argumente gegen anschauliche Evidenz beruhen auf einer Verwechslung von Anschauung mit sinnlicher Wahrnehmung - also auf einer empiristischen Reduktion, die davon ausgeht, daß Wahrnehmung immer nur Einzelnes erkennen könne[51] und Anschauung nicht mehr als Wahrnehmung sei. Dadurch wird der wichtige Schemaaspekt der Anschauung ausgeblendet:

"Je crois pourvoir décrire l'intuition assez exactement comme activité de la pensée dans la direction du général et de l'abstrait... Que cette manière de voir les choses est au fond celle de Kant est montré par sa théorie du schématisme, qui est en somme destinée à combler la lacune entre l'intuition et l'entendement."

(BETH, 1937; 162)

---

50) Vgl. Beth:
"A notre avis le caractère trompeur attribué (souvent avec raison; il est vrai) par le logicisme à l'évidence intuitive ne justifie pas le rejet absolu de tout appel à celle-ci; de même façon on pourrait nier le caractère scientifique des sciences empiriques, qui font appel à des perceptions sensibles, parfois trompeuses elles aussi."

(BETH, 1935; sommaire)

51) Es sei hier erwähnt, daß diese Ansicht innerhalb der modernen Wahrnehmungstheorien keineswegs unumstritten ist.

Anschauliche Evidenzen haben Regelcharakter[52] und verbinden so das Besondere (Singuläre - was die Tradition hauptsächlich mit der Anschauung in Verbindung brachte) mit dem Allgemeinen (was den Beweis charakterisiert).

Beth geht nun einen entscheidenden Schritt weiter: die anschauliche Evidenz, die bislang eine subjektive war, findet in ihrem Regelcharakter ihre Objektivierung: die Regel muß an einem vorgegebenen Objekt für jeden Sachkundigen nachvollziehbar sein. Hierzu bedarf es aber der Zeichen als Bedingung der Möglichkeit von Mitteilung. Die rein intuitive Mathematik im Sinne Brouwers wird damit diskursiv. Beth bemüht sich also, die triadische Zeichenrelation als Ganze zu bewahren und sie nicht, wie die besprochenen Positionen von Intuitionismus und Formalismus, zu reduzieren.

Leider bleiben Beths positiven Darstellungen fragmentarisch; die Beweiskraft der Anschauung erläutert er lediglich an einem Beispiel, daß sich auf den Fall der externen Ikonizität beschränkt. Es handelt sich hierbei um einen Widerspruchsfreiheitsbeweis für einen einfachen Kalkül, wie er auch in Hilberts Metamathematik vorkommen könnte (BETH, 1937; 163). Zu ihm heißt es bei Beth:

---

52) Vgl. "Cette manière intuitive consiste à ce qu'on ne considère qu'un seul individu à la fois, mais toujours de telle façon, qu'on puisse être certain que la méthode appliquée est, en vertu, de la loi de la construction de cet individu, valable pour un individu quelconque."

(BETH, 1937; 162)

Ähnliche Überlegungen finden sich bei KAULBACH, 1954; 160 f. Wir haben diesen Gedanken in der Rede von der exemplarischen Rolle der fraglichen Figuren ausgedrückt, oder, ins Semiotische gewendet, davon gesprochen, daß das Einzelne im Falle des Ikons das Allgemeine sinnlich anführe.

"Quoique la structure formelle du raisonnement appliqué soit plus compliqué qu'on croirait immédiatement ..., sa force de persuasion est sans rivale. Celle-ci doit être attribué entièrement au contenu intuitif du raisonnement. Notre example démontre donc que l'application de l'évidence intuitive est effectivement possible et qu'elle permet d'acquérir un degré de certitude qui n'est pas surpassé par celui qu'on obtient si l'on s'appuie exclusivement sur des procédés purement formels."

(BETH, 1937; 164)

Eine anschauliche Grundlegung zumindest gewisser Teile der Mathematik ist also mit der gleichen Gewißheit möglich wie eine formal-axiomatische:

Anschauung kann somit erkenntnisbegründend funktionieren. Eine anschauungsfreie, auf die Syntax reduzierte Mathematik könnte als reiner Kalkül verstanden werden[53]. Dieser bedarf aber - will er von der Anschauung keinen Gebrauch machen - einer Metasprache, in der die syntaktischen Regeln formuliert werden können. Diese Stufung der verschiedenen Sprachebenen setzt sich fort: man bedarf jeweils einer neuen Sprache, um die Syntax der alten zu repräsentieren. So gelangt man zu einer unendlichen, nach oben offenen Hierarchie von Metasprachen (das bekannte Haus, bei dem jedes Stockwerk am nächsthöheren aufgehängt ist). Als Alternative zu diesem Dilemma bietet sich die Fundierung der ersten Stufe durch die Anschauung an[54]. Eine anschauungsfreie Begründung der Mathematik dagegen erscheint auf Grund des genannten Argumentes nur möglich um den Preis eines infiniten Regresses.

---

53) Also auf eine Behandlung von Kalkülen, die auf die anschauliche Rechtfertigung von deren "Anfängen" verzichtet - etwa im Sinne von Hermes' Semiotik (vgl. III 1.5).

54) Beth denkt hier vor allem an den Brouwerschen Aufbau, der die Mathematik auf der arithmetischen Evidenz der Urintuition der Zahlenreihe aufbauen will.

Die Frage, wie Anschauung in die mathematische Begriffsbildung einfließen kann - etwa im Sinne der Beckerschen Limesprozesse - läßt Beth weitgehend offen. Dies mag eine Folge seiner einseitigen Orientierung an der externen Ikonizität sein. Der Bereich der internen Ikonizität bleibt bei Beth ausgespart. Er erwähnt lediglich die Lehre Kleins, daß Raumanschauung immer ungenau sei und deshalb Grenzübergänge notwendig seien. Beth gelangt zu folgender Konklusion:

> "Cette fondation subjective [ou intuitive] est placée à coté de la fondation objective ou logique; de même que celle-ci consiste dans la détermination de la structure formelle des sciences, la fondation subjective cherchera la structure de la conscience immédiate."
>
> (BETH, 1935; sommaire)

Das objektive Fundament ist nach Beth gleichzusetzen mit der nach strengen Regeln verfahrenden Konstruktion, das subjektive hingegen ist nichts anderes als die Zeit, die das Substratum aller mathematischen Konstruktionen darstellt und die die Form der inneren Anschauung ist.

Beth reduziert in seinen konstruktiven Ausführungen ganz wie Brouwer die Leistung der Anschauung auf die arithmetische Evidenz. Er geht andererseits in seinen kritischen Bemerkungen über den Begründer des Intuitionismus hinaus, indem er eine viel weitergehende Zuverlässigkeit der Anschauung (etwa im Bereich der Geometrie) behauptet.

Allerdings wird diese Behauptung nicht mit Inhalt (etwa anhand von Beispielen) gefüllt.

3.2 Beckers Betrachtung über das Symbolische in der Mathematik

Ausgehend von der Grundthese der Hermeneutik - für die ihm Hegel und Dilthey Kronzeugen sind - daß "eine reinliche Trennung von 'Historischem' und 'Sachlichem' nicht ohne grundsätzliche Verfälschung der wahren Sachlage durchgeführt werden kann" (BECKER, 1928; 329), unternimmt es der Verfasser, eine Klärung der Verwendung von Symbolen in der Mathematik zu geben. Zu unterscheiden sind nach Becker "Symbole von fester (konstanter) Bedeutung" (z.B. 7, 13, π) und "Symbole von einer bestimmten systematischen Vieldeutigkeit" (z.B. $a + b = b + a$). Zeichen erster Art sind Namen(z.B. für Zahlen); das Problem der Zahlbenennung - meist als Zahldarstellung bezeichnet - wurde in für die Mathematik befriedigender Weise durch das Dezimalsystem (Simon Stevin, 1587) gelöst[55]. Diese Lösung ist in mancher Hinsicht analog der Wortsprache (also "zehn" anstatt "10"), jedoch mit einer wesentlichen Einschränkung: zwar sind die Konstruktionen der Wortsprache ebenso wie die des mathematischen Symbolismus finit, aber bei letzterem ist das Erzeugungsprinzip bekannt, wodurch die unbeschränkte Wiederholbarkeit der Konstruktion gesichert wird (man denke z.B. an die Zahlenfolge 2^{10}, $(2^{10})^{10}$, $((2^{10})^{10})^{10}$)...). Natürlich läßt sich dies auch in der Wortsprache darstellen ("zwei hoch zehn", "zwei hoch zehn hoch zehn", etc.), aber die Ergebnisse lassen sich schon bald nicht mehr mit Zahlwörtern benennen. Anders gesagt: das Stellensystem erlaubt es mit einem beschränkten Vorrat von Ziffer beliebig große Zahlen zu benennen.

---

55) Die Probleme der Zahldarstellung hat in jüngster Zeit Posner aus semiotischer Sicht untersucht. Vgl. POSNER, 1984 - vgl. auch II 1.4.

In Beckers Worten:

"Die Leistung des dekadischen oder eines anderen Positionssystems geht also prinzipiell über <u>jede</u> der Sprache allein mögliche Leistungsfähigkeit hinaus."

(BECKER, 1928; 330)

Die paradoxe Struktur, die hier anklingt, ist der bekannten (semantischen) <u>Antinomie von Richard</u> ähnlich: man bilde die größte mit wortsprachlichen Mitteln ausrückbare Zahl - sagen wir g - und gehe dann zu g + 1 über. Welchen Namen trägt die eben erzeugte Zahl?

Eine zweite Klasse von Symbolen bilden die Variablen und schematischen Buchstaben:

"Wenn wir z.B. schreiben: a + b = b + a, so meinen wir etwa: Wie auch zwei Zahlen a und b gewählt sein mögen, stets ist der Wert ihrer Summe von der Reihenfolge der Summanden unabhängig."

(BECKER, 1928; 331)

Zur historischen Entwicklung der Symbolik gibt Becker folgenden Hinweis:

"Hippokrates von Chios, Aristoteles und sein Schüler Eudemos, der erste Historiker der Mathematik, haben nämlich bereits die Buchstabenbezeichnung geometrischer Figuren, aber in sprachlicher Hinsicht in sehr charakteristischer Art von dem späteren (z.B. euklidischen) Gebrauch unterschieden. Es heißt bei ihnen beispielsweise "τὸ ἐφ ᾧA(σημεῖον)", d.h."der Punkt, bei dem A steht"; ἡ ἐφ ᾗAB(ενϑεῖα)"; "die Gerade, bei der AB stehen" usw. Während es später regelmäßig τὸ A (σημειον)" der Punkt A", "ἡ AB (ἐνϑεῖα)" : "die Gerade AB" usw. heißt, wie bei uns. Es handelt sich hier um weit mehr als eine sachlich belanglose sprachliche Eigentümlichkeit, der Wechsel der Bezeichnungsweise bedeutet nichts anderes als den Übergang von der Verwendung der Buchstaben als Marke zu der als Symbol."

(BECKER, 1928; 331)

(Becker verwendet "Marke" - wir sprechen von "Markierung" - abweichend von unserer Terminologie.)

Der hier gemeinte Unterschied in der Verwendungsweise von Buchstaben (als einer Gattung von Symbolen) wird deutlich, wenn man die Anweisung (Buchstabe als Markierung) "Schraube bei A in Stellung O bringen" vergleicht mit einer Aussageform (schematische Buchstaben) "Gegeben sei ein Dreieck ABC". Mit letzterer wird kein bestimmtes Dreieck bezeichnet[56]. Markierungen sind nichts anderes als Namen für Raumpunkte, also starr, während Buchstaben in symbolischer Verwendung durchaus bewegt werden können. Allerdings darf hierbei die äußere Ikonizität des Symbolsystems nicht zerstört werden (z.B. stehen ABC und CAB für das gleiche Dreieck, nicht aber ACB oder BAC).

Daneben gibt es auch Buchstaben, die Namen im gewöhnlichen Sinne sind, wie π oder e. Anders als bei den natürlichen Zahlen, deren schematische Erzeugung bereits ihre Individualisierung beinhaltet, bedürfen geometrische Gebilde zu ihrer Individualisierung zusätzlicher Angaben (etwa räumliche Festsetzungen: das Dreieck mit den Ecken A(1/1/1), B(2/2/2) und C(0/0/0)). Die aristotelische Verwendungsweise von A etc. entspräche demnach einer Art Abkürzung für A(1/1/1) etc. - bzw. einem Ersatz für die Möglichkeit an der intendierten Figur direkt die Kennzeichnung A einzugringen (so wie man Hochwasserstände durch Striche markiert: 7/3/83). Der Buchstabe A selbst meinte - so Becker - ursprünglich nur den individuellen, in der Zeichnung angedeuteten Punkt: er ist Markierung und nichts als Markierung!

---

56) Man vergleiche hierzu unsere Ausführungen über die "Nicht-Individualität" der Marken von geometrischen Ikonen (II 4.3.4).

Unsere Buchstabenrechnung ist selbst bei Euklid noch nicht erreicht:

"Denn Euklid bezeichnet selbst ganze Zahlen (ἀριθμοί) keineswegs direkt mit Buchstaben, sondern stellt sie zunächst durch Strecken dar und bezeichnet diese dann durch einen Buchstaben, um allgemeine Sätze über Zahlen aussprechen zu können. Dies hängt äußerlich vielleicht mit dem Umstand zusammen, daß die Zahlzeichen(Ziffern) der Griechen, ..., nichts anderes als die Buchstaben selbst in der alphabetischen Reihenfolge waren. Der eigentliche Grund liegt aber sicher tiefer, nämlich in dem griechischen Begriff der mathematischen Existenz, der wesentlich (wiederum in der klassischen Zeit) auf die geometrische Konstruktion sich gründet; nur durch diese waren die irrationalen 'Verhältnisse' (λόγοι) finit zu kennzeichnen."

(BECKER, 192 ; 333)

Den entscheidenden Schritt, "die inzwischen an Zahlenbeispielen langsam entwickelte wortfreie Formel auf die Buchstabenrechnung auszudehnen" machte erst Viète (1591)[57]. Mit ihm beginnt das Ende der synkopierten Phase[58], die schließlich in die symbolische übergeht und bei Euler vollständig erreicht sein wird. Nun war es möglich geworden, mathematische Gesetze (wie z.B. das Kommutativgesetz) völlig wortfrei auszudrücken. Mit Erreichung dieses Entwicklungsstandes wird die Kalkülisierung der Arithmetik prinzipiell möglich. Erste Ansätze hierzu tauchen allerdings erst wesentlich später - nämlich im 19. Jahrhundert - auf. Sie sind gekennzeichnet durch das Be-

---

57) Viète verwandte als erster Buchstaben, um die als bekannt vorausgesetzten Bestandteile einer Gleichung zu symbolisieren. Die Verwendung von "x" (bzw. "ξ") für die Unbekannte findet sich schon bei Diophant.

58) Also jene Periode der Mathematik, in der Symbolismus und Wortsprache nebeneinander bestanden (vgl. TROPFKE, 1933; 4). Der Terminus geht auf NESSELMANN, 1842 zurück.

streben, Axiome für die Arithmetik und für algebraische Gebilde (z.B. Gruppen) aufzustellen und Rechnungen danach als Herstellen von Symbolketten nach den festgelegten Regeln aufzufassen. Die Symbole verlieren ihren ursprünglichen Sinn (vertraten früher die Buchstaben in $-(a+b) = (-b)+(-a)$ ganze Zahlen, so steht die Formel jetzt allgemein für eine (evtl. nicht abelsche) Gruppe). Hiervon sollte die Einführung von Symbolen für Variable (etwa x und y bei Funktionen) unterschieden werden: bei Variablen muß nämlich stets der Variablitätsbereich[59)] mitgedacht werden, während bei den algebraischen Symbolen - in der strukturellen Auffassung - umgekehrt der Bereich erst durch die in den Symbolen formulierten Regeln (Axiome) konstituiert wird. Diese zuerst erwähnte Verwendung von Symbolen als schematische Buchstaben bereitet die Strukturtheorie (etwa die abstrakte Algebra) vor, während die Variablensymbole(besonders in Aussageformen) die Mengenlehre und den Abbildungsbegriff antizipieren. Zur Errichtung eines echten Formalismus, der auch Beweise auszudrücken vermag, bedurfte es jedoch noch der Schaffung des Logikkalküls. Diese Aufgabe konnte bekanntlich erst in unserem Jahrhundert vollständig bewältigt werden:

> "Das Entscheidende dieser Möglichkeit liegt nun in einer Richtung, die denen, die diesen Schritt zu ihr zuerst machten, noch nicht gegenwärtig sein konnte. Die natürliche Sprache und auch die Kunstsprache, ..., besteht nämlich aus sinnvollen Worten. Damit sind gemeint Worte, die sowohl etwas bedeuten, als auch etwas bezeichnen; dagegen ermöglicht der reine (völlig wortfreie) Logikkalkül die Verwendung von 'Zeichen, die nichts bedeuten'. (Hilbert)."
>
> (BECKER, 1928; 334)

---

59) Variablen sind Indizes (im Sinne der Semiotik) für den Variabilitätsbereich.

Es eröffnet sich so die Möglichkeit, Syntax und Semantik voneinander zu trennen.

> "Diesen Durchbruch vollziehen allerdings, wie schon angedeutet, die Entdecker der symbolischen Algebra nicht. Viète und auch Descartes bleiben trotz der neugewonnenen Mittel zur Freiheit von aller sinnlichen (räumlichen) und nichtsinnlichen (reinen arithmetischen) Anschauung im Banne der klassisch-antiken, alle mathematische Existenz auf geometrische Konstruktion gründende Theorie."
>
> (BECKER, 1928; 334)

Hier berühren sich die Überlegungen von Reidemeister (vgl. III 1.2) mit denjenigen von Becker. Beide äußern die Überzeugung, daß die auf Marken reduzierten Zeichen (die damit "bedeutungsleer" geworden sind) die Möglichkeit bieten, die Bedeutung der Anschauung auf ein Minimum zu reduzieren. Die Autoren sind sich weiter einig darin, daß die von ihnen gemeinte Zeichenanschauung wesentlich eine nicht-räumliche sei. Zwar sind die Marken (der Symbole) raum-zeitlich lokalisierte physikalische Gebilde, aber auf diese Lokalisierung kommt es überhaupt nicht an[60).

Wir gewinnen damit ein Verständnis für Beckers Behauptung, die primären, freischwebenden Zeichen lieferten den Zugang zu einem "Jenseits von aller 'formalen Ontologie'" (BECKER, 1928; 354). Die formale Ontologie klärt die

---

60) Dies gilt nur cum grano salis: selbst die wohl radikalste Ausbildung der Kalkülisierung - die Turingmasche - arbeitet sequentiell - macht also Gebrauch von der raum-zeitlichen Struktur der zu verarbeitenden Informationsmenge. Ebensowenig darf man in einem Beweis der Metamathematik die Reihenfolge der Schritte oder dgl. ändern (im einfachsten Falle "Pfeile umkehren"), weil dadurch die externe Ikonizität zerstört würde! Die sequentielle Struktur scheint für die Mathematik unüberwindlich zu sein - zumindest solange sie algebraisch-analytisch verfaßt ist. Von hier aus ergibt sich ein Verständnis der Beckerschen These des essentiellen Bezogenseins von Mathematik auf Zeitlichkeit (siehe BECKER, 1927).

"Bedingungen der Möglichkeit von Gegenständen"; als solche gelten aber gerade Räumlichkeit und Zeitlichkeit. War für Reidemeister die Stelle, an der Denken die Anschauung ersetzen muß, die des Übergangs zum Aktualunendlichen (s. III 1.2), so sieht Becker an der bezeichneten Stelle den Punkt, an dem es notwendig wird, Symbole einzusetzen:

"Der höchstmögliche Gipfel rationalen Begreifens, ... wird in der spezifisch mathematischen Form der Repräsentation erreicht: das ist die Abbildung verschiedener mathematischer Mannigfaltigkeiten aufeinander vermöge ihrer rein formalen Analogie. An dieser Stelle der Problematik greift nun das Symbol als entscheidendes Denkmittel an. Denn es handelt sich offenbar nicht nur und nicht einmal vorzugsweise um eine eineindeutige Abbildung zwischen "isomorphen" Gebilden, sondern gerade um die "vereinfachende" Abbildung, die Spiegelung in einem etwa verkleinernden Spiegel, die "Konzentration" des Universums in einer Monade nach dem alten Ausdruck des Cusaners.
Eine solche Darstellung der aktualen Transfinitheit der göttlichen Ideenwelt in den Formen und der Sprache des bloß potentiell Unendlichen, das als 'indefinitum' dem Menschen zugänglich ist, soll durch die wunderbare Symbolik der 'characteristica universalis' geleistet werden."

(BECKER, 1928; 336)

Die weiteren Überlegungen, die hauptsächlich ontologische Fragen betreffen, müssen hier übergangen werden. Festzuhalten bleibt, daß die "reine" Symbolik als Zugang zum Aktual-Unendlichen eine wichtige Rolle spielt.

Leibniz ist Becker Vorbild für das Streben nach immer neuen Zeichenkonstruktionen, Kant hingegen verkörpert das erkenntniskritische Bestreben. Der Verfasser sieht Hilberts Leistung auf dem Gebiete der mathematischen Grundlagenforschung darin, daß er die kritische Position des Intuitionismus, als dessen Vorläufer Becker Kant ansieht, mit der Leibnizschen zu einer Synthese[61] geführt habe:

"Hilberts neue Position fängt gewissermaßen die große überlieferte Problemspannung auf und macht ihre Kraft fruchtbar: er schichtet die rein intuitive, aber auf einen ganz geringen Umfang beschränkte "Metamathematik" und eine völlig freie, aber rein symbolische "formale Mathematik" übereinander. Dadurch, daß er die letztere für rein symbolisch erklärt, trägt er dem kritischen Einwand gegen sie, sie ermangele des ontologischen Fundamentes, Rechnung: mit dieser Wendung ins Symbolische streift er alle ontologischen Fesseln ab. ... Die formale Mathematik Hilberts ist zunächst ein ganz sinnleeres Spiel mit Zeichen. Wohlgemerkt: diese Zeichen sind solche, die nichts 'bedeuten'; sie sind lediglich Spielmarken, die nach bestimmten Spielregeln zu bestimmten spielgerechten Figuren, den sogenannten Beweisfiguren, zusammengesetzt werden."

(BECKER, 1928; 338 f.)

Eines unserer zentralen Anliegen war die Klärung der Beziehungen von Gegenstands- und Beschreibungsebene. Zu dieser Problematik - die ja eng mit der des Symbolischen verbunden ist - äußert sich Becker folgendermaßen:

"Aber man würde die ganz eigenartige Position Hilberts verkennen und insbesondere die eigentümliche Rolle, die das Symbolische in ihr spielt, nicht erfassen, wenn man nicht auf die entscheidenden Unterschiede hinweisen wollte, die zwischen den Hilbertschen "idealen" Aussagen und den älteren "idealen" Gebilden (etwa den idealen Zahlen und den idealen Punkten) bestehen. Die älteren Gebilde sind - mit Gauß im Falle der imaginären Zahlen zu reden - der "anschaulichen Versinnlichung fähig"; die komplexen Zahlen als Paare gewöhnlicher Zahlen ge-

---

61) Ähnlich sieht Bieberbach die Position Hilberts als eine Vermittlung zwischen Intuitionismus und Logizismus: (BIEBERBACH, 1930; 1103)

"Endlich weist Hilberts Metamathematik, die den axiomatischen Aufbau der klassischen Mathematik schließt, den beiden Erkenntnisquellen Anschauung und Denken ihren gerechten Anteil an den Gründen mathematischer Gewißheit zu."

faßt, sind freilich etwas kompliziertere Gebilde als die gewöhnlichen Zahlen, aber sie sind doch Gebilde auf demselben Niveau. Sie sind gewissermaßen in die Welt der gewöhnlichen Zahlen eingebaut. Und selbst, wo das nicht mehr unmittelbar der Fall ist, ..., handelt es sich doch immer um bestimmt strukturierte 'Mengen' - 'Mengen' in einem durchaus inhaltlichen Sinn ... Aber im Falle der Hilbertschten Theorie ist ein derartiger 'sachlicher Einbau' nicht möglich.

... Aber es ist zu bedenken, daß alle 'Einbaumethoden' nebenher (außer dem Widerspruchsfreiheitsbeweis) noch mehr leisteten: sie sicherten die formal-ontologische Möglichkeit der neuen Gebilde, und sie eröffneten die prinzipiell verständliche Möglichkeit der Anwendung auf konkret-anschauliche Dinge. (...) Diese Mehrleistung bleibt der neuen Theorie versagt; deshalb ist sie gezwungen, ganz im Bereich des Symbolischen zu verbleiben."

(BECKER, 1928; 341)

Der Zusammenhang Gegenstandsebene/Beschreibungsebene ist in der "neuen Theorie" endgültig verlorengegangen: die Zeichen haben im Formalismus ihren Bezug zum Bezeichneten verloren; sie "stehen für sich selbst" - sind also zu bloßen physikalischen Gegenständen geworden[62].

Das "Anwendungsproblem" (dieses Problem wurde populär gemacht durch Einsteins berühmten Vortrag "Geometrie und Erfahrung" (1921), in dem die vollständige Disjunktion von Mathematik und Erfahrungswelt postuliert wird) gewinnt hier seine schärfste Form:

> Wie kann man die Anwendbarkeit mathematischer Verfahren auf die physikalische Wirklichkeit verstehen?

---

62) Um das Problem der bedeutungsleeren Zeichen kam es in der Folge zu einer Auseinandersetzung zwischen Becker und Reidemeister. Man vergleiche hierzu: REIDEMEISTER, 1928; § 4 und BECKER, 1928a; 377.

Gewissermaßen muß hier der "Zufall" zu Hilfe kommen[63]: da wir es mit zwei separaten Gegenstandsbereichen - nämlich "Welt" und "Mathematik" zu tun haben, kann die Übertragbarkeit von Ergebnissen des einen auf den anderen nur durch das (kontingente) Faktum einer partiellen Isomorphie (Strukturgleichheit) erklärt werden. Dieses Faktum selbst ist keiner weitergehenden Erklärung mehr fähig. Das "Spiel" mit Zeichen nach Kombinationsregeln ist eben nichts als "Spiel". Wir sind an dem Punkt angelangt, wo Beckers Ausführungen sich mit unserer Kritik am Formalismus (vgl. III 1.7) zusammenfügen lassen. Der Versuch, die mathematischen Zeichen als bloße Marken aufzufassen, scheitert letztlich daran, daß Mathematik immer eine inhaltliche Wissenschaft ist. Auch der Formalist spricht von "Geraden", "Punkten" usw., auch er fertigt Skizzen an und verwendet damit implizit die Bedeutung dieser Begriffe und Zeichen. Die Gewinnung des Aktualunendlichen (etwa durch das Symbol "ω") auf diesem Wege wird uns zu einer Subreption.

---

63) So gerät das Anwendungsproblem O. Becker gar zur Anwendungsaporie:

"Es erscheint auf dem gegenwärtig erreichten Punkte ganz unmöglich, von der ganz isolierten Sphäre dieser symbolischen 'Gesetzheiten' den Weg zur Wirklichkeit, zur 'Anwendung' auf die Verhältnisse der Natur u. dgl. zu gewinnen. Trotzdem ist es gerade diese 'symbolische' Mathematik und nicht etwa die intuitionistische, die tatsächlich in methodische Grundlage der gegenwärtigen Physik bildet!"

(BECKER, 1928; 345)

4. Über den Ursprung der mathematischen Gewißheit

Seit der Antike gilt die Mathematik als Inbegriff einer exakten Wissenschaft. Ihre "apodiktische Gewißheit, d.i. absolute Notwendigkeit" (Kant) zeichnet die Mathematik vor den anderen Wissenschaften aus. Ein wichtiges Problem der Philosophie der Mathematik ist es, den Ursprung dieser eigentümlichen Gewißheit aufzuspüren.

Die Sätze der Mathematik sind gewiß wahr, das bedeutet, Fehler und Irrtümer gehen immer zu Lasten des Mathematik treibenden Menschen. Im Unterschied zur Naturwissenschaft, wo wir es mit mehr oder weniger gut bestätigten Verallgemeinerungen zu tun haben, gelten die mathematischen Lehrsätze streng; insbesondere sind sie vom Zustand der Außenwelt unabhängig. Diese Strenge findet ihren Ausdruck in der Tatsache, daß die Theoreme der Mathematik beweisbar sind.

Hieraus hat man geschlossen, daß sich die Mathematik der Logik bedienen müsse, daß sie, genauer gesagt, ihre Sätze nach den Schlußregeln der Logik auseinander folgern müsse. Beweisen heißt dann aus wahren Sätzen deduzieren. Jede Deduktion aber bedarf eines Anfanges. Letzten Endes muß die Mathematik deshalb unbewiesene, aber dennoch wahre Sätze enthalten. Sätze also, die wegen ihres evidenten Charakters unbedenklich an die Spitze gestellt werden dürfen. Solche Sätze nennt man von Alters her Axiome[64]. Wir haben damit das Ideal der axiomatisch-deduktiv vorgehenden Wissenschaft formuliert, wie es für die Mathematik seit Euklid als verbindlich angesehen wird. Das Problem der mathematischen

---

64) Dies ist das "vor-formalistische" Verständnis von Axiom, wie es noch Frege gegen Hilbert verteidigte.

Gewißheit gewinnt einen doppelten Aspekt:

- die an der Spitze der Mathematik stehenden Axiome müssen gewiß wahre Sätze (Freges "Urwahrheiten") sein;
- die Methoden, die angewandt werden, um von Sätzen zu Sätzen zu gelangen, müssen so geartet sein, daß sie die Wahrheit erhalten.

Solange man an die Geometrie denkt - die traditionell das Paradigma für die vorgeführte Unterscheidung darstellt - scheint diese Einteilung recht unproblematisch. Geht man aber zur Analysis über, so entstehen schon bald erhebliche Probleme: so setzt diese z.B. in ihrer gängigen Fassung die Mengenlehre voraus. Die Mengenlehre selbst ist eine axiomatische Theorie, deren Axiome somit auch als wahre Sätze vorauszusetzen sind. Konstruktiv gedacht, wird man auf eine selbständige Mengenlehre verzichten und versuchen, die Konstruktionen von Objekten - immer dann wenn solche erforderlich sind - direkt zu rechtfertigen. Das Problem verschiebt sich damit von der Seite der Axiomatik auf die der Methodik: man hat weniger Axiome, aber dafür mehr Methoden zu begründen. Diesen Doppelaspekt möge man im Sinn behalten bei den nachfolgenden Ausführungen. Während es Konstruktivisten darum geht, Gegenstände zu konstruieren, die dann evtl. durch ein Axiomensystem nachträglich charakterisiert werden können, geht der axiomatische Ansatz von Axiomen aus, die möglicherweise einen Gegenstandsbereich beschreiben. Die Frage nach der Existenz eines Modells (vgl. II 3) wird aus dieser Sicht zweitrangig. Der konstruktivistische Ansatz bewegt sich auf der Gegenstandsebene, während der axiomatische auf der Beschreibungsebene anzusiedeln ist. Von unserem derzeitigen Standpunkt lautet deshalb das Problem einmal, Konstruktionsmittel zu erfinden und zu rechtfertigen, zum andern Axiome zu finden und zu begründen.

Wie wir im historischen Teil gesehen haben, war eine Vielfalt von Begründungsverfahren in der Mathematik bis ins 19. Jahrhundert hinein die Regel. Ausdruck davon war die Tatsache, daß Geometrie und Arithmetik innerhalb der Analysis lange Zeit gleichberechtigt nebeneinander standen. Erst die Arithmetisierungsbewegung des 19. Jahrhunderts forderte die Zurückführung der gesamten Mathematik auf die Arithmetik. Damit hielt ein Monismus Einzug in die mathematische Grundlagenforschung. Der Logizismus modifizierte diese Forderung, indem er allein die Logik als Begründungsinstanz für die Mathematik gelten lassen wollte. Hatte das Arithmetisierungsprogramm das logische Schließen als Methode neben den Zahlen als Fundament gelten lassen, so sollten nun letztere durch explizite Definitionen mit Hilfe logischer Begriffe eliminiert werden. Die Logik galt dabei als Inbegriff der "reinen Denkgesetze" (Dedekind); logische Begriffe und Regeln sind solche, die in allen Modellen gelten. Eine Wissenschaft, die ausschließlich auf reinen Denkgesetzen beruht, kann nicht trügen, denn dann geriete das Denken in Widerspruch zu seinen eigenen Gesetzen. Der Logizist erkennt nur eine Art von Evidenz an: es ist dies die logisch-begriffliche (oder analytische). Das Paradigma hierfür sind Aussagen wie "Jede gerade Zahl ist durch zwei teilbar". Dennoch ist die Mathematik nach seiner Meinung nicht trivial: das mathematische Schlußfolgern fördert Konsequenzen aus den Axiomen zutage, die in diesen gleichsam versteckt liegen oder erst durch Konjunktion mehrerer Axiome zustande kommen[65].

---

65) Zu Freges Ansichten über analytische Urteile vergleiche man FREGE, 1934; 23 f.

Was die Logik selbst ist, bleibt im Logizismus offen. Jedenfalls liefert sie die einzige Methode, die dem Menschen zur Verfügung steht, um sicher von Wahrheiten zu Wahrheiten zu gelangen. Sie stellt das letzte und sicherste Fundament des Denkens dar. Aus logizistischer Sicht ist die Gewißheit der Mathematik eine entlehnte.

Wir haben bereits die Schwierigkeiten kennengelernt[66], in die das Logisierungsprogramm führte und die schließlich seine Aufgabe veranlaßten. Der Logizismus lebt allerdings in veränderter Form - nämlich in Gestalt der Mengenlehre - noch heute weiter: mit Hilfe einer axiomatischen Mengenlehre sollen alle mathematischen Begriffsbildungen erfaßt werden. Das Problem verschiebt sich damit auf die Begründung eines solchen mengentheoretischen Systems. Wir werden hierauf noch zurückkommen.

Die Antinomien, deren Auftreten den Logizismus schließlich mit zu Fall brachten, sind Ausdruck der Tatsache, daß ein nicht von Anschauung kontrolliertes Denken sich leicht in Widersprüche verwickelt[67]. Was die Bereit-

---

66) Vgl. II 4.3.2.

67) Das hat der späte Frege gesehen. Als mögliche Ursache für diese Anfälligkeit des reinen Denkens sah er dessen Tendenz an, abstrakte Begriffe - wie "der Umfang des Begriffes B" - zu vergegenständlichen. (FREGE, 1969; 288-290)
Freges Kritik richtet sich eher gegen eine unkritische Rede denn gegen die Loslösung von Anschauung. Er erhebt damit die Frage, wieweit Anschauung als Kontrollinstanz gegenüber der Rede fungieren kann. Die Verschiebung von Denken auf Rede scheint in unserem Zusammenhang keine wesentlichen Auswirkungen zu haben.

stellung der mathematischen Gegenstände angeht, ist der klassische Logizismus gescheitert. Im Hinblick auf die Methode der Mathematik aber, ist sein Sieg fast ohne Ausnahme: die Forderung - die Euklid bereits zu verwirklichen trachtete und die daher nicht Erfindung des Logizismus ist - nach einem deduktiven Aufbau der Mathematik ist allgemein akzeptiert[68]. Die Frage ist nur, wie man zu den Anfängen gelangt, die für die Deduktion erforderlich sind. Genauer ergeben sich hier zwei miteinander verschränkte Problemkreise:

- sollen die Anfänge konstruktiv oder axiomatische bereitgestellt werden?

- auf welche Arten von Evidenz können sich die jeweiligen Vorschläge berufen?[69]

Als Kandidaten für solche Evidenzen komme gewisse anschauliche Sachverhalte in Betracht (welche werden wir weiter unten sehen). Solcherlei Evidenz hat immer die Form:

Es ist der Fall, daß ...

Wir wollen nun nach den Gründen fragen, die für eine Bevorzugung der Logik als Begründungsinstanz gegenüber an-

---

68) Eine Ausnahme hiervon bildete Brouwer, der von vorneherein jegliche Kodifizierung mathematischer Methoden ablehnte. Damit steht er auch unter den Intuitionisten allein.

69) Hierbei lassen wir die radikal-formalistische Position (z.B. Currys) außer Betracht, die meint ohne jegliche Rechtfertigung der betrachteten formalen Kalküle auskommen zu können (vgl. jedoch III 1.6).

schaulichen Evidenzen[70] vorgebracht werden könnten.

Anschauliche Evidenzen haben getrogen - das zeigt gerade die Geschichte der Monster. Unsere Untersuchung hat aber gezeigt, daß die Anschauung geschärft werden kann. Was ursprünglich aufgrund von Anschauung unmöglich schien, läßt sich nach einer Analyse doch noch anschaulich verstehen (siehe I 6.6).

Aber auch logisches Schließen ist nicht von Fehlern geschützt: es gibt Fehlschlüsse. Ein Fehlschluß - so wird man argumentieren - ist gar kein Schluß; aber: Gilt dasselbe nicht auch für die scheinbare Evidenz?

Je nach ihrem Gegenstand lassen sich verschiedene Arten von anschaulichen Evidenzen unterscheiden: die primitiv-formale, die arithmetische, die topologische und die geometrische. Der Sachverhalt, auf den diese jeweils bezogen sind, wird dabei zunehmend komplexer. Anschauliche Urteile können begrifflich analysiert werden. Anschauliche Evidenzen erkennt man daran, daß sie durch solche Analysen nicht an Überzeugungskraft gewinnen: sie können nur (intuitiv) erzeugt (gewissermaßen "ad oculus"), nicht aber (diskursiv) bewiesen werden. Diese Tatsache liegt im Charakter der

---

70) Beispiele solcher anschaulicher Evidenzen sind:

- geht man von der operativen Erzeugung der natürlichen Zahlen aus, so ist die Tatsache "aus jeder Ziffer läßt sich eine neue durch Hinzufügen eines | gewinnen" anschaulich evident (vgl. p. 385);
- besteht das Alphabet eines Kalküls nur aus dem Buchstaben a und gibt es nur eine Regel, nämlich $\alpha \Longrightarrow \alpha a$, und ist aa das einzige Axiom, so ist es anschaulich evident, daß a nicht ableitbar ist in diesem Kalkül (vgl. BETH, 1959; 72);
- die Aussage des Zwischenwertsatzes oder die Aussage "zwei Winkelhalbierende schneiden sich in einem Punkt im Innern des Dreiecks" sind anschaulich evident.

Evidenz eingeschlossen, da Evidenzen auf den Verfahren der Gegenstandskonstitution beruhen, also im vorliegenden Falle der Mathematik auf den Zeichenherstellungshandlungen. (vgl. Stichwort "Evidenz" (Autor: J. Mittelstraß) in ENZYKLOPÄDIE I).

Wie steht es umgekehrt mit der Kontrollierbarkeit der Logik? Logisches Schließen ist regelgeleitetes Handeln[71]: jede noch so komplexe und/oder komplizierte Deduktion läßt sich in elementare Einzelschritte auflösen[72]. Um einen solcherart analysierten Beweisgang auf seine Korrektheit zu überprüfen, bedarf es einer geeigneten Notation[73]. Das Verfahren des richtigen logischen Schließens kann nur in seiner Anwendung geprüft werden, die wiederum in übersichtlicher Weise dargestellt werden muß. Die Logik muß eine enge Verbindung mit der primitiv-formalen (anschaulichen) Evidenz (BERNAYS, 1976 c; 91) eingehen. Besonders deutlich tritt dies hervor, wenn man das logische Schließen durch das formale Ableiten in einem Kalkül ersetzt. Die eben genannte Evidenz beruht auf einer streng finiten und diskreten Wahrnehmung von Marken:

(z.B. die "Abtrennungsregel")

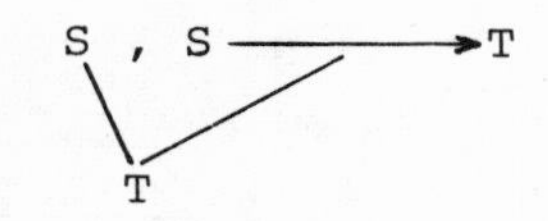

---

71) Dieser Charakter bleib lange Zeit durch die statische Auffassung von Logik, wie sie der klassisch-aristotelischen Satzlogik zugrundliegt, verdeckt. Erst die Entwicklung der verschiedenen Regellogiken (Gentzen, Beth, Lorenzen) hat wieder Nachdruck auf das Verständnis der Logik als Anleitung zum richtigen Schließen gelegt.

72) Vgl. das Beispiel in III 1.4 (nach Hilbert/Bernays).

73) Philosophiegeschichtlich gesehen ist es Peircens großes Verdienst, darauf hingewiesen zu haben, daß das Denken nicht von seiner Darstellung getrennt werden darf!

(Wie bereits in III 1.4 festgestellt, trägt auch eine solche Darstellung als Ganze extern - ikonische Züge, geht also über die Markenwahrnehmung bereits hinaus und ist damit nicht empirisch.) Charakteristisch für eine derartige Evidenz ist, daß sie durch eine logische Analyse nicht "evidenter" gemacht werden kann; sie kann höchstens mit Hilfe begrifflicher Beispiele exemplifiziert werden. Hat der Interpret dieser Darstellung erst einmal die darin enthaltene Anweisung verstanden, so ist die Anwendung dieser Schlußfigur gesichert. (Man könnte die darin ausgedrückte Anweisung so formulieren: "Wann immer die Buchstaben und Zeichen S , S ⟶ T in dieser Reihenfolge auftauchen, darfst Du sie durch T abkürzen.") Ebenso wie die Markenwahrnehmung alleine keine Evidenzen liefert, sondern des (nicht-begrifflichen) Denkens in Gestalt des Schemaaspektes der Zeichen bedarf, so braucht das logisch-begriffliche Schließen die Ergänzung durch die primitiv-formale Anschauung.

Die beschriebene primitiv-formale Evidenz genügt für die Belange einer mit finiten Mitteln[74)] arbeitenden Beweistheorie. Diese ist also im strengsten Sinne des Wortes "anschaulich evident". Aber zum Aufbau der Mathematik selbst reicht diese Evidenz nicht aus. Hinzukommen muß (mindestens noch) die Reihe der natürlichen Zahlen. Eine rein axiomatische Einführung dieser Zahlen - sei es durch die Peano-Axiome oder unter Verwendung einer entwickelten axiomatischen Mengenlehre (z.B. nach Zermelo-Fraenkel) -

---

74) Auf die Tatsache, daß eine solche Beweistheorie nicht ausreicht, um die Widerspruchsfreiheit auch nur gewisser relevanter Teile der Mathematik zeigen können, werden wir noch zurückkommen.

hat sich uns als ungenügend erwiesen[75]. Zur Begründung der natürlichen Zahlen bedarf es der (vollen finiten) arithmetischen Evidenz[76]. Im Falle der schematischen Erzeugung nach Lorenzen kommt diese folgendermaßen zum Ausdruck: wir betrachten die übliche Darstellung

(lies: "| ist Ziffer. Wenn n eine Ziffer ist, so ist n| ebenfalls eine Ziffer." Nach Übergang zu Äquivalenzklassen darf man statt "Ziffer" auch "Zahl" verwenden - vgl. LORENZEN, 1965; 6 f.)

Das Potential-Unendliche hält hier seinen Einzug in die "Wissenschaft vom Unendlichen" (H. Weyl). Damit muß der Bereich der Wahrnehmung des Diskreten (im Endlichen gelegenen) notwendig überschritten werden[77].

---

75) Es seien nur die Stichworte "implizite Definition" und "Non-Standard-Modelle" erwähnt (vgl. II 3 und III 1.1). Zur Mengenlehre siehe auch weiter unten.

76) Bernays hat diese Evidenzart folgendermaßen charakterisiert:

"Danach ist arithmetisch die Vorstellung einer aus diskreten Bestandteilen zusammengesetzten Figur, ..., ferner auch die Vorstellung eines an einer solchen Figur zu vollziehenden formalen Prozesses, der nur in Hinsicht auf die Veränderung, die er bewirkt, betrachtet wird."

(BERNAYS, 1976b; 81)

77) "Es leuchtet ein, daß aus der sinnlichen Wahrnehmung nichts Unendliches gewonnen werden kann. Wieviele Sterne wir auch in unser Verzeichnis aufnehmen mögen, es werden nie unendlich viele, und ebenso geht es uns mit den Sandkörnern am Strand des Meeres. Wo wir also Unendliches mit Fug und Recht anerkennen, haben wir es nicht aus der sinnlichen Wahrnehmung gewonnen."

(FREGE, 1969a; 294)

Die obige Darstellung trägt daher ikonische Züge. Die arithmetische Evidenz geht über die primitiv-formale hinaus, indem sie das Mitteilungszeichen "$\Longrightarrow$" (sprich: "wenn ... gegeben, so ist ... herstellbar") für eine Handlungsanweisung enthält. Sie beruht zwar (wie jede Zeichenhandlung) auf der Markenwahrnehmung, erschöpft sich aber nicht in dieser. Vielmehr muß der Interpret eine Zeichen- (oder auch: Regel-) kompetenz erworben haben, die im Falle des Ikons in letzter Instanz auf Herstellungsvorschriften (vgl. II 1.4), das sind Handlungsanweisungen beruht. Damit werden wir auf "Erfahrung in der Form von Übung" (KAMBARTEL, 1976; 236) verwiesen.

Auf diese Weise kommt scheinbar ein empirisches Element in die Mathematik. Kambartel[78)] hat jedoch nachgewiesen, daß die hier beanspruchte Übereinstimmung im Verstehen - d.h. die fragliche Zeichenkompetenz - "nicht durch die Erfahrung, sondern an Hand der Erfahrung erzwungen" wird (KAMBARTEL, 1976; 216). Ebenso wie für das logische Schließen, aufgefaßt als regelgeleitetes Tun, gilt auch für die Zeichenanschauung, daß sie nur in der Ausübung der jeweiligen Kompetenz überprüft (und auch entwickelt!) werden kann:

"Gegenstand und Produkt der Mathematik sind gerade solche anschaulichen Verfahren, die nach einiger Übung keine Zweifelsfälle mehr zulassen."

(KAMBARTEL, 1976; 219)

---

78) Im KAMBARTEL, 1976; Abschnitt 5 "Erfahrung und Verstehen in der Spätphilosophie Wittgensteins. Zum Begründungsproblem der elementaren Arithmetik".

Logik und auf Zeichenanschauung beruhende Evidenz werden damit auf eine gemeinsame Wurzel zurückgeführt; nämlich auf die semiotische Praxis. In ihr bildet sich ein "semiotisches Apriori" für die Mathematik heraus.

Zurück zur arithmetischen Evidenz. Von verschiedener Seite (Kronecker, Brouwer, Lorenzen) wird die These vertreten, daß mit ihr schon das gesamte Fundament für die Mathematik gelegt sei. Ausgehend von den auf dieser Grundlage verfügbaren natürlichen Zahlen, läßt sich dieser Bereich schrittweise konstruktiv[79] erweitern. Man gelangt schließlich zu einer nicht genau bestimmten Teilmenge der klassischen reellen Zahlen. Die hierzu gebrauchten Verfahren (etwa der Übergang zu Äquivalenzklassen) lassen sich durch ihre effektive Ausführbarkeit rechtfertigen. Damit wäre das Gebiet des (anschaulich) Rechtfertigbaren nach Meinung der genannten Autoren erschöpft. Die klassische Analysis sprengt diesen Rahmen. Im Folgenden wollen wir diese These näher erörtern.

Neben der arithmetischen Evidenz gibt es eine geometrische Evidenz. Im Gegensatz zur arithmetischen, die sich auf Diskretes stützte und deren semiotische Darstellung nur gewisse ikonische Züge zeigte, die die ("dynamische") Transformationsmöglichkeit "nehme n, bilde n| " repräsentierten, bezieht sich die geometrische Evidenz auf Kontinuierliches und beruht auf ("statischer") ikonischer Repräsentation[80]. Sie ist es, die uns viele Sachverhalte

---

79) Bekanntlich läßt sich bis heute "konstruktiv" nicht unkontrovers kennzeichnen. Was aber nicht zulässig ist, sind der uneingeschränkte Gebrauch des Aktual-Unendlichen, des Tertium non datur usw. Man vgl. hierzu und zu dem Folgenden LORENZEN, 1965; II. Teil.

80) "Geometrisch dagegen sind die Vorstellungen von stetigen Veränderungen, von stetig variierbarer Größe, ferner topologische Vorstellungen wie die von Linien- und Flächengestalten."
(BERNAYS, 1976b; 81)

Wir sind gegenwärtig mit der zweiten Sorte von Vorstellungen befaßt.

als zwingend erscheinen läßt. Während die arithmetische Evidenz auf ein ausgezeichnetes Schema bezogen war, nämlich die Reihe der natürlichen Zahlen (als Teilschema des Schemas "das Gleiche noch einmal tun"), bezieht sich die geometrische Evidenz auf eine ganze Mannigfaltikeit von Schemata: Geraden, Dreiecke, Kreise, Quader usw. Da es uns vornehmlich um die Begründung der Analysis geht, wollen wir uns der geometrischen Evidenz des Kontinuums - der Zahlengeraden - zuwenden: Inwiefern kann die geometrische Evidenz zur Grundlegung der Analysis[81)] herangezogen werden? Die geometrische Evidenz als Ausdruck räumlicher Anschauung bezieht sich auf das Kontinuierliche, wie es z.B. in einer Geraden seinen Ausdruck findet. Einen Zusammenhang von Zahl und Gerade - der schließlich zur Zahlengerade Anlaß gibt - läßt sich herstellen über den Begriff der Länge einer Strecke, über den Grössenbegriff also. Hierbei gilt als anschaulich evident:

> Jede Strecke - sei sie gekrümmt oder nicht - besitzt eine Länge.[82)]

---

81) Wir wollen uns hier auf diese Frage beschränken; die Bedeutung der geometrischen Evidenz für die Geometrie selbst lassen wir außer Betracht.

82) Mathematisch stellt die Bestimmung der Länge einer gekrümmten Strecke, die Rektifikation also, ein schwerwiegendes Problem dar. Wir nehmen aber auf dieser Stufe der Argumentation nur in Anspruch, daß man anschaulich "Gerades" und "Gekrümmtes" zu unterscheiden vermag. Gekrümmte, ganz im Endlichen gelegene Strecken mit - mathematisch gesprochen - unendlicher Länge (wie z.B. die Logarithmische Spirale) werfen weitere schwierige Probleme auf. Diese bedürfen einer genaueren Untersuchung. Hier wollen wir uns auf den Hinweis beschränken, daß solchen Strecken mindestens ein Endpunkt (gemäß ihrer mathematischen Definition) "fehlt" - im Beispiel der Anfangspunkt. Dieser läßt sich zwar durch Definition hinzufügen (als Grenzpunkt, gegen den die Kurve strebt, falls es einen gibt - sonst wird man einen beliebigen Punkt nehmen), aber die anschauungswidrige, unendliche Länge rührt dennoch von dem "offenen" (bzw. halboffenen) Kurvenstück her. Solche Bildungen sprengen aber immer den Rahmen anschaulicher Evidenz, denn dieser entspricht auf der Handlungsebene das "Ziehen einer Linie" (vgl. Kant), welches ersichtlich Anfangs- und Endpunkt voraussetzt.

Fixiert man auf der Geraden einen Ursprung (oder geht man gleich vom Strahl aus), so sollen sich alle Längen von diesem ausgezeichneten Punkt aus abtragen lassen[83]. Dabei wird in Anspruch genommen: Jede Strecke läßt sich unter Erhaltung ihrer Länge auf die Gerade übertragen. Es gehört gerade zu den Umgangsformen, die zur Konstitution des Ikons "Gerade als Zahlenstrahl" führen, daß eine solche Übertragung von Längen möglich ist.

Wir sind nun am entscheidenden Punkt angelangt: Mit welchen Mitteln darf eine solche Übertragung vorgenommen werden? Beschränkt man sich, wie die Tradition es verlangt, auf Zirkel und Lineal, so ist die Aufgabe im allgemeinen nicht lösbar. Andererseits scheint aber diese Beschränkung nicht zwingend zu sein, weshalb die Evidenz, jeder Länge müsse ein Geradenstück entsprechen, von dieser Frage unberüht bleibt. Diese schließt nämlich die Konstruktionsmittel nicht ein: <u>wie</u> die Übertragung erfolgen <u>soll</u>, bleibt im Unklaren. Aber <u>daß</u> sie erfolgen <u>kann</u>, ist evident. Im dargelegten Sinne darf man die Vollständigkeit des Geradenstückes evident nennen, und demzufolge die Existenz der reellen Zahlen durch <u>geometrische Evidenz</u> als gesichert betrachten[84]. Auch für

---

83) Es wird also in diesem Falle etwas von "außen" an die Gerade herangetragen.

84) Auf der Handlungsebene ließe sich das so formulieren: es ist evident, daß jede Strecke eine Länge besitzt, auch wenn wir diese (immer) nur angenähert messen können.
Die historische Tatsache, daß die Vollständigkeit der reellen Zahlen erst sehr spät Gegenstand des wissenschaftlichen Forschens wurde, zeigt wie fundamental die geschilderte geometrische Evidenz ist. Man vergleiche zum Problem der irrationalen Zahlen und der Vollständigkeit die ausgezeichnete Darstellung in JOURDAIN, 1907.

diese Evidenz gilt, daß sie sich durch begrifflich-logische Analyse nicht "evidenter" machen läßt. Die Arithmetisierung der reellen Zahlen (etwa durch Cauchy-Folgen) überzeugt uns sicherlich nicht mehr als die angestellte Betrachtung des Geradenstücks: da wir auf ihm keine Lücken "sehen", sind wir sicher, daß sich jede (endliche) Länge auf diesem Stück wiederfinden läßt. Die <u>Unterscheidung</u> zwischen den (in den reellen Zahlen) bloß <u>dichten rationalen Zahlen</u> und den vollständigen reellen Zahlen - also letztlich die Differenz zwischen rationalen und irrationalen, insbesondere transzendenten Zahlen - wird so betrachtet, erst nachträglich durch die <u>arithmetische Beschreibung</u> hervorgerufen. Die geometrische Evidenz darf nicht als eine bezüglich der <u>physikalischen Welt</u> verstanden werden (dies wäre ein empiristisches Mißverständnis), sondern sie ist als eine auf <u>Zeichen</u> bezogene aufzufassen, die letztlich in der Konstitution dieser Zeichen begründetliegt. Während die arithmetische Evidenz <u>intrasensual</u> ist (die diskrete Abfolge |||... kann z.B. auch durch Wiederholung des gleichen Tons (Morsen!) erzeugt werden), ist die geometrische Evidenz vermutlich[85] an den Gesichtssinn (und damit an den Raum) gebunden. Dieser bemerkenswerte Unterschied rückt die arithmetische Evidenz in die Nähe des <u>begrifflichen Bereiches</u>, die geometrische Evidenz hingegen nahe an den <u>Bereich des Sinnlichen</u>.

Das Diskrete, sich immer wiederholende, der Reihe der natürlichen Zahlen bleibt dem Kontinuierlichen der geometrischen Evidenz insofern überlegen, als es einem ein-

---

85) Ein Dauerton gibt kein Kontinuum, da er keine Binnenstruktur zuläßt. In seinem Falle gibt es kein "Hineingehen in den Innenhorizont" (O. Becker)

heitlichen Bildungsgesetz ("das gleiche ... noch einmal") gehorcht. Das "Hineingehen in den Innenhorizont", das bei dem Geradenstück als Zahlenstrahl erforderlich ist, bleibt damit verglichen merkwürdig unbestimmt. Dies erinnert an die aristotelische Behauptung, daß der Punkt als Bestandteil der Geraden immer bloß potentiell, nie aber (es sei denn als Endpunkt) aktual gegeben ist. Gleicht die erstere Handlung dem planmäßigen Herstellen, so ähnelt letztere eher dem zielgerichteten Suchen[86]. Legt man den geschilderten Ansatz zugrunde, so ergibt sich eine sehr charakteristische Differenz: zwar garantiert die geometrische Evidenz die Existenz aller reellen Zahlen (als offener Bereich), aber die verfügbaren Beschreibungsmittel erlauben es nicht, jede beliebige reelle Zahl konstruktiv zu kennzeichnen[87]. Die Art und Weise, wie diese Kluft üblicherweise überbrückt wird, soll uns jetzt beschäftigen.

---

86) Man denke an Brouwers Kontinuum als Medium des freien Werdens! Das Aktual-Unendliche bleibt auch im Falle der Zahlengerade anschaulich uneinholbar. Analog bleibt der arithmetische Aufbau der reellen Zahlen stets mit "infiniten Hilfsmitteln" (z.B. dem Aktual-Unendlichen in Gestalt der Potenzmenge der natürlichen Zahlen) kontaminiert.

87) Frege hat in seiner Spätphase den geometrischen Ansatz favorisiert. Er war allerdings der Meinung, daß so alle reellen Zahlen erhalten würden:

"Wenn man sich auf die reellen Zahlen beschränken wollte, könnte man diese Verhältnisse von Strecken in einer Geraden nehmen, wobei die Strecken gerichtet, also mit Unterscheidung ihres Anfangspunktes von ihrem Endpunkte zu fassen wären."

(FREGE, 1967b; 299 f.)

Einen verwandten Vorschlag hat Bernays gemacht: nach ihm geht es darum, die Existenz der Potenzmenge der natürlichen Zahlen, "als durch unsere geometrische Vorstellung des Kontinuums motiviert" anzusehen (BERNAYS, 1979; 9). Man kommt so zu einem ähnlichen Aufbau der Analysis, wie er sich bei den Autoren findet, die den Begriff der unabhängigen Variablen als Grundbegriff für die Analysis wählten (z.B. Lacroix).

Im üblichen Aufbau der Analysis kann man die reellen Zahlen unter Zuhilfenahme starker logisch-mengentheoretischer Hilfsmittel (z.B. uneingeschränktes tertium non datur, Auswahlaxiom, Aktual-Unendliches) erhalten[88]. Damit verläßt man den Bereich des anschaulich Evidenten, um "infinite Evidenzen" in Anspruch zu nehmen, die sich im wesentlichen als Analogisierungen von endlichen und unendlichen Bereichen erweisen (das Kontinuitätsprinzip ist demnach immer noch wirksam). Dies zeigt die Kehrseite der Arithmetisierung: um die geometrische Evidenz aus den Grundlagen der Analysis beseitigen zu können, bedurfte es - was sich allerdings erst im Laufe der Zeit herausstellte - der Inanspruchnahme anderer, insgesamt nicht unproblematischer Hilfsmittel.

Zum Abschluß wollen wir noch einmal auf das Problem der Logik in der Mathematik zurückkommen: Urteile aufgrund von Anschauung lassen sich durch nachträgliche Analyse in Bestandteile wie Voraussetzungen, Folgerungen etc. zerlegen. Damit bietet sich die Möglichkeit, solche Urteile

---

87) Fortsetzung der vorhergehenden Seite:

Frege war der Auffassung, daß von "den Kleinkinderzahlen" keine Brücke zu den irrationalen Zahlen führe. Für letztere müsse vielmehr auf die geometrische Anschauung zurückgegriffen werden:

"Je mehr ich darüber nachgedacht habe, desto mehr bin ich zu der Überzeugung gelangt, dass Arithmetik und Geometrie auf demselben Grunde erwachsen sind und zwar auf geometrischem, sodass die ganze Mathematik eigentlich Geometrie ist. ...
Das Zählen, aus einem Erfordernis des handelnden Lebens psychologisch entsprungen, hat die Gelehrten irre geführt."

(FREGE, 1969; 297)

88) Eine genaue Diskussion der bei den verschiedenen Zugängen zu den reellen Zahlen gebrauchten Hilfsmittel findet sich bei HILBERT/BERNAYS, 1968; 36-42.

auf ihre Gültigkeit zu prüfen. Das wichtigste Beispiel hierfür besteht im Aufspüren versteckter Voraussetzungen[89]. Gelingt es, solche zu entdecken, so wird der betreffende Satz in seiner Gültigkeit <u>relativiert</u> aber i.a. nicht <u>entwertet</u>. Auf diese Weise lassen sich anschauliche Urteile und Begriffe (nicht aber Evidenzen) durch Analyse schärfen. Die so entstandenen Sätze und Begriffe der formalen Ebene können Extrapolationen beinhalten, die über das anschaulich Evidente hinausgehen. Während begrifflich formulierte Sätze immer negationsfähig sind - wir können zu P immer non-P bilden, selbst dann wenn $\neg P$ anschaulich absurd ist - gilt dies nicht für die Anschauung selbst. Es bedarf der Übung - meist angeleitet durch begriffliche Analyse - um ein anschauliches Urteil zu verändern[90]. Wir sehen an dieser Stelle, wie das "Eigenleben" der formalen Ebene beginnt. Zugleich erkennen wir, daß Diskrepanzen zwischen beiden Ebenen <u>nichts gegen die Anschauung besagen</u>. Sie zeigen nur, daß auf der formalen Ebene mehr möglich ist als auf der informalen Ebene - <u>wo nur das möglich ist, was einer anschaulichen Erfüllung fähig ist</u>[91].

In der Entwicklung der Mathematik seit Beginn des 19. Jahrhunderts spielt die Kontamination folgender Bedeutungen von "möglich" eine wichtige Rolle:

---

89) Wenn man etwa das Urteil nimmt: ein Strahl, der im Innern eines Dreiecks seinen Anfang hat, schneidet eine Dreiecksseite, so ist darin die Voraussetzung enthalten, daß Dreieck und Gerade in einer Ebene liegen. Wie wir oben bereits gesehen haben, vergrößert sich - im Falle einer echten anschaulichen Evidenz - die Überzeugungskraft des fraglichen Sachverhalts durch eine solche begriffliche Analyse nicht.

90) Die vorgeschlagene Interpretation geht davon aus, daß Anschauung veränderlich ist - was nicht allgemein anerkannt ist. Wir haben diese Position mit dem Terminus "<u>fortschreitende Anschauung</u>" charakterisiert (vgl. II 4.2.3); Bernays spricht vom "<u>Erwerb bzw. Verlust von Evidenzen</u>" (BERNAYS, 1976c; 85 f.). Er beruft sich in diesem Zusammenhang auf die Forschungen Piagets zur kognitven Entwicklung beim Menschen.

91) In diesen Kontext gehört z.B. die Problematik des Unendlichen als Aktual- oder Potentiell-Unendliches.

- "möglich" im Sinne von "herstellbar, einer anschaulichen Interpretation fähig": hier bewegen wir uns in der Gegenstandsebene; "möglich" ist ein Handlungsprädikat.

- "möglich" im Sinne "nicht widersprüchlich": hier bewegen wir uns auf der Beschreibungsebene; "möglich" ist jetzt ein Satzprädikat.

Während bis ins 19. Jahrhundert hinein "mathematische Existenz" (vgl. II 3) an die effektive Verfügbarkeit eines anschaulichen Modells gebunden war und damit "Möglichkeit" im ersten Sinne voraussetzte, setzte Hilbert I zu Beginn unseres Jahrhunderts "mathematische Existenz" gleich mit "Möglichkeit" im zweiten Sinne. Damit sollte die Mathematik eine diskursive Wissenschaft werden.

Fassen wir unsere Ergebnisse zusammen:

Die geometrische Evidenz erschöpft sich ebensowenig wie die arithmetische in einfacher Wahrnehmung. Auch sie setzt Zeichenkompetenz voraus: das gezeichnete Dreieck z.B. muß als Artikulation des Schemas "Dreieck" verstanden werden. Die zugrundeliegenden Zeichen sind ikonischer Natur: sie lassen deshalb Schlüsse auf das artikulierte Schema zu. Die Zeichenanschauung ist immer auf im Endlichen liegende Figuren beschränkt[92]. Die wiederholt behauptete Vorrangstellung der arithmetischen Evidenz erweist sich nun als unbegründet: zum einen weil die Reduktion des Kontinuierlichen auf das Diskrete nur mit Hilfe infiniter, nicht anschaulicher Evidenzen gelingt (deren Konsistenz bislang

---

92) Scheinbar ergibt sich daraus, daß "Parallelität" kein anschaulich-evidenter Sachverhalt sein kann (dieses Argument findet sich schon bei WUNDT, 1893; 85) im Einklang mit Mannourys Ausführungen über Wahl- und Ausschlußnegation. Dem gegenüber macht Bernays darauf aufmerksam, daß es auch "endliche" Charakterisierungen von Parallelität gibt (BERNAYS, 1976c; 88).

unbewiesen ist). Zum anderen haben unsere Untersuchungen im Anschluß an Mandelbrot gezeigt, daß die gegen die geometrische Anschauung vorgebrachten Argumente nicht stichhaltig sind: bei genauerer Analyse erweisen sich zumindest viele Monster als durchaus anschaulich zugänglich. Weiter haben wir gesehen, daß in allen diesen Fällen ein kompliziertes Wechselspiel von informaler (anschaulicher) und formaler (analytischer) Ebene stattfindet. Es ist deshalb nicht überzeugend, hier einseitig von einem Versagen der Anschauung zu sprechen. Die geometrische Anschauung liefert einen umfassenderen Bereich (nämlich R statt N) als die arithmetische. Sie ist in diesem Sinne leistungsfähiger. Wie steht es mit ihrer Zuverlässigkeit? Wie wir gesehen haben, gehen beide Evidenzen, die arithmetische durch die in ihr enthaltene Herstellungsvorschrift, die geometrische durch den ikonischen Charakter der gebrauchten Zeichen, über die bloße Wahrnehmung hinaus. Beide erfordern somit die Beherrschung von Schemata - beide Anschauungen haben schematischen Charakter - die durch Üben mit konkret-anschaulichen Gegenständen erworben werden muß. Auch in dieser Hinsicht besteht zunächst kein Unterschied. Allerdings entspringt die Arithmetik aus einer einzigen Wurzel: steht das Schema des Zählens und damit die Teilschemata der Zahlen nebst einer ikonischen Repräsentation derselben zur Verfügung, so können die weiteren Konstruktionen auf der Symbolebene ausgeführt werden. Es genügt in der Arithmetik der Erwerb eines Schemas. Nicht so in der Geometrie: hier steht ein solches vereinheitlichendes Schema (noch) nicht zur Verfügung. Es bedarf selbst in der ebenen Geometrie schon der Beherrschung einer Vielzahl von Schemata[93].

---

93) Nach Inhetveen benötigt man zwei Grundbegriffe, fünf Grundrelationen und drei Grundkonstruktionen für die ebene Geometrie (INHETVEEN, 1983; Abschnitt II). Die Konstruktionsbasis besteht aus zwei verschiedenen Punkten.

Letztlich entspringt diese Differenz aus dem Unterschied zwischen externer und interner Ikonizität. Erstere beruht auf einem (eventuell - wie beim Zählschema - offenen) Ganzen, während letztere jeder Figur einzeln schon Ikonizität verleiht. Die Arithmetik erscheint daher vom Standpunkt der Systematik als die einheitlichere Disziplin. Dies zeichnet sie im Sinne eines reduktionistischen Programmes vor der Geometrie aus.

Wir können festhalten:

> Die geometrische Evidenz stellt eine zweite, der arithmetischen Evidenz gleichberechtigte Quelle mathematischer Erkenntnis dar. Ihre Tragweite läßt sich derzeit noch nicht genau abschätzen.

Welche Bedeutung kommt dann noch der Logik für die Mathematik zu?
Wenn es wahr ist, daß es relevante nicht-logische Evidenzen in der Mathematik gibt, kann die Logik nicht als die Quelle der mathematischen Gewißheit angesehen werden. Sie stellt vielmehr Verfahren bereit, um aus wahren Aussagen andere wahre Aussagen zu deduzieren. Sie schafft Verbindungen zwischen isolierten Sätzen und erlaubt es so, ein System zu errichten. Ist erst einmal dieses Gebäude geschaffen, so beginnt die Suche nach Aussagen, die geeignet sind, als Axiome zu dienen[94]. Hierbei kann der Fall eintreten, daß einige evidente Sätze sich als ableitbar erweisen, so daß die Anzahl der Axiome durchaus geringer

---

94) Die Geschichte der Mathematik zeigt, daß die einzelnen Gebiete der Mathematik lange vor ihrer Axiomatisierung entwickelt worden sind. Axiomatisierungen erfolgen meist nachträglich.

sein kann als die der evidenten Sätze. Neben diesem rekonstruktiven, systematisierenden Aspekt kann Logik auch produktiv wirken, indem sie es erlaubt, neue Theoreme abzuleiten. Allerdings spielt sie auch hier (meist) eine sekundäre Rolle: zuerst ist die informale, z.B. auf Anschauung begründete Vermutung vorhanden, die dann nachträglich bewiesen wird. Möglicherweise muß die ursprüngliche Annahme modifiziert werden, um beweisbar zu werden. Gerade einem solchen Fall ist die Rede von "Dialektik" (Gonseth/Bernays) sehr gut angepaßt: die Anschauung führt zu einem formalen Beweisversuch, der wiederum die Anschauung modifiziert. So betrachtet erweist sich die Logik - und das gilt auch allgemeiner für die formale Deduktion in Kalkülen - als Kontrollinstanz der Anschauung. Aber erst das Zusammenspiel beider macht die Mathematik aus: eine Maschine, die scheinbar wahllos Sätze aus Axiomen deduziert, betreibt keine Mathematik.

Der umgekehrte Fall kann ebenfalls eintreten: ergibt der Beweisversuch, daß der anschauliche Sachverhalt in seiner ursprünglichen Form nicht formal zu deduzieren ist, so kann der formale Rahmen so abgeändert werden, daß der Beweisversuch gelingt. Die informale Erwartung setzt sich in diesem Fall durch und erzwingt Veränderungen in der formalen Ebene[95]. Solche Fälle sind vermutlich deshalb

---

95) Der einfachste Fall wäre der, daß die formale Ebene sich als widerspruchsvoll erwiese, denn auch die Forderung nach Konsistenz ist ja ein Rudiment aus der informalen Ebene. Andere Beispiele wären etwa die Einführung der Distributionen und die Wiedereinführung der infinitesimalen Größen.

so selten, weil die formale Ebene als Netzwerk vorliegt (viele Sätze sind ja durch Ableitungen verbunden), so daß eine Änderung an einer Stelle sich durch das ganze System fortpflanzen kann.

Zusammenfassend können wir zur Rolle der Logik festhalten[96]:

1. Sie ist hauptsächlich rekonstruktiv und systematisierend, indem sie anschauliche Sachverhalte, sobald sie als Sätze formuliert sind, durch Aufdeckung logischer Abhängigkeiten ordnet.

2. Die Logik ist "beweglich" und "kritisch": sie ist "beweglich", weil in ihr jeder Satz mit jedem anderen logisch verknüpft werden kann und sie somit neue Sätze abzuleiten gestattet, die mit der Anschauung nicht übereinzustimmen brauchen.

   Sie ist "kritisch" in dem Sinne, daß sie durch eine genaue Analyse der Abhängigkeitsverhältnisse überflüssige Bedingungen zu eliminieren gestattet oder noch nicht bereitgestellte Voraussetzungen einzuführen erlaubt. Damit ermöglicht es die Logik, anschauliche Urteile zu präzisieren. Aber das Verhältnis nicht präzisiert/präzisiert darf nicht gleichgesetzt werden mit falsch/richtig, denn das anschauliche Urteil war ja oft ursprünglich in gewisser Weise richtig (wenn auch nur unter zusätzlichen Bedingungen). Nicht das Urteil war falsch, sondern

---

96) Diese Bemerkungen gelten auch für den Hilbertschen Formalismus, obwohl hier die Verhältnisse durch die Aufspaltung in Mathematik und Metamathematik kompliziert werden.

sein Geltungsbereich war unrichtig bestimmt. Die Bestimmung des Gültigkeitsbereiches einer Aussage erweist sich als die wesentliche Leistung der Logik[97].

3. Mathematik ist nicht angewandte Logik, sie ist vielmehr eine wichtige Quelle zur Besinnung auf die Logik.

4. Logik ist nicht Ursprung der mathematischen Gewißheit, sondern sie ist Werkzeug, das es gestattet, den Ursprung der Gewißheit durch Analyse genau zu bestimmen.

5. Die Philosophie der Mathematik sollte die einseitige Betonung des formallogischen Charakters der Mathematik aufgeben zugunsten einer gewissen Methodenvielfalt, in der der Anschauung eine ihr adäquate Rolle zuzuweisen ist. In Abwandlung des berühmten Slogans von Paul Feyerabend sollte auch für die Mathematik als Prämisse gelten:

Many things go!

---

97) Umgekehrt kann auch die Anschauung begrenzend für die formale Ebene wirken: dann nämlich, wenn gewisse logisch mögliche Bildungen als "unannehmbar" eingestuft werden ("erkenntnisbegrenzende Funktion der Anschauung").

5. Zusammenfassung

Im letzten Teil dieses Buches werden Formalismus und Intuitionismus auf ihre Stellungnahme zur Anschauung untersucht. Dabei ergibt sich, daß der Formalismus einseitig die symbolisch-verfaßte Beschreibungsebene betont, während der Intuitionismus die Gegenstandsebene verselbständigt. Als Ergebnis dieser Dissoziation der Ebenen wird die Anschauung im Formalismus auf die bloße Markenwahrnehmung reduziert, im Intuitionismus hingegen wird sie zur inneren Wahrnehmung des Bewußtseins seiner selbst entsinnlicht. Dabei übersieht der Formalismus, daß die von ihm zugrundegelegten Symbolsysteme (z.B. im Rahmen beweistheoretischer Untersuchungen) extern-ikonische Züge tragen und auch tragen müssen, weshalb anschauliche Erkenntnis auch für ihn unverzichtbar ist. Der Intuitionismus andererseits verkennt, daß nur mit Hilfe der Vermittlung durch Zeichen die Mathematik Intersubjektivität erlangen kann. Die Mitteilbarkeit der Mathematik resultiert aus dem Regelcharakter der ihr letztlich zugrundeliegenden Handlungen, der an Hand ikonischer Repräsentationen eingeübt werden muß. Mathematik kann deshalb aufgefaßt werden als Theorie solcher anschaulicher Verfahren, über die Einigung leicht hergestellt werden kann (Kambartel). Es ist das Verdienst Beths im Rahmen der intuitionistisch orientierten Diskussion auf die Bedeutung und Unverzichtbarkeit der Zeichen aufmerksam gemacht zu haben.

Oskar Beckers Untersuchungen zum Symbolischen in der Mathematik gaben uns weitere Aufschlüsse über die Rolle und Entwicklung der Zeichen in der Mathematik. Wir konnten erneut feststellen, daß die ikonische Stufe ein unumgängliches Stadium in der Entstehung der mathematischen Schemata darstellt. Auf dieser Stufe sind Gegenstands- und Beschreibungskompetenz noch nicht geschieden. Erst mit der Herauslösung der Symbole - mit dem Übergang zu situationsunabhängigen Repräsentationen also -, die von Becker an Hand der Buchstabenmarkierungen an geometrischen Ikonen vorgeführt wird, verselbständigt sich die Beschreibungsebene. Dies ist aber nur dann möglich, wenn die fundamentalen Zeichenkomptenzen, die Fähigkeit also, verschiedene Marken als Artikulationen ein- und desselben Schemas zu identifizieren, in Lehr- und Lernsituationen zuvor erworben worden sind. Damit ist auch der Schlüssel zur Aufklärung der ontologischen Grundprobleme ('moderner Universalienstreit') der Mathematik gefunden: den Schemata kommt keine von der Zeichenebene unabhängige Existenz zu; es gibt sie nur insofern es ihre zeichenmäßige Repräsentationen gibt. Diese setzen aber immer anschauliche Erkenntnis voraus: sei sie direkt im Falle der Ikone (die das Allgemeine im Besonderen sinnlich anführen), sei sie bloße Markenwahrnehmung wie im Falle einzelner Symbole. Wir haben aber mehrfach gesehen, daß Symbolsysteme (extern-) ikonische Züge tragen und deshalb anschauliche Erkenntnis auch im strengen Sinne ermöglichen. Ist die Beschreibungsebene konstituiert, so können von ihr ausgehend neue Ebenen (z.B. durch Äquivalenzklassenbildung) konstruiert werden. Hieraus ergibt sich die Möglichkeit der symbolischen Mathematik. Es darf aber nicht verkannt werden, daß alle Symbolsysteme letztlich der 'Untermauerung' durch eine entprechende ikonische Ebene bedürfen.

Das letzte Kapitel ist der Untersuchung verschiedener auf Anschauung beruhender Evidenzarten gewidmet. Diesen gegenübergestellt wird die begriffliche Evidenz, deren Paradigma die Tautologie bildet. Wir können (im Anschluß an Bernays) die primitiv-formale Evidenz (die auf einer Kombination von Markenwahrnehmung und externer Ikonizität beruht), die arithmetische Evidenz (die im Zählschema, wie es durch Schematisierung aus dem Strichkalkül gewonnen werden kann, ihren Ausdruck findet) und die geometrische Evidenz (für die wir das Ikon 'Zahlengerade' als Beispiel herausgegriffen haben) unterscheiden. Wir haben dafür argumentiert, die letztgenannte Evidenzart gleichberechtigt zum Fundament der Mathematik hinzuzunehmen und eine geometrisch/ikonisch begründete Kontinuumstheorie zu akzeptieren. Das Kontinuierliche erwies sich nur um den Preis der Inkaufnahme problematischer Hilfsmittel als reduzierbar auf das Diskrete. Deshalb sollte es als unabhängiger, unableitbarer und keiner weiteren Analyse bedürftiger Bestandteil der Mathematik anerkannt werden. Die Rolle der Logik erwies sich als die eines Hilfsmittels der Analyse, nicht aber als der Ursprung der mathematischen Gewißheit. Dieser muß vielmehr in der menschlichen Fähigkeit zum Erwerb von Zeichenkompetenzen gesehen werden. Wir traten für einen Methodenpluralismus in der Mathematik ein, der alle Evidenzarten gleichberechtigt anerkennt. Dieser sollte aber nicht mit einem methodischen 'laissez faire' verwechselt werden. Vielmehr ist er als Plädoyer für die Einsicht zu sehen, daß keine Evidenz alles für die Mathematik Erforderliche zu leisten vermag und daß es deshalb vorzuziehen ist, jeder ihren Bereich unter Berücksichtigung der jeweiligen Grenzen zuzugestehen.

Literaturverzeichnis

Hinweis: Die angegebene Jahreszahl entspricht i.a. der der zitierten Ausgaben. Bei älteren Werken wurde hiervon gelegentlich eine Ausnahme gemacht, um das Verfolgen des laufenden Textes zu erleichtern. Diese sind ausdrücklich durch den Hinweis "zitiert nach" kenntlich gemacht. Ansonsten wird, falls nicht anders vermerkt, nach der erstgenannten Quelle zitiert.

<u>Verzeichnis der verwandten Abkürzungen für Zeitschriften</u>

(nach: Otto Leistner. ITA. Internationale Titel-Abkürzungen (Osnabrück, 1981); mit Ausnahme von DMV und AMS)

Acta math. Stockh. Acta mathematica (Stockholm, seit 1882)

Act. scient. Actualités scientifiques et industrielles (Paris, seit 1931)

Ann. de Math. Annales de mathématiques pures et appliquées (Paris, seit 1836)

Ann. Sci. Ec. norm. sup. Annales scientifiques de l'Ecole normale supérieure (Paris, seit 1864)

Arch. Hist. ex. Sci. Archive for the History of exact Sciences (Berlin-Heidelberg-New York, seit 1960)

Jahresbericht DMV Jahresbericht der Deutschen Mathematiker Vereinigung (Leipzig, seit 1890)

Jour. für Math. Journal für reine und angewandte Mathematik (Berlin, seit 1826)

Math. Ann. Mathematische Annalen (Leipzig, seit 1869)

Math. Z. Mathematische Zeitschrift (Berlin, seit 1918)

Trans. AMS Transactions of the American Mathematical Society (Lancaster, seit 1900)

ABEL, N.H., 1902. Correspondance d'Abel (Ed. L. Sylow) in: Niels Henrik Abel Mémorial (Paris/Kristiana/Leipzig/London)

D'ALEMBERT, J. le Rond, 1747. Recherches sur la courbe qui forme une corde ... (Histoire de l'Académie royale des Sciences et des Belles Arts (Berlin, 1747); 214-249)

D'ALEMBERT, J. le Rond, 1754. Artikel "Différentiel" in der "Encyclopédie" t. IV; 985-986

AMPERE, J.M., 1806. Recherches sur quelques points de la théorie des fonctions dérivées ... (Journal de l'Ecole polytechnique 6, (1806); 148-181)

ANDRE, S., 1909. Des notations mathématiques. Enumération, choix et usage (Paris)

ARISTOTELES Lehre vom Beweis. Des Organon Vierter Teil oder Zweite Analytik. Übersetzung von Eugen Rolfes (Leipzig, 1948)

BAR-HILLEL, J., 1967. The Irrelevance of Ontology to Mathematics (in: LAKATOS, 1967; 44)

BECKER, O., 1923. Beiträge zur phänomenologischen Begründung der Geometrie und ihrer physikalischen Anwendungen (Jahrbuch für Philosophie und phänomenologische Forschung 6, (1923); 385-560; Nachdruck Tübingen 1973)

BECKER, O., 1927. Mathematische Existenz (Jahrbuch für Philosophie und phänomenologische Forschung 8, (1927); 441-809; Nachruck Tübingen 1973)

BECKER, O., 1928. Das Symbolische in der Mathematik (Hefte für Deutsche Philosophie 1, (1928/29); 329-348)

BECKER, O., 1928a. Über den sogenannten "Anthropologismus" in der Philosophie der Mathematik (Philosophischer Anzeiger 3, (1928); 369-387)

BECKER, O., 1957. Das mathematische Denken der Antike (Göttingen)

BECKER, O., 1959. Größe und Grenzen der mathematischen Denkweise (Freiburg/München)

BECKER, O., 1975. Die Grundlagen der Mathematik (Frankfurt a.M.; Erstausgabe Freiburg/München, 1964)

BEMAN, W.W., 1899. Un chapitre de l'histoire des mathématiques (L'Enseignement mathématique 1, (1899); 162-184)

BENSE, M., 1939. Der Geist der Mathematik (München/Berlin)

BERNAYS, P., 1976. Abhandlungen zur Philosophie der Mathematik (Darmstadt)

BERNAYS, P., 1976a. Über den Platonismus in der Mathematik (französisches Original in: L'Enseignement Mathématique 34, (1935); 52-69; zitiert nach: BERNAYS, 1976; 62-78)

BERNAYS, P., 1976b. Thesen und Bemerkungen zu den philosophischen Fragen und zur Situation der logisch-mathematischen Grundlagenforschung (in: CONGRES DESCARTES, 1937; 104-110; zitiert nach: BERNAYS, 1976; 79-84)

BERNAYS, P., 1976c. Gesichtspunkte zum Problem der Evidenz (französisches Original in: Synthèse 5, (1946); 321-326; zitiert nach: BERNAYS, 1976; 85-91)

BERNAYS, P., 1976d. Die Philosophie der Mathematik und die Hilbertsche Beweistheorie (Blätter für deutsche Philosophie 4, (1930/31); 326-367; zitiert nach: BERNAYS, 1976; 17-61)

BERNAYS, P., 1976e. Mathematische Existenz und Widerspruchsfreiheit (Etudes de Philosophie des Sciences (Neuchâtel, 1950); 11-25; zitiert nach: BERNAYS, 1976; 92-116)

BERNAYS, P., 1979. Bemerkungen zu Lorenzen's Stellungnahme in der Philosophie der Mathematik (in: LORENZ, 1979; 3-16)

BERNOULLI, Joh., 1691/92. Die Differentialrechnung 1691/92 (Ostwald's Klassiker der exakten Wissenschaften Nr. 211, Leipzig, 1924)

BETH, E.W., 1935. Rede en Aanschouwing in de Wiskunde (Groningen/ Batavia)

BETH, E.W., 1937. L'évidence intuitive dans les mathématiques modernes (in: CONGRES DESCARTES, 1937; 161-165)

BETH, E.W., 1959. The Foundations of Mathematics (Amsterdam)

BETH, E.W., 1965. Mathematical Thought. An Introduction to the Philosophy of Mathematics (Dordrecht)

BIEBERBACH, L., 1930. Über den Einfluß von Hilberts Pariser Vortrag über "Mathematische Probleme" auf die Entwicklung der Mathematik in den letzten dreißig Jahren (Die Naturwissenschaften 18, (1930); 1101-1111)

BOCHNER, S., 1970. The Rise of Functions (Rice University Studies 56, (1970); 3-23)

BOCKSTAELE, P., 1949. Het intuitionisme bij de Franse wiskundigen (Verhandelingen van de Koninklijke Vlaamse Academie voor Wetenschappen, Letteren en Schone Kunsten van Belgije, Klasse der Wetenschappen, 11, (32), (1949); 1-123)

BOHLMANN, G., 1900. Übersicht über die wichtigsten Lehrbücher der Infinitesimal-Rechnung von Euler bis auf die heutige Zeit (Jahresbericht DMV 6, (1900); 91-110)

DU BOIS-REYMOND, P., 1875. Versuch einer Classification der willkürlichen Functionen reeller Argumente nach ihren Änderungen in den kleinsten Intervallen (Jour. für Math. 79, (1875); 21-37)

DU BOIS-REYMOND, P., 1876. Abhandlung über die Darstellung der Functionen durch trigonometrische Reihen (1876). Untersuchungen über die Konvergenz und Divergenz der Fourierschen Darstellungsformeln (Abhandlungen der Königlich bayerischen Akademie der Wissenschaften, II. Klasse, 12 (II. Abt.); I-XX, 1-102; zitiert nach: Ostwald's Klassiker der exakten Wissenschaften Nr. 186, Leipzig, 1913)

DU BOIS-REYMOND, P., 1882. Die Allgemeine Funktionenlehre (Tübingen - Nachdruck Darmstadt, 1968)

DU BOIS-REYMOND, P., 1883. Über Doppelintegrale (Jour. für Math. 94, (1883); 273-290)

BOLTZMANN, L., 1898. Über die sogenannte H-Curve (Math. Ann. 50, (1898); 325-332)

BOLZANO, B., 1810. Beyträge zu einer begründeteren Darstellung der Mathematik (Prag); zitiert nach: B. Bolzano. Early mathematical work (Prag, 1981); 60-252

BOLZANO, B., 1817. Rein analytischer Beweis des Lehrsatzes, daß zwischen je zwey Werthen, die ein entgegengesetztes Resultat gewähren, wenigstens eine reelle Wurzel der Gleichung liegt (Abhandlungen der Königlichen Gesellschaft der Wissenschaften (Prag); zitiert nach: Ostwald's Klassiker der exakten Wissenschaften Nr. 153, Leipzig, 1905)

BOREL, E., 1905. Leçons sur les fonctions de variables réelles et les développements en série de polynomes (Paris)

BOREL, E., 1912. Le calcul des intégrales définies (Journal des mathématiques pures et appliquées, 2. sér., 8, (1912); 159-210)

BOREL, E., 1922. Méthodes et problèmes de théorie des fonctions (Paris)

BOREL, E., 1948. La définition en mathématiques (in: LE LIONNAIS, 1948; 24-34)

BOREL, E., 1950. Leçons sur la théorie des fonctions (Paris, 4. Auflage; 1. Auflage Paris, 1895)

BOURBAKI, N., 1948. Die Architektur der Mathematik (in OTTE, 1974; 140-160; franz. Original in LE LIONNAIS, 1948; 38-47)

BOURBAKI, N., 1971. Elemente der Mathematikgeschichte (Göttingen)

BOYER, C., 1946. Proportion, Equation, Function. Three Steps in the Development of a Concept (Scripta Mathematika 12, (1946); 5-13)

BOYER, C., 1949. The History of the Calculs and its Conceptual Development (o.O.; Nachdruck New York, 1959)

BOYER, C., 1956. History of Analytic Geometry (New York)

BRILL/NOETHER, 1892. Die Entwicklung der Theorie der algebraischen Functionen in älterer und neuerer Zeit (Jahresbericht DMV 2, (1892/93); I-XXII und 1-566)

BROUWER, L.E.J., 1907. Over de Grondslagen van de Wiskunde (Amsterdam-Leipzig)

BROUWER, L.E.J., 1911. Beweis der Invarianz der Dimensionszahl (Math. Ann. 70, (1911); 161-165)

BROUWER, L.E.J., 1975. Collected Works vol. I ((Ed.) A. Heyting; Amsterdam-Oxford)

BROUWER, L.E.J., 1975a. On the Foundations of Mathematics (in: BROUWER, 1975; 11-101: Übersetzung von BROUWER, 1907)

BROUWER, L.E.J., 1975b. Formalism and Intuitionism (in: BROUWER, 1975; 123-138)

BURKHARDT, H., 1895. Besprechung von W. Wundt "Logik" (Vierteljahresschrift für wissenschaftliche Philosophie 19, (1895); 408-423)

BURKHARDT, H., 1911. Über den Gebrauch divergenter Reihen in der Zeit von 1750-1860 (Math. Ann. 70, (1911); 169-206)

CAJORI, F., 1919. A History of Mathematics (2. erweiterte Auflage New York; 1. Auflage New York, 1893)

CAJORI, F., 1928. A History of Mathematical Notations 2 vol. (La Salle (Ill.); 1. vol. 1928; 2. vol. 1929)

CANTOR, G., 1878. Ein Beitrag zur Mannigfaltigkeitslehre (Jour. für Math. 84, (1878); 242-258)

CANTOR, G., 1882. Über ein neues und allgemeines Condensationsprinzip der Singularitäten von Funktionen (Math. Ann. 19, (1882); 588-594; auch: Gesammelte Abhandlungen; 107-113)

CANTOR, G., 1883. Ueber unendliche lineare Punktmannichfaltigkeiten 5. Fortsetzung (Math. Ann. 21, (1883); 545-591; auch: Gesammelte Abhandlungen; 165-209)

CANTOR/DEDEKIND, 1937. Briefwechsel (Eds. J. Cavaillés, E. Noether; Act. scient. 518, (1937))

CARTAN, H., 1943. Sur le fondement logique des mathématiques (Revue Scientifique 81; 3-11)

CARTAN, E., 1937. Le rôle de la géométrie analytique dans l'évolution de la géométrie (in: CONGRES DESCARTES, 1937; 147-153)

CASSIRER, E., 1973. Das Erkenntnisproblem Band 4 (Darmstadt)

CAUCHY, A.L., 1821. Cours d'analyse algébrique de l'Ecole Polytechnique (Paris; zitiert nach: Oeuvres, 2ième sér., t. 3 - auch Nachdruck Darmstadt, 1968)

CAUCHY, A.L., 1836. Vorlesungen über die Differenzialrechnung (Übersetzung von C. Schnuse; Braunschweig, 1836 - französisches Original: Leçons sur le calcul différentiel (Paris, 1829)

CAUCHY, A.L., 1844. Mémoire sur les fonctions continues (Comptes rendues de l'Académie des Sciences, 18, (1844); 116 ff. - zitiert nach: Oeuvres, 1ière sér., t. 8; 145-160)

CAVAILLES, J., 1938. Remarques sur la Formation de la théorie abstraite des Ensembles I. Préhistoire. La création de Cantor (Act. scient. 606, (1938))

CONGRES DESCARTES, 1937. Travaux du IXe Congrès International de Philosophie, Congrès Descartes, Paris. VI Logique et Mathématiques ((Ed. R. Bayer); Act. scient. 535, (1937))

COUTURAT, L., 1905. Les principes des mathématiques avec un appendix sur La philosophie des mathématiques de Kant (Paris)

CURRY, H.B., 1970. Outlines of a Formalist Philosophy of Mathematics (3. Aufl.; Amsterdam-London)

DARBOUX, G., 1875. Mémoire sur les fonctions discontinues (Ann. Sci. Ec. norm. sup., 2. sér., 4, (1875); 57-112)

DARBOUX, G., 1879. Addition au Mémoire sur les fonctions discontinues (Ann. Sci. Ec. norm. sup., 2. sér., 8, (1879); 195-202)

DAUBEN, J.W., 1970. The Trigonometric Background to G. Cantors Theory of Sets (Arch. Hist. ex. Sci. 7, (1970); 181-216)

DEDEKIND, R., 1887. Was sind und was sollen die Zahlen? (Braunschweig; Nachruck Braunschweig 1965 zusammen mit "Stetigkeit und irrationale Zahlen" = Werke Band II; 335-391)

DESCARTES, R., 1637. Geometrie (deutsche Übersetzung von L. Schlesinger, 2. Auflage, Leipzig 1923; Nachdruck Darmstadt 1981)

DIEMER, A., 1968. (Ed.) Beiträge zur Entwicklung der Wissenschaftstheorie im 19. Jahrhundert (Meisenheim/Glan)

DINI, U., 1892. Grundlagen für eine Theorie der Funktionen einer veränderlichen reellen Grösse (deutsche Bearbeitung von Lüroth u. Schepp; Leipzig, 1892; ital. Originalausgabe Turin 1878)

DIRICHLET, J.P.G., 1829. Sur la convergence des séries trigonometriques qui servent à représenter une fonction arbitraire entre des limites données (Jour. für Math. 4, (1829); 157-169 = Gesammelte Werke Band I, 117-132)

DIRICHLET, J.P.G., 1837. Über die Darstellung ganz willkürlicher Functionen durch Sinus- und Cosinusreihen (Repetitorium der Physik, Band I, (1837); 152-174; zitiert nach: Gesammelte Werke, Band I (Berlin, 1889); 133-160)

DUMMETT, M., 1977. Elements of Intuitionism (Oxford)

EMDE-BOAS, P. van, 1969. Nowhere differential continuous functions (Stichting Mathematisch Centrum, Amsterdam)

ENZYKLOPÄDIE I und II Enzyklopädie Philosophie und Wissenschaftstheorie ((Ed.) J. Mittelstraß; Mannheim-Wien-Zürich, 1980 und 1984)

EULER, L., 1748. Introductio in Analysin Infinitorum (2 vol., Lausanne, 1748; zahlreiche Ausgaben = Opera (1), Bände 8 und 9)

EULER, L., 1770. Vollständige Anleitung zur Algebra (deutsche Übersetzung; Stuttgart, 1959 = Opera (1), Band 1)

EUWE, M., 1928. Mengentheoretische Betrachtungen über das Schachspiel (Koninklijde Akademie van Wetenschappen (Amsterdam), Afdeling Natuurkunde, Verhandelingen Proceedings - englische Ausgabe 32, (1929); 631-642)

FRAENKEL, A.A., 1920. Zahlbegriff und Algebra bei Gauß (Mitteilungen von den Königlichen Gesellschaften der Wissenschaften zu Göttingen, Math.-phys. Klasse, (1920), Beiheft)

FRAENKEL, A.A., 1935. Sur la notion d'existence dans les mathématiques (L'Enseignement mathématique 34, (1935); 18-32)

FRAENKEL/BAR-HILLEL, 1973. Foundations of Set Theory (Amsterdam, 1973, zweite veränderte Auflage)

FRAJESE, A., 1951. Sur la signification des postulats euclidiens (Archives internationales d'histoire des sciences 4, (1951); 383-392)

FREGE, G., 1893. Die Grundgesetze der Arithmetik I (Jena, 1893; Nachdruck Hildesheim 1962 zusammen mit "Die Grundgesetze der Arithmetik" Band II (Jena, 1903))

FREGE, G., 1934. Die Grundlagen der Arithmetik (Breslau, 1934; Nachdruck Darmstadt 1961)

FREGE, G., 1969. Nachgelassene Schriften ((Eds.) Hermes, Kambartel, Kaulbach; Hamburg)

FREGE, G., 1969a. Erkenntnisquellen der Mathematik und der mathematischen Naturbetrachtung (in: FREGE, 1969; 286-294)

FREGE, G., 1969b. Neuer Versuch der Grundlegung der Arithmetik (in: FREGE, 1969; 298-303)

FREUDENTHAL, H., 1956. Neuere Fassung des Riemann-Helmholtz-Lie'schen Raumproblems (Math. Z. 63, (1956); 374-405)

GALOIS, E., 1830. Notes sur quelques points d'analyse (Ann. de Math. 31, (1830); 182-184)

GAUSS, K.F., 1831. Selbstanzeige der "Theoria residuorum biquadraticorum. Commentatio secunda." (Göttingische gelehrte Anzeigen (23. April 1831); zitiert nach: Werke Bd. II, Göttingen, 1863; Nachdruck Hildesheim-New York, 1973; 169-178)

GAUSS, K.F., 1839. Allgemeine Lehrsätze in Beziehung auf die im umgekehrten Verhältnisse wirkenden Kräfte ... (Resultate aus den Beobachtungen des magnetischen Vereins im Jahre 1839 (Leipzig, 1840); zitiert nach: Werke Bd. V, Göttingen, 1867: Nachdruck Hildesheim-New York, 1973; 195-242)

GERICKE, H., 1970. Geschichte des Zahlbegriffes (Mannheim-Wien-Zürich)

GELBAUM/OLMSTEDT, 1964. Counterexamples in Analysis (San Franzisco-London-Amsterdam)

GILBERT, Ph., 1873. Mémoire sur l'existence de la dérivée dans les fonctions continues (Mémoires couronnés et autres mémoires de l'Académie Royale de Belgique 8°, 23, (1873); I-VI, 1-51)

GILBERT, Ph., 1875. Rectification au sujet d'un mémoire précédent (Bulletin de l'Académie Royale de Belgique, 2ième sér., 35, (1875); 709-717)

GRATTAN-GUINESS, J., 1970. The Development of the Foundations of Mathematical Analysis from Euler to Riemann (Cambridge (MA)-London)

GUÉNARD/LELIÈVRE, 1982. (Eds.) Penser les mathématiques. Séminaire de philosophie et mathématiques de l'Ecole Normale Supérieure: Dieudonné, Loi, Thom. (Paris)

HAHN, H., 1933. Die Krise der Anschauung (in: Krise und Neuaufbau in den exakten Wissenschaften. Fünf Wiener Vorträge. Leipzig-Wien)

HANKEL, H., 1867. Theorie der complexen Zahlensysteme (Leipzig)

HANKEL, H., 1870. Untersuchungen über die unendlich oft oscillirenden und unstetigen Functionen (Gratulationsprogramm der Tübinger Universität vom 6. März 1870; zitiert nach: Math. Ann. 20, (1882); 63-112; auch: Ostwald's Klassikger der exakten Naturwissenschaften Nr. 105 (Leipzig, 1905)

HANKEL, H., 1871. Artikel "Grenze" in: Ersch/Gruber. Allgemeine Enzyklopädie, 1. Section, 90. Theil (Leipzig)

HANKEL, H., 1874. Zur Geschichte der Mathematik in Alterthum und Mittelalter (Leipzig)

HARDY, G.H., 1906. Weierstraß' non-differentiable function (Trans. AMS 17, (1906); 301-325)

HARNACK, A., 1881. Die Elemente der Differential- und Integralrechnung (Leipzig)

HAUSDORFF, F., 1918. Dimension und äußeres Maß (Math. Ann. 79, (1918); 157-179)

HAUSDORFF, F., 1914. Grundzüge der Mengenlehre (Leipzig, 1914; Nachdruck New York, o.J.)

HAWKINS, T., 1970. Lebesgue's Theory of Integration (Madison - London)

HEINE, E., 1872. Die Elemente der Functionenlehre (Jour. für Math. 74, (1872); 172-188)

HELMHOLTZ, H.v., 1959. Zählen und Messen erkenntnistheoretisch betrachtet (Philosophische Aufsätze. Eduard Zeller zu seinem 50-jährigen Doktorjubiläum gewidmet(Leipzig, 1887) - zitiert nach: ders. Die Tatsachen der Wahrnehmung. Zählen und Messen erkenntnistheoretisch betrachtet (Darmstadt); 75-112)

HELMHOLTZ, H.v., 1968. Ueber den Ursprung und Sinn der geometrischen Sätze. Antwort gegen Herrn Prof. Lund (Mind 10, (1878); 212-224 - zitiert nach: ders. Über Geometrie (Darmstadt); 61-81)

HERMITE, Ch., 1897. Nachruf auf Weierstraß (Comptes rendus des séances de l'Académie des Sciences 124, (1897); 430-443

HERMITE/STIELTJES, 1905. Correspondance d'Hermite et de Stieltjes 2 vol. (Paris)

HERMES, H., 1938. Semiotik. Eine Theorie der Zeichengestalten als Grundlage für Untersuchungen von formalisierten Systemen (Forschungen zur Logik und zur Grundlegung der exakten Wissenschaften 5, (1938); 5-21; Nachdruck Hildesheim, 1970)

HEYING, A., Einführung und Anmerkungen in: BROUWER, 1975; 13-15, 563-612

HILBERT, D., 1891. Über die stetige Abbildung einer Linie auf ein Flächenstück (Math. Ann. 38, (1891); 459-460 = Abhandlungen Band III; 1 f.)

HILBERT, D., 1964. Hilbertiana. Fünf Aufsätze (Darmstadt)

HILBERT, D., 1964a. Axiomatisches Denken (Math. Ann. 78, (1918); 405-415; zitiert nach: HILBERT, 1964; 1-11)

HILBERT, D., 1964b. Die logischen Grundlagen der Mathematik (Math. Ann. 88, (1923); 151-165; zitiert nach: HILBERT, 1964; 33-46)

HILBERT, D., 1964c. Über das Unendliche (Math. Ann. 95, (1926); 161-190; zitiert nach: HILBERT, 1964; 79-108)

HILBERT/BERNAYS, 1968. Die Grundlagen der Mathematik (2. überarbeitete Auflage, Berlin-Heidelberg-New York)

HOBSON, E.W., 1935. Squaring the Circle and other Monographs (Lucknow)

HÖLDER, O., 1900. Anschauung und Denken in der Geometrie (Leipzig; Nachdruck Darmstadt 1965)

HUSSERL, E., 1983. Studien zur Arithmetik und Geometrie. Texte aus dem Nachlaß (Husserliana Band XXI, (Ed.) Ingeborg Strohmeyer; The Hague-Boston-Lancaster)

INHETVEEN, R., 1983. Konstruktive Geometrie. Eine formentheoretische Begründung der Euklidischen Geometrie (Mannheim/Wien/Zürich)

JARNIK, V., 1911. Bernard Bolzano and the Foundations of Mathematical Analysis in: ders. Bernard Bolzano and the Foundations of Mathematical Analysis (Prag, 1981); 33-42

JOURDAIN, Ph.E.B., 1905. On the General Theory of Functions (Journal für Math. 128, (1905); 169-210)

JOURDAIN, Ph.E.B., 1907. The Introduction of Irrational Numbers (The Mathematical Gazette 4, (1907/08); 201-209)

JOURDAIN, Ph.E.B., 1913. The Origin of Cauchy's Conception of a Definite Integral and the Continuity of a Function (Isis 1, (1913/14); 661-703)

KAMBARTEL, F., 1965. Die strukturtheoretische Interpretation der Mathematik und der philosophische Kritizismus. Zur Theorie eines Zusammenhanges bei J. Vuillemin (Archiv für Geschichte der Philosophie 47, (1965); 79-97)

KAMBARTEL, F., 1976. Erfahrung und Struktur (2. Auflage Frankfurt a.M.)

KAMLAH, A., 1977. Erläuterungen zu: REICHENBACH, 1977; 389-435

KANT, I., Prolegomena zu einer jeden künftigen Metaphysik (Ed. Karl Vorländer, Hamburg 1976)

KANT, I., Kritik der reinen Vernunft (Ed. Raymund Schmidt, Hamburg 1976)

KAULBACH, F., 1954. Philosophische Grundlegung zu einer wissenschaftlichen Symbolik (Meisenheim am Glan)

KLEIN, F., 1873. Über den allgemeinen Functionsbegriff und dessen Darstellung durch eine willkürliche Curve (Math. Ann. 22, (1883); 249-259)

KLEIN, F., 1874. Über den Zusammenhang der Flächen (Math. Ann. 7, (1874); 549-557)

KLEIN, F., 1894. Riemann und seine Bedeutung für die Entwicklung der modernen Mathematik (Jahresbericht DMV 4, (1894); 71-87)

KLEIN, F., 1895. Über Arithmetisierung der Mathematik (Nachrichten der Königlichen Gesellschaft der Wissenschaften zu Göttingen 2; 82-91; zitiert nach: Gesammelte mathematische Abhandlungen Band 2 (Berlin, 1925); 232-240)

KLEIN, F., 1926. Vorlesungen über die Entwicklung der Mathematik im 19. Jahrhundert (Ed. Neugebauer, Courant, 1. Teil (Berlin, 1926), Ed. Courant, Cohn-Vossen, 2. Teil (Berlin, 1927); Nachdruck in einem Band Berlin-Heidelberg-New York, 1979)

KLEIN, F., 1928. Elementarmathematik vom höheren Standpunkt Band III (Berlin, 1928; Nachdruck Berlin-Heidelberg-New York, 1968)

KLINE, M., 1972. Mathematical Thought from Ancient to Modern Times (Oxford-New York)

KNOBLOCH, E., 1980. Einfluß der Symbolik und des Formalismus auf die Entwicklung des mathematischen Denkens (Berichte zur Wissenschaftsgeschichte 3, (1980); 77-94)

KOCH, H., 1906. Une méthode géométrique élémentaire pour l'étude de certaines questions de la théorie des courbes planes (Acta math. Stockh. 30, (1906); 145-174)

KOLMAN, A., 1963. Bernhard Bolzano (Berlin (DDR) - russ. Originalausgabe Moskau, 1955)

KOENIGSBERGER, L., 1874. Vorlesungen über die Theorie der Elliptischen Functionen 1. Theil (Leipzig)

KÖPCKE, A., 1887. Über Differentiirbarkeit und Anschaulichkeit der stetigen Functionen (Math. Ann. 29, (1887); 123-140)

KÖPCKE, A., 1889. Über eine durchaus differentiirbare, stetige Function mit Oscillationen in jedem Intervalle (Math. Ann. 34, (1889); 161-171)

KÖPCKE, A., 1890. Nachtrag zu dem Aufsatz "Über eine durchaus differentiirbare, stetige Function mit Oscillationen in jedem Intervalle" (Math. Ann. 35, (1890); 104-109)

KOWALEWSKI, G., 1923. Über Bolzanos nichtdifferentierbare stetige Funktion (Acta math. Stockh. 44, (1923); 315-319)

KRONECKER, L., 1887. Über den Zahlbegriff (Journal für Math. 101, (1887); 337-356)

KUHN, T., 1978. Die Struktur wissenschaftlicher Revolutionen (Nachdruck der zweiten revidierten und erweiterten Auflage von 1969, Frankfurt; englische Originalausgabe Chicago, 1962)

LACROIX, S., 1797. Traité du calcul différentiel et intégral, Band I (1. Auflage, Paris)

LACROIX, S., 1810. Traité du calcul différentiel et intégral, Band I (2. stark veränderte Auflage, Paris)

LAKATOS, I., 1967. (Ed.) Problems in the Philosophy of Mathematics (Amsterdam, 1967)

LAKATOS, I., 1976. Proofs and Refutations (Cambridge-London-New York-Melbourne)

LAKATOS, I., 1982. Renaissance des Empirismus in der neueren Philosophie der Mathematik? (in: ders. Mathematik, empirische Wissenschaft und Erkenntnistheorie. Philosophische Schriften II ((Eds.) Worrall/Curry; Braunschweig/Wiesbaden, 1982; 23-41 - englische Originalausgabe: Cambridge-London-New York-Melbourne 1978))

LAMARLE, E., 1855. Etude approfondie sur les deux équations fondamentales

$$\lim \frac{f(x+h)-f(x)}{h} = f'(x) \text{ et } dy = f'(x)\Delta x.$$

(Bulletin de l'Académie Royale des Sciences, des Lettres et des Beaux-Arts de Belgique 1, (1855); 140-161)

LAMARLE, E., 1861. Exposé géométrique du calcul différentiel et intégral (Mémoires couronnées et autres mémoires publiées par l'Académie Royale, Collection en - 8° 11, Bruxelles)

LAUGWITZ, D., 1976. Unendlich als Rechenzahl (Der Mathematikunterricht, 5, (1976); 101-117)

LEBESGUE, H., 1905. Sur les fonctions représentables analytiquement (Journal de Mathématiques pures et appliquées, 1, (1905); 139-216)

LEBESGUE, H., 1918. Remarques sur les théories de la mesure et de l'intégration (Ann. Sci. Ec. norm. sup. 35, (1918); 191-250)

LEIBNIZ, G.W., 1858. Math. Schriften Band V ((Ed.) C. Gerhardt; Halle 1858; Nachdruck Hildesheim, 1962)

LEIBNIZ, G.W., 1692a. Nouvelles Remarques touchant l'Analyse des Transcendentes, différentes de celles de la Géométrie de M. Descartes (Journal des Scavants de l'année 1692; zitiert nach: LEIBNIZ, 1858; 278-279)

LEIBNIZ, G.W., 1692b. De linea et lineis numero infinitis ordinatim ductis inter se concurrentibus formata easque omnes tangente, ac de novo in ea re Analysis Infinitorum usu (Acta eruditorum, (1692); zitiert nach: LEIBNIZ, 1858; 266-269)

LEIBNIZ, G.W., 1694. Nova calculi differentialis applicatio et usus ad multiplicem linearum constructionem ex data tangentium conditione (Acta eruditorum, (1694); zitiert nach: LEIBNIZ, 1858; 301-306)

LIGHTHILL, M.J., 1966. Einführung in die Theorie der Fourieranalysis und der verallgemeinerten Funktionen (Mannheim-Wien-Zürich)

LIPSCHITZ, R., 1877. Lehrbuch der Analysis. Band I (Bonn)

LORENZ, K., 1979. (Ed.) Konstruktionen versus Positionen Band I (Berlin-New York)

LORENZEN, P., 1961. Das Begründungsproblem der Geometrie als Wissenschaft der räumlichen Ordnung (Philosophia naturalis 6, (1961); 415-431)

LORENZEN, P., 1965. Differential und Integral (Frankfurt a.M.)

LORENZEN, P., 1974. Gleichheit und Abstraktion (in: ders. Konstruktive Wissenschaftstheorie, Frankfurt; 190-198)

LORENZEN, P., 1983. Elementargeometrie (Mannheim-Wien-Zürich)

LORENZEN/LORENZ, 1978. Dialogische Logik (Darmstadt)

MAC LANE, S., 1970. Kategorien (Berlin-Heidelberg-New York)

MAHNKE, D., 1925. Neue Einblicke in die Entdeckungsgeschichte der Höheren Analysis (Abhandlungen der Preussischen Akademie der Wissenschaften, Phys. Math. Klasse 1, (1925)

MAHNKE, D., 1926. Die Entdeckung des Funktionsbegriffes (Kantstudien 31, (1926); 426-428)

MAINZER, K., 1980. Geschichte der Geometrie (Mannheim - Wien-Zürich)

MANDELSBROT, B., 1975. Les objets fractales: forme, hazard et dimension (Paris)

MANDELBROT, B., 1982. Des monstres de Cantor et de Peano à la géométrie de la nature (in: GUÉNARD/LELIÈVRE, 1982; 226-249)

MANHEIM, J., 1964. The Genesis of Point-Set Topology (Oxford-London-Edinburgh-Paris-Frankfurt)

MANNOURY, G., 1909. Methodologisches und Philosophisches zur Elementarmathematik (Haarlem)

MAY, E., 1937. Die Bedeutung der modernen Physik für die Theorie der Erkenntnis (in: ders./Hermann/Vogel, Die Bedeutung der modernen Physik für die Theorie der Erkenntnis; Leipzig, 1937; 47-156)

MISES, R.v., 1933. Besprechung von "Krise und Neuaufbau in den exakten Wissenschaften" (Die Naturwissenschaften 49, (1933); 867)

MITTELSTRASS, J., 1974. Die Möglichkeit von Wissenschaft (Frankfurt)

MONNA, A.F., 1973. The Concept of Function in the 19th and 20th Century, in Particular with Respect to the Discussion between Baire, Borel and Lebesgue (Arch. Hist. ex. Sci. 9, (1972/73); 57-84)

DE MORGAN, A., 1842. The Differential and Integral Calculus (London)

NESSELMANN, G.H.F., 1842. Versuch einer kritischen Geschichte der Algebra der Griechen (Berlin)

OEHLER, K., 1984. (Ed.) Zeichen und Realität (Wiesbaden)

OTTE, M., 1974. (Ed.) Mathematiker über die Mathematik (Berlin-Heidelberg-New York)

PASCH, M., 1914. Veränderliche und Funktion (Leipzig/Berlin)

PEANO, G., 1890. Sur une courbe qui remplit toute une aire plane (Math. Ann. 36, (1890); 157-160)

PEIRCE, C.S., 1960. Collected Papers of Charles Sanders Peirce, vol. III ((Eds.) Hartshorne/Weiss, Cambridge (Mass.); darin: On the Algebra of Logic: a Contribution to the Philosophy of Notation; 211-249)

PICKERT, G., 1969. Wissenschaftliche Grundlagen des Funktionsbegriffes (Der Mathematikunterricht 15, (1969); 40-98)

PLATON Der Staat (Übersetzung von Otto Apelt, Hamburg, 1961)

POINCARE, H., 1889. La logique et l'intuition dans la science mathématique et dans l'enseignement (L'enseignement mathématique 1, (1889); 157-162 - zitiert nach: Oeuvres t. 11; 129-133)

POINCARE, H., 1899. L'oeuvre mathématique de Weierstraß (Acta math. Stockh. 22, (1899); 1-18)

POINCARE, H., 1905. The Foundations of Science (Englische Übersetzung von G.B. Halsted; Lancaster (PA), 1913; französische Originalausgabe Paris, 1905)

PONT, J.C., 1974. La topologie algébrique des origines à Poincaré (Paris)

POSER, H., 1981. (Ed.) Wandlungen des Vernunftbegriffes (Freiburg/München)

POSNER, R., 1984. Die Zahlen und ihre Zeichen. (in: OEHLER, 1984; 1-16)

PRINGSHEIM, A., 1899. Grundlagen der allgemeinen Functionenlehre (in: Enzyklopädie der math. Wissenschaften Bd. II, 1.1; Leipzig, 1899; 2-53)

PROCLUS In Euclidem (Ausgabe von G. Friedlein; Leipzig, 1873)

QUINE, W.O.V., 1975. Naturalisierte Erkenntnistheorie in: ders. Ontologische Relativität und andere Schriften (Stuttgart); 97-126

RAABE, J., 1839. Differential- und Integralrechnung. Band I (Zürich)

REICHENBACH, H., 1977. Philosophie der Raum - Zeit - Lehre (2. Auflage mit Erläuterungen von A. Kamlah, Braunschweig-Wiesbaden)

REIDEMEISTER, K., 1928. Exaktes Denken (Philosophischer Anzeiger 3, (1928); 15-47)

REIDEMEISTER, K., 1946. Anschauung als Erkenntnisquelle (Zeitschrift für philosophische Forschung 1, (1946); 197-210)

REIDEMEISTER, K., 1972. Das exakte Denken der Griechen (Darmstadt)

RIEMANN, B., 1892. Mathematische Werke und wissenschaftlicher Nachlaß (Hrsg. Weber, Dedekind; 2. Auflage Leipzig 1892; Nachdruck New York 1953 zusammen mit Nachträge (Hrsg. Noether, Wirtinger; Leipzig, 1902)
darin: Über die Darstellbarkeit einer Function durch trigonometrische Reihen; 227-265 (Habilitationsschrift) - Über die Hypothesen, welche der Geometrie zu Grunde liegen (Text des Habilitationsvortrages); 272-287

ROBINSON, A., 1967. The Metaphysics of the Calculs (in: LAKATOS, 1967; 28-40)

SCHERER, B., 1984. Prolegomena zu einer einheitlichen Zeichentheorie (Tübingen)

SCHOLZ, E., 1980. Geschichte des Mannigfaltigkeitsbegriffes von Riemann bis Poincaré (Basel-Boston)

SCHOLZ, E., 1982. Riemann's Studien der Philosophie J.E. Herbarts (Dijalektika 17, (1982); 69-81)

SCHOLZ, H., 1928. Warum haben die Griechen die Irrationalzahlen nicht aufgebaut? (Kantstudien 33, (1928); 35-72)

SCHRÖDER, E., 1890. Über das Zeichen (Direktoratsrede vom 22.11.1890 - Karlsruhe)

SCHUBERTH, E., 1971. Die Modernisierung des mathematischen Unterrichts (Stuttgart)

SCHWARZ, H.A., 1873. Beispiel einer stetigen nicht differentiirbaren Function (Verhandlungen der Schweizerischen Naturforschenden Gesellschaft 56, (1873); 252-258; zitiert nach: Gesammelte Mathematische Abhandlungen, Band II, (Berlin 1890); 269-274)

SEBEOK, T., 1979. Theorie und Geschichte der Semiotik (Reinsbek bei Hamburg; englische Originalausgabe Bloomington, 1976)

SINGH, A.N., 1935. The Theory and Construction of Nondifferentiable Functions (in: HOBSON, 1935; I-VII, 1-110)

SPALT, D., 1983. Eine längst fällige, wenngleich unnötige Rehabilitierung Cauchys (Der Mathematikunterricht 4, (1983); 60-76)

STEGMÜLLER, W., 1975. Hauptströmungen der Gegenwartsphilosophie, Band II (Stuttgart)

STEINER, H.G., 1969. Aus der Geschichte des Funktionsbegriffes (Der Mathematikunterricht 15, (1969); 13-39)

STULOFF, N., 1968. Über den Wissenschaftsbegriff der Mathematik in der ersten Hälfte des 19. Jahrhunderts (in: DIEMER, 1968; 71-89)

SZABO, A., 1969. Anfänge der griechischen Mathematik (Wien-München)

TAGUNGSBERICHT OBERWOLFACH, 1974. Tagungsbericht Nr. 39/1974 "Problemgeschichte der Mathematik"

THIEL, Chr., 1972. Grundlagenstreit und Grundlagenkrise (Meisenheim/Glan)

THIEL, Chr., 1981. Lakatos' Dialektik der mathematischen Vernunft (in: POSER, 1981; 201-221)

TORRETTI, R., 1978. The Philosophy of Space from Riemann to Poincaré (Dordrecht)

TROPFKE, J., 1933. Geschichte und Elementarmathematik Band II (Berlin und Leipzig, 3. Auflage)

TOTH, I., 1972. Die Nichteuklidische Geometrie in der Phänomenologie des Geistes (Frankfurt)

VILENKIN, N.Y., 1968. Stories about Sets (New York - London)

VOLLMER, G., 1980. Evolutionäre Erkenntnistheorie (2. Auflage, Stuttgart)

VUILLEMIN, J., 1962. La Philosophie de l'Algèbre (Paris)

WAERDEN, B.L. van der, 1930. Ein einfaches Beispiel einer nichtdifferenzierbaren stetigen Funktion (Math. Z. 32, (1930); 474-475)

WAERDEN, B.L. van der, 1967. Klassische und moderne Axiomatik (Elemente der Mathematik 22, (1967); 1-4)

WEBER/WELLSTEIN, 1905. Enzyklopädie der Elementarmathematik Band II (Leipzig)

WEIERSTRASS, K.T., 1886. Functionenlehre (Berliner Akademische Wochenberichte (1886) - zitiert nach: WEIERSTRASS, 1895; 201-230)

WEIERSTRASS, K.T., 1895. Werke Band II (Berlin - darin: Über Continuirliche Functionen eines reellen Arguments, die für keinen Werth des letzteren einen bestimmten Differentialquotienten besitzen; 71-74)

WEIERSTRASS/DU BOIS-REYMOND, 1923. Briefe an Paul du Bois-Reymond (Acta math. Stockh. 39, (1923); 199-225)

WEIERSTRASS/KÖNIGSBERGER, 1923. Briefe an Leo Königsberger (Acta math. Stockh. 39, (1923); 226-237)

WEYL, H., 1976. Philosophie der Mathematik und der Naturwissenschaften (4. Auflage, München)

WIENER, Chr., 1881. Geometrische und analytische Untersuchung der Weierstrassschen Function (Jour. für Math. 90, (1881); 221-252)

WITTGENSTEIN, L., 1977. Tractatus logico - philosophicus (Frankfurt)

WIZE, C., 1937. La géométrie analytique de Descartes et l'empirisme philosophique (in: CONGRES DESCARTES, 1937; 144-146)

WUNDT, W., 1894. Logik. Zweiter Band. Methodenlehre. Erste Abtheilung. Allgemeine Methodenlehre. Logik der Mathematik und der Naturwissenschaften (2. veränderte Auflage, Stuttgart)

WUSSING, H., 1969. Die Genesis des abstrakten Gruppenbegriffs (Berlin (DDR))

YOUSCHKEVITCH, A.P., 1977. The Concept of Function up to the Middle of the 19th Century (Arch. Hist. ex. Sci. 16, (1976/77); 37-87)

ZERMELO, E., 1908. Untersuchungen über die Grundlagen der Mengenlehre (Math. Ann. 65, (1908); 261-281)

ZEUTHEN, H.G., 1896. Die geometrischen Constructionen als Existenzbeweis in der antiken Geometrie (Math. Ann. 47, (1896); 222-228)